設計技術シリーズ

スマートグリッドとEMC

—電力システムの電磁環境設計技術—

[編集] 一般社団法人 **電気学会**
スマートグリッドとEMC調査専門委員会

科学情報出版株式会社

まえがき

地球温暖化を防止する有力な方法として、太陽光発電システムや風力発電システムの導入が世界中で積極的に進められているが、これらの発電システムは配電網に分散されており、かつ時間的な変動が激しいため、これらの発電システムと電力ユーザを効果的に制御し、最適化できる送配電網（スマートグリッド）が国際的に注目されている。

米国では2009年1月に就任したオバマ大統領の提言により、NIST（米商務省標準技術研究所）がスマートグリッドの標準化に向けた枠組みを2010年1月に発表した。また、IEEEでも、2009年3月19日に、スマートグリッド関連システムの互換性の実現を目指すWG「P2030」を設立するとともに、SUN（Smart Utility Networks）に対してもIEEE 802.15のTG4gで標準化が進められている。一方、欧州では、2005年にEuropean Technology Platform SmartGrids（ETP SmartGrids）が設立され、Strategic Energy Technology Plan（SET Plan）を策定し、標準化のために、Joint Working Group on SmartGridsを2010年5月に設立している。これらの状勢と並行して、IEC（国際電気標準会議）でも、スマートグリッドに関する戦略グループSG3を2008年11月に設立し、IEC版スマートグリッド標準化ロードマップ第1版を2010年6月に公開した。

国内では、スマートグリッドに関する組織として、経済産業省は、次世代エネルギー・社会システム協議会を2009年11月に組織するとともに、次世代送配電システム制度検討会とスマートメーター制度検討会を2010年5月に設置した。また、NEDO（国立研究開発法人 新エネルギー・産業技術総合開発機構）は、太陽光発電システム、風力発電システム等の新エネルギーシステムに対する研究開発に長年助成するとともに、米国ニューメキシコ州でのスマートグリッド実証事業に関する基本協定書を2010年3月に調印し、かつ、企業・団体と経済産業省からなる官民協議会「スマートコミュニティ・アライアンス」を2010年4月に設立した。さらに、電気学会でも、スマートグリッド特別研究グループを2010年5月に設置し、次世代エネルギーシステム構築の実現に向けて、進むべき方向性を探りつつ社会への情報発信を進めることにした。

スマートグリッドでは、電気エネルギーを発電・伝送・貯蔵する設備が存在するため、それらの設備からの電磁放射、すなわちエミッションの問題が存在する。事実、太陽光発電システムからの電磁エミッションに関する規格は、最近、CISPR（国際無線障害特別委員会）/SC-B（工業・科学・医療用機器のエミッション規格を作成）で作成したばかりである。また、電気自動車への充電設備に対するエミッション規格も、CISPR/SC-D（自動車のエミッション規格を作成）で検討中である。一方、スマートグリッドを構成する設備は様々な電磁環境に曝されているため、電磁妨害波によってそれらの設備が誤動作する可能性があり、最悪の場合は、スマートグリッド内の送電が停止する可能性もある。このように、エミッションとイミュニティの両方を包含した EMC（電磁両立性）に関する問題が、スマートグリッドにとっても重要な課題となっている。

本報告では、2011 年 4 月～ 2014 年 3 月に電気学会電磁環境技術委員会に設置されたスマートグリッドと EMC 調査専門委員会（委員長：徳田正満（東京都市大学教授：設立時）、幹事：宮崎千春（三菱電機株式会社情報技術総合研究所））で調査検討した結果をまとめており、具体的には、スマートグリッドに対する国内外の状況を整理するとともに、スマートグリッドの EMC 問題に関する IEC 等での検討状況を紹介している。

スマートグリッドとEMC調査専門委員会委員

委員長	徳田　正満	（東京大学）
幹　事	宮崎　千春	（三菱電機）
幹事補佐	渡邊　陽介	（三菱電機）
委　員	秋山　佳春	（NTT環境エネルギー研究所）
	石上　　忍	（情報通信研究機構）
	一ノ瀬祐治	（日立製作所）
	伊藤　仁司	（日本無線）
	大崎　博之	（東京大学）
	長部　邦廣	（電磁環境試験所認定センター）
	尾林　秀一	（東芝）
	北地　西峰	（高速電力線通信推進協議会）
	児島　史秀	（情報通信研究機構）
	齋藤　清貴	（三菱電機）
	櫻井　秋久	（日本IBM）
	佐藤　秀隆	（NTTファシリティーズ）
	白方　雅人	（NECエナジーデバイス）
	清水　敏久	（首都大学東京）
	高橋　　真	（東京電力）
	塚原　　仁	（日産自動車）
	都築　伸二	（愛媛大学）
	出口　洋平	（日本電機工業会）
	中村　克己	（デンソー）
	野島　昭彦	（トヨタ自動車）
	林　　優一	（東北大学）
	林屋　　均	（東日本旅客鉄道）
	原田　高志	（NECシステム実装研究所）
	弘津　研一	（住友電気工業）
	藤原　　修	（名古屋工業大学）
	舟木　　剛	（大阪大学）
	福本　幸弘	（パナソニック）
	山崎　健一	（電力中央研究所）
	山下　洋治	（電気安全環境研究所）
	和城　賢典	（ソニー）
途中退任（委員）	齋藤　　直	（日立製作所）
途中退任（委員）	藤田　　昇	（日本無線）

注：所属は当時のもの。

■ 執筆分担（五十音順）

秋山　佳春：3.9.4, 4.5⑴ , 5.3.6, 8.2
石上　　忍：8.3
一ノ瀬祐治：2.1.3⑶ , 2.2.3⑵ , 3.8.4, 3.9.7, E
伊藤　仁司：3.9.8, 3.9.9, K
大崎　博之：4.3, 4.4, 4.6, 5.3.5,
尾林　秀一：2.1.3⑴, 2.1.3⑵, 2.2.3⑴, 3.6.1, 3.7⑴, 7.5, C
北地　西峰：[荒巻道昌：5.3.4], 7.2.2, L
児島　史秀：3.9.1, 5.3.2, 6.2.2, 7.2.1
齋藤　清貴：3.6.3, 3.9.6, D
櫻井　秋久：3.6.4, 8.6, H
佐藤　秀隆：3.8.1, 3.8.2, 3.8.3, 3.9.2, 3.9.3, 8.2
白方　雅人：7.6, J
塚原　　仁：3.3⑷, 4.11,
都築　伸二：5.3.3, 5.3.4, 6.1, 6.2.1, A
出口　洋平：3.4⑵, 4.5⑶, 7.4, B
徳田　正満：まえがき, 1., 2.1.1, 2.1.2, 2.2.1, 2.2.2, 3.1, 3.2 3.3, 3.4, 3.5, 3.6, 3.7, 3.8, 4.1, 4.2, 4.3, 4.4, 4.5⑵, 4.5⑷, 4.5⑸, 4.6, 4.7, 4.8, 4.9, 4.10, 4.12, 4.13, 4.14, 4.15, 4.16, 5.1, 5.2, 5.3.1, 5.3.5,
中村　克己：3.6.2, G
野島　昭彦：[森 晃：3.3⑷, 4.11], F
林　　優一：6.3
林屋　　均：3.9.5
原田　高志：7.6, J
弘津　研一：8.5
藤原　　修：[安　熙成(アン　ヒソン)：2.3.1, 2.3.2], 4.5
舟木　　剛：3.5⑴, 8.4
福本　幸弘：7.1.1, 7.8
山崎　健一：[池谷知彦：7.1.2], 7.9, [小林広武：8.1]
山下　洋治：7.7
和城　賢典：7.3, I

目　次

まえがき

スマートグリッドとEMC調査専門委員会委員
執筆分担（五十音順）

1．スマートグリッドの構成とEMC問題 ・・・・・・・・・・・・・・・・3

2．諸外国におけるスマートグリッドの概況

2.1　米国におけるスマートグリッドへの取り組み状況 ・・・・・・・・・・・・・・9
2.1.1　米国スマートグリッドの概況 ・・・・・・・・・・・・・・・・・・・・・・・・・・・・9
2.1.2　米国におけるスマートグリッドの標準化 ・・・・・・・・・・・・・・・・・・9
2.1.3　米国におけるスマートグリッド実証実験 ・・・・・・・・・・・・・・・・・12
2.2　欧州におけるスマートグリッドへの取り組み状況 ・・・・・・・・・・・・・15
2.2.1　欧州版スマートグリッドの概況 ・・・・・・・・・・・・・・・・・・・・・・・15
2.2.2　欧州におけるスマートグリッドの標準化 ・・・・・・・・・・・・・・・・16
2.2.3　欧州におけるスマートグリッド実証実験 ・・・・・・・・・・・・・・・・25
2.3　韓国におけるスマートグリッドへの取り組み状況 ・・・・・・・・・・・・・27
2.3.1　スマートグリッド国家ロードマップ（名称：スマートグリッド2030）・・・・・・・・・・・・・・・・27
2.3.2　スマートグリッドの標準化推進戦略 ・・・・・・・・・・・・・・・・・・・・32

3．国内におけるスマートグリッドへの取り組み状況

3.1　国内版スマートグリッドの概況 ・・・・・・・・・・・・・・・・・・・・・・・・・・41
3.2　経済産業省によるスマートグリッド／コミュニティへの取り組み・・41
3.3　スマートグリッド関連国際標準化に対する経済産業省の取り組み・・43

3.4　総務省によるスマートグリッド関連装置の標準化への対応 …… 45
3.5　スマートグリッドに対する電気学会の取り組み …………… 53
3.6　スマートコミュニティに関する経済産業省の実証実験 ………… 58
3.6.1　YSCP（横浜スマートコミュニティプロジェクト）
実証実験（東芝） …………………………………… 58
3.6.2　豊田市低炭素社会システム実証プロジェクト（デンソー）…… 61
3.6.3　けいはんな学研都市実証実験（三菱電機） ……………… 64
3.6.4　北九州スマートコミュニティ創造事業（日本IBM）
—日本初の本格的ダイナミックプライシング社会実証—…… 67
3.6.4.1　プロジェクトの経緯 ………………………… 69
3.6.4.2　事業の目的 ……………………………………… 71
3.6.4.3　システムの構成 ……………………………… 72
3.7　スマートコミュニティ事業化のマスタープラン ……………… 73
3.8　NEDOにおけるスマートグリッド／コミュニティへの取り組み …… 74
3.8.1　大規模電力供給用太陽光発電系統安定化等実証研究
（NTTファシリティーズ） ……………………………… 74
3.8.2　新電力ネットワークシステム実証研究
—品質別電力供給システム実証研究（NTTファシリティーズ）‥ 79
3.8.3　新エネルギー等地域集中実証研究（NTTファシリティーズ）‥ 82
3.8.4　六ヶ所村スマートグリッド実証（日立製作所） ………… 84
3.9　経済産業省とNEDO以外で実施されたスマートグリッド関連の
研究・実証実験 …………………………………………… 86
3.9.1　ワイヤレスグリッド技術に対する
情報通信研究機構（NICT）の取組み ………………… 86
3.9.2　東京工業大学のAESセンターとの共同研究事例
（NTTファシリティーズ） ………………………………101
3.9.3　北上市スマートコミュニティ導入促進事業＆あじさい型
スマートコミュニティ構想モデル事業【北上市、北上オフィスプラザ（第3セクタ）が出資および資産を所有し、自治体が主たる事業者となるスキーム】としての実証実験
（NTTファシリティーズ） ………………………………104

3.9.4　データセンタのEMSに関する取り組み（NTT研究開発部門）・・105
3.9.5　JR東日本の省エネルギー型の駅を創る取組み ・・・・・・・・・・・・107
3.9.6　三菱電機におけるスマートグリッドの実証実験 ・・・・・・・・・・113
3.9.7　沖縄EV普及インフラ（日立製作所）・・・・・・・・・・・・・・・・・・114
3.9.8　環境負荷低減のワイヤレスシステム実証実験（日本無線）・・・・・・116
3.9.9　独立型分散電源システムの実証実験（日本無線） ・・・・・・・・・・117

4．IEC（国際電気標準会議）における スマートグリッドの国際標準化動向

4.1　SG3（スマートグリッド戦略グループ）から
SyC Smart Energy （スマートエネルギーシステム委員会）へ ・・・・・・129
4.2　SG6（電気自動車戦略グループ） ・・・・・・・・・・・・・・・・・・・・・・135
4.3　ACEC（電磁両立性諮問委員会） ・・・・・・・・・・・・・・・・・・・・・・136
4.4　TC 77（EMC規格）・・・・・・・・・・・・・・・・・・・・・・・・・・・・・・・・139
4.5　CISPR（国際無線障害特別委員会） ・・・・・・・・・・・・・・・・・・・・・143
4.6　TC 8（電力供給に係わるシステムアスペクト） ・・・・・・・・・・・・・・153
4.7　TC 13（電力量計測、料金・負荷制御） ・・・・・・・・・・・・・・・・・・154
4.8　TC 57（電力システム管理および関連情報交換）・・・・・・・・・・・・・157
4.9　TC 64（電気設備および感電保護） ・・・・・・・・・・・・・・・・・・・・・160
4.10　TC 65（工業プロセス計測制御） ・・・・・・・・・・・・・・・・・・・・・・160
4.11　TC 69（電気自動車および電動産業車両） ・・・・・・・・・・・・・・・・162
4.12　TC 88（風力タービン） ・・・・・・・・・・・・・・・・・・・・・・・・・・・・165
4.13　TC 100
（オーディオ、ビデオおよびマルチメディアのシステム／機器） ・・・・・・165
4.14　PC 118（スマートグリッドユーザインターフェース） ・・・・・・・・・・166
4.15　TC 120
（Electrical Energy Storage Systems：電気エネルギー貯蔵システム） ・・・・168
4.16　ISO/IEC JTC 1（情報技術） ・・・・・・・・・・・・・・・・・・・・・・・・・169

5．IEC以外の国際標準化組織における スマートグリッドの動向

5.1　ISO/TC 205（建築環境設計）におけるスマートグリッド関連の取り組み状況 ……175
5.2　ITU-T（国際電気通信連合の電気通信標準化部門） ……176
5.3　IEEE（電気・電子分野での世界最大の学会）におけるスマートグリッドの動向 ……179
5．3．1　IEEE 2030（スマートグリッド相互運用性） ……179
5．3．2　SUN（Smart Utility Networks）に関する標準化動向 ……181
5．3．3　狭帯域電力線通信 Narrow Band OFDM-PLC（kHz 帯） ……183
5．3．4　広帯域電力線通信 Broad Band OFDM-PLC（MHz 帯） ……184
5．3．5　IEEE 1888（スマートグリッド向け新プロトコル） ……188
5．3．6　IEEE EMC Society におけるスマートグリッドへの取り組み ……188

6．スマートメータとEMC

6.1　スマートメータとSNS連携による再生可能エネルギー利活用促進基盤に関する研究開発（愛媛大学） ……193
6.2　スマートメータに係る通信システム ……198
6．2．1　電力線通信システム ……198
6．2．2　SUN（Smart Utility Networks）システムの概要 ……204
6.3　暗号モジュールを搭載したスマートメータからの情報漏えいの可能性の検討 ……208

7．スマートホームとEMC

7.1　スマートホームの構成と課題 ……221
7．1．1　スマートホームの構成と EMC リスク（パナソニック） ……221
7．1．2　電気自動車等と３電池を活用するスマートハウス（電力中央研究所） ……224

7.2　スマートホームに係る通信システム…………………………………231
7．2．1　Wi-SUN ECHONET Lite Profile 無線通信システム…………231
7．2．2　高速電力線通信システム…………………………………………234
7.3　電力線重畳型認証技術（ソニー）……………………………………235
7．3．1　電力線重畳型認証技術の意義……………………………………236
7．3．2　電力線重畳型認証技術の特長……………………………………236
7．3．3　期待されるアプリケーション……………………………………238
7．3．4　法規制…………………………………………………………………241
7．3．5　今後の展望……………………………………………………………242
7.4　スマートホームにおける太陽光発電システム（日本電機工業会）‥242
7.5　スマートホームにおける電気自動車充電システム……………………245
7.6　スマートホーム・グリッド用蓄電池・蓄電システム
（NEC：日本電気）…………………………………………………………247
7.7　スマートホーム関連設備の認証（JET：電気安全環境研究所）……250
7.8　スマートホームにおけるEMC……………………………………………256
7．8．1　スマートホームにおけるEMCの課題：
新規コンポーネントによるノイズ…………………………………256
7．8．2　スマートホーム内での無線利用拡大によるノイズ課題……261
7．8．3　むすび……………………………………………………………………263
7.9　スマートグリッドに関連した電磁界の生体影響に関わる検討事項……264
7．9．1　スマートグリッドに関連した電磁界の
人体防護に関する検討対象……………………………………264
7．9．2　電磁界の人体防護の安全性評価の参照基準……………………265
7．9．3　電気自動車EVに関連する電磁界ばく露…………………………270
7．9．4　スマートメータに関連する電磁界ばく露…………………………273
7．9．5　その他スマートグリッド構成要素に関連する電磁界ばく露‥275

8．スマートグリッド・スマートコミュニティとEMC

8.1　スマートグリッドに向けた課題と対策（電力中央研究所）……… 285
8.1.1　日本の電力供給システムとPV大量導入時の課題………… 285
8.1.2　提案する日本型スマートグリッド（次世代グリッド）の概念と開発課題……… 287
8.1.3　これまでの研究開発成果……… 288
8.2　スマートグリッド・スマートコミュニティに係る通信システムのEMC……… 294
8.3　スマートグリッド関連機器のEMCに関する取組み（NICT：情報通信研究機構）……… 304
8.4　パワーエレクトロニクスへのワイドバンドギャップ半導体の適用とEMC（大阪大学）……… 307
8.5　メガワット級大規模蓄発電システム（住友電気工業）……… 311
8.5.1　システムの構成……… 312
8.5.2　実証運転の内容と狙い……… 314
8.6　再生可能エネルギーの発電量予測とIBMの技術・ソリューション…… 316
8.6.1　何故予測技術が必要なのか……… 316
8.6.2　IBMにおける再生可能エネルギー予測関連技術……… 317
8.6.3　IBMの再生可能エネルギー発電予測ソリューション、HyRef…… 320
8.6.4　再生可能エネルギー予測システムの導入例……… 320
8.6.5　今後の展開……… 323
参考……… 323

付録　スマートグリッド・コミュニティに対する各組織の取り組み

A　愛媛大学におけるスマートグリッドの取り組み……… 331
B　日本電機工業会におけるスマートグリッドに対する取り組み……… 332
C　スマートグリッド・コミュニティに対する東芝の取り組み……… 336

D　スマートグリッドに対する三菱電機の取り組み ……………………343
E　スマートシティ／スマートグリッドに対する日立製作所の取り組み‥351
F　トヨタ自動車のスマートグリッドへの取り組み ……………………353
G　デンソーのマイクログリッドに対する取り組み ……………………355
H　スマートグリッド・コミュニティに対するIBMの取り組み…………359
I　ソニーのスマートグリッドへの取り組み ……………………………361
J　低炭素社会実現に向けたNECの取組み ………………………………362
K　日本無線（JRC）におけるスマートコミュニティ事業に対する取り組み‥366
L　高速電力線通信推進協議会におけるスマートグリッドへの取り組み‥370

1. スマートグリッドの構成とEMC問題

1. スマートグリッドの構成と EMC 問題

(1) スマートグリッドの構成

スマートグリッドの概念図とそこに存在する EMC 課題を図 1.1 に示す。従来から存在する原子力、火力、水力等の発電所に加えて、再生可能なエネルギー源である風力や太陽光等の発電所が送配電網に接続されている。図には、電気の流れも示しているが、上記の発電所からは、送配電網に一方向の電気が流れている。一般住宅の屋根には、太陽電池モジュールが設置されており、太陽光で発電した電気を住宅内で使用するとともに、電気自動車のバッテリーにも充電している。夜になり、太陽光発電が停止した場合は、電気自動車の蓄電池や送配電網から電気が供給される。逆に、家庭で余った電気は、スマートメーターを経由して送配電網に供給する場合もある。一方オフィスビルでは、太陽光発電やガスタービン発電機を設備しており、余剰電力を蓄電池設備で蓄積するこ

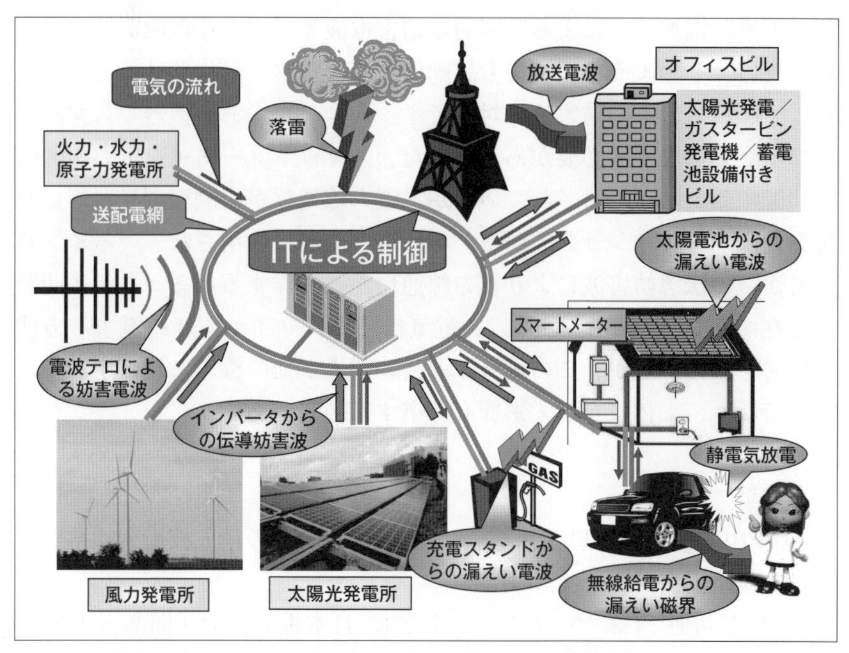

〔図 1.1〕スマートグリッドの概念図と EMC 問題 [1.11]-[1.14]

とができるため、オフィスビルで消費する電気の大部分を充当できる。しかし、電力が不足した場合は、送配電網から供給され、逆に、電力が余った場合は、送配電網に電気を供給する。電気自動車用の充電スタンドでは、一般の電気自動車に急速充電する設備を保有している。

スマートグリッドでは、上記の発電設備や送配電網、および一般の住宅やオフィスビルをIT（情報技術）で制御している。風力発電や太陽光発電は、気象条件に従って激しく変動する傾向を持っており、電力不足に陥る場合がある。その場合には、需要家の電気設備を制御して、電力不足を解消するように制御する[1.1]-[1.8]。

(2) スマートグリッドに存在するEMC問題

無線受信機の受信障害を防止するため、ほとんどすべての機器からの妨害波がCISPRのエミッション規格に従って規制されているため、スマートグリッドを構成する機器もこのエミッション規格を満たす必要がある。一方、スマートグリッドを構成する機器は、落雷、静電気放電、放送電波、電波テロによる意図的な妨害電波等の様々な電磁環境に曝されるため、そのような環境でも誤動作せずに正常に動作させる必要がある。すなわち、電磁妨害波に対してイミュニティのある機器でスマートグリッドを構成する必要がある。また、スマートメーターを電力線通信で制御する方法が検討されているが、電力線通信が接触型調光器等に影響を及ぼすエミッション問題や、各種電力機器に使用されているインバータからの伝導妨害波により電力線通信が誤動作するイミュニティ問題が存在する[1.9]-[1.15]。さらに、電気自動車にワイヤレス給電する方法も検討されているが、この場合は漏えい磁界が他の機器に及ぼす影響ばかりでなく、人体に及ぼす影響も考慮する必要がある。

参考文献

(1.1) 横山昭彦、合田忠弘他：「スマートグリッドの構成技術と標準化」、日本規格協会、2010年6月
(1.2) 林泰弘他：「スマートグリッド学」、日本電気協会新聞部、2010年12月

(1.3) 正田英介他：「スマートグリッドとEMC」、電磁環境工学情報EMC、No.272、pp.13-55、2011年12月
(1.4) 特集「スマートグリッドON!」、日経エレクトロニクス、pp.29-56、2009年10月19日号
(1.5) 谷口治人：「スマートグリッドとは何か?」、OHM、pp.17-23、2010年7月号
(1.6) 伊藤慎介：「スマートグリッドの海外動向と我が国の取り組み」、OHM、pp.24-29、2010年7月号
(1.7) 伊藤慎介：「次世代のまちづくり構想「スマートコミュニティ」とは」、OHM、pp.26-28、2011年3月号
(1.8) 柏木孝夫：「エネルギーシステムは一方向から双方向へ劇的に変化」、OHM、pp.29-32、2011年3月号
(1.9) 徳田正満：「スマートグリッドとEMCの概要」、電磁環境工学情報EMC、No.283、pp.21-30、2011年11月
(1.10) 徳田正満：「スマートグリッドとEMCの動向」、電磁環境工学情報EMC、No.296、pp.32-57、2012年12月号
(1.11) 徳田正満：「スマートグリッド時代のEMC」、電子情報通信学会誌、Vol.96、No.3、pp.189-194、2013年3月1日
(1.12) 徳田正満：「スマートグリッドとEMCの動向」、月刊ディスプレイ、Vol.19、No.7、pp.51-57、2013年7月
(1.13) 徳田正満：「スマートグリッドにおける電磁両立性 (EMC)」、OHM、2013 JUL、No.7、pp.82-87、2013年7月
(1.14) 徳田正満：「スマートグリッド時代におけるEMCの最新動向」、電磁環境工学情報EMC、No.308、pp.45-82、2013年12月
(1.15) 徳田正満：「スマートグリッドに関連するEMC規格・規制の動向」、電磁環境工学情報EMC、No.326、pp.9-28、2015年6月
(1.16) 岡本浩：「スマート社会実現に向けた電力会社の取り組み」、OHM、2014 APR、No.4、pp.19-23、2014年4月

2.

諸外国における
スマートグリッドの概況

2.1　米国におけるスマートグリッドへの取り組み状況

2.1.1　米国スマートグリッドの概況

米国では、ブッシュ政権下で、EISA（Energy Independence and Security Act：エネルギー自給・安全保障法）が2007年12月に成立して、スマートグリッドへの取り組みが開始された。その後2008年の米大統領選で、オバマ候補がスマートグリッドを政策として打ち出し、就任1か月後の2009年2月には、景気刺激策であるARRA（American Recovery and Reinvestment Act：米国再生・再投資法）の一部として、「スマートグリッド」関連分野に110億米ドル（日本円で1兆1000億円相当）を拠出することを決定した。この決定によって、世界中がスマートグリッドに関心を集めるようになった。

米国版スマートグリッドの特徴は、「電力供給インフラの不足を、需要家の機器を含む配電系統の高度化、デマンドレスポンスで補う」ということである。

2.1.2　米国におけるスマートグリッドの標準化

(1) SGIP（Smart Grid Interoperability Panel：スマートグリッド相互運用性パネル）

EISAの指示を受け、NIST（National Institute of Standards and Technology：国立標準技術研究所）は利害関係者によるオープンな議論を行うことを目的として2009年11月にSGIPを発足した。SGIPでは、各標準化団体との活動調整、既存規格とのギャップの特定と解消を推進している。また、スマートグリッド関連機器の開発を促進する技術仕様書もまとめている。初期にまとめられたリストは、「インターネットプロトコル・電力使用量情報・電気自動車の充電設備に関する標準規格」「プラグインハイブリッド車と電力網との通信に関する利用例」「スマートメーターへのアップグレードに関する要件」「無線通信機器の標準規格評価ガイドライン」が含まれた内容になっている。

(2) スマートグリッド相互運用性の標準規格開発に関するNISTのフレームワークおよびロードマップ

2010年1月に「スマートグリッド相互運用性の標準規格開発に関する

NISTのフレームワークおよびロードマップ（リリース1.0）」が策定・公表された[2.1]。また、そのリリース2.0のドラフト版が2011年10月に、さらにリリース2.0の最終版が2012年2月に公表された[2.2]。リリース1.0で示されたスマートグリッド概念参照モデルを図2.1.1に示す。電気の流れは、大容量発電から出て、送電網と配電網を伝送して需要家に至る。それらの四つのドメインに加えて、市場、運用およびサービスプロバイダーの七つのドメインからなり、それらのドメイン間を信頼性の高い通信網で結ぶことによってスマートグリッドが構成される。

リリース1.0では標準化の優先事項として「デマンドレスポンスと需要家のエネルギー効率性」「広域状況把握」「エネルギー貯蔵」「電気による輸送」「高度計量インフラストラクチャ」「配電網管理」「サイバーセキュリティ」「ネットワーク通信」の8分野をリストアップしている。また、スマートグリッドを実施するために特定された75件の規格を、優先度の高い25件とその次の50件と、2セットに分割している。さらに、優先行動計画を策定すると伴に、サイバーセキュリティの重要性も指摘し

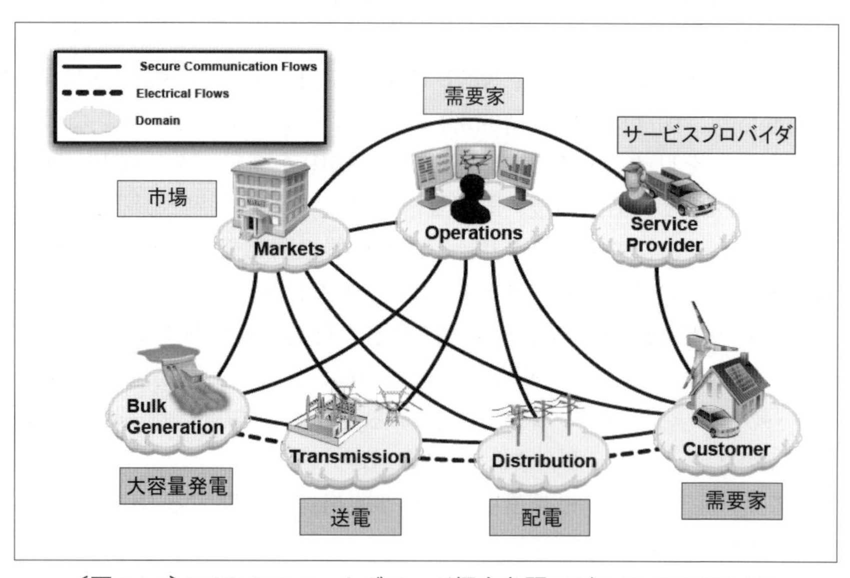

〔図2.1.1〕NISTのスマートグリッド概念参照モデル[2.1][2.2][1.10]

ている。

(3) NIST のフレームワークおよびロードマップにおける EMC 関連事項

リリース 1.0 における EMC 関連の規定は、「7 次のステップ」の「7.3 対処されるその他の問題点」の中で、「7.3.1 電磁妨害：太陽風（磁気嵐）のリスク、HEMP（High-Altitude Electromagnetic Pulse：高々度電磁パルス）を含む IEMI（Intentional Electromagnetic Interference：意図的電磁妨害）」と「7.3.2 電磁干渉：通信装置間の電波干渉、機器のイミュニティ」に規定されている。それに対して、リリース 2.0 では、EMC 関連事項を 8 章の「8.1.1 電磁妨害・干渉」に変更し、内容をより詳細に記述している。また、EMC 関連事項を検討するために、SGIP の中に EMII WG（Electromagnetic Interoperability Issues Working Group：電磁的相互運用性ワーキンググループ）を 2010 年 9 月に設立して、スマートグリッド機器とシステムの電磁障害による有害な影響に対するイミュニティを向上させることを検討している。それには、電磁障害の影響、回避法、発生法、対策法等が含まれている。Home-to-Grid（H2G）DEWG（Domain Expert Working Group）は white paper "EMC Issues for Home-to-Devices" を EMII に提出して、2012 年 3 月に採用されている。

(4) EMII WG（電磁的相互運用性ワーキンググループ）の報告書

EMII WG（Chair：G. Koepke）は、2012 年 12 月に「EMC とスマートグリッド相互運用性の課題」というタイトルの文書を作成した [2.3]。本文書の SGIP Document Number は 2012-005, Ver.1 であるが、NIST Document ではない。本文書では、スマートグリッド機器における EMC 問題、EMC 規格、EMII WG 等の対応法等が記述されている。また本文書では、以下の付録があり、NIST のフレームワークおよびロードマップに記載されたことは付録にまとめられている。

① 10 Appendix A：スマートグリッド EMC 課題と規格の概要
② 11 Appendix B：HEMP、IEMI および極端な磁気嵐現象
③ 12 Appendix C：スマートメーターと関連設備の発展
④ 13 Annex：Home-to-Grid 機器に対する EMC 課題

2．1．3　米国におけるスマートグリッド実証実験

(1) ニューメキシコ州における日米スマートグリッド実証事業（東芝）

本事業は、NEDOが米ニューメキシコ州政府および米連邦政府エネルギー省（DOE）傘下の国立研究所（ロスアラモスおよびサンディア）等と協力して行うスマートグリッドの共同プロジェクトである。

NEDOは、同州政府が州内5か所で行うスマートグリッド実証プロジェクトのうち、ロスアラモス郡とアルバカーキ市の2か所で連携、2009年度から2013年度まで予算額約48億円（ロスアラモスサイト約30億円、アルバカーキサイト約18億円）でスマートグリッド実証を展開。新エネルギーの導入拡大、省エネルギーの推進に向け、日本国内で培ってきた優位な技術（系統用大型蓄電池、エネルギーマネジメントシステム等）を実証し、世界各国で急速に概念整理が進むスマートグリッドの標準化活動へ参画すること、また日本のスマートグリッド関連技術の海外への展開を目的に、日米共同事業として本実証事業を進めている。

本事業は、出力が不安定な再生可能エネルギーが大量に配電系統へ導入された場合の課題を解決するために、①蓄電池とデマンドレスポンスを組み合わせた太陽光発電の導入比率が高い配電系統におけるスマートグリッドの実証、②デマンドレスポンスを行う都市の構成要素としてのスマートハウスの実証（太陽光発電の予測と電力系統側からのデマンドレスポンス信号を考慮した世界最高水準のシステム）、③スマートグリッドの中でデマンドレスポンスを行う構成要素としてのスマートビルの

●ビル単独での自立運転を実証

＊100kW太陽光発電等、
創・蓄エネルギー機器を導入
＊μEMS(Micro Energy
Management System)
でのDR(デマンドレスポンス)
により、太陽光発電の変動を
吸収し、自立運転

スマートビル(Mesa Del Sol)

〔図 2.1.2〕アルバカーキ市のスマートビル実証 [2.4]

実証（太陽光発電による変動の吸収、また非常時（停電等）に自立運転が可能な、世界でも稀にみる低炭素・高品質電力供給システムを有する高機能ビル）を行っている。

これにより、デマンドレスポンス効果の定量的な把握とともに、デマンドレスポンス効果を加味したうえで、太陽光発電の変動吸収に必要となる蓄電池容量を明らかとする等により、同環境における最適なスマートグリッドの構築が可能となる。また、本実証データを活用することによって、他地域へ新たに展開する際に最適なシステムの設計が可能となり、迅速な展開に繋げていくことが期待できる。

(2) ロスアラモス郡における実証内容（東芝）

ロスアラモス郡の実証サイトでは、NEDOから委託された11社が、スマートグリッド実証とスマートハウス実証を行う。

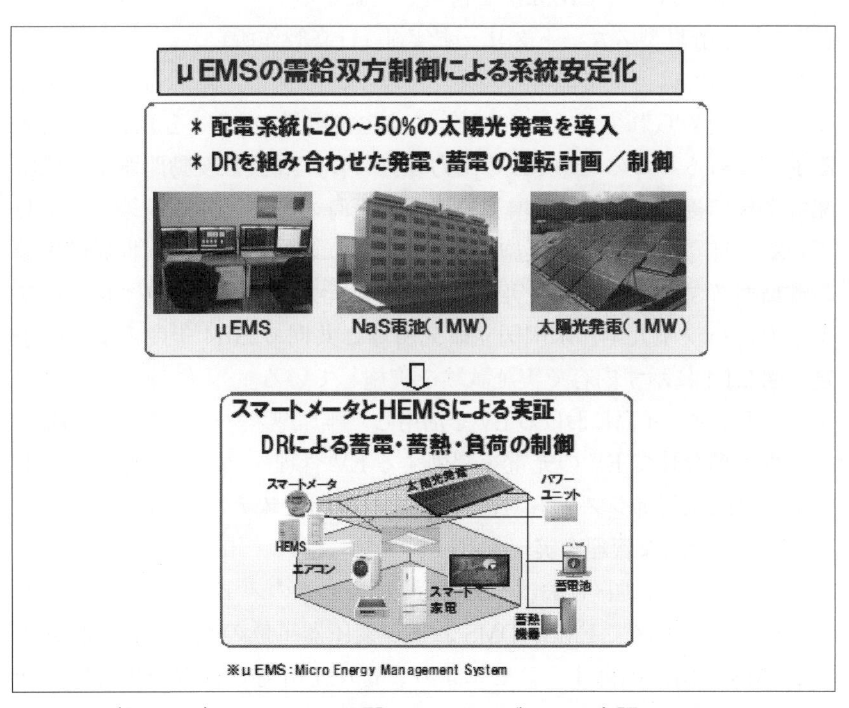

〔図2.1.3〕ロスアラモス郡のスマートグリッド実証 [2.4][2.5]

スマートグリッド実証では、設置した1MW規模のPV由来の電力を、三つの配電線の接続を切り替えることによって導入比率を変化できる環境を構築する。本環境を最大限に活用し、地域エネルギーマネジメントシステム（μEMS）により、蓄電池1.8MW、スマートハウスを含む一般需要家へのデマンドレスポンスを用い、PVの出力の変動を吸収しつつ配電線の電力潮流を既存電力システムと協調し最適に制御するシステムを構築し、実証する。

また、スマートハウス実証では、3.4kWのPV、24kWhのリチウムイオン電池、ヒートポンプ給湯器といった蓄エネルギー機器、エアコンやLED照明等のスマート家電を導入し、μEMS（地域エネルギーマネジメントシステム）から送られてくるデマンドレスポンス信号とPV発電予測量や宅内電力需要予測を考慮しつつ最適制御するホームエネルギーマネジメントシステム（HEMS）を構築し実証する。

(3) ハワイ離島型スマートグリッド実証（日立製作所）

ハワイ島では再生可能エネルギー（以下、RE）として風力発電を中心に導入が進められており、2030年には総発電量の40%をREに置換える予定である。このためREの出力変動に伴う周波数変動問題や、低圧配電系統に接続されるPV増加に伴う晴天時の電圧上昇問題等が発生している。日立はNEDOが実施する「ハワイにおける日米共同世界最先端の離島型スマートグリッド実証事業」の委託先として、ハワイ州、ハワイ電力、ハワイ大学、米国国立研究所等と共同で2014年度末までの予定で図2.1.4に示す内容で実証試験を実施している。

テーマⅠ：マウイ島におけるEVを活用した離島型スマートグリッド実証

マウイ島全体でEVの充電を制御するEV管理システムを導入し、電力系統の配電制御システム（DMS）や需給制御システム（EMS）と連携してEVの統合的な管理を実現する。

テーマⅡ：キヘイ地区における配電変電所レベルのスマートグリッド実証

同島キヘイ地区でEMS、DMSおよび変圧器単位の配電系統を制御するμDMSを協調制御することにより、電圧上昇等の問題発生確率を低減する。

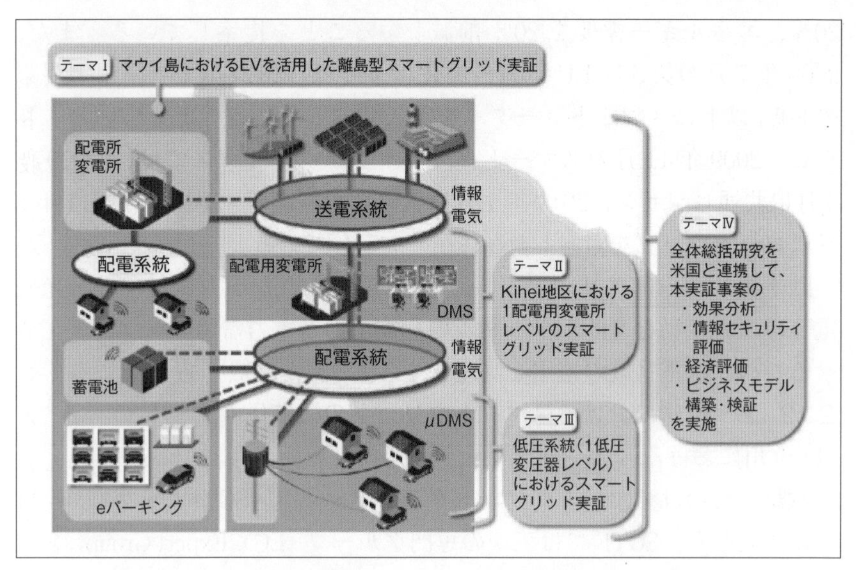

〔図 2.1.4〕ハワイ離島型スマートグリッドのシステム構成 [2.6]

テーマⅢ：低圧変圧器レベルのスマートグリッド実証

家庭の EV 充電器や太陽光発電機に通信機能を設け、μDMS での制御やデマンドレスポンスを導入することで電圧変動の発生確率を低減する。

テーマⅣ：全体統括研究

日立は実証研究責任者として全体を取りまとめ、本実証事業の分析、評価を実施しスマートグリッド環境を構築していく予定である。

2．2　欧州におけるスマートグリッドへの取り組み状況

2．2．1　欧州版スマートグリッドの概況

EU（European Union：欧州連合）では、2004 年 12 月に初めて開催された国際再生可能エネルギー・分散型電源統合会議での提議により、スマートグリッドに関する ETP（European Technology Platform：欧州技術プラットホーム）が成立した。その後、2008 年 12 月に合意したエネルギー政策パッケージ「20-20-20 目標」では、「2020 年までに、CO_2 の量を 20% 削減、最終エネルギー消費に占める再生可能エネルギーの割合を

20%、エネルギー需要を20%削減」することを提案している。また、2009年7月の第3次EU電力自由化指令では、2020年までに全需要家の80%以上にスマートメーターを導入することを目標としている。さらに、2009年11月のスマートグリッドタスクフォースでは、「2010年5月に共通ビジョン、2011年1月に戦略と規制に関する提言、2011年5月にロードマップを策定」することを決定している。

欧州版スマートグリッドでは、「大量導入された風力発電、太陽光発電等の出力変動を含めたトータルの発電出力と電力需要をマッチングさせるため、送電系統の運用を高度化する」ことが特徴である。

2.2.2 欧州におけるスマートグリッドの標準化

(1) 欧州におけるスマートグリッド関連検討組織

欧州委員会はスマートグリッドタスクフォース（SGTF）を2009年11月に設立した。SGTFには三つの専門グループ（EG：Expert Group）を組織して運営している。

EG1：スマートグリッドとスマートメーターの機能

EG2：データの安全性と保護のための規制

EG3：スマートグリッドの普及における役割と規制

CEN（the European Committee for Standardization：ISOに対応する組織）、CENELEC（CLC）（the European Committee for Electrotechnical Standardization：IECに対応する組織）、ETSI（the European Telecommunications Standards Institute：ITUに対応する組織）は、スマートグリッドの標準化を協調するために、2010年5月に合同のワーキンググループ（WG）を発足し、2011年5月に最終報告書を作成した。そして欧州委員会指令M/490を推進するため、2011年5月に共同WGを発展させ、SG-CG（Smart Grids Coordination Group：スマートグリッド協調グループ）を組織した。さらに2011年9月に、NISTとSG-CGがスマートグリッドの標準化を共同で推進することを表明した。

(2) スマートメーターに関する欧州委員会指令（M/441）

欧州委員会指令M/441は、2009年3月に制定され、CEN、CENELEC、ETSIによって承認され、Smart Meters Coordination Group（SM-CG）が設

立された。M/441の目的は、①欧州のスマートメーター（電力ばかりでなく、ガス、水道、熱等を含む）の相互運用性、②双方向通信、③消費電力の可視化である。

通信関連標準規格に関するフェーズ1に対しては、CEN-CLC-ETSI TR 50572:2011 "Functional reference architecture for communications in smart metering systems" を2011年12月に発行した。TR 50572では、既存通信規格との関連で、各種有線通信規格、R&TTE指令（1999/5/EC）に適合した無線通信規格（EMC and Radio spectrum Matters：ERM）、3kHz～148.5kHzの周波数を使用する電力線搬送通信規格EN 50065-1:2001等を引用している。

(3) スマートメーター用狭帯域電力線通信のEMC問題（150kHz以下）

CENELECのSC 205A（電力線通信システム）におけるTF EMI（電磁障害タスクフォース）が2010年4月に報告書「150kHz以下の周波数における電気機器・システムの電磁障害」を作成し、狭帯域電力線通信で信号伝送する電力量の自動メーター読み取り器（AMR-PLC：Automatic Meter Reading using narrowband Power Line Communication）のEMC問題を明らかにしている[2.7]。

AMR-PLCが妨害源となるエミッション問題に対しては、Touch dimmer lamp（TDL）、料理用電気ヒーター、コーヒーメーカー、洗濯機等の家電製品、旧式の警報装置、街灯、交通信号灯等が影響を受けることを、EU加盟各国の調査よりリストアップしている。また、AMR-PLCがTDLに及ぼす影響に関しては、実験的に詳細に検討して、断続的に変動する信号に影響されることを解明している。スマートメーターがTDLに及ぼす影響の調査風景を図2.2.1に示している。また、TDLのイミュニティに対する変調波依存性を図2.2.2に示すが、TDLはAMR-PLCが正弦波変調より矩形波変調のほうが1Hz以下の周波数で影響を受けやすくなっている。

一方、AMR-PLCが被害者となるイミュニティ問題に対しては、家庭内の電気製品、エネルギー節約ランプ、蛍光灯、無停電電源装置、太陽光発電システム、プラントの周波数変換器等が妨害源としてリストアップされている。また、AMR-PLC に対する電気機器のイミュニティ試験法を検討し、EN 61000-4-16（直流から 150kHz までの伝導コモンモード妨害に対するイミュニティ試験）をベースにして、断続的妨害波印加、

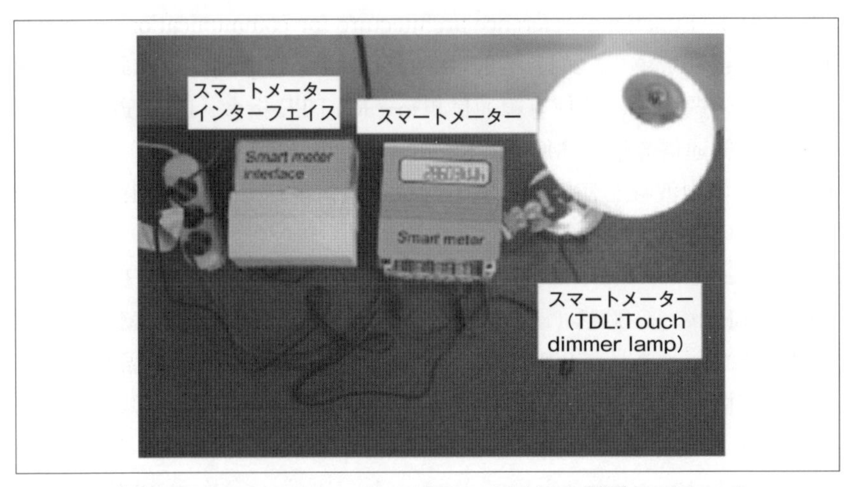

〔図 2.2.1〕スマートメーターが TDL に及ぼす影響 [2.7] [1.14]

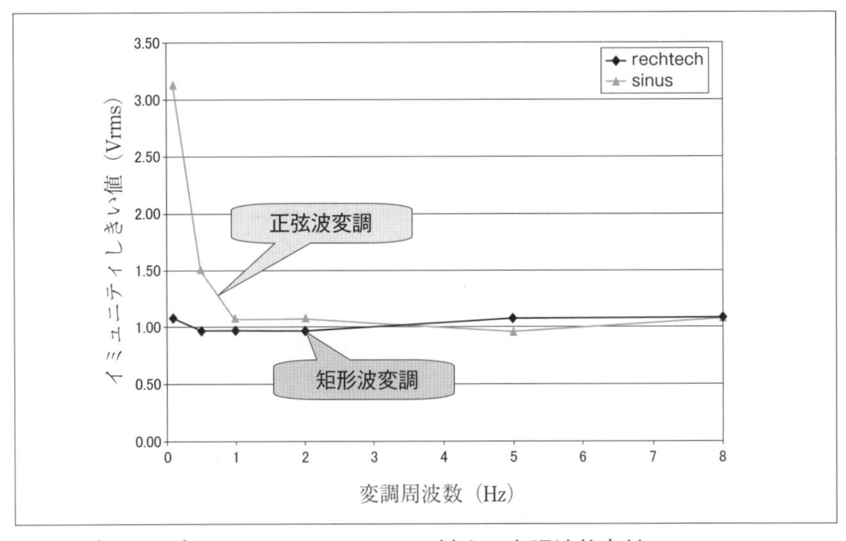

〔図 2.2.2〕TDL のイミュニティに対する変調波依存性 [2.7] [1.14]

伝導ディファレンシャルモード妨害等の試験を追加することを提案している。

CENELECのSC 205Aでは、報告書「150kHz以下の周波数における電気機器・システムの電磁障害」Ed.2を2013年4月に作成した[2.8]。Ed.2では、AMR-PLCが被害者となるケースに関する詳細なデータが集められている。スウェーデンで、変電所に接続されているスマートメーターのAMRシステムが通信不能になったが、その原因が蛍光灯であることが明らかになった。そのときの状況を図2.2.3に示すが、(a)のEMCフィルタを挿入する前では、44kHzと86kHz近傍で、照明機器の伝導エミッション規格であるCISPR 15に規定された許容値を超過している。そのため、109か所のスマートメーターの中で8か所が通信不能になっている。それに対して、EMCフィルタを挿入した(b)では、CISPR 15の許容値を満足しており、通信不能になったスマートメーターも零であった。

一方、AMR-PLC以外の機器に関する障害事例も集められており、その中には、「4.5 CISPR」で説明する表4.5.3のNTT（日本電信電話株式会社）における情報通信機器の障害事例も含まれている。一例として、無停電電源装置による磁気カードリーダの障害とその対策を図2.2.4に示

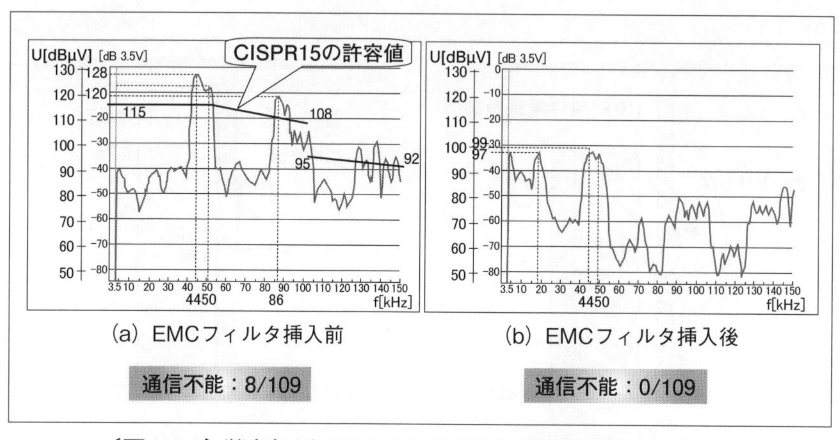

〔図2.2.3〕蛍光灯がAMR-PLCに及ぼす影響の例[2.8][1.14]

す。無停電電源装置のスイッチング周波数が8kHzであり、磁気カードリーダの動作周波数が15.6kHzのため、スイッチング周波数の第一次高調波が磁気カードリーダの動作に影響を及ぼしたことになる。磁気カードリーダと無停電電源装置をシールドすることにより、対策を講じた。

CENELECのSC 205Aでは、報告書「150kHz以下の周波数における電気機器・システムの電磁障害」Ed.3を2015年10月に作成した[2.9]。様々な機器の2kHz～150kHzにおけるエミッション測定例がまとめられている。

(4) 電気自動車の充電に関する欧州委員会指令（M/468）

欧州委員会指令M/468は、2010年6月に制定され、CEN、CENELEC(CLC)、ETSIによって承認され、Focus Group on European Electro Mobilityを設立した。M/468の目的は、

①電気自動車とその充電設備の欧州域内における相互運用性と接続性を確保すること

② 2006/95/ECの定電圧指令（LVD）および2004/108/ECの一般EMC指令を考慮すること

上記について、電気自動車（PHV・EV）の普及のためには、充電設備と接続するためのコネクタの互換性や高圧安全に加え、EMCも重要な要件であることを示している。つまり、PHV・EVに対して、従来のガソリン車に基づいたEMC規定だけでなく、PHV・EVの充電システムが

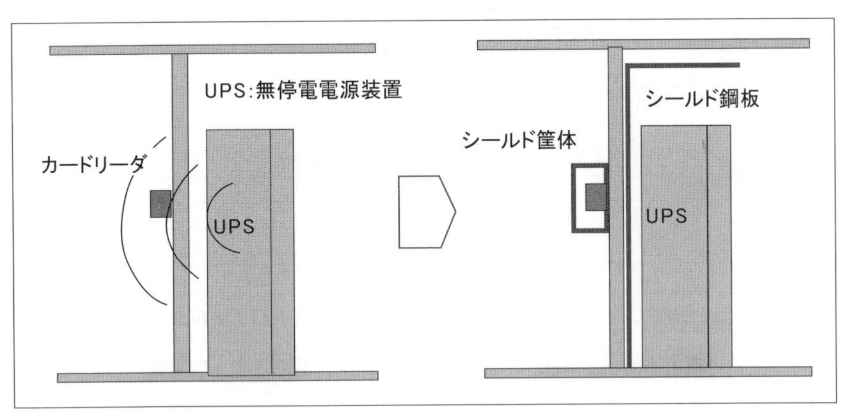

〔図2.2.4〕無停電電源装置による磁気カードリーダの障害とその対策[2.8][1.14]

商用電源に接続される場合を想定し、一般EMC指令への適合を考慮する必要があることを示している。

電気自動車と関連設備に関する標準化の報告書バージョン1を2011年6月に、またバージョン2を2011年10月に作成した。12章が「電気自動車と充電設備に対するEMC」というタイトルで、勧告12.1から勧告12.11まで、11個の勧告を作成している。重要な勧告としては、勧告12.1で、自動車からの妨害波を規定した指令72/245/EECは2014年11月に廃止されるため、自動車はUN/ECE（United Nations Economic Commission for Europe：国際連合欧州経済委員会）/WP29（自動車基準調和国際フォーラム）で代表されることを確認すること、また、充電時の伝導妨害波として、2kHz～150kHzの周波数に注意することを勧告している。また、勧告12.6では、IECのSC 77A（低周波現象に関連するEMC規格の作成を担当）は周波数2kHz～150kHzの検討を早急に実施することを勧告している。

自動車のEMCに関する欧州指令には、2004/104/ECがあるが、ECはEMC規制の更新をUNに委託し、UN/ECE Reguration No.10（以下、UN/ECE-R 10）として運用していくことを決定した（欧州指令は2014年11月に廃止予定）[2.10][2.11]。これを受けて、UN/ECE-R 10第3版が、従来の自動車のEMCの欧州指令である2004/104/ECをベースに、2008年に制定された。その後、PHV・EVの市場拡大と、欧州指令（M/468）を受け、PHV・EVの充電システムに関するEMC要求として、IEC 61000関係やCISPR 16等の一般EMC指令における基本規格を引用し、UN/ECE-R 10第4版として2011年10月に発行された。

表2.2.1に、UN/ECE-R 10第3版、第4版、第5版の比較を示す。車両の放射エミッション試験は、CISPR 12を引用しており、部品試験はCISPR 25が引用されている。CISPR 12では、30MHz～1GHzの周波数を対象としている。一方、車両のイミュニティ試験は、ISO 11451を引用しており、部品試験はISO 11452を引用している。ISO 11451では、20MHz～2GHzの周波数を対象としている。PHV・EVの充電システムを考慮したUN/ECE-R 10第4版では、附則1116に、IEC 61000やCISPR

16等のエミッション・イミュニティに関する基本規格が追加されている。充電モードの実車EMC試験は第4版で初めて規定されたが、2014年10月に発行されたR 10の第5版では、一部試験法の改正とともに、充電モードの部品試験が新たに加わることになった[2.13]。なお、日本では、自動車の型式認証基準・保安基準に対してUN/ECE-R 10を2011

〔表2.2.1〕UN/ECE-R 10の第3版、第4版、第5版の比較 [2.11][2.12]

附則	試験		規格	第3版	第4版	第5版
附則4	車両試験	広帯域エミッション	CISPR 12	○	○ 充電時試験追加	○ ←
附則5	車両試験	狭帯域エミッション	CISPR 12	○	○	○
附則6	車両試験	放射電磁界 イミュニティ	ISO 11451	○	○ 充電時試験追加	○ ←
附則7	部品試験	広帯域エミッション	CISPR 25	○	○	○
附則8	部品試験	狭帯域エミッション	CISPR 25	○	○	○
附則9	部品試験	放射電磁界 イミュニティ	ISO 11452	○	○	○
附則10	部品試験	過渡電圧 イミュニティ	ISO 7637	○	○	○
附則11	車両試験	電力線 高調波エミッション	IEC 61000-3-2 IEC 61000-3-12	–	○	○
附則12	車両試験	電力線 電圧変動フリッカ	IEC 61000-3-3 IEC 61000-3-11	–	○	○
附則13	車両試験	電力線 伝導エミッション	CISPR 16-1-2 CISPR 16-2-1	–	○	○
附則14	車両試験	通信線 伝導エミッション	CISPR 22	–	○	○
附則15	車両試験	電力線 通信線 EFT/B	IEC 61000-4-4	–	○	○
附則16	車両試験	電力線 雷サージ	IEC 61000-4-5	–	○	○
附則17	部品試験	電力線 高調波エミッション	IEC 61000-3-2 IEC 61000-3-12	–	–	○
附則18	部品試験	電力線 電圧変動フリッカ	IEC 61000-3-2 IEC 61000-3-12	–	–	○
附則19	部品試験	電力線 伝導エミッション	CISPR 16-1-2 CISPR 16-2-1	–	–	○
附則20	部品試験	通信線 伝導エミッション	CISPR 22	–	–	○
附則21	部品試験	電力線 通信線 EFT/B	IEC 61000-4-4	–	–	○
附則22	部品試験	電力線 雷サージ	IEC 61000-4-5	–	–	○

年に採択しており、2016年8月までに、すべての完成車両の適合が義務づけられている。

UNECE/WP29に対応する国内組織としては、国土交通省、日本自動車工業会、日本自動車部品工業会、日本自動車輸入組合等で構成されるJASIC（Japan Automobile Internationalization Center：自動車基準認証国際化研究センター）が1987年10月に設立されている[2.14]。R 10に関しては、WP29の中の灯火器専門分科会（ECE/WP29/GRE: Working Party on Lighting and Light-Signalling）にて取り扱われている。このため、JASICは灯火器分科会内にEMCワーキンググループを設けR 10対応の活動をしている。

(5) スマートグリッドに関する欧州委員会指令（M/490）

欧州委員会指令M/490は、2011年3月に制定され、CEN、CENELEC（CLC）、ETSIによって承認された。M/490の目的は、欧州域内で導入されるスマートグリッドに対して、一貫性のあるワンセットの規格を開発・更新することである。また、既存の指令M/441とM/468の成果と整合が取れるようにすることである。CEN/CLC/ETSI合同WGはスマートグリッドの標準化に関する最終報告書を2011年5月に作成した。

最終報告書の「5.1.6 他の分野横断的事項」で、「5.1.6.2 EMCと電力品質」という節を設けて、以下の三つの勧告を行っている。

EMC-1：既存規格、特に周波数2kHz～150kHzに関するレビュー
EMC-2：インターフェースにおけるEMCと電力品質のレビュー
EMC-3：分散電源装置からの電源高調波・電圧変動等を考慮すること

また、以下の付録でも、EMC関連事項を記述している。

Annex 7：2kHz～150kHzに関連するEMC・電力品質関連規格一覧（電力線搬送IEC 61000-3-8、EN 50065-2-1～3等の規格もリストアップ）

Annex 8：低周波のEMC・電力品質関連規格一覧（IEC/TR 61000-2-5（電磁環境の分類）、EN 61000-4-30（電力品質の測定法）等）

(6) 欧州のSGAM（スマートグリッドアーキテクチャモデル）

現在、欧州のSG-CGでSGAM（スマートグリッドアーキテクチャモデ

ル）を検討しているが、欧州の組織ばかりでなく、米国の NIST や GWAC（GridWise Architecture Council: formed by U. S. Department of Energy）も参加している。SGAM の構造を図 2.2.5 に示すが、SGAM のコンポーネント層における構造としては、発電・送電・配電・分散電源・需要家に関連するドメインと、プロセス・運用・市場の関連するゾーンで構成さている。GWAC（GridWise Architecture Council）によって着想された SGAM の層としては、コンポーネント層の上位に、通信・情報・機能・ビジネスの各層が存在している [2.15]。

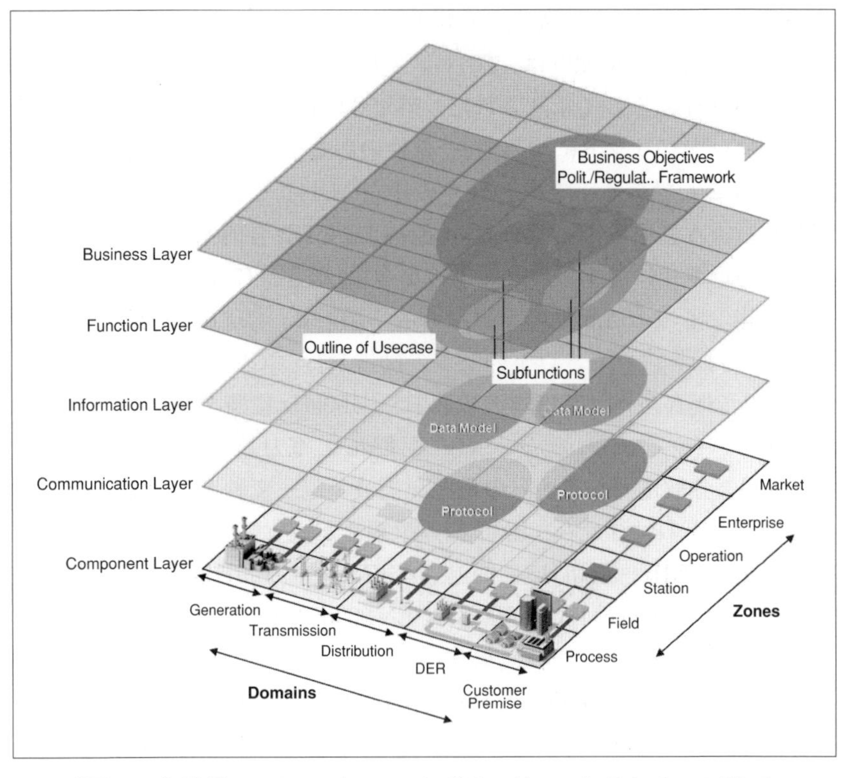

〔図 2.2.5〕欧州の SGAM（スマートグリッドアーキテクチャモデル）[2.15][2.16][1.14]

2.2.3　欧州におけるスマートグリッド実証実験

(1) フランス・リヨン スマートコミュニティ実証PJ（東芝）

このプロジェクトは、NEDO（国立研究開発法人 新エネルギー・産業技術総合開発機構）の委託事業である。2015年度までの実証事業で、EUの環境政策である「20-20-20」（2020年までに温室効果ガス排出量を1990年比で20％削減、最終エネルギー消費に占める再生可能エネルギーのシェアを20％に拡大、エネルギー効率を20％改善）を5年前倒しで達成することを目指している。対象となる150ヘクタールにおよぶ再開発地区に対して、住民・利用者に対するスマートライフ化を推進している。また客観的評価のため、地域全体のエネルギー情報を指標化するマネジメントシステムが導入される。

東芝は、本プロジェクトの総括役を務め、東芝グループから主要な機器やシステムを提供し、地元企業をパートナーとしてプロジェクトを推進している。

本プロジェクトでは、

① PEB（ポジティブ・エナジー・ビルディング）：新設ビルに太陽光発電、BEMS、HEMS、省エネ設備を導入し、消費するエネルギーより、多くのエネルギーを作り出す

②太陽光発電を活用したEV充電管理システムとカーシェアリングシステム

③既設住宅のスマート化

④コミュニティマネジメントシステム（CMS）

を事業として行っている。

このうち、スマート交通システムの典型例である②の太陽光発電を活用したEV充電管理システムとカーシェアリングシステムを図2.2.6に示す。太陽光発電をエネルギー源とするEVシェアリングシステムの導入で、二酸化炭素を削減するとともに、都市交通問題の解消を狙う。

2013年10月より2015年度までの予定で実証実験が始まった。カーシェアリングシステム導入で、交通渋滞を緩和し、駐車スペース不足を解消する。また、天気予報から予測した太陽光の予測発電量と連動した

EV の充電計画を立てるコントロールシステムにより、再生可能エネルギーを最大限に活用する。実証では、PSA（プジョー・シトロエン）と三菱自動車の EV を 30 台使用する。対象となる再開発地区に、普通充電器 30 台、チャデモ方式の急速充電器を 3 台、出力 200kW 分の太陽光発電装置を配置する。また、①の PEB の構築を実証するための HIKARI ビルは 2015 年 9 月に竣工し、PEB の構築の実証を 18 か月間の予定で開始した。

このプロジェクトにより、欧州でのスマートコミュニティのベストプラクティスを確立し、他の地域への展開を図る。

(2) スペイン スマートコミュティ実証（日立製作所）

三菱重工、三菱商事および日立は、NEDO の委託を受けて参画しているスペイン・マラガ市（アンダルシア州）の「スペインにおけるスマートコミュニティ実証事業」で、電気自動車（以下、EV）200 台、急速充電設備 9 か所、および EV 管理センターを中心とする実証システムの運転を、2013 年 4 月 25 日から開始している。CO_2 排出量の大幅な削減が期待される次世代交通インフラを構築すること等を目的に、2016 年 3 月末まで実証試験を行う予定である。

本実証事業は、EV の普及に必要な EV 用急速充電器や EV 管理セン

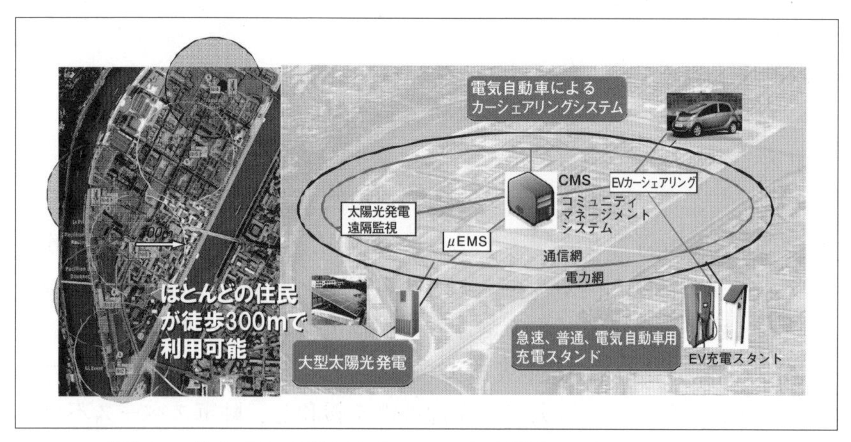

〔図 2.2.6〕リヨン交通 PJ のスマート交通システム [2.17][2.18]

ター等のEVインフラの構築およびこれらを活用した新規事業の運営について実証する。また、EV給電の安定化に欠かせない電力マネジメントシステムの実証や、EVインフラと電力システムの連携を可能にするICT（Information and Communication Technology：情報通信技術）プラットフォームの実証、さらに、EV管理センターに蓄積されたデータに基づいた新たな総合サービスシステムを実証する。

この中で日立は、ICTプラットフォーム、急速充電設備および電力マネジメントシステムに連動するデマンドサイドマネジメントを提供している。本実証事業において、各充電ステーションの混雑情報や車載器の交通情報（プローブ交通情報）に基づく最適なナビゲーションサービスの提供や、スマートフォン（高機能携帯電話）端末で、最寄りの充電ステーションまでの距離や電気使用量等のきめ細かい情報を検索可能とする。このようにすることで、参加者の利便性の向上や充電ステーションへの誘導の最適化することで、急速充電設備の使用に伴う電力系統への影響緩和をめざしている。

2.3　韓国におけるスマートグリッドへの取り組み状況 [2.19]

2010年代の韓国は、過去のような高度経済成長ではなく、持続的な経済成長に目を向けている。そのために必須不可欠な次世代の成長動力として注目しているのがスマートグリッドである。主な狙いは、韓国で国際競争力を持っていると考えられるICT（Information&Communication Technology：情報通信技術）と電力システムを融合させた新しい産業を一足早く構築することで国際競争力を確保することにある。

本節では、韓国において第一番目になされたスマートグリッド国家ロードマップを紹介し、標準化における動きの概要について述べる。

2.3.1　スマートグリッド国家ロードマップ（名称：スマートグリッド2030）

(1) スマートグリッド2030の概要

2010年1月に知識経済府（現在の産業通商資源府）で第一番目のスマートグリッド国家ロードマップが発刊された。その翌年である2011年にスマートグリッドの基本計画が公表された。その後、政府（特に産業通商資源部）は毎年実行計画を立てて、計画を推進している。

第一番目のロードマップでは、スマートグリッドを「既存の電力網（Grid）に ICT（Smart）を結び付けて、供給者と消費者がお互いに実時間の電力情報を交換してエネルギーの効率を最適化する次世代の電力網」として定義している。その概念図を図 2.3.1 に示す。図にあるスマートグリッドの導入によるメリットには、次の二点が取り上げられている。一つ目は、双方向の電力情報の交換を通してエネルギーの消費を合理的に誘導し、高品質なエネルギーおよび多様な付加サービスが提供できるようにすることであり、二つ目は、新再生エネルギー、電気自動車等のクリーン緑化技術への融合と拡張が容易な開放型システムとして、産業間の融・複合に通じる新ビジネスの創出が可能なことである。

図 2.3.2 には過去と未来のスマートグリッドに対する比較を示す。図

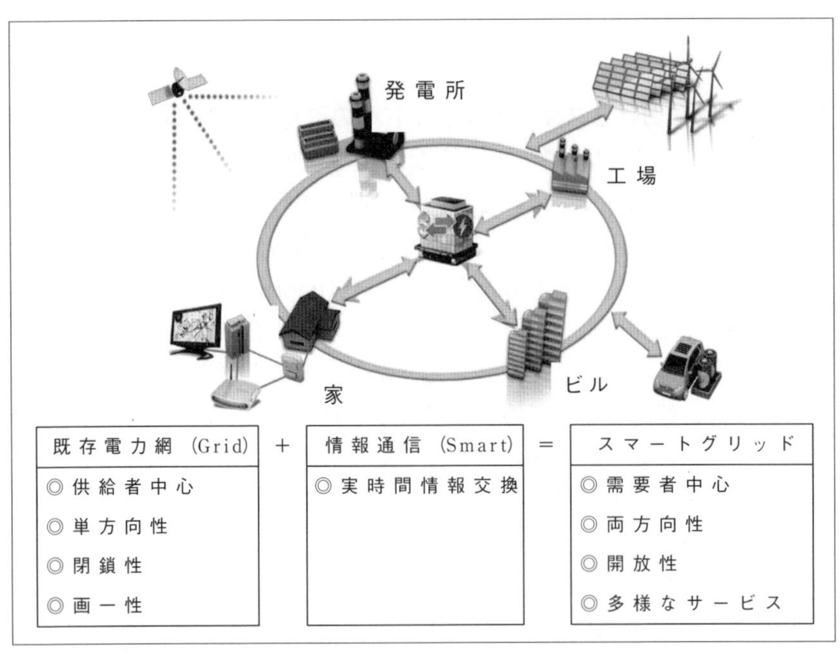

〔図 2.3.1〕スマートグリッドの概念 [2.19]

に描いてある過去のスマートグリッドは、発電・送電・配電・消費者の階層構造から多様な主体達が消費者であり供給者であるネットワーク構造を持つ電力網としていたが、未来でのスマートグリッドは電力インフラと情報通信インフラとが融合された高効率次世代電力網とし、さらに、電力網が電力を供給するためのインフラから、家電・通信・建設・自動車・エネルギー等のビジネスプラットホームの役割を果たすインフラへ進化すると予測している。

(2) 推進背景

スマートグリッド2030の推進背景は、次の三つのキーワードで説明されている。気候変動に対する対応、エネルギー効率の向上、新成長駆動源の創出である。

(a) 気候変動への対応

2020年までにBAU (Business As Usual：排出展望値) 基準で30%の炭

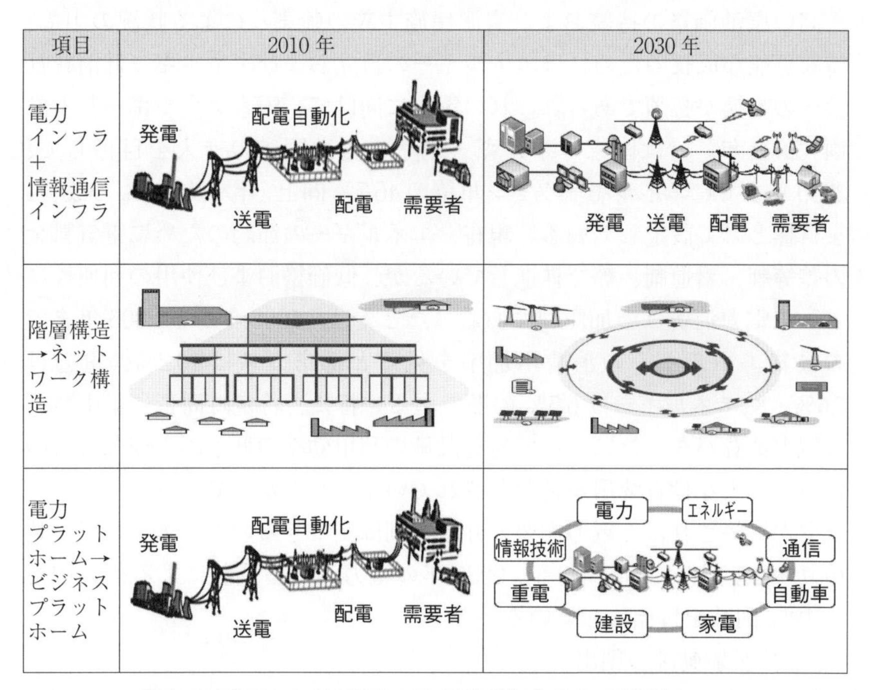

項目	2010年	2030年
電力インフラ＋情報通信インフラ	発電 配電自動化 送電 配電 需要者	発電 送電 配電 需要者
階層構造→ネットワーク構造		
電力プラットホーム→ビジネスプラットホーム	発電 配電自動化 送電 配電 需要者	電力 エネルギー 情報技術 通信 重電 自動車 建設 家電

〔図2.3.2〕スマートグリッドの過去と未来との比較 [2.19]

素排出量を減らすべきという国家の温室効果ガスの目標達成のためには、低炭素グリーンインフラの構築が急務である。韓国のGDP対比温室効果ガス排出量はOECD国家の平均値より1.6倍になるので、温室効果ガスの低減のためには新再生エネルギー、電気自動車、等のクリーンエネルギー源、環境に優しい交通・家電、等の普及拡大が必要になる。ここで、温室効果ガスの絶対排出量はOECD中で9位（2007年基準）、年平均増加率は1位（2005年基準）である。それゆえに、新再生エネルギーおよび電気自動車の普及を活性化するためには既存の電力網では不可能であり、スマートグリッドの構築が必要不可欠である。何故ならば、出力の変動が激しい新再生エネルギーを自由に電力網に連係するにはスマートな制御システムの構築が必要であり、電気自動車では新しい料金制の開発および負荷の分散制御技術等が要求されるためである。

(b) エネルギー効率の向上

高い原油価格の持続および資源民族主義の強まりによる状況の中で、持続可能な成長のためにはエネルギーの自立およびエネルギー低消費社会への転換が必須である。これの実現に向けて、国家エネルギー基本計画（2008年）では国家エネルギー効率の先進国への進入を目指して、2030年までにエネルギーウォン単位の46.7%向上（年平均2.6%の改善）を目標として設定している。現在、エネルギーの節約のために電気料金の差等制、累進制、等を推進しているが、低価格および使用の利便性によって電力消費は増加傾向にある。たとえば、1998年から2006年までの最終エネルギーの消費増加率を見ると都市ガスは10.2%、電力は7.6%、熱エネルギーは6.5%の順である。特に、特定時間帯に集中される電力消費パターンによって発電設備の利用効率の低下および発電所の建設に莫大な投資費用が必要とされている。したがって、スマートグリッドが構築されると電力需要の分散と制御ができるので、エネルギー利用効率の向上が可能になる。2030年の電力需要の分散による最大電力の10%削減を目標にしている。

(c) 新成長駆動源の創出

世界のスマートグリッド市場が急激に成長する見通しなので、半導体・

ITを継続的に発展させる新成長駆動源として同市場を育成する必要がある。2009年にアメリカのスマートグリッド市場規模は約214億ドル(年平均14.9%成長すると予想)、世界市場の規模はおよそ693億ドル(年平均19.9%成長すると予想)であると報告されている(IEA/WEO:International Energy Agency/World Economy Outlook(国際エネルギー機構/世界経済機構)の見込み)。スマートグリッドは、電力と重電が通信・家電・建設・自動車・エネルギー等の産業の全体と連係されるので大きな波及効果を期待できる。2008年に韓国の重電分野の世界市場の占有率は約2.3%の水準にあり、電力産業にIT産業の通信能力が結合すれば大きな波及効果が期待される。

(3) 技術開発

2008年の電気年鑑によると韓国の家電産業における世界市場での占有率は2.7%(7位)であり、デジタルTV占有率は33.4%、スマートフォン占有率は23.8%(2位)である。その状況の中で、2005年からは総額2,532億ウォン規模の電力IT技術開発を先導的に推進したので、重電および半導体等の関連業界も相当な技術力を保有していると評価されている。ただし、オリジナル技術と部品素材の分野は日本等の先進国に比べると約3年から5年位の技術格差があるのも事実である。

このような状況でスマートグリッドの技術開発における推進分野を取り出して、既存の電力網を構成要素別に領域・区分しているEPRI-NISTおよびSIEMENSの概念モデル(Conceptual Model)と比較・分析して、韓国型スマートグリッドの概念モデルを決定した経緯がある。たとえば、EPRI-NISTの場合は、発電・送電・配電・需要家・市場・運営・サービスの七つの領域に区別されている。それに対して、SIEMENSの場合は発電・電力網・消費・計画の四つの領域のモデルである。韓国型スマートグリッドの概念モデルで決められたプラットフォームは、スマート型電力網を基礎において、その上に知能型サービス、さらにその上には三つのスマート型消費者、スマート型新再生エネルギーとスマート型輸送と、全体で五つの領域から構成されている。

(4) 実証事業

技術開発の成果に関する実証およびビジネスモデルの開発のために済州島を実証団地に指定して、民間コンソーシアムを構成した。IT・エネルギー等の170社の民間企業が参加し、2013年までに2,395億ウォンの予算が投入され、実時間料金・電気車充電・新再生エネルギー等が実証された。

(5) 済州島のスマートグリッド実証団地

世界最大・最先端のスマートグリッド実証団地を早期に構築し、関連技術の商用化および輸出産業化を推進することを目指して済州島の舊左邑（グザウプ）に五つのスマートグリッド実証試験場と6千世帯の民家が参加した実証団地が構築されている。韓国政府が766億ウォンを投資して2013年5月に終了するまでに12のコンソーシアム（総合で170の企業）が参加した実証試験場では、スマート電力網、スマート電力市場、スマート消費者、スマート輸送、スマート新再生エネルギーの分野の実証試験が行われた。

2.3.2　スマートグリッドの標準化推進戦略

2010年5月に知識経済部の技術標準院（現在の産業通産資源部の国家技術標準院）で決定された国家のスマートグリッドに対する標準化推進戦略について概略を述べる。

(1) 目標と戦略

標準化の目標はスマートグリッドに対する標準体系の確立および国際標準の先導的推進にある。言い換えると、スマートグリッドの相互運用性の確保および開発技術の産業化を牽引することである。推進戦略としては主に次の三つを取り上げている。まず、スマートグリッドの相互連動および互換性の確保のために、協会・事業団・コンソーシアム等との標準化協力体系の構築である。次に、標準化活動は国内技術開発、国家・国際標準を考慮した標準化対象を選定して、済州島実証団地で実行・検証する。最後に、標準の適切な市場供給と円滑な標準化推進のために、標準コーディネータを選任して、全般的な標準化活動を総合的に管理することである。

(2) 主要推進課題

(a) 国家相互運用性標準フレームワークの開発

フレームワークとは、スマートグリッドで使われる技術・標準を細部分野別・技術別に分流し、相互運用性の検証を通して採択した標準課題体系のことであり、各技術間の相関関係を概念的に表現した参照モデルと標準モデルの課題（約200種）から構成されている。済州島の実証団地事業と連係して3段階で推進する。そして、スマートグリッドロードマップの5大領域と共通分野である情報通信および適合性評価、等の7大分野に区分して、システムの間の連動交換性のための標準開発をする。ここで、7大分野としては、電力網、消費者、輸送、新再生エネルギー、サービス、情報通信・保安、適合性評価である。

(b) フレームワーク運営および管理体系の構築

図2.3.3はフレームワークの開発体系を示す。図のように、フレームワークは相互運用性研究会、分野別の担当研究機関、標準化フォーラム、相互運用性実証センター、等で構成されている。

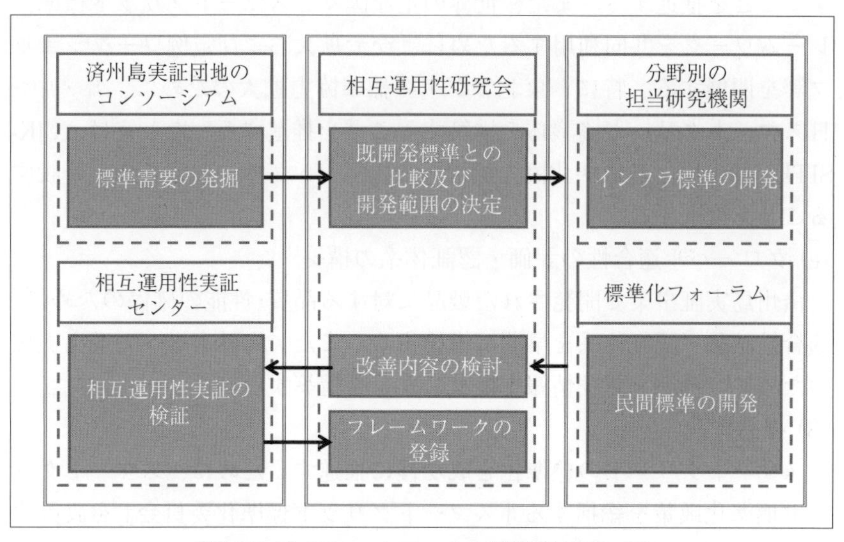

〔図2.3.3〕フレームワークの開発体系 [2.19]

(c) 主要分野における核心的標準の開発

標準フレームワークの開発計画によって、標準開発は以下のように段階別に目標を設定して推進する。

①1段階 (2010-2011)：スマート型電力機器、先端計量インフラ (AMI)、等の個別の製品標準および電気自動車充電インフラ、電力貯蔵装置、等の実証団地の構築に必須な標準を重点的に開発すること。

②2段階 (2012-2013)：電力監視・制御等の統合システム (送電・配電系統システム、電力変換および仮想発電、マイクログリッド、デマンドレスポンス (DR)) 標準の開発・検証に傾注すること。

③3段階 (2014-)：広域網統合運営システムおよび統合エネルギー管理システム、電気自動車の系統連係 (V2G)、電力取引システム、等の広域サービス標準の開発と国際標準への新規提案に傾注すること。

(d) 国際標準化活動および協力体系の構築

国際標準の先導および活動力の強化と国際標準化交流・協力の強化を推進戦略にする。まずは標準フレームワークの開発と連係して国内技術に対するグローバルな互換性を確保するために、国際標準に迅速に提案することを推進する。また、世界の主な国々とスマートグリッド標準フレームワークを共同利用するために、交流拡大および定例ワークショップ等を開催する。特に、東北アジアの標準協力拡大のために、韓・中・日スマートグリッド協議体を構築することを推進する。たとえば、CJK-SITE (韓・中・日標準化協力機構) にスマートグリッド分科会を新設することを推進する。

(e) グローバル適合性の評価・認証体系の構築

済州島実証事業で開発された製品に対する品質・性能の確保のために、適合性試験・認証体系を早期に構築する。また、海外市場への進出支援のために、標準・認証情報支援センターを構築する。

(3) 推進体系

スマートグリッドの標準化を成功裡に推進するために、スマートグリッド標準化政策を総括する「スマートグリッド標準化委員会」を設置する。「標準化委員会」はスマートグリッド標準化計画とロードマップの修正・確定および参加機関間の標準化業務協議と調整等を行う。標準開発機関は相互運用性研究会を中心に標準ロードマップとフレームワークおよび国際標準化戦略等を確立する。相互運用性研究会は標準コーディネータが議長になってスマートグリッド標準化推進を総括する。研究会はスマートグリッドの5大領域と情報通信・保安および適合性評価等7大分野別に担当機関で構成する。担当機関は担当分野の標準を責任を持って管理する。全般的な標準化推進体系を図2.3.4に示す。スマートグリッド標準化推進体系の趣旨は、NISTのモデルように政府は間接的に支援し、民間の自律的な標準化を推進することである。

(4) 終わりに

韓国でのスマートグリッドの取り組み状況を、韓国政府の政策資料(2010年版)を基に簡単に紹介した。参考資料はやや古いが、最近、資料の更新作業はほぼ終えている。たとえば、済州島実証団地事業は公式

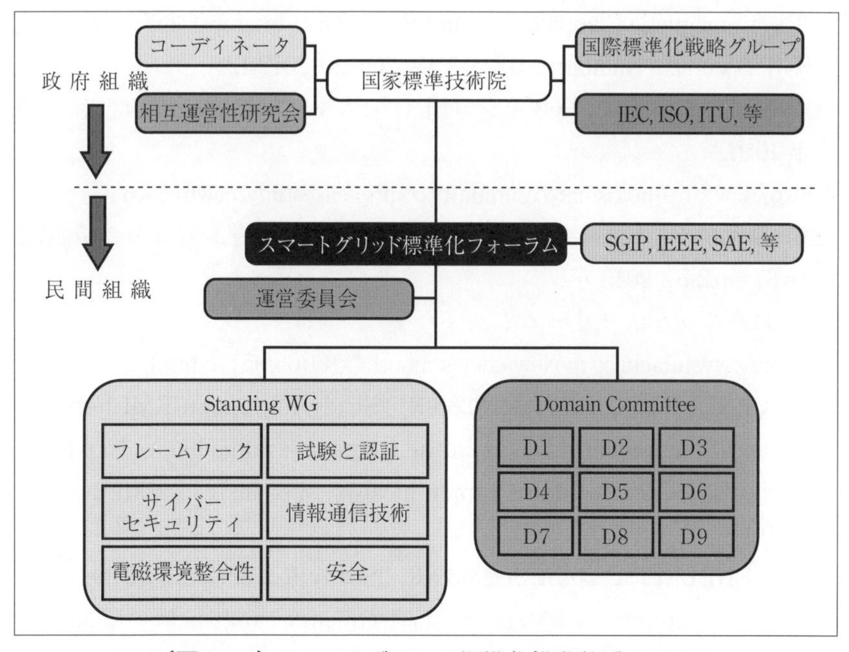

〔図2.3.4〕スマートグリッド標準化推進体系 [2.19]

的に終了し、現在では新しい後続計画が立てられ、実行に向けて進んでいる。近いうちに、韓国の更新されたスマートグリッドの事情について紹介したい。

参考文献

(2.1) Office of the National Coordinator for Smart Grid Interoperability: "NIST Framework and Roadmap for Smart Grid Interoperability Standards, Release 1.0" , NIST Special Publication 1108, U.S. Department of Commerce and NIST, pp.1-145, 2010.1

(2.2) Office of the National Coordinator for Smart Grid Interoperability, Engineering Laboratory: "NIST Framework and Roadmap for Smart Grid Interoperability Standards, Release 2.0" , NIST Special Publication 1108R2, U.S. Department of Commerce and NIST, pp.1-225, 2012.2

(2.3) SGIP Electromagnetic Interoperability Issues Working Group: "Electromagnetic Compatibility and Smart Grid Interoperability Issues" , SGIP Document Number: 2012-005, Version 1.0, 2012.12.5

(2.4) 東芝：「米国ニューメキシコ州 日米スマートグリッド実証」、2015年10月
http://www.toshiba-smartcommunity.com/jp/casestudy/newmexico

(2.5) 鈴木他：「スマートグリッドの基盤技術」、東芝レビュー、Vol.68、No.8、pp.2-5、2013年

(2.6) 日立ニュースリリース：
http://www.hitachi.co.jp/New/cnews/month/2011/05/0517b.html

(2.7) CENELEC/SC 205A/Sec0260/R: "Study Report on EMI between electrical equipment/systems in the frequency range below 150kHz" , CENELEC/SC 205A (Mains communication systems), TF EMI, pp.1-54, 2010.4

(2.8) CENELEC/SC 205A/Sec0339/R: "Study Report on EMI between electrical equipment/systems in the frequency range below 150kHz" , CENELEC/SC 205A (Mains communication systems), TF EMI, pp.1-89,

2013.4
(2.9) CENELEC/SC 205A/Sec0400/R: “Study Report on EMI between electrical equipment/systems in the frequency range below 150kHz” , CENELEC/SC 205A (Mains communication systems), TF EMI, pp.1-121, 2015.10
(2.10) 塚原仁：第27回EMC・ノイズ対策技術展特別企画「世界のEMC規格・規制」(2014年度版)、日本能率協会、pp.27-34、2014年7月
(2.11) 塚原仁：第28回EMC・ノイズ対策技術展特別企画「世界のEMC規格・規制」(2015年度版)、日本能率協会、pp.32-39、2015年5月
(2.12) 野島昭彦：「自動車のワイヤレス電力伝送に関するEMC規格動向について」、電子情報通信学会総合大会依頼シンポジウム、BI-4-2、2014年3月
(2.13) 伊藤紳一郎、小林敬史：「講演3 自動車EMC基準R10の最新動向と審査施設の整備状況」、平成27年度 交通安全環境研究所フォーラム2015講演概要、交通安全環境研究所、pp.15-20、2015年11月
https://www.ntsel.go.jp/forum/2015files/forum15.pdf
(2.14) JASIC (Japan Automobile Internationalization Center：自動車基準認証国際化研究センター)
http://www.jasic.org/
(2.15) E. Lambert: “M/490 Smartgrid Mandate Status” , UCA SIM User Group Meeting, 2012.5.16
(2.16) New ETSI-CEN-CENELEC approach for rapid SG deployments
http://africasmartgridforum2014.org/fr/expert/sessionb1/laurent-schmitt-new-etsi-cen-cenelec-en.pdf
(2.17) 広岡他：「スマートコミュニティで築く豊かな未来」、東芝レビュー、Vol.67、No.9、pp.2-6、2012年
(2.18) 西村他：「フランス リヨン市におけるスマートコミュニティ実証事業の取組み」、東芝レビュー、Vol.70、No.2、pp.17-21、2015年
(2.19) スマートグリッド国家ロードマップ、知識経済府 (韓国)、2010年1月25日

3.

国内における
スマートグリッドへの取り組み状況

3.1　国内版スマートグリッドの概況

2011 年 3 月 11 日に発生した東日本大震災前までは、日本の電力供給品質は国際的に見て高いレベルにあるため、当初は「日本にはスマートグリッドは不要」との議論もあった。しかし、2008 年 6 月には福田ビジョンが発表され、太陽光発電を 2020 年までに、現状の約 20 倍の 2800 万 kW、2030 年までに 5300 万 kW 導入することを目標とした。そのため、2008 年 7 月経済産業省に「低炭素電力供給システムに関する研究会」を設置して、スマートグリッドに関する基本検討を開始した。

東日本大震災前の日本版スマートグリッドの特徴は、「高度な情報通信ネットワークを利用して世界最高の信頼度を有する送配電ネットワークをすでに構築しているが、さらに、太陽光発電等の再生可能エネルギー、電気自動車等も含めて統合的に制御することにより、社会コストミニマムで実現する高効率、高品質、高信頼度な電力供給システムの構築」であった。ところが、2011 年 3 月 11 日に発生した東日本大震災で、事情が一変した。福島原子力発電所が爆発して放射能汚染が広まったため、国内で定期点検中の原子力発電所が再稼働できない状況になり、東京電力のエリアばかりでなく、全国的に電力不足に陥った。そのため、すべての企業や家庭に対して厳しい節電を要請したため、企業活動や日々の生活に重大な影響を及ぼしている。このような状況に対応するため、日本政府は原子力発電に依存したエネルギー政策を見直さざるを得なくなり、太陽光発電、風力発電、地熱発電等の再生可能エネルギーとスマートグリッドへの関心が非常に高まっている状態である。

3.2　経済産業省によるスマートグリッド／コミュニティへの取り組み

(1) 次世代エネルギー・社会システム協議会

2009 年 11 月に「次世代エネルギー・社会システム協議会」を経済産業省に設置し、その下に、①次世代送配電ネットワーク、②蓄電池システムの産業戦略、③低炭素社会におけるガス事業のあり方、④次世代エネルギーに係わる国際標準化、⑤ゼロエミッションビル（ZEB）の実現と展開、⑥次世代自動車戦略等の研究会を設置した。また、2010 年 5

月には「次世代送配電システム制度検討会」と「スマートメーター制度検討会」を設置した。

(2) 経済産業省・資源エネルギー庁による補助事業

経済産業省・資源エネルギー庁では、「電力の安定供給を維持しつつ、太陽光発電の大量導入が可能な電力システムの構築に向けて、諸課題を解決する技術的な手法」を開発することを目的として、「次世代送配電系統最適制御技術実証事業」(2010年～2012年)、「次世代型双方向通信出力制御技術実証事業」(2011年～2013年)、「太陽光発電出力予測技術開発事業」(2011年～2013年)の補助事業を推進している。推進組織としては、大学、電力会社、重電・家電・自動車等のメーカ、商社等の法人からなる。

上記の補助事業に関する進捗状況が、平成25年電気学会全国大会(2013年3月)のシンポジウム「H5：スマートグリッド実証事業 現状と今後の展望(経済産業省補助事業)」で報告されている。

(3) 再生可能エネルギーの固定価格買取制度

再生可能エネルギーの普及・拡大を目的として、2012年7月から「再生可能エネルギーの固定価格買取制度」がスタートした。この制度は、再生可能エネルギーによって発電された電気を、一定の期間・価格で電気事業者が買い取ることを義務づけている(政府公報オンライン2011

〔表3.2.1〕太陽光発電と風力発電に対する固定価格買取制度 [1.14]

電源		太陽光		風力	
調達区分		10kW以上	10kW未満 (余剰買取)	20kW以上	20kW未満
調達価格 (1kWhあたり)	2012年	40円＋税	42円	22円＋税	55円＋税
	2013年	36円＋税	38円		
	2014年	32円＋税	37円		
	2015年	29円＋税(6月まで) 27円＋税(7月以降)	33円 35円(出力制御義務あり)		
	2016年	24円＋税	31円 33円(出力制御義務あり)		
調達期間		20年	10年	20年	20年

年10月掲載)。経済産業省に設置された「調達価格等算定委員会」が、2012年4月に、調達区分・調達価格・調達期間の案を作成した。太陽光と風力を使用した発電のみを表3.2.1に掲載しているが、それ以外に、地熱、中小水力およびバイオマスを使用した発電も含まれている。なお2013年では、太陽光発電のみが表3.2.1に示すように、調達価格の見直しがなされており、それ以外の発電システムに関しては、2012年度の調達価格が踏襲されている。なお、2016年4月に再生可能エネルギーの固定価格買取制度が大幅に見直されている。

3.3 スマートグリッド関連国際標準化に対する経済産業省の取り組み

(1) IEC/SG3国内対応委員会

IECのSG3(スマートグリッドに関する戦略グループ)に対応するため、IEC/SG3国内対応委員会を経済産業省に組織し、2011年5月に第1回会議を開催した。SG3の日本代表である合田九州大学教授を中心として、TC 8(電力供給に係わるシステムアスペクト)、TC 13(電力量計測、料金・負荷制御)、TC 57(電力システム管理および関連情報交換)、TC 100(オーディオ、ビデオおよびマルチメディアのシステム/機器)、PC 118(スマートグリッドユーザインターフェース)、JTC 1(情報技術)等のスマートグリッドに関連するTCが委員になっている。EMC関連では、TC/SC 77が委員として最初から参加し、CISPRも2012年3月に参加した。

SG3は当初の目標を達成したために2014年2月に解散し、スマート・エナジーに関するシステム委員会(SyC)を新規に設立するためのSEG2(Systems Evaluation Group 2)を設置したが、それに対する対応も本委員会で行うことになった。

(2) IEC SyC Smart Energy国内委員会

SG3を発展させたシステム委員会IEC SyC Smart Energyが2014年6月に設立が承認されたが、それに対応するための第1回国内委員会が2015年5月に開催された。国内委員会の委員長は林秀樹氏(東芝)であり、事務局は日本規格協会のIEC活動推進会議である。委員としては、企業、工業会、関連国内委員会(TC 57、TC 77、TC 100、PC 118)等で構成され、それ以外に特別委員（経済産業省）、オブザーバー（日本規格協会）も加わっている。本国内委員会の下にIEC SyC Smart Energy国内運営委員会が設置されており、国内委員会は意思決定の場であり、実質的な運営は国内運営委員会が推進する体制になっいる。

(3) スマートグリッド国際標準化戦略分科会

経済産業省は、スマートグリッド関連国際標準化組織として「スマートグリッド国際標準化戦略分科会」を、2012年1月に日本工業標準調査会（JISC）の国際専門委員会の下に設置して、国際標準化に対する体制を強化した。事務局は経済産業省産業技術環境局基準認証政策課である。

(4) 電気自動車の急速充電システムに対するTS（標準仕様書）

すべての車両がそれぞれにとっての最適な急速充電ができる方法を実現するため、CHAdeMO（チャデモ）協議会では、図3.3.1に示すようなCHAdeMOプロトコルを開発している。「CHAdeMO」は当協議会が標準規格として提案する急速充電器の商標名で、「CHArge de Move= 動く、進むためのチャージ」、「de＝電気」、また「クルマの充電中にお茶でもいかがですか」の三つの意味を含んでいる。CHAdeMOプロトコルは、「電気自動車用急速充電の基本性能」という名称、およびTS（Technical Specification：標準仕様書）D0007という番号で、2012年9月に経済産

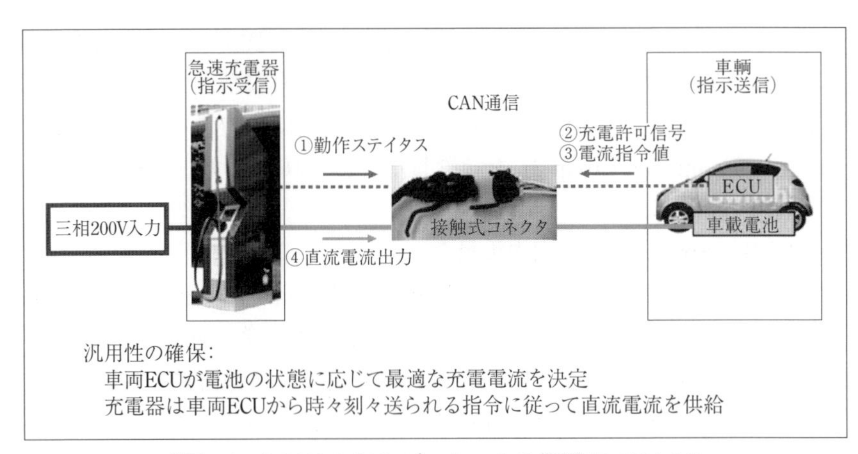

〔図3.3.1〕CHAdeMOプロトコルの概要 [3.2] [1.14]

業省から公表された[3.1][1.14]。EMC に関しては、「付属書 A（規定）EMC 性能（エミッション）」で規定されているが、その内容は、CISPR/SC-B（工業、科学および医療用高周波装置および架空送電線、高電圧および電気鉄道からの妨害）での検討をベースとして、IEC 61851-21-2（インフラ充電システムの EMC）として、TC 69（電気自動車および電動産業車両）で国際標準化が検討されている。

３．４　総務省によるスマートグリッド関連装置の標準化への対応

(1) 高速電力線通信システムのエミッション規格

図 3.4.1 に示すような電力を送電する電力線に情報も伝送する高速電力線通信システムが社会的な関心を集めていたため、国内では、2005 年に総務省主催の研究会が再開され、2006 年 10 月には官報が交付されて、高速電力線通信の市場導入が認められた[3.3]-[3.6]。しかし、屋内での使用に限定され、日本の規格が厳しいため、普及が進んでいない状態であった。しかし、屋外監視カメラや屋外での電気自動車充電システム等の屋外での適用に対する可能性を検討するため、総務省では、情報通信審議会 情報通信技術委員会 電波利用環境委員会（旧 CISPR 委員会と

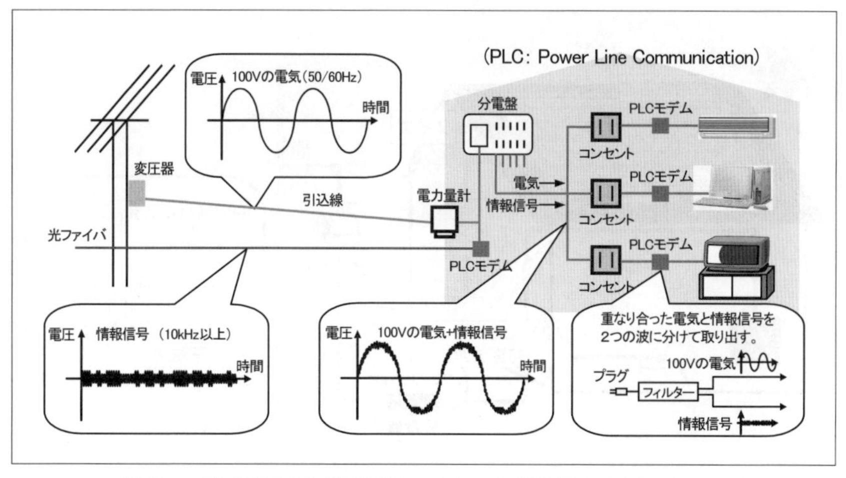

〔図 3.4.1〕高速電力線通信システムの原理 [3.3]-[3.5] [1.14]

旧局所吸収指針委員会を統合）の中に、「高速電力線搬送通信設備作業班」が2011年2月に設置された。その答申案が2012年9月に開催された電波利用環境委員会で審議され、屋内より10dB厳しい許容値が可決された。また、2012年10月に情報通信審議会情報通信技術分科会が開催され、上記答申案が可決された。

(2) 太陽光発電システムのエミッション規格に対するCISPR/Bでの検討

地球温暖化対策の切り札として、また最近は、スマートグリッドを構成する基本設備として、太陽光発電システムが世界的な注目を集めている。ところが、太陽光発電システムでは、図3.4.2に示すように太陽電池で発電された直流電流を交流電流に変換するパワーコンバーターで電磁妨害波を発生し、太陽電池モジュールやそれへの配線系を経由して外部に放射される可能性がある。電気を使用するすべての機器は、CISPRで電磁妨害波に対する規格が定められ、ほとんどすべての国で規制が実施されている。しかし、太陽光発電システムの放射妨害波に対するCISPR規格が存在しないために、2005年に開催されたケープタウン会議で、CISPR/B（工業、科学および医療用高周波装置および他の工業用装置、架空電力線、高電圧装置および電気鉄道に関わる妨害）のWG2（架

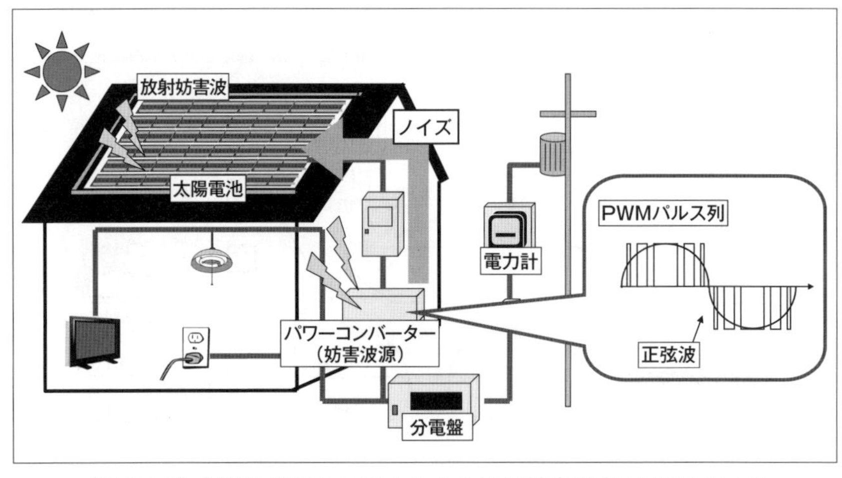

〔図3.4.2〕太陽光発電システムからの放射妨害波 [3.7] [3.8] [1.14]

空電力線、高電圧装置および電気鉄道からの妨害）コンビーナであった故富田氏（電力中央研究所）がGCPC（Grid Connected Power Converter：系統連系パワーコンバーター）に対する規格化の必要性を提起した。その後、2008年に開催された大阪会議で、CISPR/B/WG1（工業、科学および医療用（I.S.M.）無線周波装置）に日本の井上氏（Japan Electrical Safety and Environment Technology Laboratories（JET）：一般財団法人電気安全環境研究所）をリーダーとするMT（Maintenance Team：メンテナンスチーム）-GCPCを設置することが決定された。それに対応するため、2008年から現在までに、産業界（電機工業会とその会員企業）、学界（東京都市大学、首都大学東京）、行政（総務省、経済産省、NEDO）の協調により、太陽光発電システムのエミッション規格に関するプロジェクトが推進されている[3.7]-[3.8]。また、2009年度から、日本電機工業会の中に分散型電源EMC標準化委員会が設置された。昨年（2011年）10月にソウルで開催されたMT-GCPCで、GCPCのDC端子における許容値と測定法に関して、日本とドイツも含めた各国の提案が審議され、その結果を反映したCD文書CISPR/B/533/CDが2012年4月に配布された。最終的に、GCPCのDC端子における許容値と測定法に関する初めての国際規格が、CISPR 11の第6版に含まれる形で2015年6月に発行されたが、その詳細については4.5の（3）に記述されている。

太陽光発電システムのエミッション規格に関するプロジェクトでは、各種の技術的な検討を実施した。その一例として、アンテナ校正用オープンサイト上に構成された太陽光発電システムを図3.4.3に示すが、木枠で構築された模擬屋根の上に、16枚の多結晶タイプの太陽電池モジュールが設置されている。

(3) ワイヤレス電力伝送のエミッション規格に対する総務省の対応

「電波有効利用の促進に関する検討会」の報告書（平成24年12月25日）では、家電製品や電気自動車等において、無線技術により迅速かつ容易に充電することを可能とするため、平成27年を目途に官民連携の下、ワイヤレス電力伝送（WPT：Wireless Power Transfer）システムを実用化していくことが盛り込まれた。そのため、情報通信審議会 情報通

信技術分科会 電波利用環境委員会（第11回：平成25年6月5日開催）では、ワイヤレス電力伝送システムから放射される漏えい電波の許容値および測定法等の技術的条件を検討するため、ワイヤレス電力伝送作業班（主任：福地首都大学東京教授）を設置することを決定した[3.10]。

ワイヤレス電力伝送作業班での検討項目としては、以下の事項が挙げられている。

①対象とするワイヤレス電力伝送システムの選定
②使用する周波数帯域の検討
③ワイヤレス電力伝送システムから放射される漏えい電波の許容値および測定法の検討
④漏えい電波低減技術の効果の検証
⑤無線利用との共存可能性および共存条件の検討
⑥漏えい電波に係わる安全装置の検討

〔図3.4.3〕アンテナ校正用オープンサイト上に構成された太陽光発電システム [3.7] [3.8] [1.14]

⑦電波防護指針への適合
⑧国際規格等の国際整合性の検討
⑨その他関連する事項

WPT 作業班で検討対象としたWPT システムを表3.4.1 に示す。電気自動車用 WPT としては、電磁誘導方式の電力伝送方式を用いて、家庭用としては 3kW、また公共としては最大 7.7kW の電力を伝送することを念頭に置いている。家電機器や情報技術装置を対象としたWPT としては、磁界結合方式が家電機器用 WPT ①と家電機器用 WPT ②の二つがあり、家電機器用 WPT ①は磁界共鳴方式を用いて 30cm 程度の送電と受電の距離を確保することを狙いとしており、家電機器用 WPT ②は IH（Induction Heating）調理器で使用されている周波数を利用して最大 1.5kW の電力伝送を目指している。一方、電力伝送方式には磁界結合方式以外に電界結合方式もあり、家電機器用 WPT ③は電界結合方式を使用することが特徴である。

表 3.4.1 の WPT 機器の中で、磁界共鳴方式を用いた家電機器用 WPT ①と電界結合方式を用いた家電機器用 WPT ③は、2014 年 11 月に開催された電波利用環境委員会で審議され、パブリックコメントで意見募集することが了承された[3.11]。2014 年 12 月に開催された電波利用環境

〔表 3.4.1〕ワイヤレス電力伝送（WPT）作業班で検討対象とした WPT システム [3.11][1.15]

対象WPT	電気自動車用WPT	家電機器用 WPT ①（モバイル機器）	家電機器用 WPT ②（家庭・オフィス機器）	家電機器用 WPT ③（モバイル機器）
電力伝送方式	磁界結合方式（電磁誘導方式、磁界共鳴方式）			電界結合方式
伝送電力	～ 3kW 程度（最大 7.7kW）	数 W ～ 100W 程度	数 W ～ 1.5kW	～ 100W 程度
使用周波数	42kHz ～ 48kHz 52kHz ～ 58kHz 79kHz ～ 90kHz 140.91kHz ～ 148.5kHz	6765kHz ～ 6795kHz	20.05kHz ～ 38kHz 42kHz ～ 58kHz 62kHz ～ 100kHz	425kHz ～ 524kHz
送受電距離	0 ～ 30cm 程度	0 ～ 30cm 程度	0 ～ 10cm 程度	0 ～ 1cm 程度

委員会でパブリックコメントの内容が審議され、2015年1月に開催された情報通信審議会情報通信技術分科会で答申された[3.12]。一方、電気自動車用WPTに関しては、鉄道無線との共用を検討した結果が、2015年5月に開催された電波利用環境委員会で審議され、パブリックコメントで意見募集することが了承された[3.13]。2015年7月に開催された電波利用環境委員会でパブリックコメントの内容が審議され、2015年8月に開催された情報通信審議会情報通信技術分科会で答申された[3.14]。また、2016年3月に、総務省は省令（電波法施行規則）を改正し、従来の高周波利用設備に加えて、上記で答申された3種類のWPTを新たに型式指定の対象とした。

電気自動車に適用されたWPTシステムの構成例を図3.4.4に示す。電力結合器には、地上に設置された送電部と車体に設置された受電部がある。送電部には電力供給装置が接続されて、ホームにある電力設備から電力が供給される。送電部から伝送された電力は受電部で受電されるが、その状態は電力受電装置によって制御されるとともに、蓄電池に蓄えられる。

WPT機器の放射妨害波によって影響を受ける機器として、電波時計、列車無線、AMラジオ、船舶無線、アマチュア無線、固定・移動通信等の無線通信システムが存在するため、それらの無線通信システムとの共用条件を検討した。そのため、現行電波法のIH調理器の規制値等をベースにWPT機器の目標許容値を設定し、それをスタートラインとして

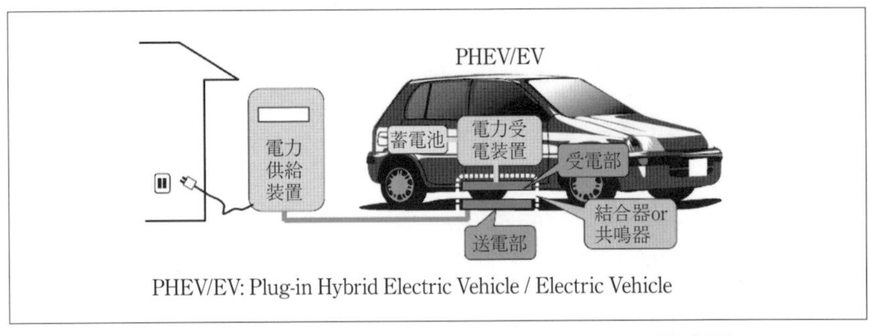

〔図3.4.4〕電気自動車に適用されたWPTシステムの構成例 [1.15]

共用検討（表3.4.2）を実施した。その結果以下のことが明らかになった。

①電波時計：電波時計の周波数40kHz、60kHzから離れた周波数帯でWPT機器を運用することで共用可能に。ただし、消費者に対し電波時計への混信妨害の可能性を注意喚起。

②鉄道無線：信号保安設備に対して5.4mの離隔必要。ただし、電気自動車用WPTの周波数帯（79kHz～90kHz）では、信号保安設備に対して4.8mの離隔必要。また、電気自動車用WPTの周波数帯（79kHz～90kHz）では、誘導無線に対して45mの離隔必要。

③アマチュア無線：アマチュア無線の利用周波数帯を避けることで共用可能に。ただし、許容できない混信妨害を与えた際にはWPTシステム側で対策。

④ AMラジオ放送：隣家（距離10m）で背景雑音以下に放射妨害波レベルを下げることを条件に検討。試験を実施し、AMラジオへの影響について確認。製造者側でWPT機器からの高調波低減化を努力することで共用可能に。ただし、消費者に対しAMラジオへの混信妨害の可能性を注意喚起するとともに、許容できない混信妨害を与えた際にはWPTシステム側で対策。

〔表3.4.2〕WPTシステムと他のシステムとの共用検討 [3.11] [3.15]

<table>
<tr><th>WPT利用形態</th><th>周波数（与干渉側）</th><th>周波数共用検討に必要なシステム
（被干渉側）</th></tr>
<tr><td rowspan="3">家電機器用WPT②
（家庭・オフィス機器）</td><td>20.05～38kHz</td><td rowspan="6">電波時計(40kHz, 60kHz)
列車無線等(10～250kHz)
AMラジオ(525～1606.5kHz)</td></tr>
<tr><td>42～58kHz</td></tr>
<tr><td>62～100kHz</td></tr>
<tr><td rowspan="4">電気自動車用WPT</td><td>42～48kHz</td></tr>
<tr><td>52～58kHz</td></tr>
<tr><td>79～90kHz</td></tr>
<tr><td>140.91～148.5kHz</td><td>電波時計(40kHz, 60kHz)
列車無線等(10～250kHz)
アマチュア無線(135.7～134.2kHz)
AMラジオ(525～1606.5kHz)</td></tr>
<tr><td>家電機器用WPT③
（モバイル機器）</td><td>425～524kHz</td><td>AMラジオ(525～1606.5kHz)
船舶無線等(405～526.5kHz)
アマチュア無線(472～479kHz)</td></tr>
<tr><td>家電機器用WPT①
（モバイル機器）</td><td>6,765～6,795kHz</td><td>固定・移動通信(6,765～6,795kHz)</td></tr>
</table>

⑤船舶無線：船舶無線の利用周波数帯を避けることで共用可能に。
⑥固定通信：WPT 利用周波数帯での放射妨害波レベルを下げることで共用可能に。

上記の共用検討結果を基にして、各種 WPT 機器の許容値に対する考え方をまとめたものを表 3.4.3 に示す。WPT 機器の使用周波数に対するエミッション許容値に対しては、電波をエネルギー源として使用することを前提にした CISPR 11 のグループ 2 をベースに WPT 機器の妨害波許容値を規定しているが、それ以外の周波数における不要輻射に対しては、WPT 機器の適用する機器の妨害波許容値を採用するようにしている。たとえば、マルチメディア機器に対しては CISPR 32、家電機器に対しては CISPR 14-1 を引用している。

電気自動車用ワイヤレス電力伝送システムの磁界強度に関する許容値を図 3.4.5 に示す。ワイヤレス電力伝送に利用する周波数は、79kHz～

〔表 3.4.3〕WPT 機器の許容値に対する考え方 [3.11] [3.15] [1.15]

分類	伝導妨害波		放射妨害波			
	9kHz～150kHz	150kHz～30MHz	9～150kHz	150kHz～30MHz	30kHz～1GHz	1～6GHz
電気自動車用	当面規定しない(注1)	CISPR11 グループ 2 (Ed.5.1)	周波数共用条件(注1)	CISPR11 グループ 2 (Ed.5.1)(注4) 周波数共用条件	CISPR11 グループ 2 (Ed.5.1)	規定しない
家電機器用①	利用周波数が当該周波数帯にないので規定しない	CISPR32 (Ed.1.0) CISPR11 グループ 2 (Ed.5.1)(注2)	規定しない	CISPR11 グループ 2 (Ed.5.1)(注2)(注3)(注4) CISPR32 (Ed.1.0) 周波数共用条件	CISPR11 グループ (Ed.5.1)(注2) CISPR32 (Ed.1.0) 周波数共用条件	CISPR32 (Ed.1.0)
家電機器用②	CISPR14-1AnnexB (Ed.5.2)	CISPR11 グループ 2 (Ed.5.1) CISPR14-1AnnexB (Ed.5.2)	CISPR14-1AnnexB (Ed.5.2) 周波数用条件	CISPR11 グループ 2 (Ed.5.1)(注2)(注4) CISPR14-1AnnexB (Ed.5.2) 周波数共用条件	CISPR11 グループ 2 (Ed.5.1)(注2) CISPR14-1 (Ed.5.2)	規定しない
家電機器用③	利用周波数が当該周波数帯にないので規定しない	CISPR32 (Ed.1.0) CISPR11 グループ 2 (Ed.5.1)(注2)	規定しない	CISPR11 グループ 2 (Ed.5.1)(注2)(注3)(注4) CISPR32 (Ed.1.0) 周波数共用条件	CISPR11 グループ 2 (Ed.5.1)(注2) CISPR32 (Ed.1.0)	CISPR32 (Ed.1.0)

注 1　将来 CISPR 11 に規定されたとき改めて審議する。
注 2　WPT システムがホスト機器なしに動作する場合は、CISPR 11 の許容値を適用し、他の規定については準用する。
注 3　利用周波数を含む周波数帯の規定がない場合は、CISPR 11 の許容値を適用し、他の規定については準用する。
注 4　CISPR 11 グループ 2 クラス B については、3m 許容値をもとに 10m 距離での許容値を規定する。
表全体への注 1　クラス分け（A または B）はそれぞれの CISPR 規格における定義に従う。
表全体への注 2　家電機器用 WPT システム①および③において、CISPR 32 と記載されている場合については、CISPR 32 を適用することが適当なものに適用する。

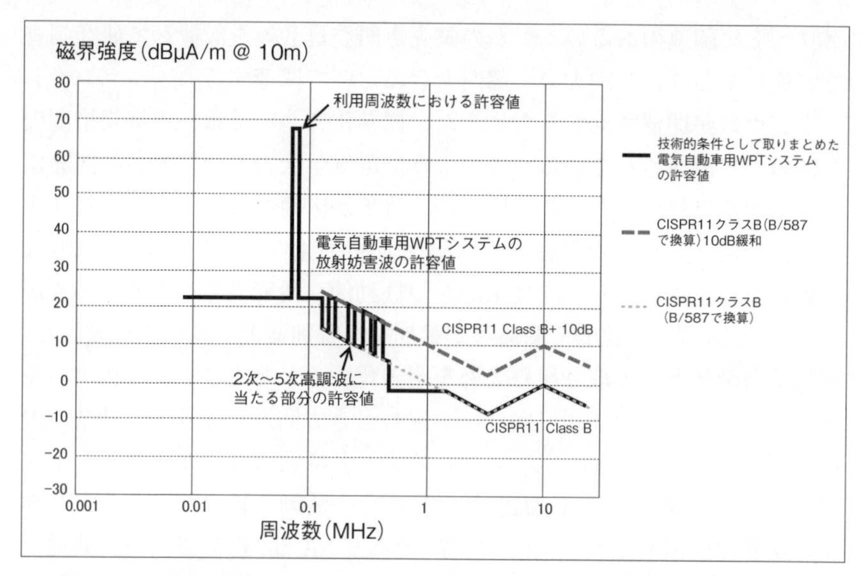

〔図 3.4.5〕電気自動車用ワイヤレス電力伝送システムの磁界強度に関する許容値 [3.14] [3.15]

90kHz であり、伝送電力（最大）は 7.7kW 程度である。利用周波数における漏洩磁界強度の許容値（準尖頭値）は、離隔距離 10m で 68.4dBμA/m である。2 次～5 次の高調波に対する漏洩磁界強度の許容値は、CISPR 11 のクラス B 許容値を 10dB 緩和した値である。

3．5　スマートグリッドに対する電気学会の取り組み

(1) スマートグリッド特別研究グループ

スマートグリッドに関する関心が急速に高まり、国内外において産官学の具体的な動きが広まりつつある。経済産業省は戦略的に国際標準化を進めるため「スマートグリッドに関する国際標準化ロードマップ」を公表し、スマートグリッドを含むエネルギー・社会インフラを整備する官民連携組織として「スマートコミュニティ・アライアンス」を設立した。また、電気学会においても、B 部門の「新エネルギー・環境技術委員会」、「電力技術委員会」、「電力系統技術委員会」において、スマート

グリッドに関連のあるいくつかの調査専門委員会等を設置して研究調査を実施しており、全国大会・部門大会において関連するセッションやシンポジウムが開催されてきた。また、標準化については、電気規格調査会において検討されている。このように電気学会においても各部門等において個々に対応がなされているが、対象が広範な技術・事業を包含する概念であり、様々な側面からの調査研究が進められていることから、関係各所と連携を取りつつ効果的かつ機動的な研究調査を進める必要があった。このため､幅広く関係者が参加した特別研究グループを設置し、電気学会全体として取り組む姿勢を明確化するとともに、次世代エネルギーシステム構築の実現に向けて、進むべき方向性を探りつつ社会への情報発信を進めるため、「スマートグリッド特別研究グループ」が平成22年5月に設置され、平成25年4月にその活動を終えた。そのグループの主査は仁田明星大学教授（当時）であり、A部門（基礎･材料･共通）、B部門（電力・エネルギー）、C部門（電子・情報・システム）、D部門（産業応用）、E部門（センサ・マイクロマシン）および規格調査会の代表で委員を構成している。

その研究調査事項は以下である。

①次世代エネルギーシステムを取り巻く環境・情報の整理

②スマートグリッドを構成する各分野における研究討議および調査

③関係各所との情報交換

④シンポジウムの開催等による社会への情報発信

その活動において、平成22年5月の発足以来、特別研究グループ全体での委員会を計15回開催した。さらに、第2回マイクロ・ナノ産業化シンポジウム、電気学会役員懇談会における招待講演、公開シンポジウム、2回の電気学会全国大会シンポジウムを実施した。

平成23年の電気学会全国大会シンポジウム「電気学会の活動とスマートグリッドとの関連[3.16]-[3.22]は震災のために中止となったが、平成23年に開催した公開シンポジウム[3.23]、平成24年[3.24]-[3.30]／25年[3.31]-[3.37]の両電気学会全国大会において開催したシンポジウム「スマートグリッド特別研究グループの活動報告」では、委員会活動によって得られた成果を報告している。その活動は、学会の各部門と規格調査会を含めた研究グループを含むものであった。その成果として、以下の各部門における「スマートグリッド」に関する新しい調査専門委員会を立ち上げるのみならず、部門をこえた協同研究委員会も多数立ち上がった。

【A 部門（基礎・材料・共通）】

①スマートグリッドにおける計量トレーサビリティ調査専門委員会

②スマートグリッドと EMC 調査専門委員会

【B 部門（電力・エネルギー）】

①スマートグリッド実現に向けた電力系統技術調査専門委員会

②スマートグリッド時代の過渡現象解析技術協同研究委員会

③受配電設備の高度化と環境対応技術調査専門委員会

④新しい電力・エネルギーシステムの要素技術とシステム化協同研究委員会

⑤再生可能エネルギー社会における燃料電池技術調査専門委員会

⑥太陽光発電の系統との相互協調技術調査専門委員会

⑦風力発電の大量導入技術調査専門委員会

⑧給電運用と気象情報調査専門委員会

⑨不確実性を有する需給変動に係わる時系列データの解析技術調査専門委員会

【C 部門（電子・情報・システム）】

①エネルギー計測・データ活用調査専門委員会

②再生可能エネルギー出力予測技術調査専門委員会

③レジリエントエネルギーシステム協同研究委員会

④システムのモデリングとシミュレーション協同研究委員会

⑤データに基づく適応型スマートシステム調査専門委員会

⑥情報セキュリティ心理学を利用した IT システム管理調査専門委員会

【D 部門（産業応用）】

①次世代配電系統に適用されるパワーエレクトロニクス調査専門委員会

②家庭等における情報通信機器・システムのエネルギー技術動向調査専門委員会

③自動車用スマート電力マネジメント調査専門委員会

④スマートグリッドにおける需要家施設サービス・インフラ調査専門委員会
⑤需要家設備向けスマートグリッド実用化技術調査専門委員会
⑥再生可能エネルギーシステムにおける発電技術の現状と将来動向調査専門員会
⑦家庭内の電力利用機器・創エネ機器・蓄エネ機器の新技術協同研究委員会

【E 部門（センサ・マイクロマシン）】
①生活を支えるエネルギーの創出・活用のための新センシング技術調査専門委員会
②環境監視技術調査専門委員会

(2) スマートグリッドに関連するIEC/TCの審議団体

電気学会には、スマートグリッドに関連するIEC（国際電気標準会議）/TC（専門委員会）の審議団体が多数存在している。具体的には、TC 8（標準電圧・電流定格および周波数）、TC 13（電力量計測・負荷制御装置）、SC 22F（送配電システム用パワーエレクトロニクス）、TC 32（ヒューズ）、TC 38（計器用変成器）、TC 57（電力システム制御および関連通信）、TC 77（EMC）、TC 95（メジャリング継電器および保護装置）、TC 106（人体ばく露に関する電界、磁界および電磁界の評価方法）、PC 118（スマートグリッドユーザインタフェース）、TC 120（電気エネルギー貯蔵システム）等である。

(3) スマートグリッドとEMC調査専門委員会

一方、A部門の電磁環境技術委員会の中に、筆者である徳田正満氏（東京大学）を委員長とした「スマートグリッドとEMC調査専門委員会」を2011年4月に設置した。幹事は三菱電機㈱情報技術総合研究所の宮崎氏であり、大学、独立行政法人、工業会、企業等のスマートグリッドまたはEMC関係者が委員として参加している[3.36]。

電子情報通信学会の通信ソサイエティが主催するEMC関係の国際会議EMC '14/Tokyoが、2014年5月に東京で開催されたが、スマートグリッドとEMC調査専門委員会として、以下のワークショップとオーガナイズセッションを提案して採択された[3.41]。

①ワークショップ名：スマートグリッドのEMCに関する最新動向

オーガナイザー：徳田正満（東京都市大学：当時）、Chair：徳田正満、Co-chair：Dr. Radasky（Metatech Corporation）

②オーガナイズセッション名：スマートグリッドに関連するEMCトピックス

オーガナイザー：徳田正満（東京大学：当時）、Chair：吉岡氏（富士電機）、Co-chair：Mr. Bartak（Consultant）

(4) スマートグリッド・コミュニティにおけるEMC問題調査専門委員会

スマートグリッドとEMC調査専門委員会の継続委員会として、A部門の電磁環境技術委員会の中に、筆者である徳田正満氏（東京大学）を委員長とした「スマートグリッド・コミュニティにおけるEMC問題調査専門委員会」が2014年10月に設置された。本委員会では、以下のWGを設置して、調査活動を実施する予定である[3.39]。

① CENELEC/205A/TF EMI報告書の概要版作成WG

②雷障害／雷保護問題調査WG

③ 150kHz以下の周波数におけるEMC問題調査WG

④ V2H（自動車からホーム）におけるEMC問題調査WG

⑤自動車におけるWPT問題調査WG

⑥家電情報機器のWPT調査WG

⑦スマートメーターのEMC問題調査WG

⑧スマートEMC検討WG

(5) 電気システムセキュリティ特別技術委員会におけるEMC関連特別調査専門委員会

2011年3月に東日本大震災が発生し、福島原子力発電所をはじめ、各種の電気設備が甚大な被害に遭遇した。そのために、電気システムのセキュリティに関する関心が社会的に高まったため、それに関する特別技術委員会が電気学会の部門を横断する形で2011年10月に、大西公平慶応大学教授を委員長として設置された[3.40]。この委員会に所属する特別調査専門委員会が、電気学会の各部門主導で五つ設立されているが、

EMC に関連する委員会として、① A 部門主導の「スマートグリッドにおける電磁的セキュリティ特別調査専門委員会（委員長：瀬戸信二氏）」（2014 年 4 月～2017 年 3 月）、② D 部門主導の「スマートグリッドのスマートファシリティ内における EMC 環境特別調査専門委員会（委員長：奥村克夫氏）」2014 年 9 月～2016 年 8 月）が設置されている [3.40]。

3.6 スマートコミュニティに関する経済産業省の実証実験

経済産業省は、2010 年 4 月に「次世代エネルギー・社会システム実証地域」として、「横浜市、豊田市、けいはんな学研都市および北九州市」の 4 都市を選定して、スマートコミュニティに関する実証実験を行うことにした。その概要を図 3.6.1 に示す [1.14][3.42][3.43]。

3.6.1 YSCP（横浜スマートコミュニティプロジェクト）実証実験（東芝）

2010 年より 2015 年 3 月までの 5 年間で実施された横浜スマートコミ

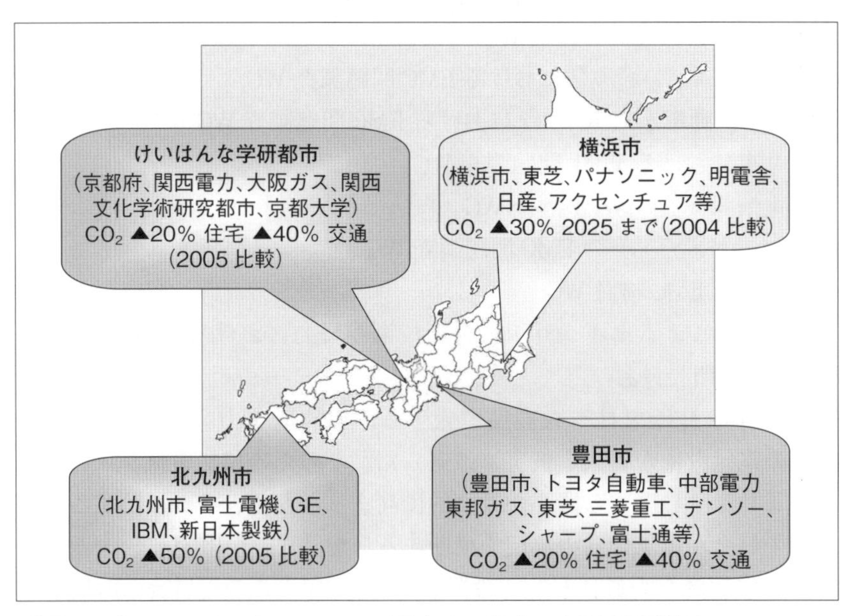

〔図 3.6.1〕スマートコミュニティに関する 4 都市の実証実験概要 [1.14] [3.42]

ュニティプロジェクト（YSCP）は、国内でも大規模なスマートシティ実証実験の一つであった。YSCPは、「すでにインフラが整備されている都市において、快適かつ低炭素な都市の実現に向けて、市民とエネルギーの関わり方の変革を目指すもの」として進められた。みなとみらい地区、港北ニュータウン、金沢グリーンバレー等横浜市全域を対象として、15のプロジェクトに28社が参画し、EMS（Energy Management System）等の技術開発・導入および実証実験が行われた。

東芝では、地域用のCEMS（Community EMS）や業務用のBEMS（Building EMS）、家庭用のHEMS（Home EMS）、需給調整用のSCADA（Battery Supervisory Control and Data Acquisition）等の技術を幅広く適用した。実証実験では、需要家側の視点から、電力系統安定化や再生可能エネルギーを活用した創蓄エネルギー最適制御等の効果を確認した[3.44][3.45]。

図3.6.1.1に、YSCPの概要と成果を示す。地域全体に対する業務用・家庭用デマンドレスポンス（DR、需要家が電力使用量を抑制することで需給バランスを調整する仕組み）の実証実験では、東芝がリーダー企業としてYSCP全体を推進し、参加企業および市民の協力の下、ピークカット効果を検証した。

図3.6.1.2に、DR実証成果の概要を示す。家庭用DRでは、4200軒中3600軒という国内最大規模（2014年10月現在）の参加世帯を複数グループに分割して検証した。その結果平均14.9%のピークカットを確認した。業務用DRでは、29拠点の参加を得て最大23%のピークカットを確認した。また、ネガワットアグリゲーション（需要家が電力使用量を抑制することで得られる余剰電力（ネガワット）を合算して電力会社に提供するサービス）では、要請された電力需要削減目標を90%を超える精度で達成した。

今後は、これら実証済みの技術や、システム、サービス等を、来るべき電力システムの改革に対応させ、各都市・地域に適した形に展開していく。

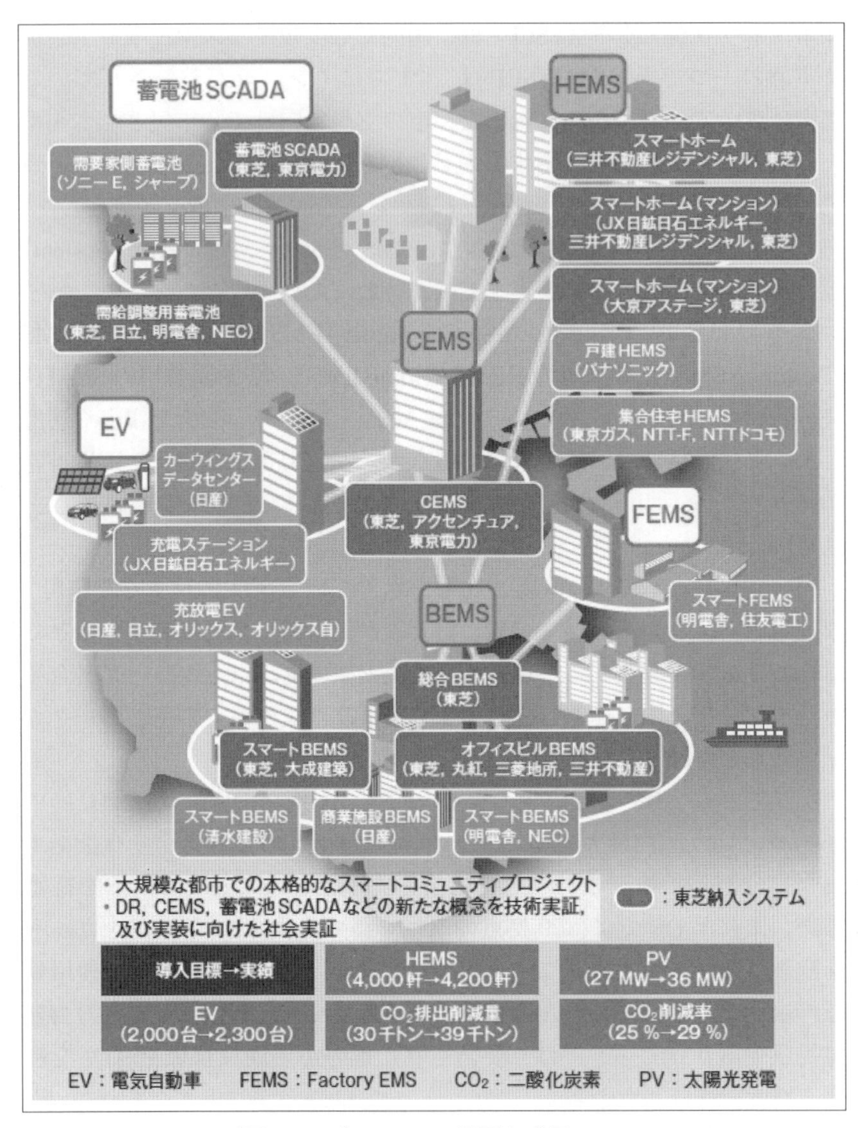

〔図 3.6.1.1〕YSCP の概要と成果 [3.44]

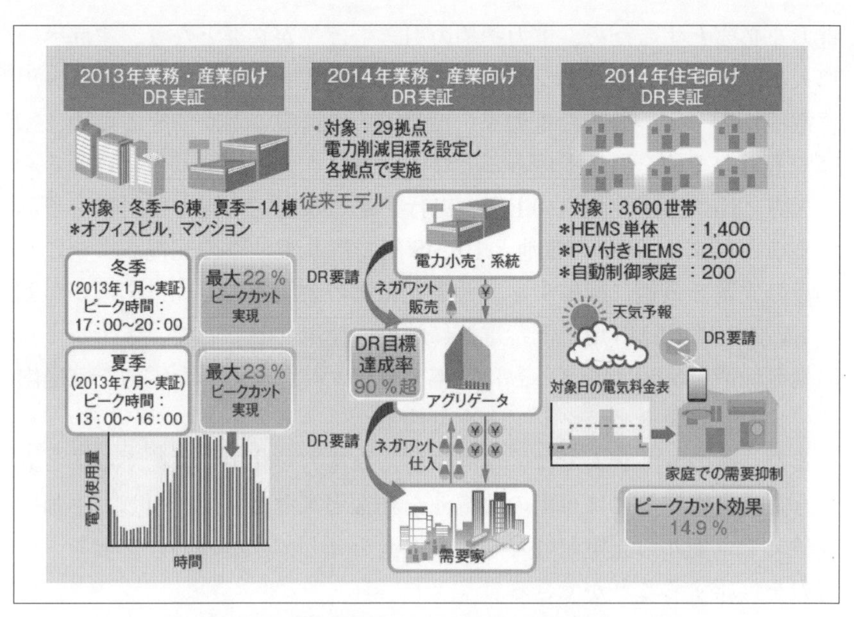

〔図 3.6.1.2〕YSCP における DR 実証成果 [3.44]

3．6．2　豊田市低炭素社会システム実証プロジェクト（デンソー）

豊田市では、国内外に普及する地方都市型低炭素社会システムを構築するための実証の推進を目的に、2010 年 8 月に豊田市低炭素システム実証推進協議会を立ち上げた。2013 年 2 月 1 日時点、48 団体が加盟し、2015 年 3 月末まで活動が行われた [3.46]。同協議会では、家庭部門、移動（交通部門）、移動先（業務部門）および生活圏全体（地域全体のエネルギーマネジメント）分野で、エネルギー利用最適化を目指す活動が行われた。デンソーは家庭内のエネルギー利用の最適化を目指し HEMS の開発と実証、業務用のエネルギー最適化を目指し、BEMS（Building Energy Management System）と電動冷凍車の開発および両者を組み合わせたシステムの開発と実証に参画した。

(1) HEMS と連携した EV 用相互電力供給システム

EV の普及のためには、必要なときにいつでも走行できるように急速充電できることが重要である。これまでの急速充電器は、一度に大きな電力を必要とするため、電力契約の引き上げ等が必要となり、家庭への導入は困難であった。本システムでは図3.6.2.1に示すように、HEMS用蓄電池に少しずつ貯めた電力を一度にEVに送ることができるため、家庭でも電力契約を引き上げることなく充電スタンドが取り付けられる。

一方、HEMSがその日のEVの走行予定と家庭内の電力使用量を予測することにより、EVの電池とHEMS用定置蓄電池への充電およびこれからの放電を最適に制御する。太陽光発電の余剰電力を売電するかわりにEVまたはHEMS用定置蓄電池に貯め、使用することで、エネルギーの地産地消を実現するとともに、電力ピーク時には貯めた電力を家庭内に戻すことによりピークシフトを可能としている。

また、このシステムでは、車両に蓄えた電力を住宅に供給することもできる。災害時等には車両の蓄電池を非常用電源として利用し、手動切り替えで車両から充電装置と定置蓄電池を介して家庭内のコンセントへ電力を供給することができる。

(2) 商業施設向けエネルギーマネジメントシステム

本実証は、豊田市実証計画における『業務部門でのエネルギー利用最適化』の実現に向けた技術開発と、その技術を用いた社会システム実証

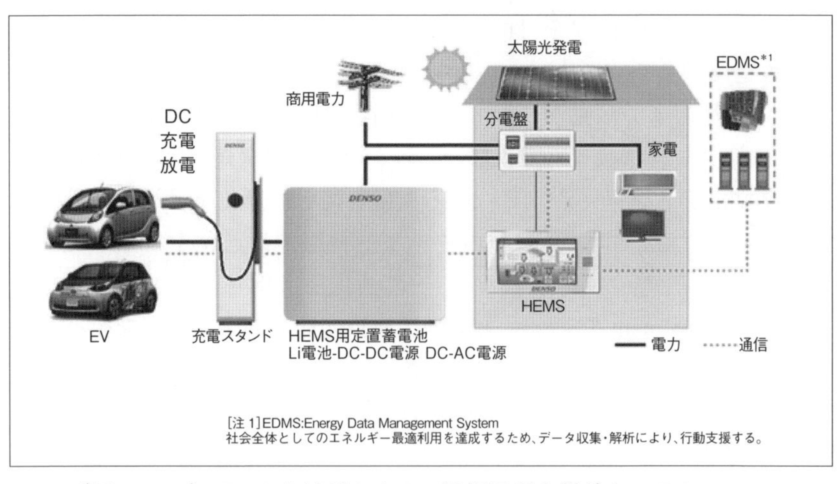

〔図3.6.2.1〕HEMSと連携したEV用相互電力供給システム [3.47]

における商業施設での効果の検証を目的とする。

今回の実証実験においては、図 3.6.2.2 に示すように、商業施設の代表的なケースとしてコンビニエンスストアを想定している。コンビニエンスストアは、地域に根ざした店舗として物品の販売のみならず、震災等があった場合は地域の防災拠点にもなっている。今後、エネルギーの削減のみならず、非常用の電源を持つことで地域住民への貢献度がさらに増すと期待されている。さらにコンビニエンスストアは、冷蔵、冷凍した食料を売るのみならず、店内での付加価値をあげるため惣菜等の調理も行うようになりつつある。調理器具の洗浄のためには給湯設備が必要で今後 CO_2 給湯機の普及が想定されている。そこで、太陽電池に加え、蓄電池システム、CO_2 給湯機、充電機を BEMS の接続機器とした。

店舗での時間帯別に、主にフライヤーの洗浄等に使用するお湯使用量を、季節変動等のパターンから推定し、外気温が高く、太陽光発電力も大きい昼間エネルギーを有効活用し、必要な時間に必要な湯量を確保する。また、電力会社から供給される電力が AC（交流）であるのに対して、太陽光発電でつくられる電力は DC（直流）であるため、通常、電気を使用する設備においては一旦 AC に変換する必要があり、エネルギーのロスが生じていた。今回のシステムでは、DC で稼働する CO_2 給湯機を開

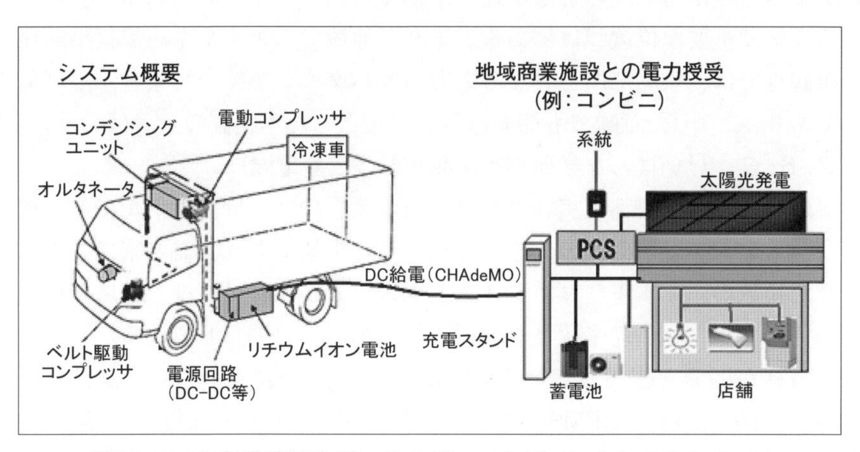

〔図 3.6.2.2〕商業施設向けエネルギーマネジメントシステム [3.48]

発したことでエネルギー変換ロスを最小限にしている。

さらに、定期的に商用施設へ商品を運ぶ商用車の各店舗への立ち寄り時間帯を過去の実績パターンから推定し、必要な時間に必要な商用車用充電電力を確保した上で、余剰電力は商業施設内で有効活用する。

商用車（宅配便：保冷・冷凍庫付き）にも蓄電池を搭載し、商業施設や一般家庭での荷降ろし・集荷で停車中、および信号待ち停車中等にアイドリングストップしても保冷・冷凍車の温度管理を可能としている。商用車に搭載した蓄電池は、基地である配送センターでの充電に加え、立ち寄り先店舗での継ぎ足し充電を行うことにより、蓄電池に求められる一充電あたりの容量を小さくでき、蓄電池の小型化が可能となる。

これまでのCO_2低減を目的とした実証では、商業施設のみに着目した事例は存在するが、商業施設に不可欠なロジスティクスと複合的にシステム開発、実証試験を行った事例はない。豊田市実証は、人々の生活動線に沿ったエネルギー利用の最適化を目指しており、生活の拠点である家庭と、人々の移動手段である交通、移動先である地域の各種コミュニティを「繋いだ」エネルギーの最適マネジメントを目指している。その意味で、地域コミュニティの一つである商業施設と、モノの移動手段であるロジスティクスを繋いで複合的なエネルギーマネジメントを行う本実証は、豊田市実証の目指す地域全体でのエネルギー最適利用を実現するうえで重要な位置づけにある。また、地域でのエネルギー需給平準化の観点では、家庭部門と異なる電力需要パターンを持つ対象者が不可欠であり、こうした意味でも商業施設を対象とした本実証の意義は大きい。

3.6.3　けいはんな学研都市実証実験（三菱電機）

けいはんな学研都市実証事業は経済産業省の「次世代エネルギー・社会システム実証事業」の公募で採択された事業であり、需要家に設置された複数のエネルギーマネジメントシステムが相互に連携し地域全体の消費エネルギーの効率化とCO_2排出量の削減を目的にしている。

当社が開発を担当しているCEMSは、実証実験の中心的位置付けにある（図3.6.3.1)。HEMS、BEMS、EV管理センター（以下、需要家EMS）からそれぞれのエネルギーの使用状況情報を収集し地域全体のエネルギー使用状況を把握する。このデータに基づいてデマンドレスポンス要請（以下、DR要請）やCO_2排出量目標を需要家EMSに示し、地域全体での再生可能エネルギー利用の効率化とCO_2排出量削減を目指す。また、CEMSは、地域が接続する電力系統に悪影響を及ぼさないように、電力会社の系統を模擬した系統側システムと連携する。太陽光発電の余剰電力抑制対策や需給逼迫時の需要抑制対策等の協力要請に基づいて運用計画を立案し、需要家EMSと地域に接続するローカル蓄電池を協調させる。需要家EMSへのDR要請やCO_2排出量目標要請に対し、需要家行動を促すインセンティブとしてCEMSからスーパーやコンビニで使用可能なポイントを提供する。ポイントの発行は、CEMSが地域コミュニティから与えられるポイント原資情報を基に需要家別に貢献度を評価し、ポイント管理センターから需要家に発行される。以下、本CEMS

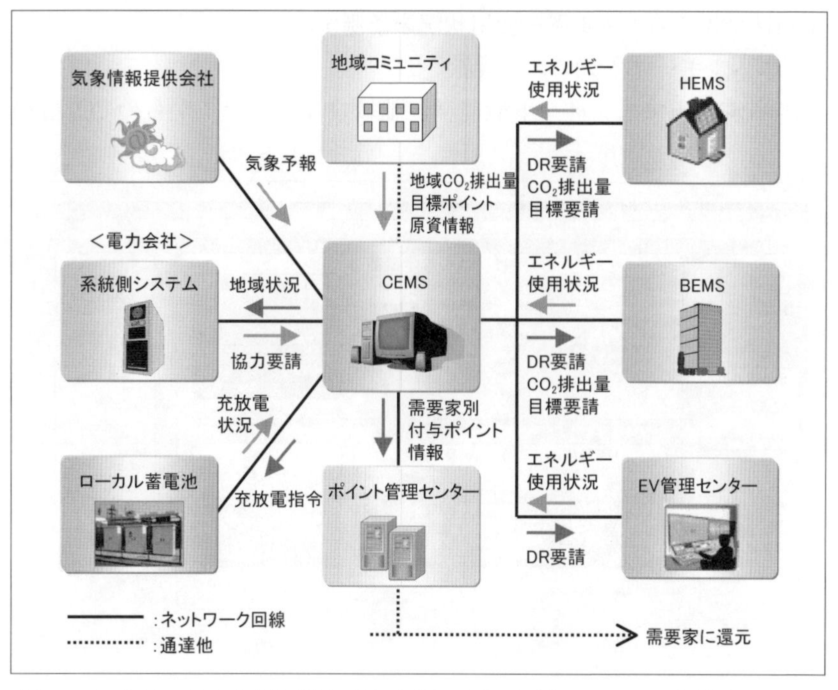

〔図 3.6.3.1〕けいはんな学研都市実証事業における実証CEMSの位置づけ [3.49]

の主な機能を述べる。

(1) モニタリング機能

モニタリング機能は、需要家EMSと連携して地域全体のエネルギー発生量や消費量およびCO_2排出量を把握する。HEMS・BEMSは送受電電力量、太陽光発電量、蓄電池使用量およびガス使用量を、EV管理センターは地域内のEVステーションにおける送受電電力量と太陽光発電量の合計を計測しこれらをCEMSが集約することで地域全体のエネルギー使用状況の可視化を行う。全体監視画面を図3.6.3.2に示す。

(2) 予測機能

予測機能は、地域の運用計画の立案や、将来の天候変化等での運用計画の見直しを行うためのものである。気象情報サービスより提供される気象予報と需要家EMSの情報を用いて需要家ごとの太陽光発電量、電力消費量、蓄電池運用パターンを予測する。このデータを集約することで地域全体でのエネルギー使用状況を予測する。

(3) エネルギーマネジメント機能

エネルギーマネジメント機能は、地域コミュニティからのCO_2排出

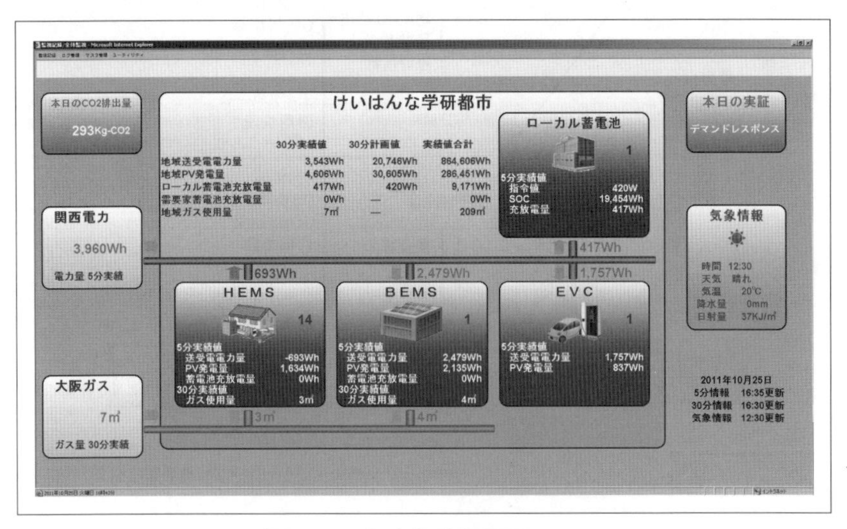

〔図 3.6.3.2〕全体監視画面 [3.49]

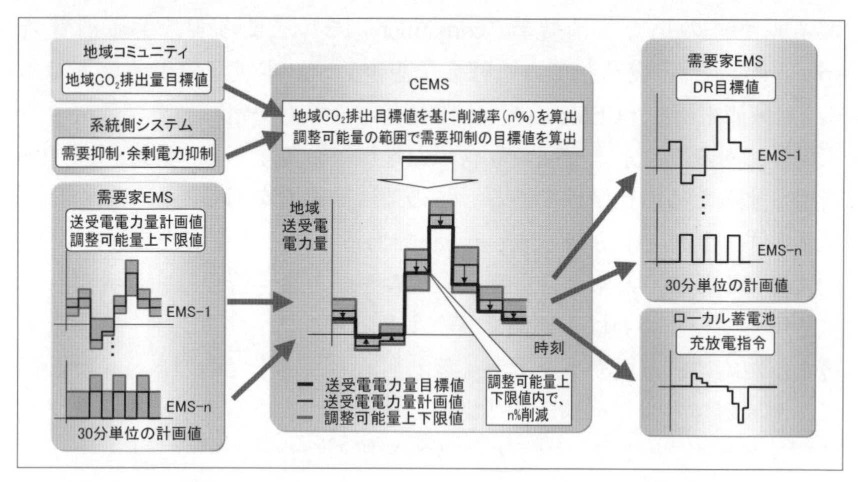

〔図 3.6.3.3〕エネルギーマネージメント方法 [3.50]

量目標に基づいて需要家の省エネルギー、再生可能エネルギーの有効活用を進めるとともに系統側システムからの協力要請に応じて電力供給の安定化に貢献するようにエネルギー管理を行うものである。

需要家 EMS から収集する計画値・調整可能量と CEMS の予測値を基に地域全体の運用計画を立案する。立案された運用計画に基づき、需要家 EMS への DR 要請やローカル蓄電池の制御を実行する。エネルギーマネージメント方法を図 3.6.3.3 に示す。

3．6．4　北九州スマートコミュニティ創造事業（日本 IBM）
－日本初の本格的ダイナミックプライシング社会実証－

国の次世代エネルギー・社会システム実証である北九州スマートコミュニティ創造事業では、2010 年度から 5 年間の計画でマスタープランを作成し、各種デバイス・機器の開発、設備の構築、各種制度設計等を実施した [3.51]。そして、2012 年度からは多段階のクリティカルピークプライシング（CPP）によりダイナミックに電力料金を変動させる、日本初の本格的ダイナミックプライシングの社会実証実験を開始して、料金変動に対する需要家の行動変化によるピークカット効果の検証を行った。

住民や事業所等の需要家が、太陽光発電や蓄電池等を設置することで、エネルギーの単なる消費者（consumer）にとどまらず、生産消費者（prosumer）へと変革していく社会を想定した。本実証のポイントである「地域節電所」（=CEMS）は、太陽光発電や風力発電に加え、隣接する工場群にある副生水素や廃熱も含めた地域エネルギーを「発見・共有化・活用」するための仕掛けである。この地域節電所を通じて、従来からのエネルギー供給者に加え、prosumerである市民や事業者が「考え」「参加する」ことで、人々が自ら使うエネルギーを賢く管理し、最大限有効に活用していくいわば「デマンドサイド・セルフ・マネジメント」を実現するために、市民や事業者が「考え」「参加する」ためのきっかけとして、地域のエネルギー情報の「集約・見える化」や、ダイナミックプライシングとインセンティブプログラムを組み合わせたデマンドレスポンス等を導入することで、市民や事業者が自らの快適性や経済性を考えた行動が、同時に地球環境やコミュニティづくりにも貢献するような仕組みを構築した。

実証地域である北九州市八幡東区東田地区は、東田コジェネ発電所からの電力供給や太陽光発電システムの設置、建物の環境対策等により、市内一般街区と比較して、約30%のCO_2削減を達成済みであり、本実証においては、地域エネルギーマネジメントシステム等の導入により、下記1～3の効果を得て、さらに20%以上のCO_2を削減し、トータルで市内一般街区と比較して50%の削減を目指した。また、省エネルギーについても20%の達成を目標とした。

(1) エネルギー需給設備の最適運用によるロスミニマム効果⇒4%

（最適化システム研究実績より引用）

地区内の再生可能エネルギー、水素、熱、系統電力を地区内で相互融通する等損出の最小化を図る。

(2) デマンドレスポンスによる削減⇒10%

CEMSと連携したHEMS、BEMS等により、需要家側の機器（温水器、家電、空調等）を制御し、さらにダイナミックプライシング、エコポイントシステム等デマンドレスポンスにより、省エネおよび再生化可能エネルギーの最大活用を図る。

(3) スマートメータ等による見える化効果⇒6%（㈶省エネルギーセンター発行「工場の省エネルギーガイドブック」より引用）

スマートメータを通じた「見える化」効果により、需要家の行動を促し、省エネを図る。

加えて、下記の取り組みにより電力ピークカットにおいても15%の削減を目標とする。

(1) 季節別時間帯別料金の導入⇒5%以上

(2) ダイナミックプライシングの導入⇒10%以上

地域エネルギーマネジメントシステムからのダイナミックプライシングをトリガーとした需要家反応およびBEMS、HEMSと蓄電システムによる自動デマンドサイドマネジメントによるピークカット

(3) インセンティブプログラムの導入

地域エネルギー需給マネジメントへの参加、地域貢献によるインセンティブによる需要家反応

3.6.4.1　プロジェクトの経緯

2010年1月、政府の成長戦略に位置づけられる日本型スマートグリッドの構築と海外展開を実現するための取り組みである次世代エネルギー・社会システム実証を行う地域を国が公募。全国約20の地域からの応募が寄せられる中、北九州市も「北九州スマートコミュニティ創造事業」として本事業の提案を実施した。同年4月、横浜市、豊田市、けいはんな（京都府）とともに選定を受け、同年8月に本事業のマスタープランを策定して国へ提出し、北九州市、新日鐵住金㈱、日本アイ・ビー・エム㈱、富士電機㈱を設立時幹事企業とした本事業の推進組織である北九州スマートコミュニティ創造協議会を設立し、本格的に事業をスタートした。実施期間は5年間で、2010年度に全体計画を策定し実証機器の開発に着手、翌2011年度には実証にかかわる制度設計を行うとともに実証設備の構築を行い、2011年度より3年間、これらの設備を活用した実証実験を実施した。

コミュニティ参加者がエネルギーを使いこなす地域社会を実現し、具体的な数値目標としてはCO_2を一般街区と比較して50%削減に設定し

た本事業の特徴は、以下の 4 点である

(1) 地域全体のエネルギーマネジメントの構築

図 3.6.4.1 の構成のもと、この地域のすべての需要家（200 世帯、50 事業所）にデマンドレスポンスに対応した HEMS（Home Energy Management System）、BEMS（Building Energy Management System）、FEMS（Factory Energy Management System）、スマートメーター等を設置し、CEMS（Cluster Energy Management System）を中心とした中央コントロールセンターである地域節電所（図 3.6.4.1）により、地域全体のエネルギーマネジメントを実施する。

(2) 新しい電力料金制度等、デマンドレスポンスの仕組みの創設

負荷平準化、そして再生可能エネルギーの電力を使いこなすために、電力の需給状況にあわせて電力料金を変動させるダイナミックプライシングやインセンティブプログラム等の仕組みを創設し、スマートメーター経由のタブレット端末である宅内表示器（図 3.6.4.1）により通知を行う。

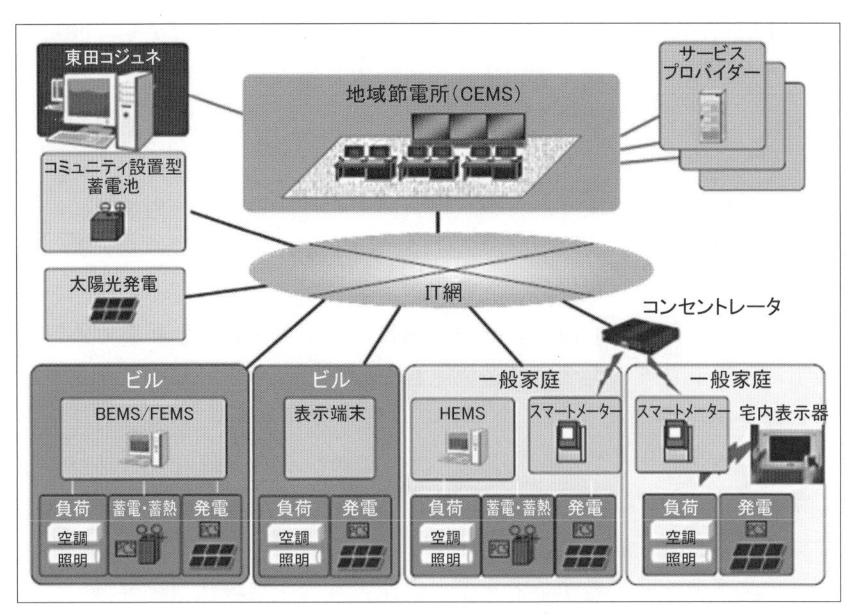

〔図 3.6.4.1〕北九州スマートコミュニティ創造事業の構成 [3.51]

(3) 産業リソースの地域での活用

地域全体でのエネルギー利用の最適化を図るため、隣接する工業地帯から、電気や水素等の産業リソースを地域全体で活用する。

(4) 社会インフラとしてのスマートグリッド基盤の活用

当事業を通じて整備するスマートメーター等の情報通信インフラを活用して、市民や事業者の利便性向上につながる新規事業、たとえば見守りサービス、オンデマンド型コミュニティバス等を検討・実施する。

3.6.4.2　事業の目的

(1) 負荷平準化

都市のエネルギー需要は、需要家の種類によって異なるが、一般的に、オフィスや商業部門であれば、昼間ピークを迎え、家庭部門であれば朝夕にピークを迎える。本事業では、情報通信技術や蓄電池等を活用し、さまざまなタイプの需要家を組み合わせて、ピークカットやピークシフトを行い、地域全体での負荷平準化につなげる。

(2) 再生可能エネルギーの最大活用

太陽光発電、風力発電等の再生可能エネルギーは、今後さらなる大量導入が期待されており、国は太陽光発電を2020年までに2,800万kWにする目標を掲げている。こうした再生可能エネルギーの大量導入社会に備えて、できるだけ出力抑制することなく、再生可能エネルギーの電力をうまく使いこなす仕組みを構築する。

(3) 省エネルギー

近年、省エネルギーの重要性はますます高まっており、本事業ではスマートメーター経由で宅内表示器というタブレット端末を用いた情報提供による見える化と、一部で導入するHEMS、BEMS等のエネルギーマネジメントシステムの導入により、省エネルギーを推進する。

(4) 災害時における自立運転システム

スマートグリッドはいわゆるマイクログリッドとは異なり、一定程度、一般電気事業者等の電力系統と連携し、相互に協力関係にあることが重要である。一方、大規模電力系統につながっているために、災害時等で万が一系統が止まったときにはスマートグリッドのシステムも使用できなくなるが、本事業では、万が一の災害時でも必要最小限の量について自立運転できるシステムを構築する。

3.6.4.3　システムの構成

本事業は、各需要家および地域全体の電力の使用状況や再生可能エネルギーを含む発電状況等の情報を提供するとともに、需要家に省エネ等の各種ガイダンスを行う中央コントロールセンターとしての地域節電所、その地域節電所と各需要家とのゲートウェイとなるスマートメーター、地域節電所からの要請に基づき、自動で各需要家のエネルギーマネジメントを行うHEMSやBEMS等のエネルギーマネジメントシステム、地域全体や各需要家のピークカットやピークシフトを行う蓄電池、太陽光発電等の発電システムにより構成されている。図3.6.4.2に、2010年度マスタープラン作成時の事業全体構成を示す。

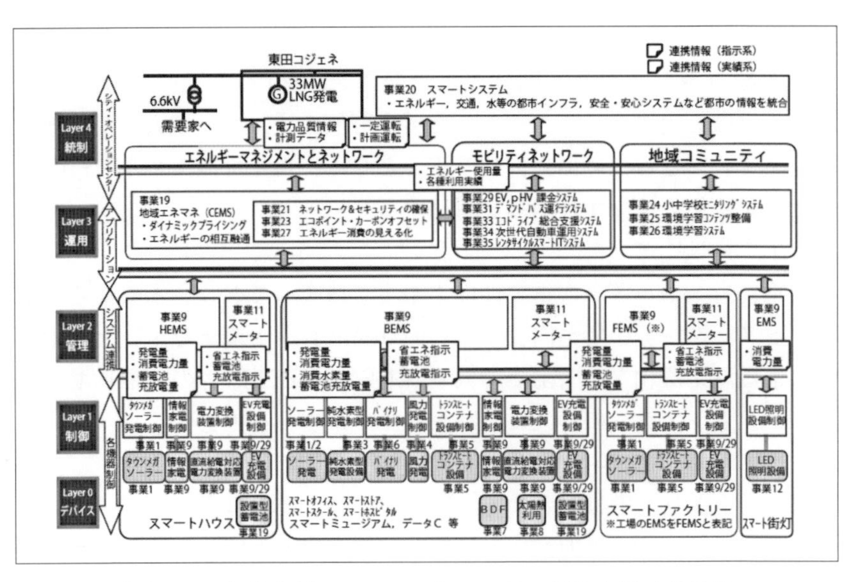

〔図3.6.4.2〕北九州スマートコミュニティ創造事業全体構想
（2010年度マスタープラン）[3.51]

3.7　スマートコミュニティ事業化のマスタープラン

さらに、経済産業省は、東日本大震災で被害の大きかった岩手、宮城、福島の3県でスマートコミュニティを事業化するための「マスタープラン」を民間から公募し、2012年4月に表3.7.1に示すような八つの自治体を採択した。2012年12月に開催された第15回次世代エネルギー・社会システム協議会で「釜石市」以外の7地域のプロジェクトを承認し（事業I)、次世代エネルギー・社会システム協議会で認定されたプランに基づき、復興集中期間である平成27年度末までに、導入されるシステムおよび機器、プロジェクトマネジメントに必要な費用を補助する（事業II)。

(1) 石巻PJ（宮城県石巻市）（東芝）

2012年より、石巻市、東北電力、東芝の3者が、石巻市でのスマートコミュニティ構築マスタープランの策定を進めている。石巻市の「エコ・セーフティタウン構想」に基づき、地域のエネルギー管理を行うEMSの開発や、太陽光発電システムや蓄電池の設置等により、災害時にも電気が使える「安全・安心で環境にやさしいまち」の実現を目指したスマートコミュニティ構築を推進している。

本プロジェクトでは「低炭素なエコタウン」「災害時にも灯りと情報が途切れない安全・安心なまちづくり」をコンセプトに、災害時でも灯りと情報がとぎれず、平常時は再生可能エネルギーや効率化を図り、市民の皆様が安心して暮らせる町づくりを進める。

〔表3.7.1〕東北地方8自治体のマスタープラン策定地域 [1.14]

自治体	協力企業等
福島県「会津若松市」	富士通、東北電力
宮城県「気仙沼市」	荏原環境プラント、スマートシティ企画、阿部長商店、カナエ、カネカシーフーズ、気仙沼水産加工協同組合、サンリク東洋、高順商店、高橋水産、八葉水産、マルフジ
宮城県「石巻市」	東芝、東北電力
宮城県「大衡（おおひら）村」	トヨタ自動車、セントラル自動車
宮城県「山元町」	エネット、NTT東日本
岩手県「宮古市」	エネット、NTTデータ、日本国土開発
岩手県「釜石市」	新日鉄エンジニアリング、東北電力
岩手県「北上市」	JX日鉱日石エネルギー、北上オフィスプラザ

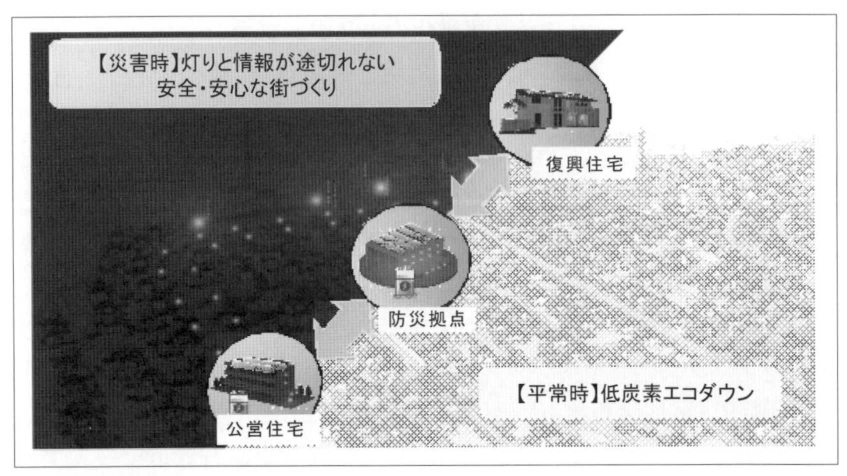

〔図 3.7.1〕石巻 PJ（災害に強い街づくりを目指したスマートコミュニティ構築）[3.52]

3．8　NEDOにおけるスマートグリッド／コミュニティへの取り組み

NEDO（国立研究開発法人 新エネルギー・産業技術総合開発機構）は、2000年から2010年にかけてスマートグリッドに繋がる各種の実験を行ってきた。たとえば、太陽光集中連系（太田市）、メガソーラ（稚内市、北杜市）、風力発電蓄電技術（苫前市）、マイクログリッド実証（愛知県、八戸市、京丹後市）、電力品質の管理（前橋市、仙台市）、系統連系円滑化蓄電池の開発等である。また、NEDOでは2010以降も、図3.8.1に示すように、スマートグリッドとコミュニティに関する実証実験を諸外国で実施している。

また、2010年4月には、NEDOを事務局とした「スマートコミュニティ・アライアンス（JSCA）」が設立された。

3．8．1　大規模電力供給用太陽光発電系統安定化等実証研究（NTTファシリティーズ）

(1) 概要

大規模電力供給用太陽光発電系統安定化等実証研究（北杜市）において、メガソーラの商用系統への連系時における電圧抑制や瞬低対策等の

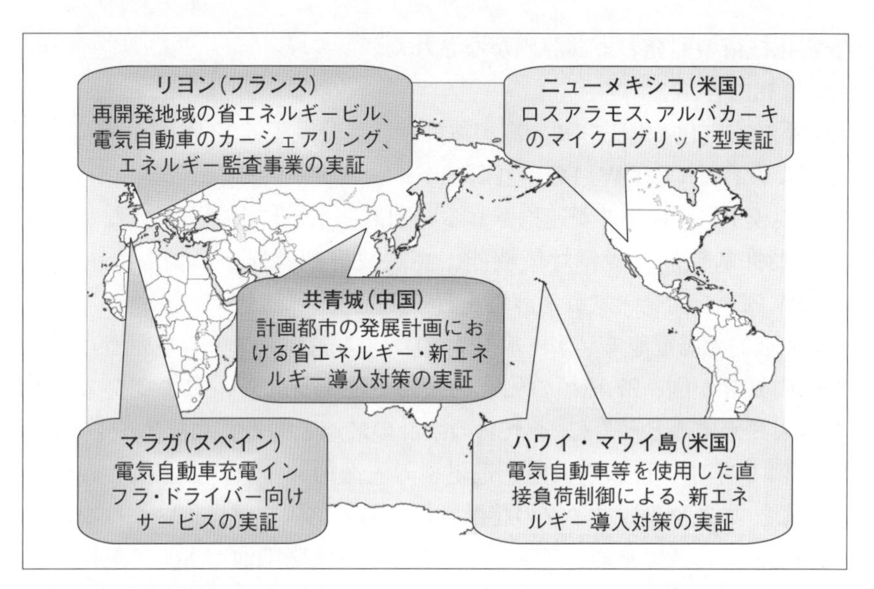

〔図 3.8.1〕NEDO スマートコミュニティ・アライアンスの国際的な実証実験（2010 年以降）[3.53] [1.14]

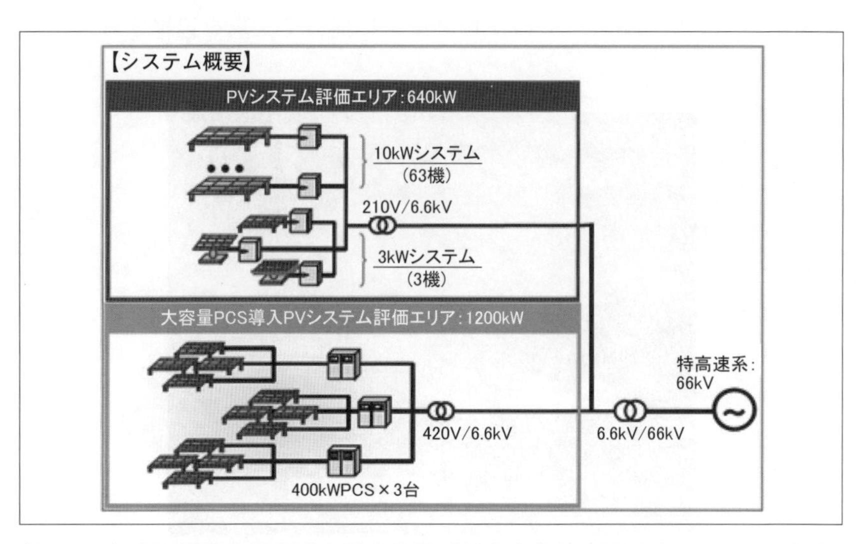

〔図 3.8.2〕大規模電力供給用太陽光発電系統安定化等実証研究システムの概要 [3.54]

安定化技術の開発および評価がなされた。

(2) 研究内容

(a) 系統安定化（電圧抑制、高調波抑制、瞬時電圧低下（瞬低）対策）が可能な大容量（400kW）PCS の開発

大規模 PV システムが連携される特別高圧系統に影響を与えない、電圧変動抑制機能、瞬停対策機能、高調波抑制機能を具備した大容量 400kW PCS を開発・試験・評価を行う。

(b) 先進的太陽電池モジュール（27 種）および追尾システムの評価（2 種）

国内外 9 か国、27 種類の先進的太陽電池モジュールおよびシステムを導入評価するとともに､それらの設計の最適を図る。北杜サイトでは、図 3.8.4 に示す 2 種類の太陽光追尾型の先進的システムを導入し評価している。集光レンズタイプの特徴は、太陽の位置を常に追いかけながら太陽光をレンズで集め、700 倍に高めてから太陽電池パネルで発電することおよび、変換効率は 37% 超と主流の結晶シリコン系太陽電池の約 2 倍と高いことである。一軸追尾式の特長は、あらかじめ太陽光の位置をプログラムしてあり、そのプログラムに従って太陽を追尾することで

〔図 3.8.3〕大規模電力供給用太陽光発電系統安定化等実証研究システム（山梨県北杜市）の外観 [3.54]

ある。5分、1時間、3時間の設定があり、現在は5分間隔で追尾することおよび、発電量は主流の結晶シリコン系太陽電池と比べ約15%程度向上することである。

(c) 先進的架台の開発、LCA評価、環境アセス等による環境性および経済性を考慮した最適システム設計

経済性・環境性を考慮した先進的架台等を検討するとともに、大規模PVシステムの環境貢献度を評価することにより、システム設計の最適化を図る。

(3) 成果の概要

「大規模電力供給用太陽光発電系統安定化等実証研究」としてまとめられており、概要は次の通りである。

①第1章　大規模太陽光発電システムの構築：日照時間が日本一の北杜サイトに約2MWの大規模太陽光発電システムを構築した。本システムについて、各期工事の内容、関連法規に基づく各種手続き、各種電力設備の詳細仕様、運用に必要な監視計測システムや雷害対策内容等がまとめられている。

②第2章　系統安定化技術の開発：太陽光発電システムの発電電力に起因する系統電圧の変動を抑制する電圧変動抑制技術と、系統電圧の瞬

(a) 集光レンズ型追尾式PVシステム

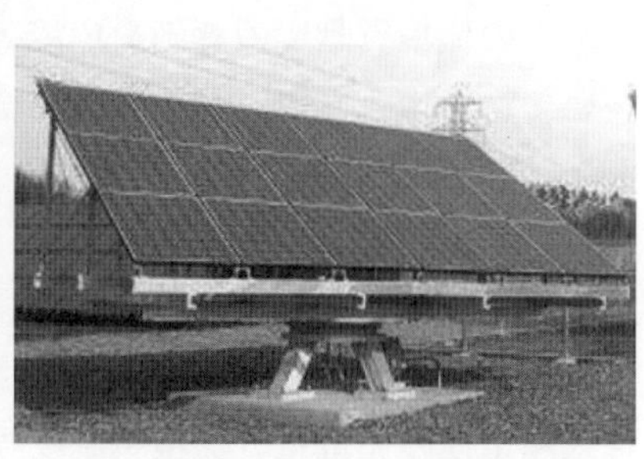

(b) 一軸追尾式PVシステム（3kW）

〔図3.8.4〕先進的太陽光発電システム（追尾型）[3.54]

時電圧低下時でも運転継続が可能な瞬低対策技術を開発した。これら技術について、制御方法、シミュレーション、ミニモデル、実運用における検証結果等がまとめられている。

③第3章　高調波抑制技術の開発：太陽光発電システムの発生高調波電流の抑制が可能な高調波抑制技術を開発した。本技術について、発生高調波の解析結果および制御方法、シミュレーション、ミニモデル、実運用における検証結果等がまとめられている。

④第4章　大容量パワーコンディショナの開発：世界初となる複数の系統安定化機能を具備した400kW大容量パワーコンディショナを開発製造した。本装置について、基本仕様、容量の最適化方法、工場試験や実運用における動作確認結果、出力帯別発電量分布等がまとめられている。

⑤第5章　各種太陽光発電システムの評価：同一サイトへの太陽電池導入種類数としては世界一となる国内外9か国27種類の各種モジュールおよびシステムの発電特性について評価した。本評価について、対象システムの仕様、評価方法、実運用データを基にした太陽電池種類毎の発電性能・劣化回復性能等の比較結果、故障検出手法等がまとめられている。

⑥第6章　経済性・環境性を考慮した最適システム設計の研究：太陽光発電システムの構築コストを分析するとともに、従来の架台に比べ、二酸化炭素排出量の低減が可能な杭基礎架台を開発した。また、各種システムの環境貢献度の評価や環境アセスメントを実施した。本検討について、システム構築費の内訳、杭基礎架台の仕様、各種システムのLCA評価結果、システム構築が生態系や水質等に与える影響等がまとめられている。

⑦第7章　シミュレーション手法の開発：稚内サイトと北杜サイトで得られた知見を基に、大規模特有の連続設置されたアレイへの日射量、各種太陽電池の発電量、環境貢献度等の算出が可能なシミュレーション手法を検討するとともに、「大規模太陽光発電システム導入のための検討支援ツール」を開発した。本手法について、開発の目的、手法

を実装したツールの操作方法等がまとめられている。

⑧第 8 章　大規模太陽光発電システム導入の手引書の作成：稚内と北杜で得られた知見を基に、大規模システム導入の企画から運用までの一連の手順に関するポイントを集約した「大規模太陽光発電システム導入の手引書」を作成した。本手引書について、作成の目的および全体構成がまとめられている。

⑨第 9 章　実証研究における委員会：研究開発目標の達成に向け、外部有識者で構成される実証研究委員会を定期的に開催し、研究実施内容等に対する精査・助言を得た。実証研究委員会、PV モジュール評価分科会、出力制御分科会について、委員会の構成、開催実績等がまとめられている。

⑩第 10 章　北杜サイトにおける保安業務：関連法規に基づき、北杜サイトの実証研究設備における保守業務を実施した。本業務について、保安業務に関わる各種法令や各種システムに対する点検内容等がまとめられている。

本成果の詳細は、成果報告書 2012 年 3 月、タイトル「平成 18 年度～平成 22 年度成果報告書 大規模電力供給用太陽光発電系統安定化等実証研究（北杜サイト）」公開日 2012/3/30、報告書年度、2006～2010、委託先名、株式会社 NTT ファシリティーズ山梨県北杜市、プロジェクト番号、P06005 として、NEDO のホームページより知ることができる。

３．８．２　新電力ネットワークシステム実証研究－品質別電力供給システム実証研究（NTT ファシリティーズ）

(1) 概要

新エネルギー等の分散型電源と系統電力を相互補完的に活用すること等により、需要家の電力品質ニーズに対応して、通常の電力品質とは異なる高品質の交流や直流の電力供給を集中して行う「品質別電力供給システム」の検討が行われた。

(2) 研究内容

実証研究ではその品質別電力供給システムについて、以下の二つを目標とし、システムの開発、試験、および検証が行われた。

①品質別電力供給システムにより、高品質A、B1、B2、B3、Cおよび直流品質すべての電力供給が同時に行えることを証明する。
②従来の無停電電源装置（UPS）による電力品質対策に比較して、同等以下のコスト、省スペース、低電力損失を可能とする。

(3) 成果の概要

本実証研究は平成16年度から平成20年3月までの足掛け4年間にわ

〔表3.8.1〕給電品質種別とその具体的内容 [3.55]

品種種別	給電方式	瞬低補償	停電補償	波形補償	試験サイトの負荷
高品質A	常時INV	○	○	○	医療機器（MRI）サーバ
高品質B1	常時商用	○	○	×	重要照明、小容量PC
高品質B2	直列補償	○	△	×	高等学校、浄水施設
高品質B3	直列補償	○	×	×	介護保健施設
直流	DC-DCコンバータ（n+1構成）	○	○	―	サーバ、照明、換気ファン

○：補償する　△：条件付補償　×：補償しない

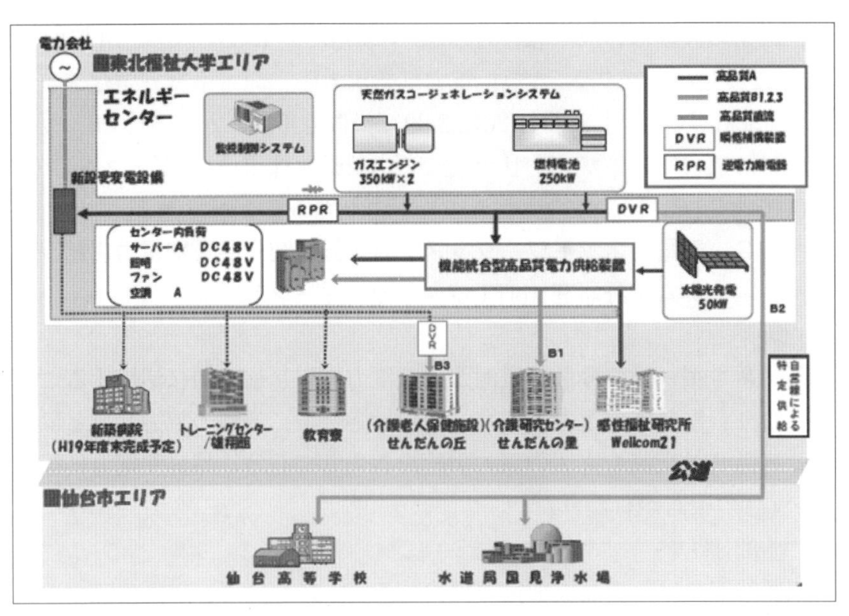

〔図3.8.5〕品質別電力の供給概要 [3.55]

たりNTTファシリティーズ、NTTファシリティーズ総合研究所、梅檀学園東北福祉大学、仙台市の4者で実施され、以下が実証された。

①品質別電力供給システムを開発、構築し、各種試験および約8か月にわたる実需要家供給を行った結果、各品質の品質要件を満足するとともに実需要家への安定供給が可能であることを実証した。

②品質別電力供給システムは、UPSを用いた従来の電力品質対策に比較して、15年間トータルコストで14%～30%の低減、23%～42%のスペース削減、同等以下の損失（いずれも設備余裕率 α =25%の場合）とすることが可能であることを導出された。直流供給に関して、情報通信用として一般的なDC48V負荷以外に、DC300Vサーバ負荷を追加導入し、高効率の観点でより望ましい環境での特性を検証した。また、保護システム（半導体遮断装置）との組合せにより、高品質Aと同様、高い給電品質・信頼度が得られることを実証した。

③BTB（Back to Back）方式瞬時電圧低下試験装置を使用し、実系統で発生し得る種々の事象（瞬時電圧低下、位相跳躍他）を人工的に発生

〔図3.8.6〕品質別電力供給センタの外観 [3.55]

させた場合においても多品質同時供給が可能であることを確認した。また、本試験により、電力供給系統において発生し得る瞬低等の現象を再現し、品質別電力供給システムの動作を試験する方法を確立できた。

④機能統合型高品質電力供給装置の負荷補償機能により、ガスエンジン発動発電装置と協調を取って負荷急変電力を補償することで、自立系統の電圧、周波数変動を抑制し、電力品質維持が可能であることを実証した。品質別電力供給システムをモデル化し、分散型電源または装置の故障により供給電力が不足し停電する事象をモンテカルロ法でシミュレーション解析した。

本成果の詳細は、件名：平成16年度～平成19年度成果報告書 新電力ネットワークシステム実証研究 品質別電力供給システム実証研究として、公開日2009/5/21、報告書年度、2004～2007、委託先名、株式会社NTTファシリティーズ総合研究所 株式会社NTTファシリティーズ学校法人栴檀学園東北福祉大学 仙台市、プロジェクト番号、P04020として、NEDOのホームページより知ることができる。

3.8.3　新エネルギー等地域集中実証研究（NTTファシリティーズ）

(1) 概要

新エネルギー等地域集中実証研究（愛知万博）において、NaS電池や燃料電池を制御し、自然エネルギーの出力変動を補償することで、グリッド内の自立的な需給バランスを図る技術が確立された。

(2) 研究内容

分散型エネルギー供給システムの構築・運用、および電力需給制御等による商用電力系統への影響抑制の検証がなされた。

太陽光、風力といった自然エネルギーを利用した分散型電源においては、発電量が安定しないため、系統側に影響を与える可能性があるという課題を抱えており、本格的に導入が図られるためには、この課題の克服が必要になる。そこで、新エネルギーのさらなる導入拡大に資するとともに、高品質な新エネルギー導入にも有効な知見を得るため、本実証研究では、変動電源である太陽光発電や風力発電設備とその他の新エネルギー等を適正に組み合わせ、これらを制御するシステムを作ることにより、実証研究地域内で安定した電力・熱供給を行うと同時に連系する電力系統へ極力影響を与えず、かつコスト的にも適正な「分散型エネルギー供給システム」を構築し、供給電力等の品質、コスト、その他のデータの収集・分析が行われた。この実証研究では3件のプロジェクトを採択し、うち1件は「2005年日本国際博覧会」の会場で実施された。

本実証研究では、2005年日本国際博覧会会場内ならびに中部臨空都市内の実負荷で想定した一定の限られた電力負荷（マイクログリッドとして想定）に対し、自然変動電源である太陽光発電と、メタン発酵ガスや高温ガス化ガスおよび都市ガスを燃料とする燃料電池という複数の新エネルギーを組み合わせ、さらに変動調整用電源となるNaS（ナトリウム硫黄）電池を加えることで、電力の需給バランスを制御できるシステムを活用し、安定した電力を適正な電力品質で供給すると同時に、既存の電力系統に対する影響を極力低減しつつ、グリッド内のエネルギー効率の向上・環境負荷削減や、エネルギーコストの削減を目標とした、実証研究・フィールドテストが実施された。博覧会会場における実証研究では、そのテーマである「自然の叡智」「循環型社会」を具現化するシス

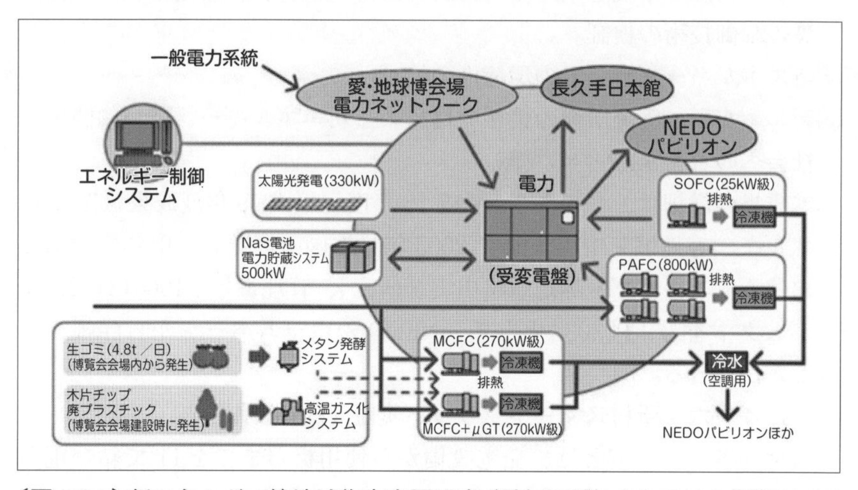

〔図 3.8.7〕新エネルギー等地域集中実証研究（愛知万博）のシステム概要 [3.56]

テムとして、地球規模の課題であるCO_2排出削減や高効率、地域循環型エネルギーを追求した実証研究を行い、環境負荷を低減した地域循環型の新エネルギーによるマイクログリッド供給システムを具現化し、環境負荷低減・循環型システム構築に寄与するとともに、実証研究の内容を国内外へと発信した。博覧会終了後には、地域内における取り組みの継承として、中部国際空港近接部の中部臨空都市に移設し、一般的な地域負荷である常滑市役所や浄化センター等を対象とした実証研究を行い、実負荷を対象としたマイクログリッド型システムの構築・実証研究を実施した。

(3) 成果の概要

本実証研究の主な成果は、次の①から⑤の通りである。

①限られた会場内、地域の実負荷を対象としたマイクログリッド内において、地域循環型の新エネルギーによる分散型エネルギー供給システムを構築。

② 3種類の太陽光発電、MCFCやSOFC、PAFCの複数種の燃料電池等、様々な環境に優しい新エネルギー技術の統合的な実用運用・検証を実施。

③自然変動電源を活用したマイクログリッドにおける最適スケジューリングの検証や系統連系時の需給制御技術の検証、自立運転試験の検証等の制御技術の検証。

④新エネルギープラントの環境性の検証。

⑤新エネルギー実証研究の情報発信による新エネルギー、環境に関する社会への普及・PRへの貢献。

本成果の詳細は、タイトル「平成15年度－平成19年度成果報告書 新エネルギー等地域集中実証研究 2005年日本国際博覧会・中部臨空都市における新エネルギー等地域集中実証研究」、管理番号：100013422、プロジェクト番号：P03038として、NEDOのホームページから詳細を知ることができる。

3.8.4　六ヶ所村スマートグリッド実証（日立製作所）

スマートグリッドとは、発電設備から使用機器までをITで結び電力の「供給」、「需要」、「貯蔵」機能を一括管理・制御することで、需給の平準化・安定化を図るシステムである。青森県の六ヶ所村には、国立研究開発法人 新エネルギー・産業技術総合開発機構（NEDO）の地域エネルギー活用実証研究「次世代エネルギーパーク」の一環として、大規模蓄電池を備えた風力発電施設が建設されている。図 3.8.8 に実証試験サイトの構成を示すが、大規模太陽光発電設備（100kW）と需要家側には電力量を自動検針するスマートメータを設けており、電力コントロールセンターで電力系統情報を収集し太陽光発電や需要家側に制御信号を与えて電力を管理する。

本プロジェクトは日本風力発電㈱、トヨタ自動車㈱、パナソニック㈱との共同プロジェクトであり、蓄電池制御、電力負荷制御、および住民参加型の需給誘導技術の実証を目的としている。具体的には風力・太陽光の発電量と各家庭の発電・消費量の監視し、太陽光発電の急変動およびスマートハウスでの需要変動に対して、二又風力発電所との連系線潮流をスケジュール値に合わせるよう、蓄電池をリアルタイムで制御する。さらに各家庭のエコキュートを群制御し太陽光発電の余剰電力を吸収する。

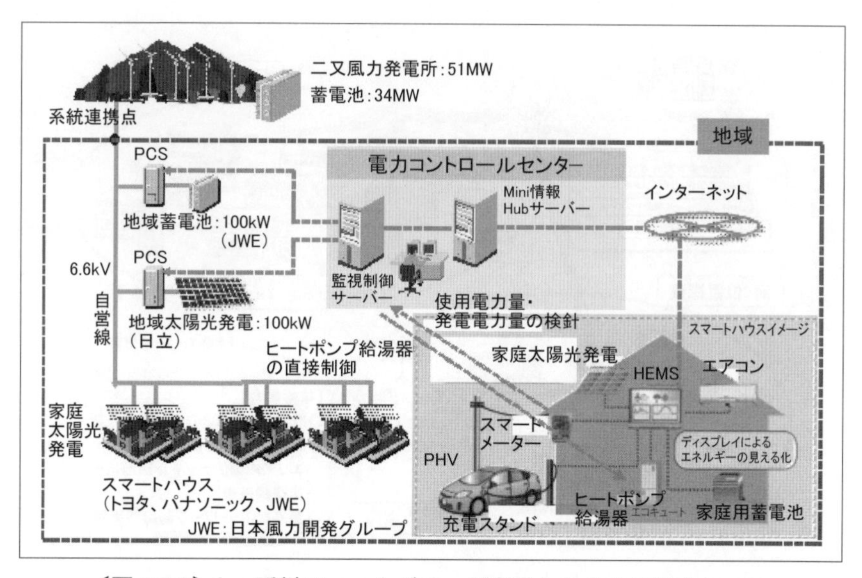

〔図 3.8.8〕六ヶ所村スマートグリッド実証システムの構成 [3.57]

3．9　経済産業省とNEDO以外で実施されたスマートグリッド関連の研究・実証実験

3．9．1　ワイヤレスグリッド技術に対する情報通信研究機構（NICT）の取組み

NICTワイヤレスネットワーク研究所スマートワイヤレス研究室では、将来多様化する無線通信システムをサポートするための、格子状に張り巡らされた無線構想（ワイヤレスグリッド）に関する研究開発を行っている。本節では、ワイヤレスグリッド技術に関する取組みと、主な成果について述べる。

(1) 特定小電力システムの高度化に関する検討

ワイヤレスグリッド技術に関する研究開発は、当初小電力通信システムにおける高度化利用の観点から始められた。これは、平成19年度～21年度に実施された総務省技術試験事務「400MHz帯以下における特定小電力無線システムの高度利用技術に関する調査検討」の一環として進められた研究開発である。図3.9.1.1に、小電力通信システムの高度化

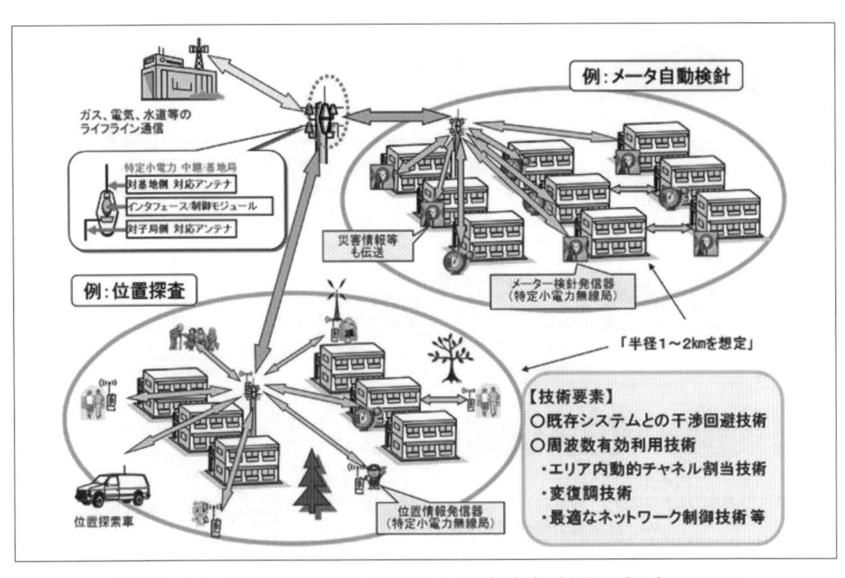

〔図3.9.1.1〕特定小電力システムの高度化利用の概念 [3.58]

利用の概念を示す。想定エリアに多数配置された小電力無線機からの信号を一旦収集し、そこからさらに別系統通信系等を用いてさらに広域の収集が行われる構造になっている。これは、本報告書本文にて記載したSUNシステムの構造とも同等のものである。システムの周波数帯としては、当初小電力通信システム用途として知られていた400MHz帯、950MHz帯が想定されていたが、後にスマートメータ無線用途を想定し、世界的な動向と合わせて920MHzが重点的に検討されるようになった。

(2) 省電力マルチホップ通信技術の研究開発と実証

SUNシステムに関して記載の通り、NICTでは省電力マルチホップ通信の実現に向けて研究開発を行ってきた。図3.9.1.2に、無線伝搬特性に関する検討結果を示す。図3.9.1.2 (a) より、送信電力が電波法等である程度制限される場合には、所望サービスエリアを確保するためにマルチホップ通信の適用が必要となること、また、図3.9.1.2 (b) に示されるようにアンテナ設置状態によりさらなる減衰が生じる場合には、マルチホップ通信の必要性がさらに顕著になる予想が得られた。

NICTでは、既存IEEE 802.15.4のMAC仕様の変更による省電力マルチホップ技術の実現を提案している。IEEE 802.15.4のMACは、FFD (Full function device：全機能デバイス) と、RFD (Reduced function device：縮小機能デバイス) という2種類の無線デバイスを運用する。FFDは、ID (PAN ID) を設定しトポロジ自体を構築するPANコーディネータとして機能できる他、後述するスーパフレームを規定することで他のFFDおよびRFDにチャネルスロットを割当てることができる。対してRFDは、FFDとしか通信できない機能制限されたデバイスである。以上を前提とし、IEEE 802.15.4MACでは図3.9.1.3に示す2種類のトポロジが規定されている。スタートポロジでは、PANコーディネータであるFFDに対して、他のFFD、RFDが図のようなスター状の接続形態をつくる。PAN内のいずれの無線リンクに関してもマスタースレイブの関係を想定しており、マスタに相当するデバイスが、TDMA (Time Division Multiple Access) 型のアクセス制御を行っている。それに対して、ピアツーピアトポロジでは、トポロジ内のFFDは他のいずれのFFDとも直接通信を行うことが想定されており、図のようなメッシュ状の形態が用いられる。この場合、マスタースレイブの関係は存在せず、各無線端末間で、CSMA（Carrier Sense Multiple Access）という自律分散的なアクセス制御が行われる。SUNへの適用を考慮した場合、デバイスとなる各

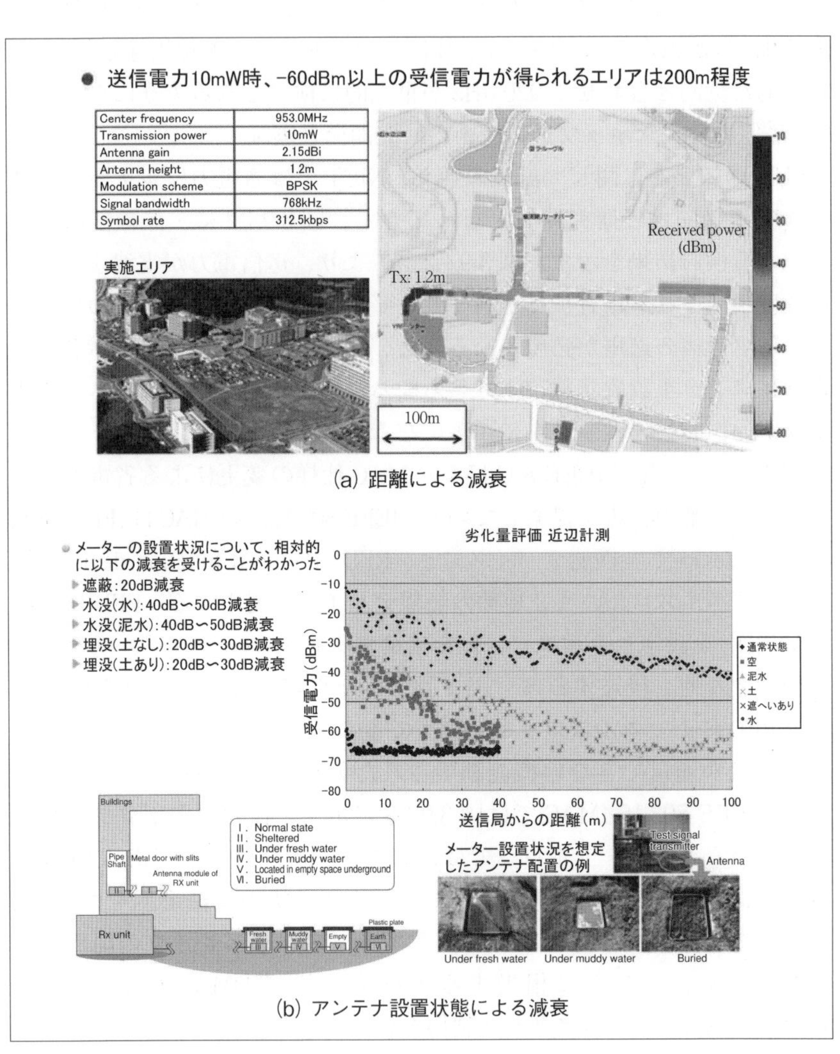

〔図 3.9.1.2〕伝搬特性試験 [3.58]

メータの準静的な配置から、本検討ではスタートポロジの適用について検討する。

図 3.9.1.4 (a) に、IEEE 802.15.4MAC で規定されるスーパフレームを示す。スーパフレームとは、スタートポロジにおける TDMA 制御の基本となる時間周期であり、マスタデバイスによる周期的なビーコン信号によって規定される。ビーコンの間隔 (BI：Beacon Interval) は、アクティブ期間と非アクティブ期間に分割される。アクティブ期間は、実質的な通信期間であり、スーパフレーム長 (SD：Superframe duration) として規定される。アクティブ期間はさらに競合型アクセス期間の CAP (Contention Access Period)、タイムスロットの予約による非競合型アクセス期間の CFP (Contention Free Period) に分けられる。また、非アクティブ期間では、各デバイスはスリープ状態に入ることができる。図 3.9.1.4 (b) に、省電力化のために提案するスーパフレーム構造を示す。消費電力を低減するため、原則的にビーコン信号は休止状態にあり、同期が必要な場合にのみ送信される。また､図のようにアクティブ区間は、CAP のみで構成され、さらにデータフレームの終了はアクティブ区間内でなく、次のスーパフレームの開始時点以前であればよいとする。結果として、データフレーム長に関わらずアクティブ期間を短縮化するこ

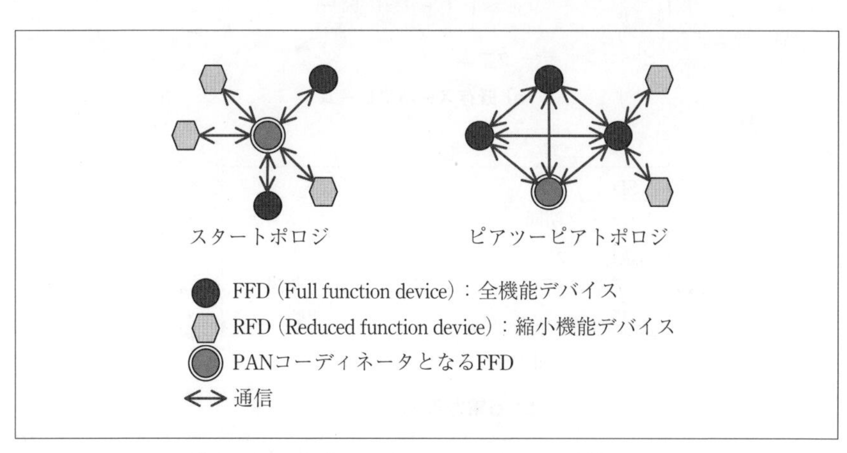

〔図 3.9.1.3〕ネットワークトポロジの例 [3.60]

とが可能となる。各デバイスによるデータフレームの送受信の開始、および待機のための受信状態はアクティブ期間においてのみ行われ、スリープ期間ではアクティブ期間から継続するデータフレーム送受信を除いてスリープ状態に入るため、消費電力の低減が図られる。このようなスーパフレームの構造が、LE スーパフレームと呼ばれ、IEEE 802.15.4e ドラフトにて規定されている。

IEEE 802.15.4MAC におけるスタートポロジにおいて、複数の FFD がスーパフレームを規定することで、ツリー状のトポロジが構成可能であり、この形状を SUN システムに適用することを提案している。図 3.9.1.5 にツリー状トポロジの構成動作を示す。

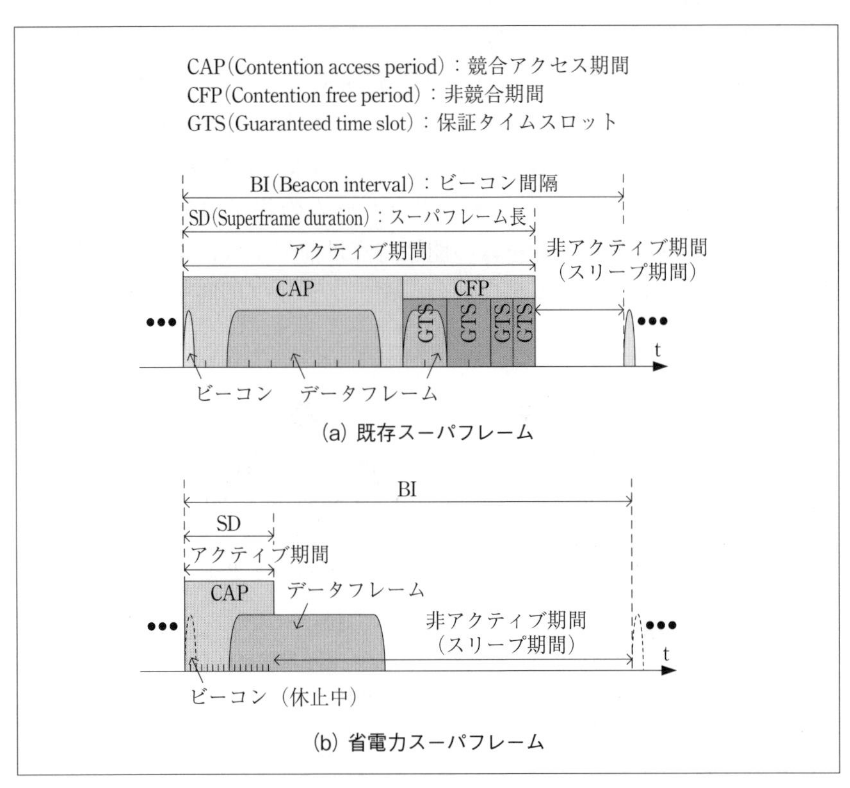

〔図 3.9.1.4〕省電力スーパフレームの検討 [3.60]

図 3.9.1.6 に、データフレームの中継動作例を示す。図中で、M3 あるいは M4 のメータが M1 へとデータフレームを送信する場合には、M1 の規定するスーパフレームに従い、それに対して M1 が CS に送信する場合には、CS のスーパフレームに従って送信される。

以上のような物理層および MAC 層に関する研究開発を進めながら、SUN 無線機のプロトタイプの開発と、これらを用いた実証試験を行っ

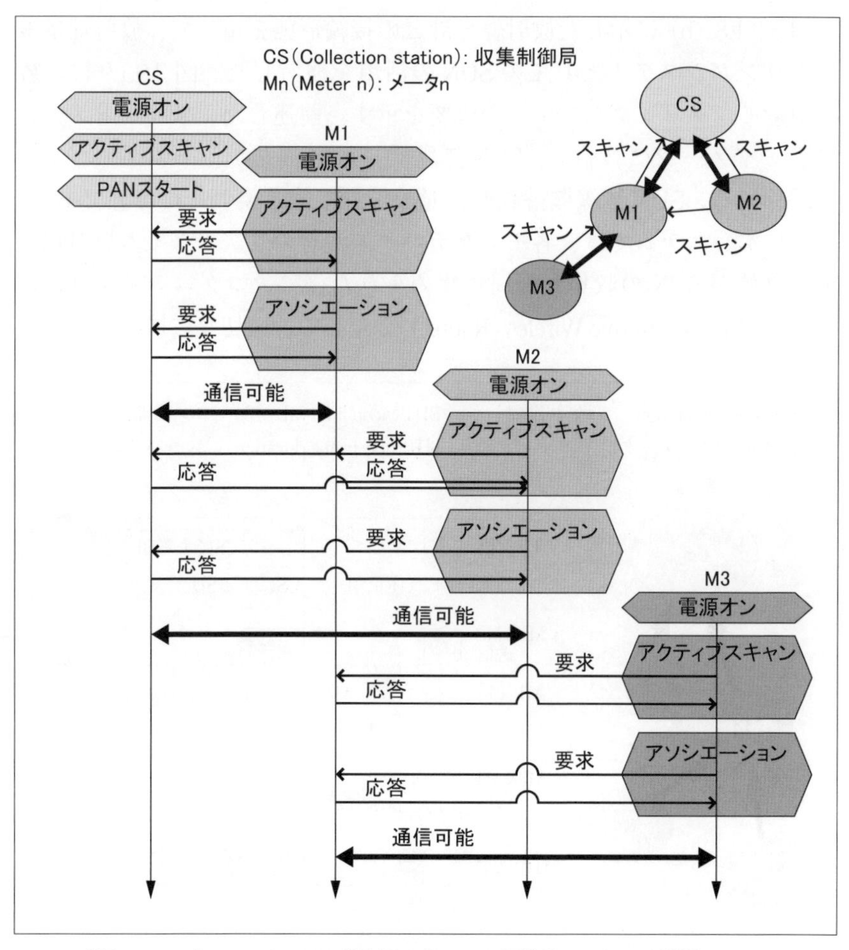

〔図 3.9.1.5〕マルチホップ通信のための自律的トポロジ構築 [3.60]

てきた。プロトタイプの開発は、同時に進められていた標準化の動向にも即しながら大きく三つの段階に分けて進められた。図 3.9.1.7 に、プロトタイプの段階的な開発について示す。

図 3.9.1.7 における「IEEE 802.15.4g/4e ドラフト準拠試作機」の段階では、IEEE 802.15.4g/4e ドラフト仕様に準拠するだけでなく、実際の用途を想定した上で外部のメータ／センサとの接続動作についても実装されている。図 3.9.1.8 に、外部メータ／センサとの接続動作を示す。

図 3.9.1.8 (b) に示した放射線量計との接続形態を用いて、放射線量モニタリングシステムとしての SUN の活用を検討した。図 3.9.1.9 に、放射線量モニタリングシステムの概要を示す。前述した、スマートメータによるイメージにおいて、SUN 無線機搭載メータが、モニタデバイスと呼称する、SUN 無線機搭載型放射線量計で置き換わった形態である。さらに本システムでは、各モニタデバイスからのリアルタイム放射線量モニタ値が SUN の収集制御局に集められた後に、コグニティブ無線ルータ (CWR：Cognitive Wireless Router) を介して、適切な広域アクセス無

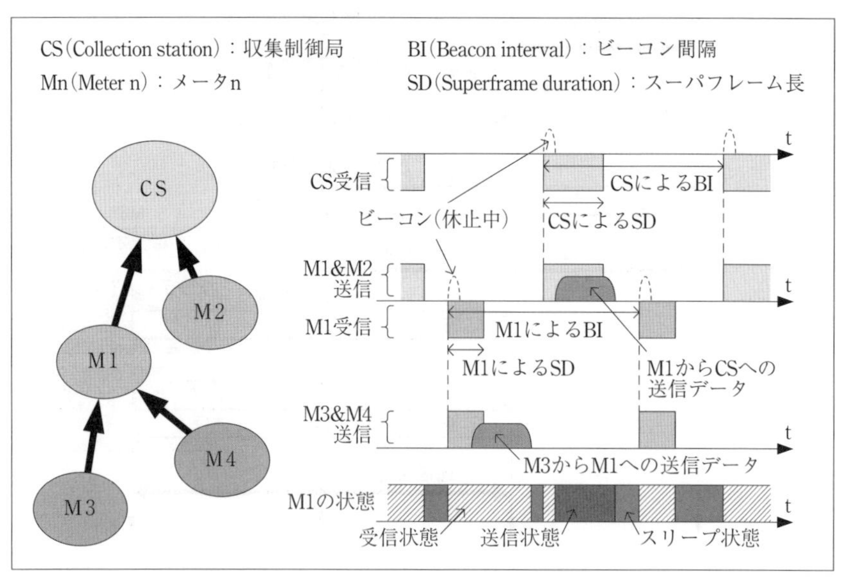

〔図 3.9.1.6〕データフレームの中継動作例 [3.60]

線を選択し、インターネット等の基幹通信網上にアップロードされることが想定されている。ここでは、インターネット上に構築された、無線リソースの利用状況を保持するクラウド構造であり、コグニティブ無線

- 単4形乾電池で動作する小型ロングライフ小電力無線デバイスを開発
- データフレーム長等は、独自設計による

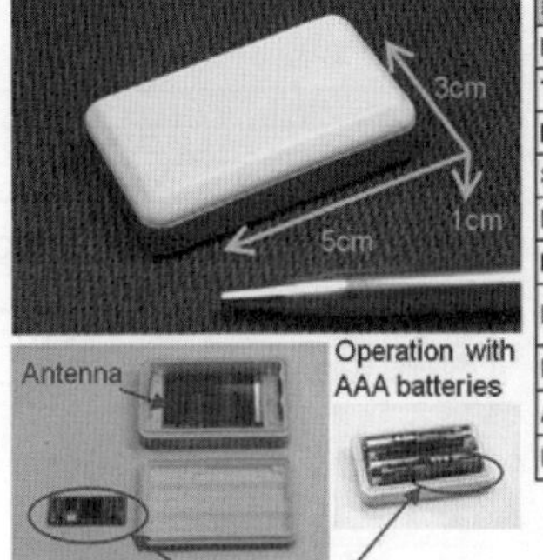

装置諸元	
Frequency band	400 MHz
Transmission power	Max 10dBm (antenna input power)
Modulation scheme	2GFSK
Signal bandwidth	32 kHz
Data rate	19.2 kbps
MAC scheme	CSMA/CA with sleeping period
Routing scheme	Based on autonomous TREE topology construction
Beacon interval	1s
Active period	3.5ms
Data frame length	12.5ms

(a) 独自仕様試作機

- IEEE802.15.4g諸元を考慮し、詳細検討用の試験装置を開発
- アクティブ/非アクティブ期間運用に関する基礎検討
- 実地試験による性能評価

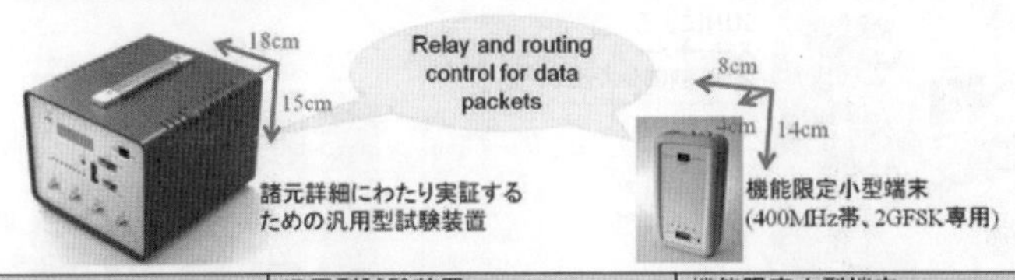

	汎用型試験装置	機能限定小型端末
Frequency	400/950MHz	400MHz
Transmission power	10dBm	
Diversity	Selective diversity on receiver	No diversity
Modulation scheme	2GFSK/4GFSK	2GFSK
Data rate	50/100/200/400kbps	50/100/200kbps
Payload length	~1500octet	
MAC scheme	CSMA/CA with sleeping period	
Routing scheme	Based on autonomous TREE topology construction	

(b) パラメータ検討用試作機

〔図 3.9.1.7〕プロトタイプの開発 [3.59]

クラウド（CWC：Cognitive Wireless Cloud）上に、モニタ値がアップロードされるとしている。

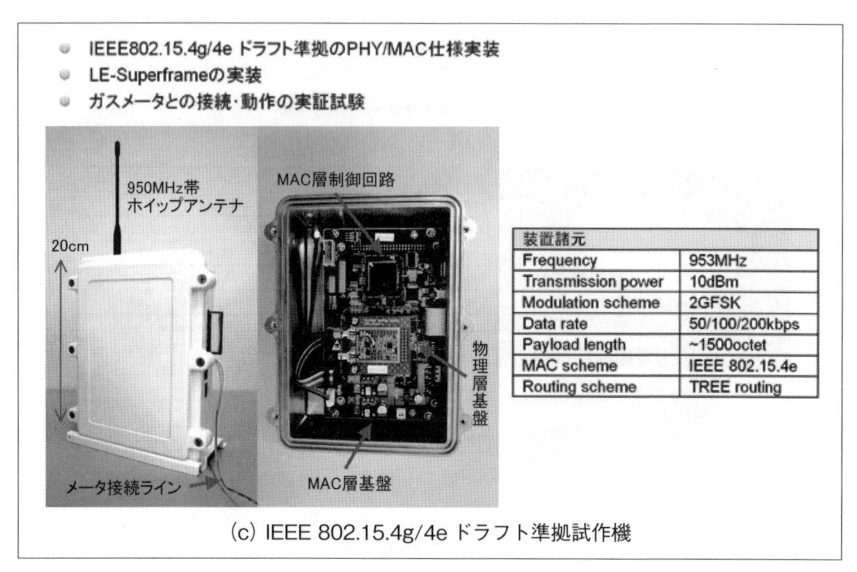

装置諸元	
Frequency	953MHz
Transmission power	10dBm
Modulation scheme	2GFSK
Data rate	50/100/200kbps
Payload length	~1500octet
MAC scheme	IEEE 802.15.4e
Routing scheme	TREE routing

(c) IEEE 802.15.4g/4e ドラフト準拠試作機

〔図 3.9.1.7〕プロトタイプの開発 [3.59]

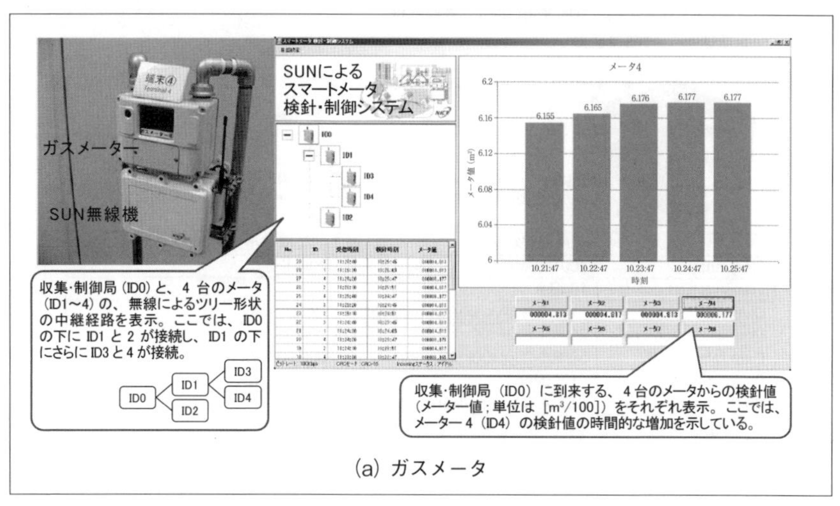

(a) ガスメータ

〔図 3.9.1.8〕外部メータ／センサとの接続動作 [3.59]

本システムは、2011年の12月から、2012年の3月にかけ、福島県川内村内に敷設され、同年4月に役場機能が現地にて再開されるまでの期間、リアルタイムの放射線量値をインターネットを介して確認可能な状態を提供し続けた。図3.9.1.10に当時のモニタリングデバイス、および収集制御局の設置状態を示す。

図3.9.1.11に、インターネットを介したリアルタイム放射線量モニタリング結果を示す。ここでは、川内村公園内に二か所設置されたモニタ

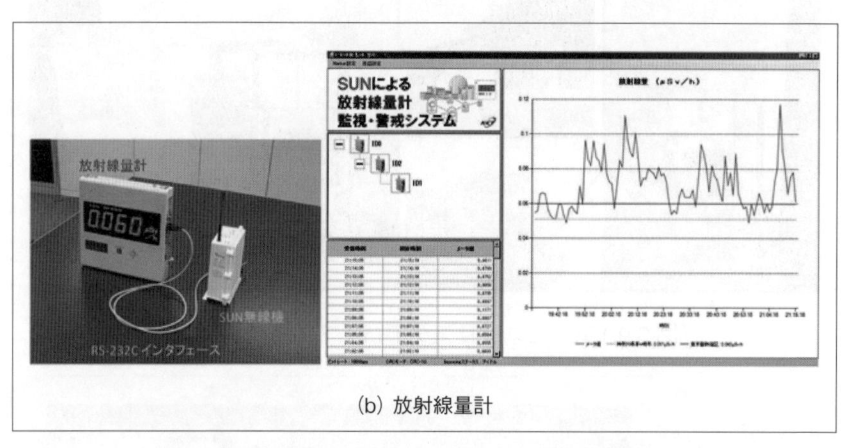

(b) 放射線量計

〔図3.9.1.8〕外部メータ／センサとの接続動作 [3.59]

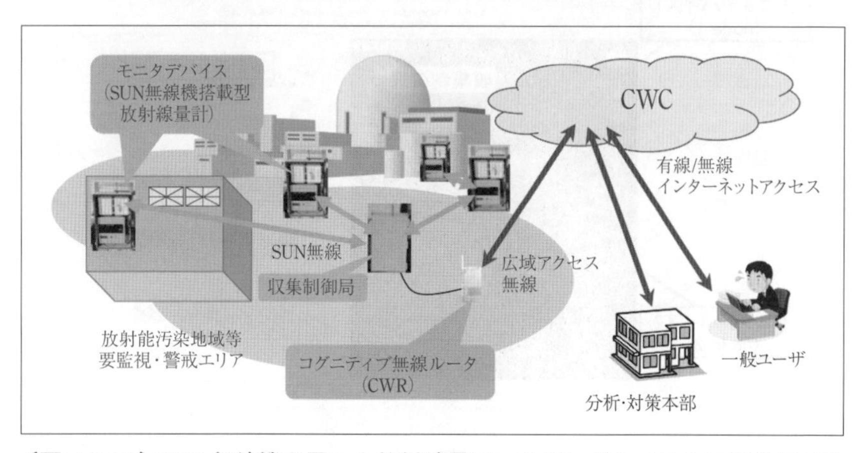

〔図3.9.1.9〕SUN無線機を用いた放射線量モニタリングシステムの概要 [3.59]

リングデバイスの放射線量モニタ値の変化を示している。本図にも顕著に表れているが、本モニタリングを通じて、特に次の二つの事項がわかった。

① 100m 程度離れた地点でモニタ値が 2 倍以上異なる場合があるため、モニタリングデバイスの密度を上げ、多地点のモニタリングを行うことが重要である

〔図 3.9.1.10〕モニタリングデバイス設置状態 [3.59]

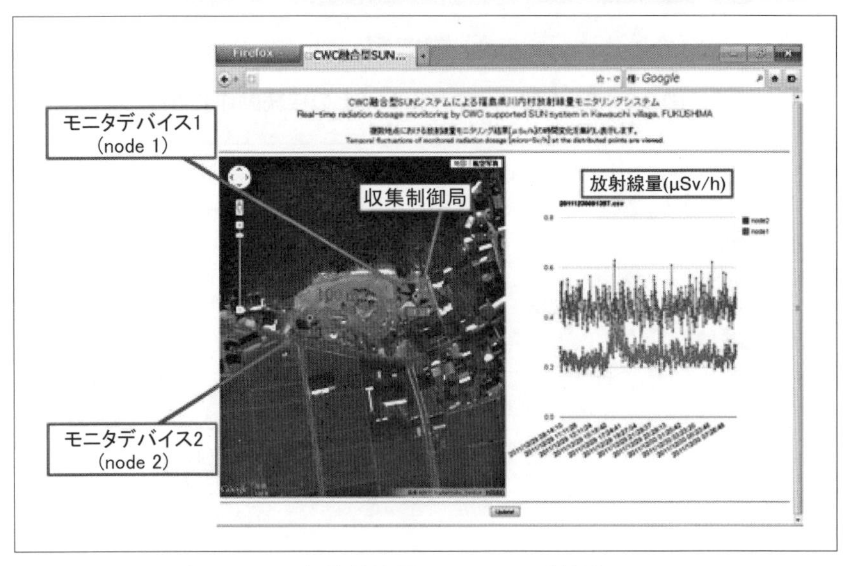

〔図 3.9.1.11〕放射線量モニタリング結果 [3.59]

②2、3時間程度のオーダーでモニタ値が急激に大きく変動する場合があるため、継続的なモニタリングを行うことが重要である

以上の事項から、多数の無線機を配置し、さらに各無線機からではなく収集基地局にて収集した後に、広域系にデータを送ることが可能であり、さらに本動作を省電力動作にて実現できるSUNシステムを放射線量モニタリングに適用することが効果的であることがわかった。

IEEE 802.15.4g/4e の標準化終了後の、本規格準拠小型SUN無線機を図3.9.1.12に示す。また、本無線機を用いた実証実験を図3.9.1.13に示す。本実証試験では、920MHz帯を用いる小型SUN無線機20台により、屋内外でのマルチホップデータ収集の実証に成功した。1ホップの通信距離は約600m程度であるが、屋外実証では500m程度のエリアで、屋内

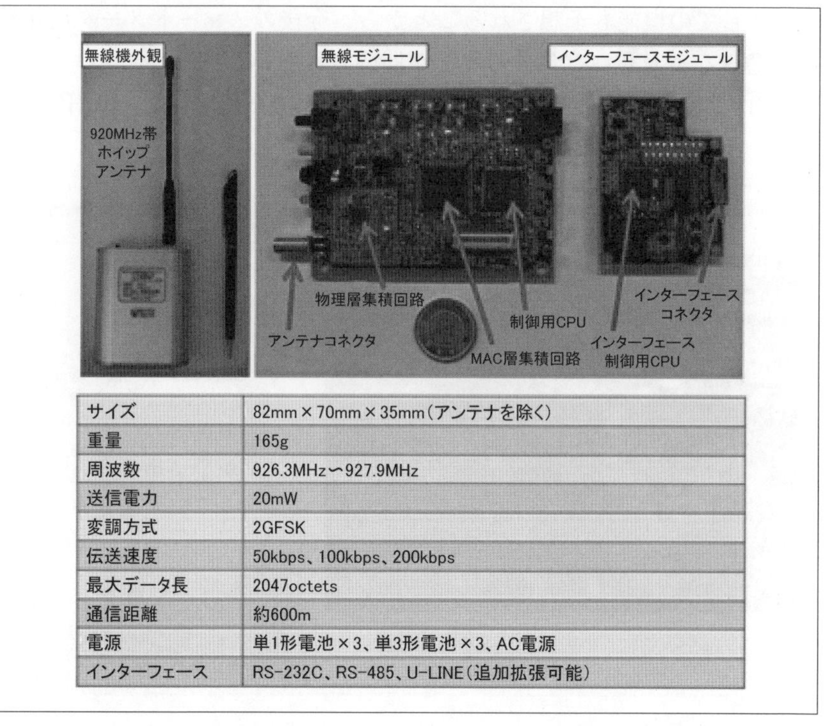

サイズ	82mm × 70mm × 35mm(アンテナを除く)
重量	165g
周波数	926.3MHz〜927.9MHz
送信電力	20mW
変調方式	2GFSK
伝送速度	50kbps、100kbps、200kbps
最大データ長	2047octets
通信距離	約600m
電源	単1形電池 × 3、単3形電池 × 3、AC電源
インターフェース	RS-232C、RS-485、U-LINE(追加拡張可能)

〔図3.9.1.12〕IEEE 802.15.4g/4e 準拠小型SUN無線機 [3.59]

実証ではビルの1、2、3階構造からなるエリアで、それぞれデータ収集実証を行った。

(3) ワイヤレスグリッド技術の普及化

現在では、前述したWi-SUNアライアンスによる各プロファイルに準拠しながら、SUN無線機の開発が進められている。図3.9.1.14は、NICTにより開発されたWi-SUNアライアンス規格準拠無線モジュールおよび無線機を示している。図3.9.14 (a) に示す無線モジュールは、必須項目だけではなく、多様な利用形態を想定した上でのFEC (Forward Error Correction：前方誤り訂正) 等、付加的機能まで含めた上で、物理層・MAC層集積回路、および制御用MCU (Micro Controller Unit：組込型マイクロプロセッサ) の4cm×2cmの基盤上での極小構成に成功している。当該無線モジュールは、将来他の無線モジュールの認証に際する「基準器」としての機能も予想されることから、今後のスマートメータ用無線機の急速な普及化に寄与することが期待されている。

図3.9.1.15は、図3.9.1.14 (b) で示した無線機を利用した、ECHONET

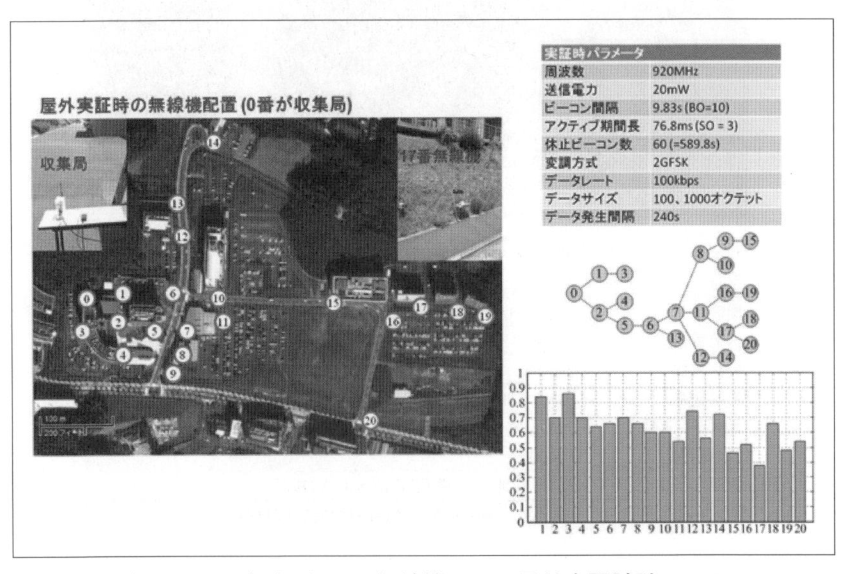

〔図3.9.1.13〕小型SUN無線機による屋外実証試験 [3.59]

Lite プロファイルの実証を示している。別基板でインタフェース機能の一部を実現することで、ECHONET Lite アプリケーションの規定の一つである照明の制御を、920MHz 帯 SUN 無線を介して実現することができた。なお、前述のインタフェース機能も、現在では無線モジュールの内蔵ソフトとしての実装が可能となっているため、今後このような無線機のさらなる小型化が予想されている。

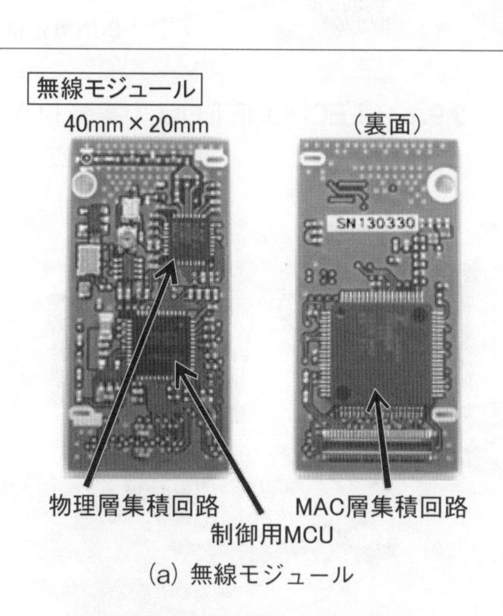

(a) 無線モジュール

無線機実装例と諸元

インタフェースモジュール、バッテリを具備した無線機の実装例

※本無線機のプロトコルスタックのソフトウェア実装(Porting)も検討可能

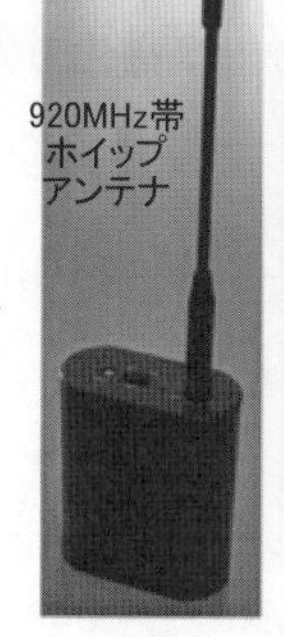

サイズ	85mm × 70mm × 35mm(アンテナを除く)
重量	165g
周波数	920MHz〜928MHz
送信電力	20mW
変調方式	2GFSK
伝送速度	50kbps、100kbps、200kbps
最大データ長	2047octets
通信距離	約500m
電源	単3形電池 × 3、AC電源
消費電流	アクティブ時:50 mA、スリープ時:2 mA
外部通信ｲﾝﾀﾌｪｰｽ	RS-232C、RS-485、U-LINE(追加拡張可能)

(b) 無線機構成の例

〔図 3.9.1.14〕Wi-SUN 無線機 [3.59]

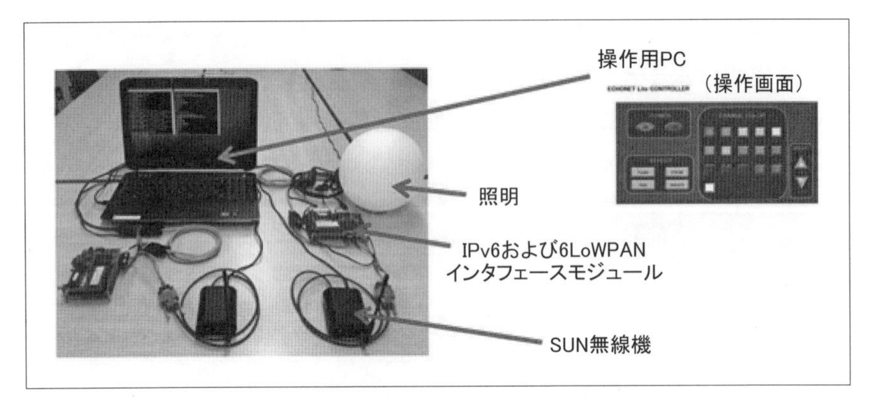

〔図 3.9.1.15〕ECHONET Lite の実装 [3.59]

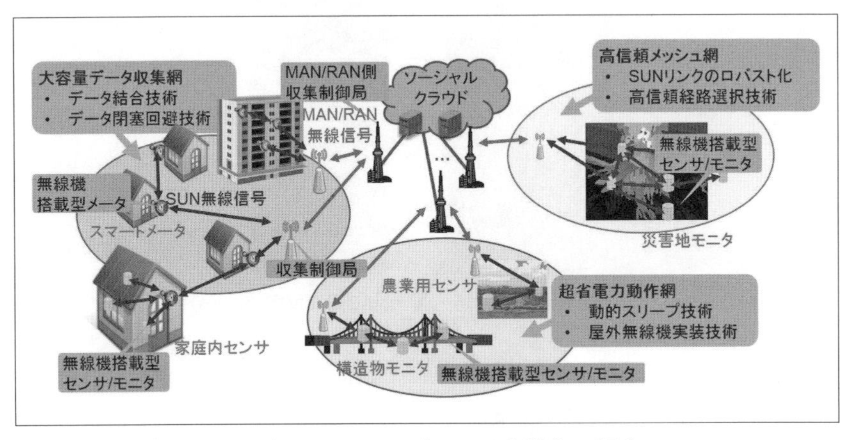

〔図 3.9.1.16〕ワイヤレスグリッド多様化の概念 [3.62]

(4) ワイヤレスグリッド技術の多様化

今後、ワイヤレスグリッドは、スマートメータ用途にとどまらず、幅広いセンシング分野、IoT 分野に適用されることが予想される。図 3.9.1.16 は、このような多様化がなされたワイヤレスグリッドの概念を示している。図 3.9.1.17 に、ビル内や工場内におけるエネルギーマネージメントやセンシングに有効な、大規模メッシュの実装例を示す。また、図 3.9.1.18 は、もずく養殖場における海水温および塩分濃度に対して省電力センシングを適用した、漁業センシングの適用実装例を示している。

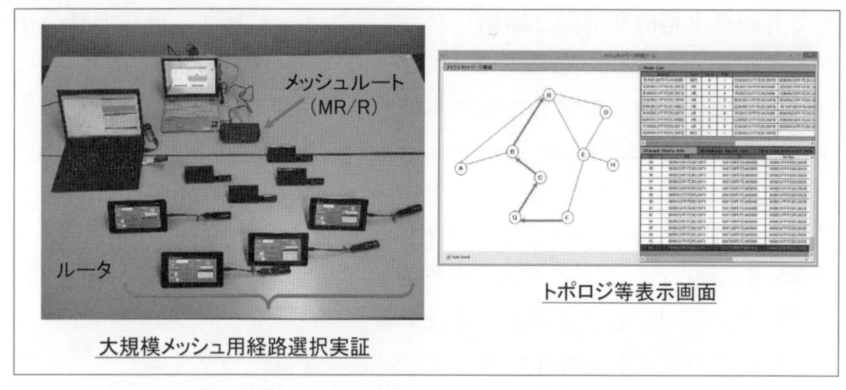

〔図 3.9.1.17〕大規模メッシュの実装例 [3.62]

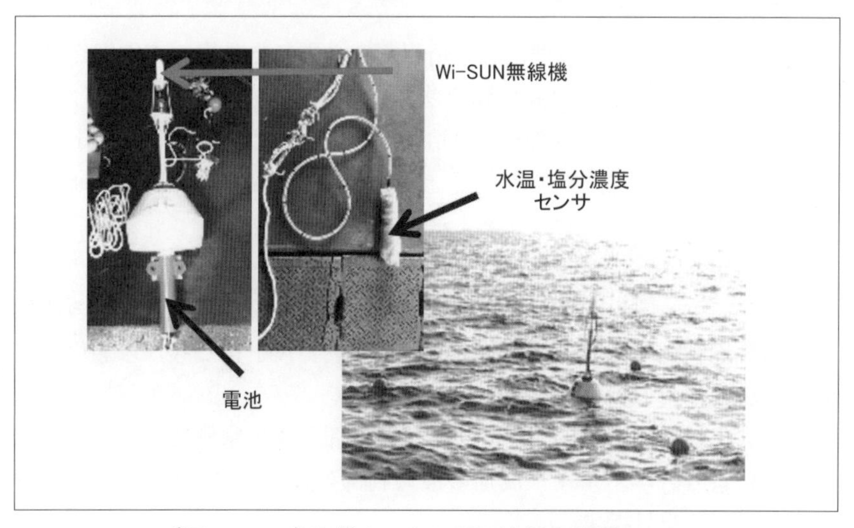

〔図 3.9.1.18〕漁業センシングの適用実装例 [3.62]

3．9．2　東京工業大学の AES センターとの共同研究事例 （NTT ファシリティーズ）

AES センター（International Research Center of Advanced Energy System for Sustainability：先進エネルギー国際研究センター）は、21 世紀最大の課題の一つである「低炭素社会」の実現に向けて、東京工業大学ソリューション研究機構が 10 年の時限組織として 2009 年 9 月に設立し、2010

年4月から本格的な活動を開始した。エネルギーに関する既存の社会インフラを活かしながら革新的な省エネ・新エネ技術を大胆に取り込み、地球温暖化の回避と安定したエネルギー利用環境を実現する「先進エネルギーシステム（Advanced Energy Systems for Sustainability、略称 AES）」の確立を目指している。AES センターは従来の大学研究の枠を越えて企業や行政、消費者、NPO 等多様な主体が参加する開かれた研究拠点「イノベーションプラットホーム」を整備して社会ニーズを的確に把握し、低炭素社会実現に必要な課題を解決する多様な研究プロジェクトを推進し、学術研究にとどまらず確実に社会・産業を変えるソリューションを提示することを目的としている。

(1) 概要

コミュニティ内の分散型電源と情報家電や電気自動車の充電拠点等の需要家設備を高速、かつ高信頼な次世代ネットワーク（NGN）で結び、ICT システムを活用して系統側の情報を加味したうえで、CO_2 排出量やコストを削減する電気やエネルギーの最適流通を図る制御技術の研究である。

(2) 研究内容

コミュニティ内の電気・熱エネルギーを系統側の情報や需要側の情報を基に最適制御することにより、CO_2 排出量の最小化と低コスト化を図り、低炭素社会の実現に貢献する。

①低炭素化社会の実現に向けて、系統側情報と需要家側情報を活用することにより、エネルギー流通の最適制御の技術開発を行い、省 CO_2・省コスト化を目指す。

② NTT グループは電力エネルギー流通の最適化、東京ガスは熱エネルギー流通の最適化、新日本石油は電気自動車の活用、東京工業大学は家電用チップ開発を行い、需要家側エリアにおける電気と熱のトータルなエネルギーマネジメント技術を確立する。

③エネルギー流通の最適化検証には、エリア内の構成要素として重要な戸建、集合住宅の実データを取得するとともに、シミュレーションにより全体最適化の検証を行う。

現在までの活動実績は、次の通りである。

センター発足当初から共同研究部門を中心にした個別プロジェクトを推進する他、最近は特に研究推進委員会の会員企業に参加を呼びかけてより多くの企業が協働する企業間連携プロジェクト創りにも力を入れている。また、AESセンターが所属するソリューション研究機構内で進む他の環境・エネルギー関連のテーマ「学内連携プロジェクト」との相互交流も進められている。

今後の展望として、多様な研究者や企業との協働を目指す。このため研究シーズの社会実装に関心を持つ優秀な学内研究者をより多く発掘し参加が求められている。さらに、より公益性の高い研究プロジェクトに取り組み、研究成果の社会実装を目指す。このため学内外への情報発信力を高め、大学を中心とした産官学連携プラットフォームにふさわしい活動をさらに充実することが計画されている。

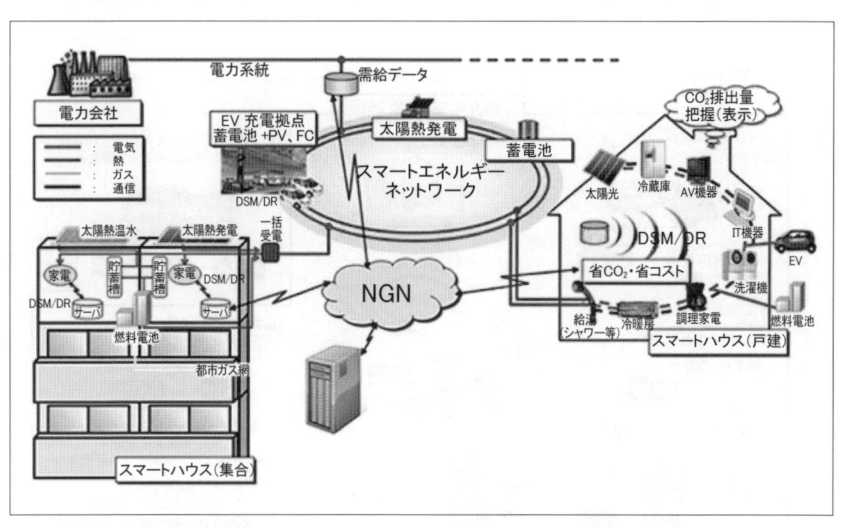

〔図 3.9.2.1〕AES センター実証実験の構成図 [3.63]

3.9.3 北上市スマートコミュニティ導入促進事業＆あじさい型スマートコミュニティ構想モデル事業【北上市、北上オフィスプラザ（第３セクタ）が出資および資産を所有し、自治体が主たる事業者となるスキーム】としての実証実験（NTT ファシリティーズ）

(1) 概要

あじさい型スマートコミュニティ構想を実現するため既存建物施設へ段階的に再生可能エネルギーを分散配置し、市関連施設で使用する電力の再生可能エネルギー比率を高めるとともに、面的に災害に強い街づくりを行うことである。あじさい型とは、地域コミュニティの活性化と都市基盤の連携による持続的な「元気な地域のかたち」であり、北上市の地図においてそれぞれの地域に分散する独自の資源を活用した住民主体の地域づくり、活発な地域づくり・生活拠点機能の地域間連携、各地区と中心市街地の連携・共生があじさいの花のような形を成すことから命名された。

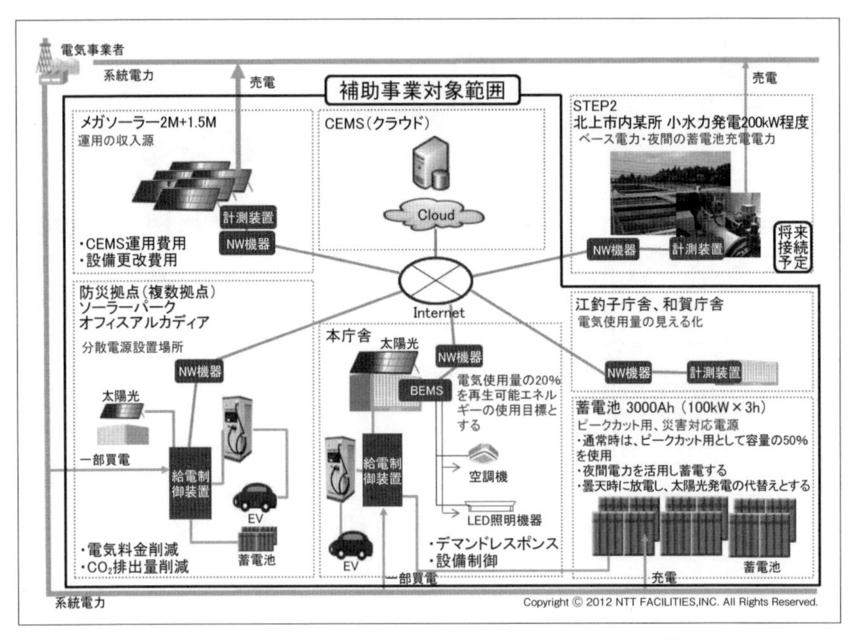

〔図 3.9.3.1〕北上市におけるスマートコミュニティ構想モデル事業の構成図 [3.64]

(2) 目標

STEP 1

①本庁舎の使用電力の 20% 以上を分散電源で担う。

・複数拠点に設置された太陽光発電、蓄電池放電

・本庁舎の負荷制御および職員に対するデマンドレスポンス

②災害時の災害対策本部および一次避難所の電源確保。

STEP 2

①水力等の再生可能エネルギーの増加に伴い、使用電力の 20% 以上を再生可能エネルギーとすることを目指す。

②目標対象施設を江釣子庁舎、和賀庁舎へ拡大する。

(3) 事業概要

①本庁舎および複数拠点に設置された太陽光発電設備および蓄電池を、CEMS により監視・制御し、市関連施設の自家消費電力量の合計値にて、本庁舎における目標の達成を目指す。

② STEP 2 の水力発電の設置に伴い夜間充電する蓄電池を再生可能エネルギーと見なす。

③メガソーラの収益を投資改修および更改・運用費用とする。

これらは平成 24 年にマスタープランが決定され、平成 25 年度より工事着工、平成 26 ～ 27 年度に工事が完了し、運用されていく予定である。

3.9.4　データセンタの EMS に関する取り組み（NTT 研究開発部門）

NTT グループでは、2011 年 10 月に環境ビジョン「The Green Vision 2020」を制定し、電力使用量の削減や自然エネルギーの導入に向けた取り組みを進めている。その活動の一環として研究開発部門では、通信ビルやデータセンタにおける消費電力の 30% を占める空調機器の省エネ化を実現するため、熱の発生源であるサーバ等の稼働状況（負荷状況）と、空調機器の運転状況、およびこれらの機器が設置されている空間の温度分布等を一元管理し、ICT 装置と空調機器を連係かつ最適制御する DEMS（Data Center Energy Management System）の開発に取り組んでいる [3.65]-[3.67]。DEMS における ICT 装置と空調機器の連係制御のイメージを図 3.9.4.1 に示す。

DEMSの要素技術には①センサ情報収集技術、②ICT装置の負荷制御技術、③空調機器の制御技術がある。各種センサを用いて、ICT装置の吸気温度、消費電力等の情報を収集し、独自の温度分布予測技術により、ICT装置の負荷を移動させた後の吸気温度分布を予測し、空調機器の温度設定を最適化することで、消費電力の削減を図る。このシステムの導入には、ICT装置側で仮想化が行われていることが前提となる。

また、ICT装置に電力を供給する給電システムにおいて、コンバータやインバータ回路の変換損失、給電線における伝送損失が無視できないため、これらの低減に向けてHVDC（High Voltage Direct Current：高電圧直流）給電システムを開発した。この給電システムは、従来、直流−48Vあるいは交流100V～200Vであった給電電圧を直流380Vとすることで、図3.9.4.2に示すように、電力変換段数の削減による損失の低減、蓄電池直結による高い信頼性や設備コストの低減等が期待できる[3.67]。2014年6月には、HVDC給電システムに対応したICT装置向けの技術要件（テクニカルリクワイヤメント）を発行し、ICT装置ベンダによるHVDC対応装置の開発促進と、NTTグループにおけるHVDC給電シス

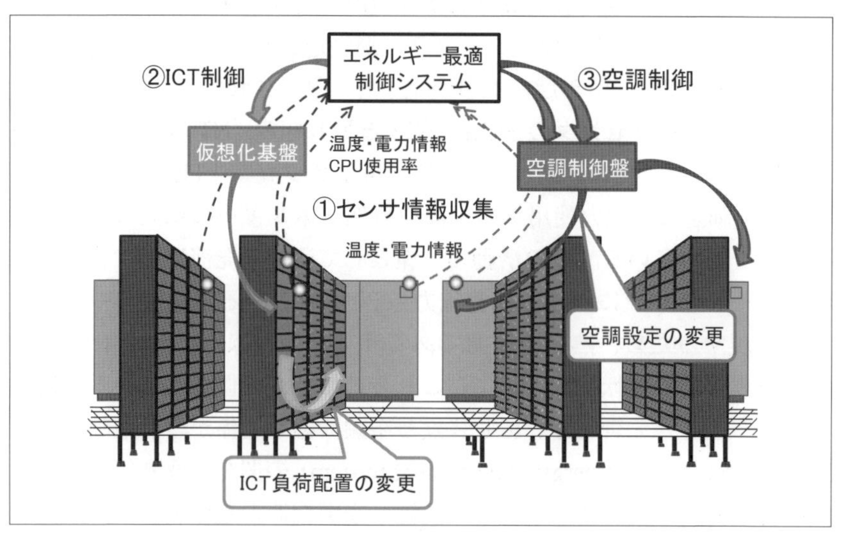

〔図3.9.4.1〕DEMSにおけるICT装置と空調連係制御のイメージ[3.65]

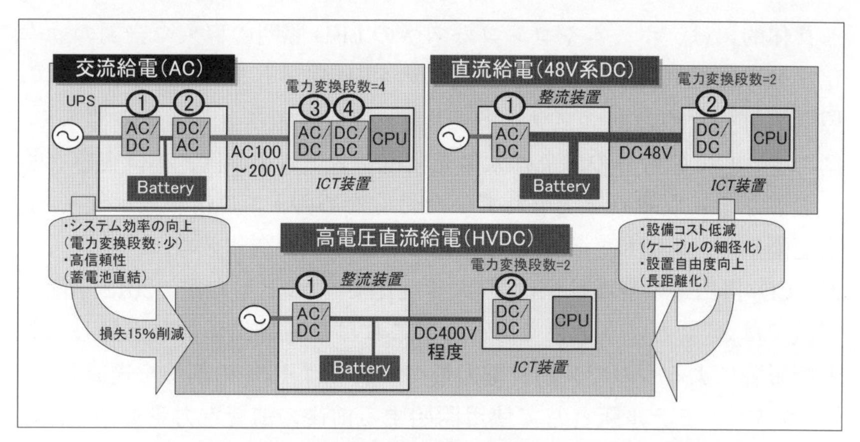

〔図 3.9.4.2〕HVDC（高電圧直流給電）のメリット [3.69]

テムの導入を進めている [3.69]。

3．9．5　JR 東日本の省エネルギー型の駅を創る取組み

JR 東日本では地球環境問題への対応を重要な経営課題の一つと位置づけ、鉄道事業の環境負荷低減に向けた様々な取組みを行っている。このうち、駅設備に省エネルギー技術や再生可能エネルギーを含む様々なエコメニューの積極的な試行と導入を行う「エコステ」を 2011 年から展開しており、2014 年 2 月現在、中央線四ツ谷駅、東北本線平泉駅、京葉線海浜幕張駅の 3 駅が「エコステ」モデル駅として使用を開始している。本項では、上記 3 駅の「エコステ」モデル駅の概要を紹介する。

(1) 四ツ谷駅

中央線四ツ谷駅は、緑豊かな江戸城外堀跡に隣接する環境に立地しており、史跡に配慮した上で周辺の環境に調和した駅を目指すこととして、「エコステ」モデル駅第一弾に選定された。

「エコステ」は、図 3.9.5.1 に示す省エネ、創エネ、エコ実感、環境調和の四つの柱のもとに、駅所在地の地域特性等を考慮した環境保全技術を選定し、省エネルギー型のモデル駅を整備する施策である。四ツ谷駅はその第一弾として、四つの柱それぞれから合計で 17 のエコメニューを選定している。

具体的には、ホームやコンコースへのLED照明の導入や空調の効率化を軸に、電気掲示器や車掌用ITVのLED化、トイレの節水、昼間の照明消灯のためのトップライト（天窓）等の省エネメニューの導入や、創エネとして駅舎等の屋上に太陽光発電システムを設置、エコ実感としてお客さまに取組みを実感していただくための「エコ情報表示盤」、屋上庭園やホーム屋根、擁壁等の緑化といった環境調和メニューを導入した。CO_2排出量の削減目標は2008年度比で40%としたが、2012年度の実績では35%という結果であった。これはCO_2排出係数が上昇したことの影響によるもので、消費電力量ベースでは43%の削減を達成した。「エコステ」モデル駅として使用開始する前後の消費電力量を図3.9.5.2に、削減率を図3.9.5.3に示す。

(2) 平泉駅

東北本線平泉駅は、世界文化遺産に登録された平泉への玄関口であり周辺は自然に囲まれた環境であることから、自然エネルギーの地産地消を目指す駅として「エコステ」モデル駅の第二弾に選定された。

平泉駅は1日の乗降人員が598名（2013年6月）という首都圏の駅と比べて小規模な駅であり、駅負荷はピーク時でも10数kW程度である。そこで、エネルギーの地産地消をコンセプトに、図3.9.5.4に示す太陽光発電設備に蓄電池を併設して、昼間は発電電力を駅へ供給すると同時

エコステ　4つの柱

■一歩進んだ省エネルギー化の推進
【省エネ】

■再生可能なエネルギーの
積極的な導入【創エネ】

■お客様が「エコ」を実感できる
施設の整備【エコ実感】

■人と環境の調和により活気を創出
【環境調和】

〔図3.9.5.1〕「エコステ」モデル駅第一弾・四ツ谷駅 [3.70]

に蓄電池へ充電し、夜間は発電した電力を使用することにより、晴天日においては夜間も含めて駅の使用電力量のすべてが太陽光発電電力により供給される「ゼロエミッションステーション」を目指し、2012年6月28日より使用を開始した。なおエコメニューとしてはこの他、LED照

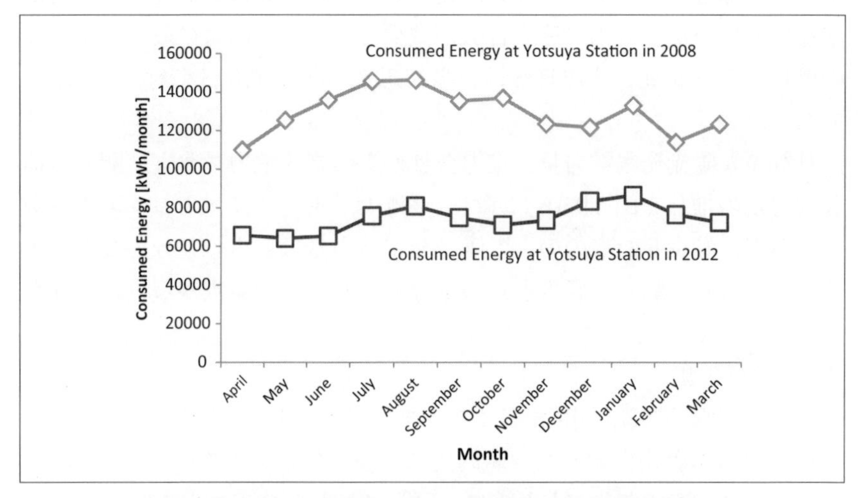

〔図 3.9.5.2〕四ツ谷駅における消費電力量の比較 [3.70]

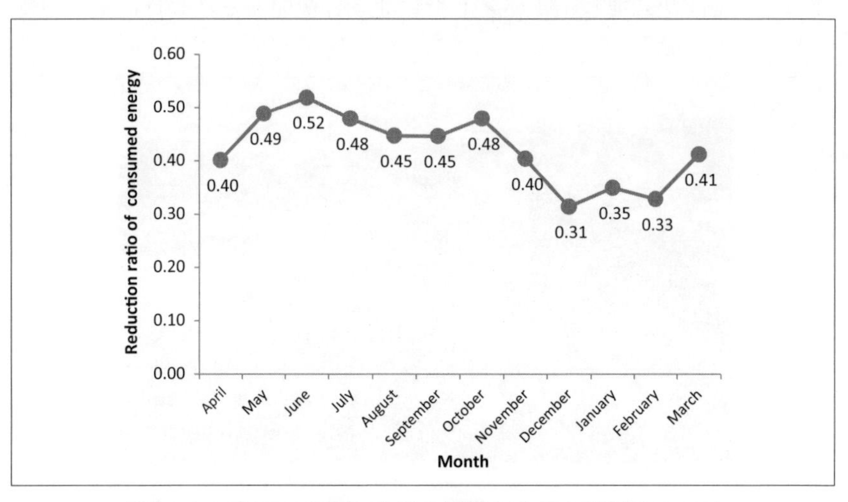

〔図 3.9.5.3〕四ツ谷駅における消費電力量の削減率 [3.70]

明の導入や遮熱塗装による駅舎の断熱性向上、「エコ表示盤」の設置を行っている。

2012年7月から2013年6月末までの1年間について、「ゼロエミッション」が達成された日数の推移を図3.9.5.5に示す。使用開始以降、夏季はほぼ毎日ゼロエミッションが達成されたが、発電量が減少し負荷が増加する冬季は、大幅に達成日数が減少した。運用開始後最初の1年間のゼロエミッション達成日数は、当初想定の年間170日に対し、201日であった。

月毎の太陽光発電電力量、電力会社からの購入電力量および駅での消費電力量の推移を図3.9.5.6に示す。冬季は「ゼロエミッション」の日数こそ極端に減少したものの、太陽光発電電力量は夏季の3分の2から半分程度であり、駅の消費電力量の半分程度が太陽光発電から供給されたことがわかる。

(3) 海浜幕張駅

京葉線海浜幕張駅はJR東日本の「エコステ」モデル駅第三弾として、2013年9月に使用開始した。駅周辺には多くのオフィスビルやショッピングセンターが建ち並ぶとともに、幕張メッセやQVCマリンフィールドといった施設が立地し、イベントや野球試合が開催される日は多くの乗

〔図3.9.5.4〕平泉駅の太陽光パネル[3.71]

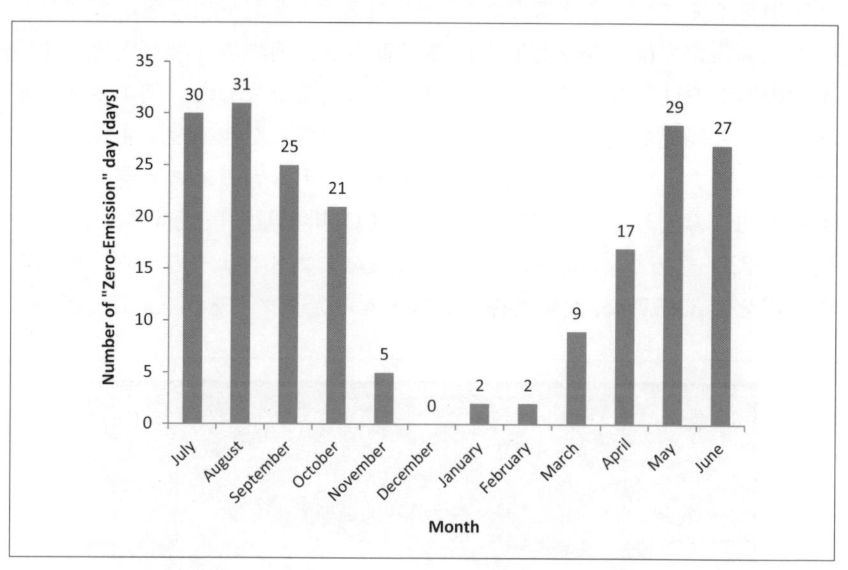

〔図 3.9.5.5〕ゼロエミッション達成日数の推移 [3.71]

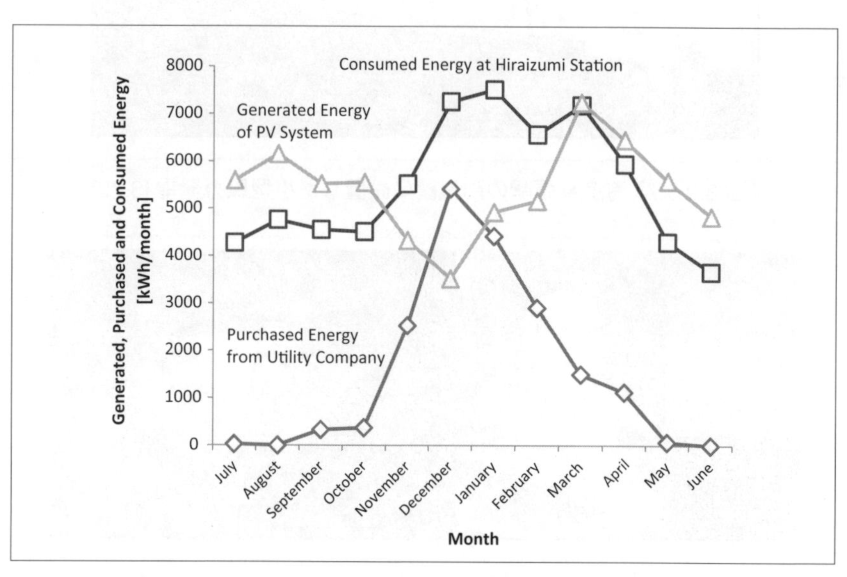

〔図 3.9.5.6〕月毎の発電・購入・消費電力量の推移 [3.71]

客で賑わう。また海に近い立地条件を生かし、海風を利用したエネルギー創出をイメージできることから、「エコステ」モデル駅に選定された。

海浜幕張駅では、四ツ谷駅と同様に省エネ、創エネ、エコ実感、環境調和の四つの柱のもとに、11のエコメニューを導入した。創エネメニューとして太陽光発電の他、小型風力発電を設置した他、太陽光採光システム、光ダクト、地中熱を利用した換気システム等のエコ実感メニューを重点的に導入したことが特徴である。CO_2排出量の削減目標は2009年度比で220tである。海浜幕張駅に導入したエコメニューのうち、小型風力発電を図3.9.5.7に、太陽光採光システムと光ダクトを図3.9.5.8に示す。

〔図3.9.5.7〕海浜幕張駅の防風壁に設置した小型風力発電 [3.72]

〔図3.9.5.8〕太陽光採光システム（左）と光ダクト（右）[3.72]

3.9.6　三菱電機におけるスマートグリッドの実証実験

原発事故以来、国のエネルギー構成の検討は継続されている状態であるが、もともと、2020年における太陽光中心とした再生可能エネルギーの導入比率を2800万kWとしていた。これは国の発電量の概ね14%に相当する。出力が不安定な再生可能エネルギーがこのように大量導入されると、電力系統には以下の問題が発生する。

①ゴールデンウィークや正月等需要が少ない特異日に余剰電力が発生する。
②天候の変化に伴う再生可能エネルギーの出力急変により、電力需給バランスが変動し系統周波数の維持が困難になる。
③配電系統に接続された再生可能エネルギーからの逆潮流により電圧が規定値を逸脱する。

(1) 尼崎・和歌山地区の実証実験サイト

三菱電機は、2020年の送配電網を想定し、スマートグリッド・スマートコミュニティの実証実験サイトを尼崎・和歌山地区に整備し、上記問題に対応する技術の実用性・実効性を多角的な視点で検討、検証を行っている（図3.9.6.1）。

ここでは、表3.9.6.1のように電力会社の発電・送電の基幹系、配電系、需要家系を構成する中核の設備を実証実験用の各種ネットワークで有機的に接続し、オペレーションセンターで各種実証実験の結果が視覚的に得られるようにした。実証システムはその目的に応じて自由に構成が可能で表3.9.6.2に示すように主要なモードで重要事項の検証が可能である。

(2) 大船地区実証スマートハウス

スマートコミュニティの最小単位と位置づけられる住宅に関して、三菱電機はゼロエミッション住宅の実現のために、大船地区にて太陽光・熱・自然風等自然エネルギーを最大限活用し、電力ピークシフトや創エネ・畜エネ、エネルギー消費のリアルタイムの把握と最適制御の実証を行うためのスマートハウスでの実証を継続している。（図3.9.6.2）

HEMSコントローラに接続されたパワコンにて太陽光発電と電気自動車等の容量の大きい蓄電池間での充放電により災害等による停電時でも1週間以上の電気的な自立が可能である。また、ヒートポンプ、IHクッ

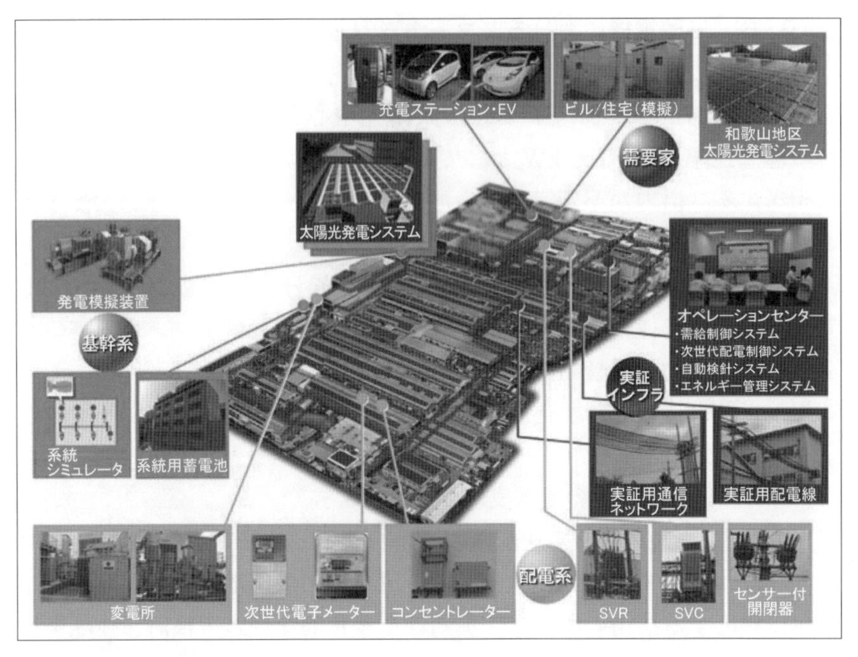

〔図 3.9.6.1〕尼崎・和歌山地区のスマートグリッド・スマートコミュニティの実証実験サイト [3.73]

〔表 3.9.6.1〕尼崎・和歌山の実証実験サイトの設備素 [3.73]

発電系統	4MW の太陽光発電、発電機模擬装置
送電系統	変電所、系統用蓄電池、火力・揚水・風力発電と基幹系統を模擬した系統シミュレータ
配電系統	SVR、SVC、センサー付き開閉器、配電網
需要家系統	スマートメーターと自動検針システム、EV 充電ステーション、ビル・住宅等の模擬需要家

キングヒータ、エアコン、床暖房、ロスナイ換気等を無線ホームネットワークで連携し平常時はエネルギーの最適利用が図れる。また、将来、エネルギー情報管理サービス等が立ち上がることを想定し、HEMS コントローラに接続されたホームゲートウエイを設置、光のブロードバンドインフラから当該サービスを受けられるようにしている。

3.9.7　沖縄 EV 普及インフラ（日立製作所）

沖縄県内外の企業 26 社が出資する㈱ AEC は、沖縄県で EV（電気自

〔表 3.9.6.2〕主要モードと検証内容 [3.73]

	需給 検証モード	配電 検証モード	総合 検証モード	特定地域離島 検証モード
再生可能エネルギー電源増加時の需給バランス確保	○	—	○	○
配電系統への太陽光発電大量導入時、安定した電圧の維持	—	○	○	○
次世代電子メーターによる見える化、省エネ・節電	—	○	○	○
系統事故や系統切替時等での電力機器の検証	—	○	○	○
緊急時における需要家による消費抑制検証	○	—	○	○
実験設備を使用した事前検証	○	○	○	○

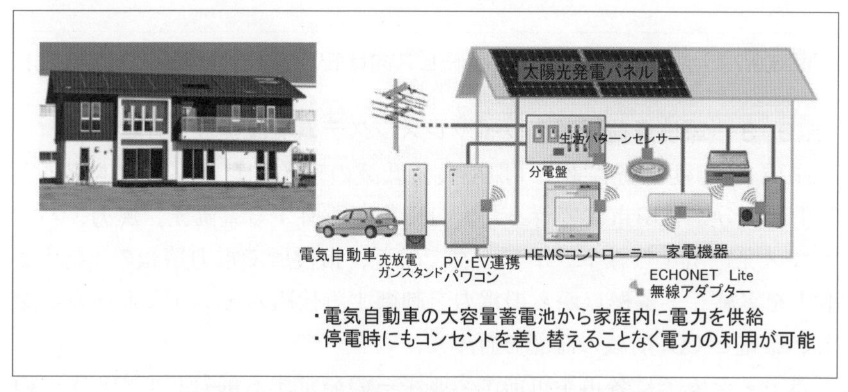

〔図 3.9.6.2〕大船地区実証スマートハウス [3.75]

動車）の急速・中速充電器整備計画を進めている。図 3.9.7.1 に EV 充電器管理システムと充電器設置箇所を示すが、2011 年 2 月に EV レンタカー（220 台）向けサービスを開始し 18 か所に EV 充電器を設置した。日立では本プロジェクトにおいて、クラウドコンピューティングを活用した EV 充電器管理システムを構築した。EV 充電器は、観光地や商業施設等、沖縄本島の各地に設置され、各地の充電器をデータセンタで一括管理し、利用者の認証・課金から充電器の監視・ログ収集までを行う。異常を検出すると即座に保守員に通知するシステムとなっており、多くの利用者が安心して利用できるようにしている。

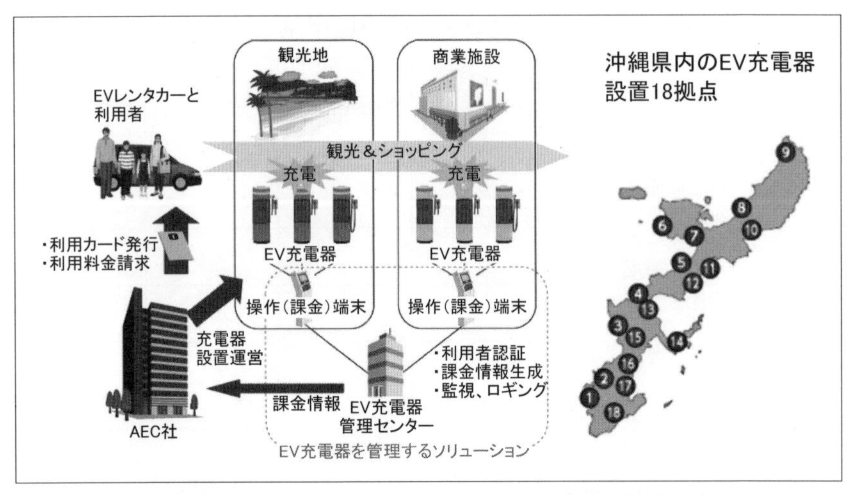

〔図 3.9.7.1〕沖縄 EV レンタカーサービス向け EV 充電器管理システム [3.76]

3．9．8　環境負荷低減のワイヤレスシステム実証実験（日本無線）

平成 22 年度総務省事業「環境負荷低減のワイヤレスシステム実証実験」を大分県日田市にて行った。日田市が所有する太陽光、風力、バイオマス発電所を無線ネットワークで繋ぎ、市役所で電力情報の「見える化」を実施し、各拠点からの電力を制御する仕組みをシュミレーションし、蓄電と CO_2 削減の確認を行った。

本システムでは各再生可能エネルギーの発電する電力とエネルギーの供給先で消費する電力を測定し VHF 帯無線システムを用い日田市役所に設置される情報システムに記録、蓄積する。また需給データを用いて制御のシミュレーション方法について検討を行い、将来的に制御センターと発電・蓄電・消費設備間への制御信号を送受信する通信手段を提供するものである。そこでは蓄積された需給データを用い、時系列に余剰電力や変動を解析し、再生可能エネルギーの発電電力と供給先で消費する電力について制御のシミュレーションを行う。

この VHF 無線通信システムを用いた協調制御によって、再生可能エネルギーの発電を最大限に利用して、発生 CO_2 の抑制に寄与するものとなる。しくみとしては電力需要と供給の不整合を補うことにより、比

〔図 3.9.8.1〕環境負荷低減のワイヤレスシステム実証実プロジェクト [3.77]

較的狭い地域でも再生可能な一次エネルギー発電による過剰・廃棄分を生じさせず、適切な時間に消費できるようにすることで、VHF 無線通信システム導入による CO_2 削減比率 20% 以上を確認した。

3．9．9　独立型分散電源システムの実証実験（日本無線）

「再生可能エネルギー（太陽電池、風力発電、燃料電池による発電）、蓄電池、負荷等の各エネルギーをスマートに制御した安全・安心な独立型分散電源システムを構築する」をコンセプトに、分散電源システムの事業化を検討している。その実証実験のために日清紡ホールディングス徳島事業所内の植物栽培設備に電力供給する独立型分散電源システムを構築し、その実現性についての検証を行った。

独立型分散電源システムを含めた実証実験設備は発電設備（太陽電池、風力発電、燃料電池）、蓄電池（ニッケル水素電池－電気二重層キャパシタ組電池、リチウムイオン電池）とこれらを効率よく管理する EMS（Energy Management System）、HVDC（高電圧直流給電）で構成される。EMS は、不安定な太陽光発電や風力発電を効率よく使用するために負荷消費を超えて余った電力（余剰電力）を蓄電池に蓄えたり、太陽光発電や風力発電の発電不足の場合に燃料電池を稼働させて不足電力を補う。また太陽光発電が得られない夜間には発電電力不足が生じる可能性が高いので、消費電力を抑えるように負荷を制御する。

HVDC は、変換ロスの低減を図るとともに、電力流通の自律動作によ

〔図 3.9.9.1〕独立型分散電源システム [3.80]

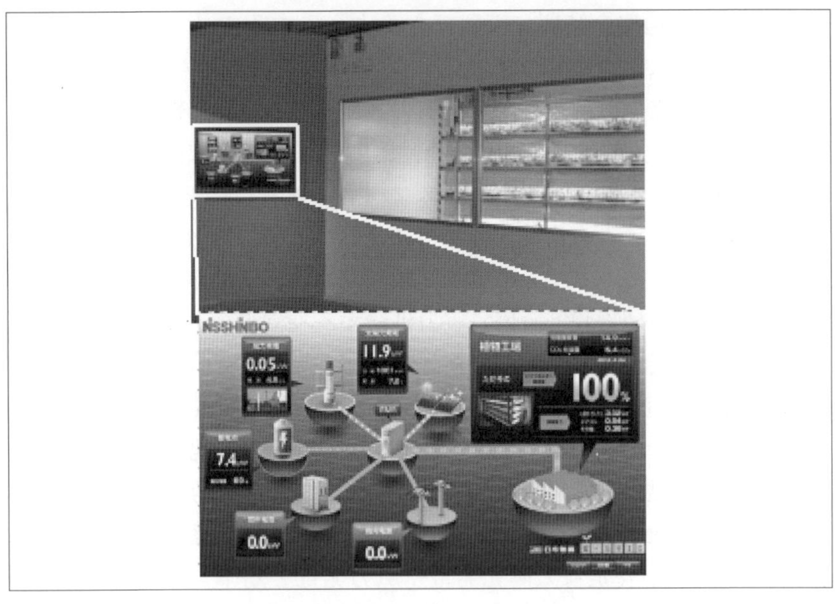

〔図 3.9.9.2〕見える化システム [3.80]

り再生可能エネルギーを優先的に使用し、再生可能エネルギーの発電電力が不足している場合は蓄電池放電により電力供給を行う。

負荷設備である植物栽培設備は、植物育成用LED照明、空調、その他設備の構成である。スケジュールや実験スペースの制約があり、発電設備や蓄電池の容量は最適ではなくバランスの悪い構成であったが、多くの実測データを取得し、それにシミュレーションを加えることで最適な設備定格を導き出すとともに、今後の設計の際の重要な指針を得ることができた。

参考文献

(3.1) 日本規格協会 TS/TR D0007：「電気自動車用急速充電の基本機能」 http://www.webstore.jsa.or.jp/webstore/Com/FlowControl.jsp?lang=jp&bunsyoId=TS+D+0007%3A2012&dantaiCd=JIS&status=1&pageNo=0

(3.2) CHAdeMO（チャデモ）協議会：「電気自動車用急速充電器の設置・運用に関する手引書」、Rev.3.3、2014年3月 http://www.chademo.com/wp/pdf/japan/QCtebiki.pdf

(3.3) 徳田：「高速パワーラインコミュニケーション」、電子情報通信学会誌、vol.88、No.3、pp.170-175、2005年

(3.4) 電気学会ホームネットワークとEMC調査専門委員会編（徳田正満委員長）：「ホームネットワークとEMC」、オーム社、東京、2006年

(3.5) 電気学会高速電力線通信システムとEMC調査専門委員会編（徳田正満委員長）：「高速電力線通信システム（PLC）とEMC」、オーム社、東京、2007年

(3.6) 高速電力線通信（高速PLC）調査専門委員会（徳田正満委員長）：「高速電力線通信の技術動向と適用事例」、電気学会技術報告、No.1175、pp.1-105、2009年

(3.7) NEDO平成21年度成果報告書 標準化フォローアップ事業「太陽光発電システムより生じる電波雑音の測定方法及び限度値に関する標準化事業」、2010年

(3.8) 徳田正満：「太陽光発電システムからの妨害波発生メカニズムとそ

の測定法」、電磁環境工学情報 EMC、No.270、pp.23-38、2010 年 10 月
(3.9) 徳田正満：「光ファイバから EMC の研究へ」、電磁環境工学情報 EMC、No.280、p.111-125、2011 年 8 月
(3.10) 電波利用環境委員会（第 11 回）配布資料、2013 年 6 月
http://www.soumu.go.jp/main_sosiki/joho_tsusin/policyreports/joho_tsusin/denpa_kankyou/02kiban16_03000160.html
(3.11) 電波利用環境委員会（第 17 回）配布資料、2014 年 11 月
http://www.soumu.go.jp/main_sosiki/joho_tsusin/policyreports/joho_tsusin/denpa_kankyou/02kiban16_03000269.html
(3.12) 情報通信審議会情報通信技術分科会（第 106 回）配布資料、2015 年 1 月
http://www.soumu.go.jp/main_sosiki/joho_tsusin/policyreports/joho_tsusin/bunkakai/02tsushin10_03000229.html
(3.13) 電波利用環境委員会（第 21 回）配布資料、2015 年 5 月
http://www.soumu.go.jp/main_sosiki/joho_tsusin/policyreports/joho_tsusin/denpa_kankyou/02kiban16_03000307.html
(3.14) 情報通信審議会情報通信技術分科会（第 111 回）配布資料、2015 年 7 月
http://www.soumu.go.jp/main_sosiki/joho_tsusin/policyreports/joho_tsusin/bunkakai/02tsushin10_03000266.html
(3.15) 庄木裕樹：「実用化に向けて活発な動きにあるワイヤレス電力伝送技術の国際協調、制度化および標準化」、電磁環境工学情報 EMC、No.326、p.53-73、2015 年 6 月
(3.16) 仁田：「研究グループ発足の主旨と目標」、平成 23 年電気学会全国大会、H5-1、2011 年
(3.17) 長尾、舟木：「A 部門活動紹介－基礎・材料・共通分野からの貢献－」、平成 23 年電気学会全国大会、H5-2、2011 年
(3.18) 浅野、馬場：「スマートグリッドに関連する電力・エネルギー部門 (B 部門) の活動」、平成 23 年電気学会全国大会、H5-3、2011 年
(3.19) 吉江：「C 部門活動紹介」、平成 23 年電気学会全国大会、H5-4、

2011年
(3.20) 舟橋、藤井、小島、植田、三浦、北條：「D部門活動紹介－新しい配電システムを構築するパワーエレクトロニクス技術の調査－」、平成23年電気学会全国大会、H5-5、2011年
(3.21) 江刺：「E部門活動紹介」、平成23年電気学会全国大会、H5-6、2011年
(3.22) 沖、田中、山口、山岡：「電気規格調査会活動とスマートグリッド」、平成23年電気学会全国大会、H5-7、2011年
(3.23) 電気学会主催公開シンポジウム「電気学会の活動とスマートグリッド」2011年5月
(3.24) 仁田：「スマートグリッド特別グループの活動」、平成24年電気学会全国大会、H3-1、2012年
(3.25) 舟木、長尾：「スマートグリッドに関するA部門の活動紹介」、平成24年電気学会全国大会、H3-2、2012年
(3.26) 馬場、浅野、北山：「H3-3 電力・エネルギー部門におけるスマートグリッド関連の活動について」、平成24年電気学会全国大会、H3-3、2012年
(3.27) 芹澤、森：「スマートグリッド＆コミュニティを支える電子・情報・システム技術」、平成24年電気学会全国大会、H3-4、2012年
(3.28) 川上：「産業応用部門におけるスマートグリッド関連の活動ついて」、平成24年電気学会全国大会、H3-5、2012年
(3.29) 佐々木、柴　：「E部門関係者へのスマートグリッドに関する任意アンケート調査報告」、平成24年電気学会全国大会、H3-6、2012年
(3.30) 田中、山岡：「スマートグリッドに係わる情報・通信の国際標準化動向（IEC TC 57の標準化動向と日本委員会の対応）」、平成24年電気学会全国大会、H3-7、2012年
(3.31) 仁田：「活動の全体について」、平成25年電気学会全国大会、H3-1、2013年
(3.32) 舟木、岩佐、長尾：「スマートグリッドにかかわるA部門の活動

状況」、平成25年電気学会全国大会、H3-2、2013年
(3.33) 沖、田中、平形、山岡、馬場、浅野、北山、小林:「電力・エネルギー部門におけるスマートグリッド関連の活動について(その2)」、平成25年電気学会全国大会、H3-3、2013年
(3.34) 芹澤、森:「スマートグリッド&コミュニティを支える電子·情報·システム技術(その2)」、平成25年電気学会全国大会、H3-4、2013年
(3.35) 舟橋、増田、川上:「スマートグリッドにかかわるD部門フォーラムの状況」、平成25年電気学会全国大会、H3-5、2013年
(3.36) 佐々木、柴　:「電力分野へのセンサ・マイクロシステム応用の可能性について」、平成25年電気学会全国大会、H3-6、2013年
(3.37) 沖、田中、平形、山岡:「電気規格調査会活動とスマートグリッド」、平成25年電気学会全国大会、H3-7、2013年
(3.38) 電気学会 スマートグリッドとEMC調査専門委員会
http://iee.jp/wp-content/uploads/honbu/16-pdf/AEMC1039s.pdf
(3.39) 電気学会 スマートグリッド・コミュニティにおけるEMC問題調査専門委員会
http://iee.jp/wp-content/uploads/honbu/16-pdf/AEMC1039s.pdf
(3.40) 電気システムセキュリティ特別技術委員会
http://www.iee.jp/?page_id=3197
(3.41) Technical Program, 2014 International Symposium on Electromagnetic Compatibility, Tokyo (EMC' /Tokyo), 2104.5
http://www.ieice.org/~emc14/technical_program.html
(3.42) 小井沢和明:「スマートコミュニティの実現に向けて "Smart Community Activities in Japan"」、スマートグリッドサミット "Smart Grid Summit"、第1セッション「各国の動向について」"First Session: Trend of the World"、pp.1-7、2010年6月17日
(3.43) JAPAN SMART CITY PORTAL
http://jscp.nepc.or.jp/index.shtml
(3.44)「横浜スマートシティプロジェクト(YSCP)」、東芝レビュー、

Vol.70、No.3、pp.18-19、2015年
(3.45)「横浜スマートシティプロジェクトでのネガワットアグリゲーションの取組み」、東芝レビュー、Vol.70、No.2、pp.8-12、2015年
(3.46) 豊田市低炭素社会システム実証推進協議会
http://www.teitanso-toyota-city.com/index.html
(3.47) デンソー:「HEMSと連携したEV用相互電力供給システムを開発～経済産業省の「次世代エネルギー・社会システム実証事業」の一環として～」
http://www.denso.co.jp/ja/news/newsreleases/2012/120724-01.html
(3.48) 商業施設向けエネルギーマネジメントシステムの実証実験を実施
http://www.denso.co.jp/ja/news/newsreleases/2012/120330-01.html
(3.49) けいはんなエコシティ次世代エネルギー・社会システム実証プロジェクト
http://keihanna.biz/ecocity-pj/works/work14.html
(3.50) 鈴木浪平他:「地域エネルギーマネージメント技術(CEMS)」、三菱電機技報、86、No2、pp.109-112、2012年
(3.51) 荒牧敬次、岩野和生:「北九州スマートコミュニティ創造事業－日本初の本格的ダイナミックプライシング社会実証－」、情報処理学会デジタルプラクティス、Vol.5、No.3、pp.180-188、2014年7月
(3.52) 東芝:「復興プロジェクトへの対応(石巻PJ)」、2015年10月
http://www.toshiba-smartcommunity.com/jp/casestudy/ishinomaki
(3.53) 諸住哲:「NEDOのスマートコミュニティ戦略とニューメキシコでの日米協同実証 “Strategy of smart community in NEDO and New Mexico Japan-US Demonstration Project”」、スマートコミュニティサミット2012 “Smart Community Summit 2012”、pp.203-223、2012年5月30日
(3.54) 平成18年度～平成22年度成果報告書 大規模電力供給用太陽光発電系統安定化等実証研究(北杜サイト)、公開日2012/3/30、報告書年度、2006-2010、委託先名、株式会社NTTファシリティーズ山梨県北杜市、プロジェクト番号、P06005

http://www.nedo.go.jp/library/seika/shosai_201208/20110000001554.html
http://www.e-wei.co.jp/sustainable-tecnology_seminar/pdf/B-21.pdf
(3.55) 平成16年度～平成19年度成果報告書 新電力ネットワークシステム実証研究 品質別電力供給システム実証研究、公開日2009/5/21、報告書年度、2004-2007、委託先名、株式会社NTTファシリティーズ総合研究所 株式会社NTTファシリティーズ 学校法人栴檀学園東北福祉大学 仙台市、プロジェクト番号、P04020
http://www.nedo.go.jp/library/seika/shosai_200905/100013711.html
http://www.nedo.go.jp/content/100640511.pdf
(3.56) 平成15年度～平成19年度成果報告書 新エネルギー等地域集中実証研究 2005年日本国際博覧会・中部臨空都市における新エネルギー等地域集中実証研究、管理番号：100013422、プロジェクト番号：P03038
https://www.ntt-f.co.jp/fusion/no34/facilities/
https://www.ntt-f.co.jp/csr/sreport/envre2006/special/01.html
(3.57) NEDO六ヶ所村スマートグリッド実証（日立）
http://www.hitachi.co.jp/products/infrastructure/product_solution/energy/smartgrid/business/rokkasyo.html
(3.58) 児島史秀：「スマートメータ用無線システムであるSUN（Smart Utility Networks）の動向」、電磁環境工学情報EMC、No.283、pp.38-46、2011年11月
(3.59) 児島史秀：「スマートメータ用無線システムの動向」、電磁環境工学情報EMC、No.326、p.40-52、2015年6月
(3.60) IEEE 802.15.4, “IEEE Standard for Local and Metropolitan Area Netwok – Part 15.4: Low-Rate Wireless Personal Area Networks (LR-WPANs)” , 2011
(3.61) F. Kojima and H. Harada: “A Study on IEEE 802.15.4e Compliant Low-Power Multi-Hop SUN with Frame Aggregation” , Conf. Rec. 2013 IEEE International Conference on Communications, pp.2634-2638, 2013
(3.62) 児島史秀：「サービス多様性実現のためのWi-SUN応用に関する

研究開発および実証」、信学技報、SRW2015-85、Vol.115、No.474、pp.87-92、2016年3月
(3.63) 東京工業大学のAESセンターとの共同研究事例（NTTファシリティーズ）
https://aes.ssr.titech.ac.jp/introduction
(3.64) 北上市スマートコミュニティ導入促進事業＆あじさい型スマートコミュニティ構想モデル事業
http://www.city.kitakami.iwate.jp/docs/2014082600056/
http://www.meti.go.jp/committee/summary/0004633/pdf/015_04_00.pdf
(3.65) 中村他：「データセンタエネルギー管理技術（DEMS）のICT-空調連係制御技術による省電力への取り組み」、NTT技術ジャーナル2012年11月号、pp.15-19
(3.66) 浦田：「データセンタにおける消費電力削減への取り組み」、信学技報ICTSG、2014年1月
(3.67) H. Hashimoto, "ICT-CRAC Coordinated Control in Data Center Using Optimization Approach" , Proc. of SICE 2013.
(3.68) 田中他：「高電圧直流給電の国際標準化動向」、NTT技術ジャーナル2013年1月号、pp.65-68
(3.69) NTT持ち株会社ニュースリリース
http://www.ntt.co.jp/news2014/1408/140804a.html
(3.70) エキは、エコへ。～「エコステ」モデル駅の工事着手について～
https://www.jreast.co.jp/press/2010/20110204.pdf
(3.71) 林屋均他：「太陽光発電とリチウムイオン電池を併用した平泉「ゼロエミッションステーション」の運転実績」、電気学会研究会資料HCA 2013（12-26）、pp15-19、2013年5月
(3.72)「エコステ」～海浜幕張駅～
https://www.jreast.co.jp/eco/ecostation/pdf/04_kaihinmakuhari.pdf
(3.73) 三菱電機広報：スマートグリッド・スマートコミュニティ実証実験設備を本格稼働開始
http://www.mitsubishielectric.co.jp/news/2011/1019.html?cid=rss

(3.74) 三菱電機広報：スマートグリッド事業について
http://www.mitsubishielectric.co.jp/news/2010/0517-1.pdf
(3.75) 三菱電機広報：業界初「PV・EV 連携 HEMS」による電力最適制御実証を大船スマートハウスで開始
http://www.mitsubishielectric.co.jp/news/2012/0515.html
(3.76) 沖縄 EV 普及インフラ（日立製作所）
http://www.hitachi.co.jp/products/infrastructure/product_solution/energy/smartgrid/business/okinawa.html
(3.77) 総務省：「『自然エネルギーに貢献する地域 ICT システム』シンポジウム in 大分～エネルギーと通信の融合～」
http://www.soumu.go.jp/menu_news/s-news/01kiban12_01000008.html
(3.78) 日本無線技報 No.61 2011 通信インフラ機器／通信機器特集 一般論文「自然エネルギーに貢献する地域 ICT システム」
http://www.jrc.co.jp/jp/company/html/review61/17.html
(3.79) 日本無線プレスリリース［2012 年 10 月 15 日発表］：スマート化社会に向けたスマートコミュニティ事業の取り組みについて
http://www.jrc.co.jp/jp/whatsnew/20121015/index.html
(3.80) 日本無線技報 No.65 2014 通信機器特集 一般論文「独立型分散電源システムの実証実験」
http://www.jrc.co.jp/jp/company/html/review65/07.html

4.

IEC（国際電気標準会議）における
スマートグリッドの国際標準化動向

4．1　SG3（スマートグリッド戦略グループ）から SyC Smart Energy（スマートエネルギーシステム委員会）へ

(1) IECにおけるSG3の設立と初期の取り組み状況

IEC（International Electrotechnical Commission：国際電気標準会議）/ SMB（Standard Management Board：標準管理評議会）は、2008年11月に開催されたサンパウロ会議で、スマートグリッド関連の機器およびシステムの相互運用性を確保するためのフレームワーク開発に対する一義的な責任を有する部門として、SG3（Strategic Group 3：戦略グループ3）を設置することを決定した。その後、2009年2月のSMBソウル会議で、SG3の議長と13名の委員を選出し、今後の活動計画を承認した。

SG3は、2009年4月に第1回パリ会議を開催し、SG3の担当分野や役割を提議するホワイトペーパーを作成するとともに、スマートグリッド関連TC（Technical Committee：専門委員会）と既存の関連規格やプロジェクトの整理を実施した。また、規格化に関するフレームワークも討議した。さらに、IECのWEBに活動結果を掲載することを決定した。2009年11月に開催された第2回SG3デンバー会議では、ロードマップが審議され、50項目のアクションプランを作成した。2010年2月に開催されたSMBジュネーブ会議では、SMBの指示により各TCでスマートグリッドに関連する国際規格の審議が開始された。

(2) IECスマートグリッド標準化ロードマップ（第1版）におけるEMC関連記述

SG3は、IECスマートグリッド標準化ロードマップ（第1版）を2010年6月に作成したが、そのなかにEMCに関連する記述が多数ある[4.1]。その例を以下に紹介する。

① SC 77Aが作成したIEC 61000-4-30（電力品質の測定法）を重要な規格としてピックアップし、また、IEC 61000-3-8（低電圧電力設備における電力線搬送－エミッションレベル、周波数帯域、電磁妨害レベル）も例示

② TC 77が作成するイミュニティ共通規格とCISPR/SC-Hが作成するエミッション共通規格も例示

③電気自動車や電力量メーター用電力線通信のために、IEC 61000シリーズやCISPR 11・CISPR 22の重要性を指摘
④ IEC 61000-4-16（直流から150kHzまでの伝導コモンモード妨害に対するイミュニティ試験）の重要性も指摘
⑤電力線のディファレンシャルモードとして存在する150kHz以下の妨害波に対する機器のイミュニティ特性が未検討のため、その規格を開発する必要性を指摘

(3) IEC/SG3 メルボルン会議の状況

2011年10月にオーストラリアのメルボルンで開催されたIEC総会にあわせてSG3会議を開催した。その状況をSMBに報告（SMB/4684/R）し、SMBでの結果がSMB/4747/DLで掲載されている。SG3は三つの勧告をSMBに提案したが、その内容は以下の通りである。

① SG3勧告1110/1：従来の電気業界からのIEC専門家ではない専門家（IBM、Cisco等）が参加可能な「アドホック諮問グループ」をSG3に設置すること→暫定ベースで承認
② SG3勧告1110/2：SG3会議に正規の委員ばかりでなく、代替委員を同一の会議に出席可能とすること→承認
③ SG3勧告1110/3：韓国スマートグリッド標準化フォーラム（KSGSF：Korea Smart Grid Standardization Forum）をSG3の作業リエゾンとして承認すること。もしSMBで承認されれば、KSGSFはNIST、ITU-T（International Telecommunication Union：国際電気通信連合）の電気通信標準化部門）、CIGRE（International Council on Large Electric Systems：国際大電力システム会議）等と同等の立場になる→SMB会議では保留であったが、最終的には否認され、韓国のSG3委員がKSGSFの状況も報告することになった。

(4) IEC/SG3 テルアビブ会議の状況

第9回SG3会議が2013年4月9日と10日にイスラエルのテルアビブで開催され、その議事録（SG3/26/RM）が5月23日に発行された。その会議の状況が、6月11日にスイスのジュネーブで開催されたSMB会議の議題となった。議題番号は5.5で、文書番号はSMB/5037/Rであり、

概要を以下に示す。

①SMB/5037/Rのパート A では、SG3はIECEE（IEC電気機器・部品適合性試験認証制度）とのリエゾンについて承認を求めていたが、SMB会議ではそれを承認した（SMB/5067/DL）。この背景としては、IECEEではスマートグリッドの用語に関する不一致に直面しており、それを解決するために、SG3とのリエゾンを求めていた。

②第9回SG3テルアビブ会議の要約としては、(a) 過去3年間かけて開発してきたMapping Toolが完成の段階を迎え、Road mapと合わせて、ある意味でスマートグリッドの体系やスマートグリッドへのシステムアプローチの集大成に近づいている、(b) Road map Ed.2はEd.1と大きく異なり、体系的にスマートグリッドの全体像を捉えてまとめられる方向、(c) TC 8のユースケースとMapping Toolの関係はますます密になり、TC 8の重要性が増す。

③IEC、中国国家電網、ドイツDKE（ドイツ電気電子情報技術委員会）の共催で実施される「2013 World Smart Grid Forum」（ドイツのベルリン、9月24日～25日）について、SG3議長がフォーラムのテクニカルプログラム委員会の議長であることから、SG3の協力について議論。

④2013年6月に開催されたSMB会議で、SG3は、当該分野で必要な業務によりオープンに取り組み、近いうち（2014年2月）にシステム委員会（Systems Committee：SyC）設立に関する勧告を作成するよう特別に指示を与え、SG3をスマートグリッドに関するシステム・エバリュエーション・グループ（Systems Evaluation Group：SEG）に改組することに合意した（SMB決定147/4）。

SG3テルアビブ会議で提案されたスマートグリッドの構造と規格マッピングツールを基にして作成されたスマートグリッド関連規格マッピングツールがすでにIECのWEBサイトに掲載されており、その構成図を図4.1.1に示す[4.2]。基本的な構造は、第2章図2.2.5に示したSGAM（スマートグリッドアーキテクチャーモデル）をベースにしている。横軸のドメインは、発電・送電・配電・分散電源・消費のエネルギー変換チェーンと通信、横断的機能を示しており、縦軸のゾーンは、プロセス・ステイション・フィールド・オペレーション・エンタープライズ・マーケットで表される電力システム管理のハイアラーキーを示している。また、横軸と縦軸で構成される平面には、エネルギー卸売市場、エネルギー小売市場、企業、電力システム運用、Field Force、発電プラント、共通変電所、配電自動化、分散エネルギー、AMI（スマートメータ設備）、工業自動化、電気自動車設備、住宅・ビル自動化、通信インフラ、横断的機能等のクラスターが存在する。クラスターを構成する各要素をクリックすると、関連する規格が表示される。規格の種類としては、IEC 規格ばかりでなく、EN（欧州規格）、IEEE 規格、ANSI（米国規格）、NISTIR（NIST（米国標準技術研究所）Interagency or Internal Report）、ISO/IEC 規格等の規格も網羅されている。一方、通信インフラとしては、大別して、加入者アクセスネットワークと基幹中継ネットワークが存在する。さらに、横断的機能には EMC が存在しており、それ以外に、電気通信、セキュリティ、電力品質が存在している。

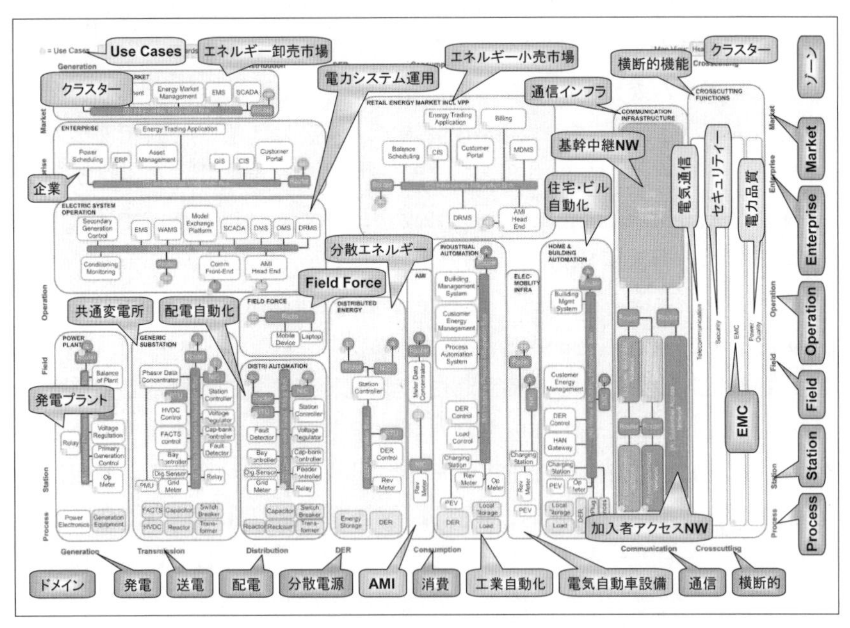

〔図 4.1.1〕スマートグリッド関連規格マッピングツールの構成図 [4.2] [1.14]

EMC 規格としては、IEC 61000 (all parts)、IEC/TR 61000-3-13 (MV、HV および EHV 電力系統において不平衡設備を接続する場合のエミッション限度値の評価)、IEC/TR 61000-3-14 (低電圧電力系統において妨害を発生する設備を接続する場合のエミッション限度値の評価)、IEC/TR 61000-3-15 (低電圧電力系統の分散電源システムに対する低周波エミッション・イミュニティ要求の評価)、IEC/TR 61000-3-6 (中圧・高圧電力系統に接続される機器に対する高調波電流発生限度値の評価法)、IEC/TR 61000-3-7 (中圧・高圧電力系統に接続される機器に対する電圧変化、電圧揺動およびフリッカの限度値の評価法) 等の TC/SC 77 で作成された規格がリストされている。また、EN 55022 (情報技術装置からの妨害波の許容値と測定法)、EN 55024 (情報技術装置におけるイミュニティ特性の限度値と測定法)、EN 55032 (マルチメディア機器の妨害波)、EN 550XX Series、EN 61000 Series、EN 61000-6-1 (住宅、商業および軽工業環境におけるイミュニティ)、EN 61000-6-2 (工業環境におけるイミュニティ)、EN 61000-6-3 (住宅、商業および軽工業環境におけるエミッション)、EN 61000-6-4 (工業環境におけるエミッション)、EN 61000-6-5 (発電所・変電所環境におけるイミュニティ) 等の EN がリストアップされている。CISPR 規格ではなく、EN がリストアップされているのは、第 2 章図 2.2.5 の欧州における SGAM をベースに作成されている名残ではないかと思われる。しかし、最近 (2016 年) では、EN ではなく、CISPR 規格がリストアップされている。

(5) 2014 年 2 月のジュネーブ会議の決議文書 (SMB/5256/DL) における SMB 決議 149/5

① SMB は、SEG2 からの勧告が承認されたことに留意した。SMB は SG3 を正式に解散し、その先駆的で重要な作業に対し謝意を表した。

② SMB は、スマート・エナジーに関する新システム・コミッティ (SyC) の設置を、次のスコープで提案することに合意した。:「スマート・エナジー SyC は、スマート・グリッド並びに、熱およびガスの分野での相互作用を含むスマート・エナジーの領域におけるシステムレベルの標準化、コーディネーションおよびガイダンスを提供する。

システムレベルでの全体的価値、支援およびガイダンスをIECのTCやIEC内外の規格開発グループへ提供するためにIEC内だけでなくより広いステークホルダーの組織と広く協議する。」

③ SEG1 (スマートシティ)、関係するSEGやSyC、また今後設置されるSRGと連係／協力する。

④ SEG2のコンビナおよびセクレタリは、SyC設立に必要な項目を記載したSEG2作業に関する正式な報告書を2014年3月15日までに完成させること。

(6) IEC SyC Smart Energyの設立に対する承認プロセス

① 2014年3月にSEG2の最終報告書がSMB文書として配布 (SMB/5268/R)。

② 2014年3月にSyC Smart Energyの設立に関するSEG2の最終報告書がSMB文書として配布 (SMB/5276/INF)。

③ 2014年3月にSyC Smart Energyの設立に関する提案文書がIEC総会文書として配布 (C/1840/DV)。

④ 2014年6月にSyC Smart Energyの設立を承認するIEC総会文書が配布 (C/1845/RV)。

⑤ 2014年11月のIEC 2014東京会合において、SG3議長Richard Schomberg氏 (フランス：EDF社) が、本SyCの国際議長に就任することが決定された。

⑥ 2015年6月現在、参加国は現在24か国 (内訳：P-member：20か国、O-member：4か国)。

⑦ 2015年6月18日～18日に第1回のIEC SyC Smart Energy会合を中国の北京で開催。

(7) IEC SyC Smart Energy国内委員会の体制

①委員長：林秀樹 (東芝)

②事務局：日本規格協会IEC活動推進会議 加藤洋一 & 今井毅

③委員構成：企業、工業会、関連国内委員会 (TC 57、TC 77、TC 100、PC 118) 等で構成され、それ以外に特別委員 (経済産業省)、オブザーバー (日本規格協会) も加わっている。

④ IEC SyC Smart Energy国内運営委員会：IEC SyC Smart Energy国内委

員会の下に設置。国内委員会は意思決定の場であり、実質的な運営は国内運営委員会が推進する体制。

4．2 SG6（電気自動車戦略グループ）

2011年6月に開催されたストックホルムSMB会議で、電気自動車を外部の電気設備に接続する際の安全要求に関するISO/TC 22（自動車）の新規作業項目提案は、IEC/TC 69（電気自動車および電動産業車両）におけるプロジェクトIEC 61851-21（給電するときの電気自動車に対する要求条件）と競合することを問題視した。IEC/TC 69が、ISO/IEC MoU（Memorandum of Understanding）on Automotive Electrotechnicsに従ってISO/TC 22と協調したプロジェクトで作業を進めることをISO/TMB（Technical Management Board：IECのSMBに相当した組織）が是認することをSMBは求めた（SMB/4536/DLのSMB決定141/11）。

上記ストックホルムSMB会議で、SMBの活動が電気自動車に関するすべての領域を包含するSGの必要性を認識し、その設立に向けたアドホックグループ31を設置した。コンビーナーをRochereau氏（フランスのSMB委員で、SC 77Aの幹事でもある）として、2011年10月にメルボルンで開催されるSMB会議に検討結果を報告することになった（SMB/4536/DLのSMB決定141/12）。アドホックグループ31は新SGに対する所掌範囲、目的、委任事項、スケジュール、目標時期等を検討して、2011年9月にSMBに報告した（SMB/4607/R）。

2011年10月にメルボルンで開催されたSMB会議で、電気自動車と電気移動体に関するすべての領域を包含するようなIECの戦略を勧告するために、移動用電気技術（Electrotechnology for Mobility）に対する戦略グループSG6の設立を承認した。SG6は、プラグイン電気自動車と給電設備間の相互作用を優先的に検討するため、以下の項目をリストアップした。なお、SG6のコンビーナーとして、フランス人のC. RicaudをSMBは承認した（SMB/4630/DLのSMB決定142/31）。

①市場と企業の発展過程を解析

②規格のギャップと重複を同定

③適切な規格をタイムリーに配布
④ IECと他の標準機関との協調方法を明確化
⑤すでに実施されている協調の実際的な適用、特にISO/IEC協定をモニタ

SG6は、最終報告書（SMB/5390/R）を2014年9月に作成し、SEG5の設立をSMBに要請した結果、2014年11月に開催されたSMB東京会議でSEG5の設立が了承された（SMB/5436/DL）。SEG5のスコープとして以下の項目が挙げられている。

①プラグイン電気自動車と充電用電気設備の関係を評価するとともに、電気自動車を含めた電気移動体に関する規格の開発に対してIECのアプローチで提案すること。
②そのミッションは、IECに含まれる電気自動車におけるシステムレベルの規格に対する今後の活動において、最適なソリューション（安全性、相互運用性およびシステム性能の観点から）を決定することである。
③このため、自動車製造者・提供者、ISO/TC 22（自動車の標準化組織）、IEC SyC on Smart Energy、IEC SEG1 Smart Cities、IECの適切なTC・SCおよびフォーラム・コンソーシアムとの密接な同調と協調が前提である。

4．3　ACEC（電磁両立性諮問委員会）

(1) 電気自動車のEMCに対するACECの対応

2011年6月にストックホルムで開催されたSMB会議で、電気自動車のEMC要求に関する関連TCの規格開発を詳細にモニターすることを、SMBはACEC（Advisory Committee on Electromagnetic Compatibility：電磁両立性諮問委員会）に要請した。特に、伝導妨害波で、それが強制ガイド107（製品TCがEMC規格を作成するときのガイド）に整合しているかをチェックすることを要請した（SMB/4536/DLのSMB決定141/13)。

2011年12月にドイツのエルランゲンで開催されたACEC会議で、SMBの要請を検討し、以下の内容をSMBに報告した（SMB/4702/R)。

① ACECにおけるTC 69の代表であるJ. Delaballe氏（当時SC 77B幹事でもある）はIECの内外でのEMC要求事項に対する作成内容を詳細

にモニターする責任を有する。

② ACECのレビュー手続きで、ACEC幹事は電気自動車にフォーカスしてNP（New work item Proposal：新業務項目提案）、CD（Committee Draft：委員会原案）およびCDV（Committee Draft for Vote：投票用委員会原案）の回覧文書に対する選択を継続。

③ ACECのレビュー手続きで、J. Delaballe氏とP. Andersen氏（自動車のエミッション規格を作成するCISPR/Dの委員長）が電気自動車に関係する文書をレビュー。

④ ACEC幹事はISO 15118（グリッドに対する自動車の通信インターフェース）の作成作業をモニターし、それをレビューに回付。

⑤ ACEC幹事はIEC/SG6とコンタクトをもち、ACECのサービス（文書レビュー）を提供。

(2) 2kHz～150kHzの周波数におけるEMC問題に対するACECの対応

CENELEC/TC 13（電力メータ）では、2kHz～150kHzにおける電力線の電磁環境にスマートメータが耐えるように、SC 77Aが作成したEMCレベル（IEC 61000-2-2）を元にして、イミュニティ試験法CLC/TR 50579:2012を2012年6月に作成した。一方、IEC/TC 22（パワーエレクトロニクス）では、分散型電源等に用いられる能動連系変換器（AIC：Active Infeed Converter）のエミッション限度値に対して、TC 13で規定したイミュニティ限度値より大きな限度値を提案（TS 62578: Ed.2: 22/199/CD）し、それをCISPR/SC-BがCISPR/B/536/DCとして、2012年4月に回覧した。それに対して、IEC/TC 13は、上記エミッション限度値では、既存のスマートメータが誤動作するとして、2012年12月に開催されるACEC会議で審議するようにとの要望を提出した結果、以下の勧告を作成してSMBに報告した（SMB/4946/R）。

①勧告1212/1：TC 13とTC 22を含む利害関係者がバランスのとれた対応をとること、また、CISPRとSC 77Aも見解を表明すること。

②勧告1212/2：すべての関係者が、最初に、EMCレベルに関する妥協点を獲得すること。

③勧告1212/3：勧告1212/2が確立する前には、いかなるエミッション

限度値も議論しないこと。

④勧告 1212/4：2kHz～150kHz の伝導妨害波に対して公平な EMC レベルを設定するためには、(a) ユーザ設備と配電系におけるマイクログリッドに存在する背景雑音を考慮すること、(b) パワーエレクトロニクスとスマートメータの業界で、バランスの取れたアプローチで合意を形成すること、(c) IEC 61000 シリーズ、特に IEC 61000-2-5 で規定された標準的な電磁環境を引用すること。

その後、TC 22 は 22/199/CD に対する ACEC Clearwater 会議の勧告を考慮して、「推奨エミッション限度値」を「最大エミッション値に対する設計推奨」に変更するとともに、その設計推奨値をわずか減少した文書 22/211A/DTS を 2013 年 3 月に発行した。そのことが、2013 年 6 月に開催された ACEC Geneva 会議でも審議され、以下の勧告を作成して SMB に報告した (SMB/5099/R)。

①勧告 1306/4：SC 77A/WG8 は両立性レベルを作成する中心の WG として認識されている。ACEC は、SC 77A/WG8 が 2013 年秋までに、コンセンサスを構築するためのプロセス段階を示すような、特別の行動計画を作成することを勧告する。この問題を優先的に処理するために、WG8 の他の仕事は当面棚上げすることで合意された。注：両立性レベルを確立するプロセスは、その困難性から 2014 年末までかかることが予想される。

②勧告 1306/5：22/211A/DTS が承認されても、SC 77A/WG8 で作成された両立性レベルを用いて EMC 委員会がエミッション限度値を確立する前に、TC 22 は、22/211A/DTS を国際規格に変更するプロセスをスタートさせるべきではない。

③勧告 1306/6：暫定的解決案

(a) 22/211A/DTS で規定された設計ガイドラインのレベルは、電力変換器メーカには有益である。9kHz～150kHz に焦点があてられている。

(b) 最初のアプローチは、22/211A/DTS で TC 22 によって提案されているガイドラインを使用することである。しかし、これらの値は、最近、スマートメータの動作に脅威となることを注意すべきである。

(c) 結論として、ガイドラインの適合性は、すべての場合にEMCを達成しているとは限らないということである。

(d) EMC委員会がガイドラインの値を改訂する可能性があることを、電力変換器メーカは注意すべきである。

(e) 両立性レベルは、2014年～2015年の間に確立されることが期待される。

(f) SC 77A/WG8は、現在委員を出しているTCばかりでなく、作業の必要性により他のTCからの委員参加を勧誘することにより、利害関係者に対する各委員の専門性を確実する必要がある。

2014年11月に米国のニュージャージーでACEC会議が開催されたが、以下の4.4の(2) SC 77Aの取り組みで紹介されるSC 77A/WG8のパリ会議(2014年9月に開催)の進め方を見守ることになった。

4.4 TC 77 (EMC規格)

(1) TC 77のEMC規格に対するスマートグリッドへの関連性リスト

IEC/SG 3の要請により、筆者の徳田正満氏(東京大学)がTC 77委員長のとき(2010年12月)に、TC/SC 77で作成したEMC規格の中で、スマートグリッドに関連する規格を抽出して提出した。その情報を基にして、SG3は既存規格に対するスマートグリッドへの関連性リストを作成した。リストアップされている規格の数は膨大であるが、その一部を抜粋したものを表4.4.1に示している。TC 57(電力システム制御および関連通信)で作成された規格は、スマートグリッドへの関連性が、「核心」や「高」となっており、非常に高い位置づけになっている。TC/SC 77で作成された規格の一部も表にリストアップされているが、スマートグリッドへの関連性では、「低」という位置づけになっている。

(2) SC 77A(低周波現象に対するEMC規格を作成)の取り組み

SC 77Aは、2011年10月にメルボルンで開催されたSC 77A会議で、2kHz～150kHzにおける伝導妨害波のエミッション限度値と試験法を検討するため、CISPRとのジョイントタスクフォース（JTF）を設立することをCISPRに要請することにした。しかし、TC 77とCISPRで議論した結果、CISPR幹事のS. Colclough氏が、SC 77A/WG8（電磁環境の表現）にリエゾンとして出席することになった。

TC 22は、22/199/CD（能動連系変換器（AIC：Active Infeed Converter）の2kHz～150kHzにおける伝導妨害波のエミッション限度値を推奨）に対するACEC Clearwater会議の勧告を考慮して、「推奨エミッション限度値」を「最大エミッション値に対する設計推奨」に変更するとともに、その設計推奨値をわずか減少した文書22/211A/DTSを2013年3月に発行したが、それに対する議論がフランスのClamartで2013年2月に開

〔表4.4.1〕SG3で作成された既存規格に対するスマートグリッドへの関連性リスト（一部抜粋）[4.3] [1.14]

SGへの関連性	トピックス	関連規格	タイトル	TC/SC	SGへの関連技術
核心	共通情報モデル	IEC 61970-1	エネルギー管理システム(EMS) アプリプログラムインターフェース(API)	TC 57	AMI, DA, DER, DMS, DR, EMS, SA, Storage
低	情報技術	ISO/IEC 14543-2-1	情報技術－ホーム電子システムアーキテクチャーPart 2-1	JTC 1/ SC 25	Smart home
中	建物電気設備	IEC 60364-5-51	建物電気設備Part 5-51電子機器の選定と組み立て	TC 64	DER, Smart home
高	遠隔制御	IEC 60870-5-1	遠隔制御装置・システムPart 5伝送プロトコル	TC 57	DA, DMS, EMS, SA
中	太陽光発電	IEC 60904-1	太陽光発電装置Part 1発電電流－電圧特性の測定	TC 82	DER, DR, Smart home
低	EMC	IEC 61000-3-2	EMC Part 3-2電源高調波の限度値	SC 77A	AMI, DER, EV, Storage, Smart home
低	EMC	IEC 61000-4-1	EMC Part 4-1 IEC 61000シリーズの概要	TC 77	AMI, DER, EV, Storage, Smart home
低	EMC	IEC 61000-4-2	EMC Part 4-2静電気放電イミュニティ試験法	SC 77B	AMI, DER, EV, Storage, Smart home
低	EMC	IEC 61000-4-23	EMC Part 4-23 HEMPに対する防護装置の試験法	SC 77C	AMI, DER, EV, Storage, Smart home

AMI: Advanced Metering Infrastructure, DA: Distribution Automation, DER: Distributed Energy Resources, DMS: Distribution Management System, DR: Demand Response, EMS: Energy Management System, SA: Substation Automation, EV: Electric Vehicle, SG: Smart Grid

催されたSC 77A/WG8で行われ、その結果が77A/820/INFとして2013年5月に発行された。77A/820/INFでは、以下の諸点を勧告している。

① 22/211A/DTSに関しては、(a) TC 22で収集したパワーエレクトロニクス業界の最新技術情報は、両立性レベルを検討しているEMC委員会（TC 77とCISPR）と設置に関するEMC条件を検討しているTC 64に直接提供すべきである、(b) 22/211A/DTSには問題となる記述が存在するが、それらを将来のIEC 62578には含めるべきではない。

② 22/211A/DTSの全部または一部をTRに移行するか、または、エミッション限度値に直接的または間接的に関連する事項を削除すれば、関係する組織（IEC TC 13、IEC TC 57、IEC ACTAD、CENELEC SC 205A等）は歓迎するかもしれない。

③ EMC委員会は、ACECの勧告に沿ったSC 77A/WG8のアプローチをサポートすべきであるし、また、すべての関係組織の参加を促進すべきである。

2013年9月にカナダのオタワでSC 77A総会が開催されたが、SC 77A/WG8のコンビーナが、WGの活動状況を77A/825/INFに従って報告した。その中で、スマートグリッドに関連する作業としては、以下の項目が挙げられている。

①両立性レベルに関して2kHz～150kHzのギャップを埋めるために改訂しなければならない規格としては、IEC 61000-2-2（一般低電圧電力系統における低周波伝導性の妨害および信号に適用する両立性レベル）、IEC 61000-2-12（一般中電圧電力系統における低周波伝導妨害および配電線搬送信号に対する両立性レベル）およびIEC 61000-2-4（産業プラントにおける低周波伝導性妨害に対する両立性レベル）があり、これらの改訂が第一優先の課題であり、2014年までの実施を目標。

②分散電源とスマートグリッドでの運用に対する影響を考慮し、かつ2kHz～150kHzのギャップを埋めるために改訂しなければならないエミッション限度値に関する規格としては、IEC/TR 61000-3-6（中圧・高圧電力系統に接続される機器に対する高調波電流発生限度値の評価法）、IEC/TR 61000-3-7（中圧・高圧電力系統に接続される機器に対す

る電圧変化、電圧揺動およびフリッカの限度値の評価法)、IEC/TR 61000-3-13 (MV、HV および EHV 電力系統において不平衡設備を接続する場合のエミッション限度値の評価) および IEC/TR 61000-3-14 (低電圧電力系統において妨害を発生する設備を接続する場合のエミッション限度値の評価) があり、これらの改訂が第二優先の課題であり、2015 年までの実施を目標。

③その他の規格のメンテナンスとして、IEC/TR 61000-2-1 (一般低電圧電力系統における電磁環境の表現)、IEC/TR 61000-2-6 (産業プラント内における低周波伝導妨害に関するエミッションレベルの評価)、IEC/TR 61000-2-7 (様々な環境における低周波磁界)、IEC/TR 61000-2-8 (統計的測定結果に基づく一般電力系統における電圧ディップおよび短時間停電)、IEC/TR 61000-2-14 (公共配電系統の過電圧)、IEC 61000-3-8 (低電圧電力設備における電力線搬送－エミッションレベル、周波数帯域、電磁妨害レベル) および IEC/TR 61000-3-15 (低電圧電力系統の分散電源システムに対する低周波エミッション・イミュニティ要求の評価) があるが、これらの改訂は最も低い優先度であり、2017 年までの実施を目標。

2014 年 9 月にフランスのパリで SC 77A/WG8 会議が開催されたが、そこでは、スマートメータの下流に PLC フィルタを設置して、以下の二つの電磁環境を設ける方向で検討することになった。この進め方は、2014 年 11 月に米国のニュージャージーで開催された ACEC 会議でも黙認された。

①環境 1:メータを含むメータより上流のネットワーク (公共供給系統):EN 50065-1 (3kHz～148.5kHz の周波数における低電圧配電系統の電力線搬送) の DSO (Distribution system operator) 曲線をベースにして、PLC 運転を許容する EMC レベル。

②環境 2:メータより下流のネットワーク (需要家設備):TC 22 の C1 曲線をベースにした EMC レベル。

2015 年 4 月にドイツのエルランゲンで開催された SC 77A/WG8 会議では、上記の二つの環境案は合意に至らず、一つの環境案で再検討することになった。しかし、SC 77A/WG8 会議では合意できないため、環境1と環境2に関する各国の意見を、77A/915/DC（2015年11月に配布）で聞くことになった。

2016年2月に東京で開催されたSC 77A/WG8会議では、77A/915/DC（30kHz～150kHzのNIE両立性レベルに対する各NCの意見）の集約結果が報告され、Observationの審議を行った。結果は、Option A（一般機器メーカからの提案）に賛成7か国、Option B（DSO（distribution system operator）、MCS（mains communicating systems）機器メーカからの提案）に賛成8か国、結論なし10か国であり、各国の意見が分かれた状態である。

一方、SC 77Aは、電力線通信でスマートメータの信号を伝送する場合に問題となっている、ACポートにおける2kHz～150kHzのディファレンシャルモード妨害に対するイミュニティ試験法（IEC 61000-4-19）に関するCD文書（77A/783/CD）を2012年1月に配布した。また、IEC 61000-4-19に対するCDV文書（77A/815/CDV）も2013年6月に配布され、2013年11月にCDVが了承されている（77A/839/RVC）。さらに、2014年5月に、IEC 61000-4-19:2014として、国際規格が発行されている。

(3) SC 77B（高周波現象に対するEMC規格を作成）の取り組み

SC 77Bでは、高速電力線通信やLEDランプ等で問題になっている電源線における150kHz～80MHzの広帯域伝導妨害波に対するイミュニティ試験法を検討するための新業務項目（77B/660/NP：2011年9月配布）を日本から提案し、了承された（77B/669/RVN：2012年1月配布）。規格番号は、IEC 61000-4-31として登録された。また、IEC 61000-4-31に対するCD文書77B/688/CDが2013年6月に配布された。一方、2015年3月に77B/726/CDVが配布され、77B/753/RVC（2016年1月）で了承された。さらに、2016年5月に77B/758/FDISが配布され、77B/760/RVD（2016年7月）で了承された。

4．5　CISPR（国際無線障害特別委員会）

(1) SC-S/WG1（スマートグリッドのEMC）における標準化動向

IECのCISPRでは、2010年10月に韓国のソウル会合での決定を受けて、

CISPR 全体の運営方針を策定する SC-S（S 小委員会）の配下にスマートグリッドに関する作業班が立ち上げられた。現状の CISPR の構成は図 4.5.1 のようになっており、S/WG1 の Convener は韓国の Dr. Ahn、Co-convener は英国の M. Wright 氏（当時 CISPR/SC-I 議長）である。また、各 SC の議長と、SC から推薦されたメンバおよび IEC/TC 77 や NIST/SGIP とのリエゾンメンバで S/WG1 の委員は構成されている。なお、SC-I（マルチメディア機器の EMC）の代表として、日本の秋山氏（NTT）が委員となり、TC 77 リエゾンとして TC 77 幹事補佐の Jaekel 氏が委員となった。また、日本 NC の代表として、田辺氏（電力中央研究所）が委員となった。

S/WG1 では、ユーザのエリアでスマートグリッドに接続される機器を対象として、既存の CISPR 規格や IEC 共通規格の適用性を検討し、機器に要求される EMC 要件と既存規格との間にギャップがあった場合、それを埋めるための方法（たとえば規格の修正等）を検討している。

2011 年 3 月の第 1 回 WG 以来、既存 EMC 規格適用に関するガイダン

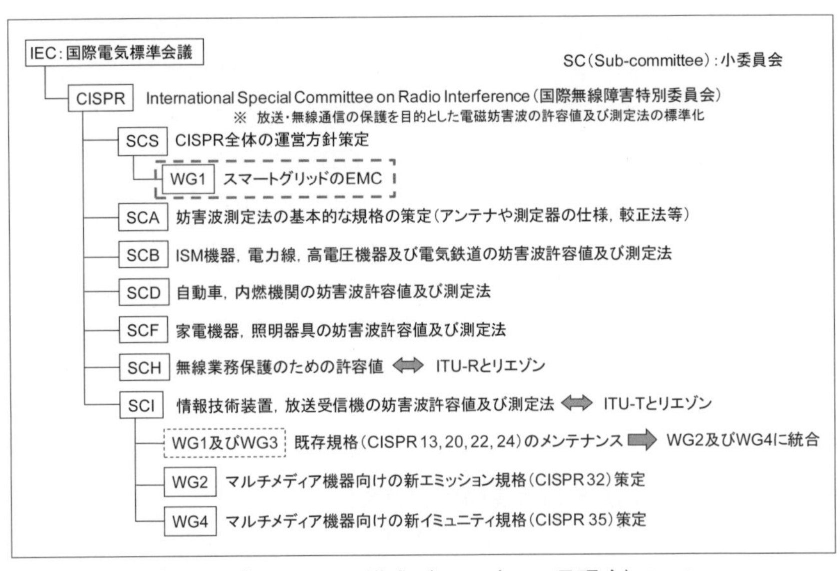

〔図 4.5.1〕CISPR の構成（2013 年 10 月現在）[4.4]

ス文書作成を目標に検討を進めた結果、2013年7月にガイダンス文書案が各国国内委員会に照会された。その後、そのガイダンス文書が了承され、CISPR/1270/INFとして2014年2月に発行された[4.5][4.6]。現状のガイダンス文書では、スマートグリッド導入後も各機器のEMC要件に大きな変化はなく、既存のCISPR規格（エミッションに関してはCISPR 11やCISPR 22等、イミュニティに関してはCISPR 20やCISPR 24等）やIECの共通規格（IEC 61000-6-1～6-4）を、それぞれの規格のスコープに応じて適用すればよいとしている。表4.5.1および表4.5.2はガイ

〔表4.5.1〕スマートグリッド接続機器のエミッション規格 [4.6]

規格番号	最新版	規格名称
CISPR 11	Ed.5.1: 2010-05	工業、科学及び医療用機器－無線周波妨害波特性－許容値及び測定法
CISPR 12	Ed.6.1: 2009-03	自動車、モーターボート及び点火式エンジン装置からの妨害特性の許容値及び測定法
CISPR 13	Ed.5.0: 2009-06	音声及びテレビジョン受信機ならびに関連機器の無線妨害波特性の許容値及び測定法
CISPR 14-1	Ed.5.2: 2011-11	EMC－家庭用機器・電動工具及び類似機器に対する要求－パート1：エミッション
CISPR 15	Ed.7.2: 2009-01	電気照明及び類似機器からの無線妨害波特性の許容値及び測定法
CISPR 22	Ed.6.0: 2008-09	情報技術装置からの妨害波の許容値と測定法
CISPR 25	Ed.3.0: 2008-03	車載受信機保護のための妨害波の推奨限度値および測定方法
CISPR 32	Ed.1.0: 2012-01	マルチメディア機器の妨害波
IEC 61000-6-3	Ed.2.1: 2011-02	住宅、商業及び軽工業環境におけるエミッション
IEC 61000-6-4	Ed.2.1: 2011-02	工業環境におけるエミッション

〔表4.5.2〕スマートグリッド接続機器のイミュニティ規格 [4.6]

規格番号	最新版	規格名称
CISPR 14-2	Ed.1.2: 2008-07	EMC－家庭用機器・電動工具及び類似機器に対する要求－パート2：イミュニティ
IEC 61547	Ed.2.0: 2009-06	一般用照明機器－EMCイミュニティ要求
CISPR 20	Ed.6.0: 2006-11	音声及びテレビジョン受信機ならびに関連機器のイミュニティの許容値及び測定法
CISPR 24	Ed.2.0: 2010-08	情報技術装置におけるイミュニティ特性の限度値と測定法
IEC 61000-6-1	Ed.2.0: 2005-03	住宅、商業及び軽工業環境におけるイミュニティ
IEC 61000-6-2	Ed.2.0: 2005-01	工業環境におけるイミュニティ

ダンス文書案に記載されている、スマートグリッドに接続される機器に関連するEMC規格である。

一方、今後検討すべき課題についても言及されており、

①周波数150kHz以下のEMC要件

②より近い距離でのエミッション測定設備の検討

が挙げられている。①に関しては、周波数150kHz以下の許容値と測定法として、CISPR 14-1に含まれる誘導加熱調理器の許容値と測定法や、CISPR 15の照明器具向けの許容値と測定法があり、これらを他の機器に適用することの妥当性や、新たな測定法の必要性等が具体的な検討課題として記載されている。また、これらの他に、スマートグリッドが電磁環境やEMCモデル（エミッション許容値やイミュニティ要求条件を導出する際のモデル）に与える影響に関しても、検討する必要性があるのではないか、としている。

2013年9月に開催されたオタワ会議において、ガイダンス文書に対する各国からのコメントが審議され、日本から、より近い距離での無線システムの保護に関して、エミッション試験法も含めて検討を行う必要があると提案し、今後の課題の一つに含めることとなった。その他、記述に関して一部修正があったものの大きな変更点はなく、上位委員会であるSC-Sに状況を報告するとともに今後の活動方針を諮ることとなった。その結果、ガイダンス文書の発行をもって活動を完了し、SC-S/WG1は解散となった。

(2) 9kHz～150kHzの伝導エミッション

スマートメータ等で問題となっている9kHz～150kHzの伝導エミッションを検討すべきかどうかを各国の国内委員会に質問するCISPR運営委員会文書（CISPR/S/337/Q）が2011年6月に配布された。日本からは、表4.5.3に示すように、インバータ等の妨害源による通信機器での障害事例を示して、検討すべきと回答した。各国で賛否が拮抗したがソウル会議で審議することになった（CISPR/S/341/RQ）。しかし、ソウル会議では、CISPR運営委員会文書ではなく、CISPR文書で再度質問すべきとの意見があったため、CISPR文書で再度配布することになり、2011年10

〔表 4.5.3〕9kHz ～ 150kHz における障害事例 [1.14]
～ CISPR/1216A/Q に対する日本コメント～

被干渉システム／機器（無線／非無線業務）	干渉被害	干渉源	妨害波の周波数
電話機	可聴雑音	ビデオデッキ、こたつ	数十 kHz 帯域
クレジットカード決済端末	ISDN 回線のビットエラーによる通信不良	不明	50kHz 近傍
ADSL モデム	リンクダウン	DVD プレーヤ	70kHz 近傍
DSU（Digital service unit）	CRC エラー	UPS（Uninterruptible power supply）	70kHz ～ 180kHz
ISDN、ADSL モデム	CRC エラー電話機	ロラン局	100kHz
ADSL モデム	リンクダウン電話機	蛍光灯	広帯域（9kHz～数 MHz）
ビジネスホン	同期はずれ	UPS	広帯域（9kHz～数 MHz）
ルータ	同期はずれおよび通信断	インバータ電源、POS 端末	40kHz、50kHz、70kHz
ドアホン	誤鳴動	インバータエアコン	60kHz
公衆電話	可聴雑音	不明	10kHz
TA（Terminal adaptor）	パケットエラー	インバータ照明	60kHz
専用線	警報誤作動	IP-PBX	30kHz
スマートイーサ	バックアップ回線切り替え誤作動	エレベータ	70kHz
非接触磁気カードリーダ	カード読み取り不能	UPS	16kHz
車載ラジオ	可聴雑音	UPS	8kHz
携帯ラジオ	可聴雑音	汎用インバータ	12kHz
ラジオ	可聴雑音	ポンプ用インバータ	12kHz
バス運行システム	動作不良	UPS	15.6kHz および 78kHz
電話機	可聴雑音	エレベータ	数十 kHz
電話機	可聴雑音	定電圧定周波数交流電力供給装置（CVCF）	27kHz
遠隔端末装置	可聴雑音	定電圧定周波数交流電力供給装置（CVCF）	70kHz および 100kHz
ディジタル伝送装置	ビットエラー	定電圧定周波数交流電力供給装置（CVCF）	16kHz
電話回線	可聴雑音	インバータ照明	80kHz
LAN	動作不良	スキーリフトのモーター	80kHz ／ 5kHz バースト

月にCISPR/1216A/Qとして配布された。その回答文書CISPR/1226/RQが2012年3月に配布されたが、CISPR運営委員会は、当面、9kHz～150kHzの伝導エミッションに関して静観することを決定した。その代わり、CISPR幹事のS. Colclough氏が、SC 77A/WG8（電磁環境の表現）にリエゾンとして出席することになった。

(3) SC-B/WG1 MT-GCPC（太陽光発電用パワーコンバータのDCポート許容値および測定方法）における標準化動向

CISPR 11ではグループ1機器に対して、150kHz～30MHzの周波数帯でAMN（擬似電源回路網）を使用しての伝導妨害波端子電圧としての許容値が、また、30MHz～1GHzの周波数帯で電界強度としての許容値が設定されている。この例に漏れず、太陽光発電システムを含む分散型電源（燃料電池、ガスエンジン、蓄電池等）は、CISPR 11の規定ではグループ1機器（電磁エネルギーを材料処理のために使用していない機器）に相当するが、付属機器であるGCPC（Grid Connected Power Converter：系統連系パワーコンバータもしくは系統連系電力変換装置）のDC側については、電磁妨害波の発生状況が正確に把握されておらず、現段階では国際的に参照すべき電磁妨害波の測定方法および許容値が存在しない。

太陽光発電システムの諸々の妨害波を図示すると図4.5.2の通りであ

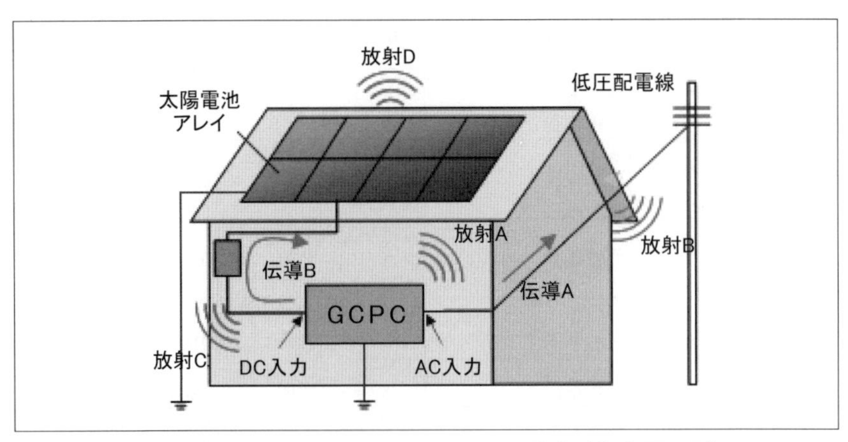

〔図4.5.2〕太陽光発電システムから発生する雑音（住宅用の例）[4.10]

る。想定できる妨害波としてGCPC本体の放射妨害波（放射A）以外に、配線を伝わることによる放射（AC側：放射B、DC側：放射C）と太陽電池アレイ（放射D）からの放射が考えられる。どの放射も発生源はGCPCと考えられ、AC側はすでにパワーエレクトロニクス機器全般にかかる許容値によって規制されている。しかし、上述の通りDC側に関する明確な規制が存在しないため、2005年のケープタウン会議で、CISPR/SC-BのWG2（架空電力線、高電圧装置および電気鉄道からの妨害）コンビーナであった故富田誠悦氏（電力中央研究所）が、GCPCの規格化の必要性を提起した。その後、2008年に開催されたCISPR大阪会議で、CISPR/B/WG1（工業、科学および医療用（I.S.M.）無線周波装置）に、井上正弘氏（当時、電気安全環境研究所）をリーダーとするMT（Maintenance Team）-GCPCを設置することが決定された。MT-GCPCでは、発生源であるDC側雑音端子電圧を規制することでこれらの放射を抑制するべく検討を開始した。

許容値および測定法を検討するにあたっては、「DC側の配線が設置現場によって変化する」ことが最初の争点となり、模擬システム等の構築も検討されたが、ドイツにおいて過去に行ったDC側のインピーダンス測定のデータや、同様に日本のモデルハウスで行ったデータを基にインピーダンスを確認したところ、従来CISPRで使用してきた50ΩLISN（擬似電源回路網）を利用することができないことが確認され、結果として新たに測定用のDC-AN（直流用擬似回路網）を作成するに至っている。他にも、GCPCは系統連系型の電源であるため、正常動作を見込むのであれば商用系統へ接続した状態での試験が必要となるが、各国法規等の関係で容易に試験できないことも想定されるため、電力を環流する方法等も盛り込まれた。

これらの測定方法を規定した上で、定格電力20kVA以下のGCPCに対するDC側妨害波電圧許容値を表4.5.4、表4.5.5のように提案し、また、20kVA超のGCPCに対しては表4.5.6を提案している。なお、20kVA超の機器については測定方法が変わり、DC電源ポートにはDC-ANを、AC電源ポートにはAMNを並列に接続して妨害波電圧を測定し、同時にカレントプローブを用いて妨害波電流も測定することとなるため注意が必要である。

本プロジェクトは平成20年度に予備検討を行い[4.7]、平成21年度(2009年度)から図4.5.3の通り進めてきた[4.8]-[4.10]。平成24年(2014年)度中旬から下旬には、CISPR 11改正の一部として成立することとなるため、MTは当面の目標を終えた形となる。しかし、一方本プロジェクトで検討を行った太陽光発電システムだけではなく、他の分散型電源に

〔表4.5.4〕試験場で測定するクラスBグループ1装置の妨害波電圧限度値(DCポート)[4.10]

周波数範囲 (MHz)	準尖頭値 dB(μV)	平均値 dB(μV)
0.15 ~ 0.50	84 周波数の対数に従い直線的に減少 74	74 周波数の対数に従い直線的に減少 64
0.50 ~ 30	74	64

〔表4.5.5〕試験場で測定するクラスA 20kVA以下[4.10]グループ1装置の妨害波電圧限度値(DCポート)

周波数範囲 (MHz)	定格電力20kVA以下	
	準尖頭値 dB(μV)	平均値 dV(μV)
0.15 ~ 0.50	97 周波数の対数に従い直線的に減少 89	84 周波数の対数に従い直線的に減少 76
0.50 ~ 5		
5 ~ 30	89	76

適切な限度値一式は、製造者が示した定格電力に基づいて選択しなければならない。

〔表4.5.6〕試験場で測定するクラスA 20kVA超[4.10]グループ1装置の妨害波電圧限度値(DCポート)

周波数範囲 (MHz)	定格電力20kVA超75kVA以下a				定格電力75kVA超a			
	電圧許容値		電圧許容値		電流許容値		電圧許容値	
	準尖頭値 dB(μV)	平均値 dV(μV)	準尖頭値 dB(μV)	平均値 dV(μV)	準尖頭値 dB(μV)	平均値 dV(μV)	準尖頭値 dB(μV)	平均値 dV(μV)
0.15 ~ 5	116~106	106~96	72~62	62~52	132~122	122~112	88~78	78~68
5 ~ 30	106~89	96~76	62~45	52~32	122~105	112~92	78~61	68~48

・電圧値、電流値のいずれも許容値を超えてはならない
・適切な限度値一式は、製造者が示した定格電力に基づいて選択しなければならない。
・各周波数範囲は周波数の対数に従い直線的に減少させる。

ついても検討を行っていくことが確認されており、重要なMTの一つとして活動を継続していく。

CISPR/SC-Bにおける審議状況であるが、GCPCのDCポートにおける伝導エミッション許容値と測定法に関するCD文書で、20kVA以下のGCPCに関する文書CISPR/B/533/CDおよび20kVA超のGCPCに関する文書CISPR/B/534/DCがそれぞれ2012年4月に配布された。それぞれのコメント集CISPR/B/546/CCおよびCISPR/B/544A/INFを反映した2CD文書CISPR/B/561/CDおよびCISPR/B/562/CDが2013年2月に配布された。また、それぞれのコメント集CISPR/B/576A/CCおよびCISPR/B/577A/CCを反映したCDV案文書CISPR/B/581/INFおよびCISPR/B/582/INFが2013年6月に配布された。さらに、CDV文書CIS/B/594/CDV（20kVA以下）およびCIS/B/595/CDV（20kVA超）が2014年1月に配布され、2014年6月に両方とも文書CIS/B/611A/RVC（20kVA以下）およびCIS/B/610A/RVC（20kVA超）で了承されている。これら二つのCDVをCISPR 11の第6版に組み込んだFDIS文書CIS/B/628/FDISが2015年3月に配布され、2015年5月に配布されたCIS/B/631/RVDでFDISが了承された。その結果、GCPCのDC端子における許容値と測定法に関する初めての国際規格が、CISPR 11の第6版に含まれる形で2015年6月に発行された[4.11]。

一方、ドイツが提案した150Ωの擬似電源回路網に関する評価は、SC-A（無線妨害波測定および統計的手法）とSC-Bの合同ワーキンググループCISPR A&B JTFで検討されている。また、太陽光発電システムのDCポートにおける妨害波の許容値に関する根拠については、SC-H（無

年度

H21	H22	H23	H24	H25	H26
▼方針提案 ▼測定法提案	▼各国データ ▼規格化方針	▼各国検証データ取得	▼1CD	▼2,3CD ▼CDV	▼FDIS ▼IS
・測定法検討 ・予備データ取得	・実データ取得 ・規格化方針決定	・ラウンドロビンテスト ・シミュレーション ・規格案作成	・定格出力外測定 ・新型DC-AN作成 ・新規測定法検証 ・機器セットアップ確定	・シミュレーション精度向上 ・部分負荷検証 ・大容量PCS検証	・文書最終審議

〔図4.5.3〕文書審議状況[4.10]

線業務保護のための妨害波許容値）の WG1（エミッション共通規格のメンテナンス）に TF-GCPC を設置して検討している。

(4) ワイヤレス電力伝送 WPT 装置に対するエミッション規格

2013 年 9 月にカナダのオタワで開催された CISPR 総会で、ワイヤレス電力伝送 WPT 装置に対するエミッション規格を早期に検討すべきであるとの提案を日本からしたところ、その提案が了承され、SC/B、SC/F および SC/I で検討をスタートし、各 SC 間の調整を CISPR/S が行うこととなった。

SC-B 会議では、日本の久保田氏をリーダとする TF を設立し、また、自動車の WPT に対する EMC 要件の CISPR 11 導入については、グループ 2 の定義の補充として進めることを確認した。また、SC-F 会議では、オランダの Beeckman 氏をリーダとする TF を設立し、IH（誘導加熱）調理器をベースにした磁界結合方式を家電機器に適用することを主体に検討することになった。一方、SC-I 会議では、米国の Arthurs 氏をリーダとする TF を設立し、マルチメディア機器の WPT を検討することになった。

(5) 高速電力線通信システムのエミッション規格に対する CISPR/I/PLT-PT の取り組み

高速電力線通信から漏洩する電磁妨害波の許容値と測定法に関する国際規格は、情報技術装置、放送受信機、マルチメディア機器等の EMC 規格を作成している CISPR/I で 1999 年頃から検討が開始された。2004 年の CISPR 上海会議で、高速電力線通信機器からの電磁妨害波試験規格に対する CDV（投票付委員会原案）が否決されたため、PLT-PT（Power Line Telecommunications-Project Team：電力線通信プロジェクトチーム）が設立された。2005 年 6 月のサンファン会議（プエルトリコ）以来、2009 年 9 月のシドニー会議まで 9 回の会議が開催された。ところが、CISPR 22（情報技術装置の電磁妨害波許容値と測定法）の修正として PLT-PT で審議したが、2010 年にシアトルで開催された CISPR 会議でも合意できないため、PLT-PT での審議を中止することになった。

それに対して、欧州の CENELEC では、高速電力線通信からの電磁妨害波規格を独自に作成し、EN 50561-1 が 2014 年 3 月に欧州の EC 指令として公文書化された。この規格を並行投票で IEC 規格にしてよいかを問う文書 CIS/I/496/Q が 2014 年 11 月に配布されたが、2015 年 2 月に配布された文書 CIS/I/503/RQ で、並行投票をしないことが決定された。

4.6　TC 8（電力供給に係わるシステムアスペクト）

TC 8 の AHG4（スマートグリッドへの要求事項）は 2010 年 5 月～7 月にエキスパートの募集を行った。SG3 に設置されたユースケースタスクチームが、いくつかの分野においてユースケースを検討し、優先順位付けした後に TC 8 に検討依頼が出され、2011 年 2 月に SMB でその検討依頼が承認された。

2011 年 3 月にフランスのパリで IEC workshop:Standardization of Use Case for Smart Energy の第 1 回会議を開催して、スマートグリッドのユースケースに関する討論を行ったが、その後の検討を TC 8 の AHG4（アドホックグループ 4）が行うことになった。その後 IEC workshop は、第 2 回が 2011 年 6 月に米国のロサンジェルス、第 3 回が 2012 年 3 月に日本の東京で開催された。

TC 8 では、IEC/PAS 62559 Ed.1.0: IntelliGrid methodology for developing requirements for energy systems を 2008 年 1 月に発行している。それを発展させて、ユースケースに関する以下の規格を作成している。

(1) IEC 62559-1 Ed.1

①規格のタイトル：Use Case Methodology - Part 1: Concept and Processes in Standardization：ユースケース方法論 パート 1：標準化における概念とプロセス

②標準化の状況：8/1354/NP を 2014 年 5 月に配布し、8/1365/RVN（2014 年 7 月）で了承。8/1392/CD を 2015 年 2 月に配布したが、その後本規格は SyC Smart Energy で検討することになり、2015 年 12 月に SyCSmartEnergy/25/CC として、コメント集が発行された。

(2) IEC 62559-3 Ed.1

①規格のタイトル：Use case methodology - Part 3: Definition of use case

template artefacts into an XML serialized format：ユースケース方法論パート3：ユースケースのテンプレートに関する定義をXMLシリーズ形式に変換する中間生成物
②標準化の状況：8/1334/NPを2013年9月に配布し、8/1348/RVN（2014年1月）で了承。8/1382/CDを2014年12月に配布し、8/1396/CCを2015年12月に配布した。その後本規格はSyC Smart Energyで検討することになり、2016年2月にSyCSmartEnergy/28/CDVとして、CDV文書が発行された。

4．7　TC 13（電力量計測、料金・負荷制御）

(1) CAG（Chairman's Advisory Group）会議（2014年3月ドイツのフランクフルトで開催）の議題
① WG11（電力メータ装置）：TC 13代表機器である電力量計の規格のシリーズが見直し時期になっており本格化する方向。スマートメータの普及、国際法定計量機関の国際勧告の発行等もあり、大きく見直される可能性もあり。
② WG13（電力メータ装置の信頼性）：電力量計の信頼性に関しての規格のメンテナンスがある。
③ WG14（メータ読み取り、課金および負荷制御におけるデータ交換）：DLMS（Device Language Message Specification）/COSEM（Companion Specification for Energy Metering）における各通信プロトコル規格に対応するプロファイル規格｛IEC 62056-7-6（HDLC）、62056-8-3（PLC S-FSK）、62056-8-6（DMT PLC）、62056-8-20（RF Mesh)｝の進捗。
④ WG15（スマートメータリング機能とプロセス）：ペイメントシステムの規格におけるメータリングの機能とそのプロセス等に関しての新しい規格の準備がある。
⑤プロジェクトのレポート：電力量計の試験装置の旧規格の廃止と新規格作成について。
(2) TC 13で検討されている文書の進捗状況
TC 13では、スマートメータの規格化を検討しており、以下のプロジェクトが進行している。

① IEC 62056-1-0 Ed.1.0: ELECTRICITY METERING DATA EXCHANGE - Part 1-0: Smart metering standardization framework、2012年12月に13/1519/CDが発行され、13/1535/CCが2013年3月に発行。13/1548/CDVが2013年8月に発行され、13/1559/RVD（2013年11月発行）で了承。13/1574/FDISが2014年3月に発行され、13/1580/RVD（2014年5月発行）で了承。ISが2014年6月に発行。

② IEC 62056-6-1 Ed.1.0 Am.1: Electricity Metering Data Exchange - The DLMS (Device Language Message Specification)/ COSEM (Companion Specification for Energy Metering)Suite - Part 6-1: Object Identification System (OBIS)、IEC 62056-6-1 Ed.1.0のISは2013年5月に発行。13/1565/RRが2013年12月に配布され、Am.1に対する13/1572/CDVが2014年4月に配布された。また、13/1649/FDISが2015年8月に配布され、13/1658/RVDが2015年11月に配布された。さらに、ISであるIEC 62056-6-1:2015が2015年11月に発行された。

③ IEC 62056-6-2 Ed.1.0 Am.1: Electricity Metering Data Exchange - The DLMS/COSEM Suite - Part 6-2: COSEM interface classes、IEC 62056-6-2 Ed.1.0のISは2013年5月に発行。13/1566/RRが2013年12月に配布され、Am.1に対する13/1573/CDVが2014年4月に配布された。また、13/1667/RRが2015年12月に配布された。EC 62056-6-2 Ed.3.0のCDV文書13/1685/CDVが2016年4月に配布された。

④ IEC/TS 62056-6-9 Ed.1.0: Mapping between the Common Information Model CIM (IEC 61968-9) and DLMS /COSEM (IEC 62056) data models and message profile：TC 13のデータモデル（IEC 62056）とTC 57の情報モデル（IEC 61968-9）の調和を図るためのマッピングに関する仕様書である。13/1507/NPが2012年5月に配布され、13/1514/RVN（2012年9月配布）で承認された。13/1602/CDが2015年2月に配布され、2015年5月にコメント集13/1638/CCが配布された。また、13/1647A/DTSが2015年8月に発行され、2016年2月に配布された13/1672/RVCで了承された。そして、IEC/TS 62056-6-9:2016が2016年5月に

発行された。

⑤ IEC 62056-7-6 Ed.1: Electricity metering data exchange - the DLMS / COSEM suite - Part 7-6: The 3-layer, connection-oriented HDLC based communication profile, 13/1527/FDIS が 2013 年 2 月に配布され、13/1545/RVD（2013 年 4 月配布）で了承された。IS は 2013 年 5 月に発行された。

⑥ IEC 62056-8-3 Ed.1: Electricity metering data exchange - the DLMS / COSEM suite - Part 8-3: PLC (Power Line Communication) S-FSK communication profile for neighborhood networks、13/1526/FDIS が 2013 年 2 月に配布され、13/1544/RVD（2013 年 4 月配布）で了承された。IS は 2013 年 5 月に発行された。

⑦ IEC 62056-8-6 Ed.1.0: "Electricity Metering Data Exchange - The DLMS / COSEM suite - Part 8-X: DMT (Discrete Multitone) PLC (Power Line Communication) profile for neighborhood networks" で、DLMS /COSEM DMT PLC profile を追加。ISO/IEC 12139-1 PLC（ISO/IEC JTC 1 SC 6 で規格化）を元にした profile。13/1508/NP が 2012 年 5 月に配布され、13/1515/RVN（2012 年 9 月配布）で承認された。2013 年 11 月に 13/1577/CD を配布し、13/1576/CC（2014 年 3 月配布）でコメント集を配布した。また、13/1652/CDV が 2015 年 11 月に配布された。

⑧ IEC/TS 62056-8-20 Ed.1.0: Electricity metering data exchange - the DLMS / COSEM suite - Part 8-20: RF Mesh Communication Profile. 13/1539/NP が 2013 年 4 月に配布された。13/1607/CD が 2015 年 2 月に配布され、コメント集 13/1671/CC が 2016 年 2 月に配布された。また、13/1673/DTS も 2016 年 2 月に配布された。

⑨ IEC/TS 62056-9-1 Ed.1.0: Electricity Metering Data Exchange - The DLMS / COSEM suite - Part 9-1: Communication profile using web-services to access a COSEM Server via a COSEM Access Service（CAS）、13/1521/NP が 2013年1月に配布され、13/1547/RVN（2013年3月配布）で了承された。13/1582A/CD が 2014 年 6 月に配布され、コメント集 13/1588/CC が 2014 年 10 月に配布された。また、13/1641/DTS が 2015 年 7 月に配

布され、2015年11月に配布された13/1662/RVCで了承された。そして、IEC/TS 62056-9-1:2016が2016年5月に発行された。

⑩ IEC 62056-9-7 Ed.1.0: Electricity metering data exchange - the DLMS/COSEM suite - Part 9-7: Communication profile for TCP-UDP/IP networks、13/1520/FDISが2013年1月に配布し、13/1537/RVD（2013年3月発行）で了承された。ISが2013年4月に発行された。

(3) スマートメータ用電力線通信のEMC問題

欧州では、スマートメータ用の通信方式として、既設の電力線を利用した狭帯域の電力線通信を用いているが、そのEMC問題に関しては、「2.2.2 欧州におけるスマートグリッドの標準化」の「(3) スマートメーター用狭帯域電力線通信のEMC問題（150kHz以下）」で紹介されている。また、TC 22（パワーエレクトロニクス）とのEMC問題に関しては、「4.3 ACEC（電磁両立性諮問委員会）」の「(2) 2kHz～150kHzの周波数におけるEMC問題に対するACECの対応」、「4.4 TC 77（EMC規格を作成）」の「(2) SC 77A（低周波現象に対するEMC規格を作成）の取り組み」および「4.5 CISPR（国際無線障害特別委員会）」の「(2) 9kHz～150kHzの伝導エミション」で紹介されている。

スマートメータでは、上記のように2kHz～150kHzの周波数におけるEMC問題が発生しているため、その周波数帯に対して30kHzを境にして二つの周波数帯に分割して、電力線通信にとってより重要な30kHz～150kHzの周波数帯におけるEMCレベルを厳しくし、2kHz～30kHzの周波数帯のEMCレベルを緩くしたいとのQ文書13/1579/Qが2014年4月に発行され、13/1585/RQ（2014年6月）で了承された。

4.8　TC 57（電力システム管理および関連情報交換）

TC 57は電力システムの管理や関連の情報交換に関する規格を作成しており、スマートグリッドに最も関係するTCとして位置づけられている。多数のWGで検討されている規格の状況を以下に示す。

(1) WG03：Telecontrol protocols（遠隔制御プロトコル）

高いインテグリティと信頼性、および適切なセキュリティを有する遠隔制御プロトコルを開発している。IEC TS 60870-5-7: Telecontrol equipment and systems - Part 5-7: Transmission protocols - Security extensions to IEC 60870-5-101 and IEC 60870-5-104 protocols（applying IEC 62351）のISを2013年7月に発行した。

（2）WG09：Distribution automation using distribution line carrier systems（配電線搬送システムを使用した配電自動化）

配電線搬送システムを使用した配電自動化に関する規格IEC 61334シリーズを作成したが、最近は改版の作業を実施していない。TC 13（電力量計測、料金・負荷制御）で検討しているスマートメータには、狭帯域電力線通信が使用されているが、その規格化はITU-T（G.9901/2/3/4）やIEEE（P1901.2）で検討されている。

（3）WG10：Power system IED communication and associated data models 電力システム用IED（Intelligent Electrical Device）通信と関連するデータモデル

新規プロジェクト“IEC/TR 61850-90-14: Communication networks and systems for power utility automation - Part 90-14: Using IEC 61850 for FACTS (Flexible AC Transmission Systems) data modeling”（57/1250/DC）が2012年5月に提案され、2013年10月にPWI 61850-90-14になった。ここで、PWIとは、Prelinimary Work Itemのことである。変電所FACTS機器（SVC、STATCOM、サイリスタ制御直列キャパシタ等）の制御所での集中型協調制御に係るデータモデル（既存LN/Logical Nodeも活用）および通信要件を規定している。

（4）WG13：Energy management system application program interface（EMS-API）

IEC 61970-555：中国提案の57/1134/NP（CIM (Common Information Model) Based Efficient Model Exchange Format（CIM/E）：CIMの実装標準その1）は、57/1199/RVN（2011年12月）で承認され、2014年7月に57/1487/CDが配布され、コメント集57/1596/CCが配布された。また、IEC 61970-555 TSとして、57/1730/DTSが2016年5月に配布された。一方、IEC 61970-556（WG13）：中国提案の57/1135/NP（CIM Based Graphic Exchange Format（CIM/G）：CIMの実装標準その2）は、57/1200/RVN（2011

年12月）で承認された。57/1606/CDが2015年10月に配布され、コメント集57/1729/CCが2016年5月に配布された。そして、IEC 61970-556 TSにするための57/1731/DTSが2016年5月に配布された。

(5) WG15：Data and communication security（セキュリティ技術）

IEC 62351（Data and communication security）シリーズを発行している。TC 57総会（2013.3.18-19）で、JTC-1 SC 27（セキュリティ技術）との協力方針について報告があった。

(6) WG17（DER（分散エネルギー資源）用通信インターフェース）

新規プロジェクト"IEC 61850-90-8: Communication networks and systems for power utility automation - Part 90-8: IEC 61850 object models for electric mobility"（57/1254A/DC）が2012年6月に提案され、コメント集57/1413/INFが2013年11月に配布された。

①充電のみ対象。放電はISO/IEC 15118-2に盛込まれたら、反映させる方針となっている。

② AC充電のみ（DC充電は将来盛込む予定）

③基本的に関連規格（ISO/IEC 15118、IEC 61851等）をベースに作成

IEC/TR 61850-90-8にするための57/1603/DTRが2015年7月に配布され、2015年12月に配布された57/1651/RVCで了承され、IEC/TR 61850-90-8が2016年4月に発行された。

(7) WG21：Interfaces and protocol profiles relevant to systems connected to the electrical grid

WGの目的はHEMS、FEMS、BEMS用通信（システム）インターフェースの定義であり、xEMS（デマンドレスポンスを含む）用システムインターフェース関連［x：B（Building）、H（Home）、F（Factory）］については、PC 118（スマートグリッドユーザインターフェース）との活動範囲・内容の調整が継続中である。IEC 62746（Systems interface between customer energy management system and the power management system）シリーズの規格を作成している。

一方、リエゾンについて、以下の提案がある。

(1) 団体：OpenADR（Open Automated Demand Response）

57/1380/Q（投票期限：2013.8.26）で各国の意見を質問し、57/1392/RQ でTC 57はOpenADRとTC 57/WG21のカテゴリーDリエゾンを承認し、SMBへSMB/5124/QPで要請してSMB/5124A/RV（2013.10.30）で承認される。そして、IEC PAS 62746-10-1:2014 “Systems interface between customer energy management system and the power management system - Part 10-1: Open Automated Demand Response（OpenADR 2.0b Profile Specification）”を2014年2月に発行した。

(2) 団体：UCA International Group

文書名：57/1403/Q（投票期限：2013.11.22）でUCA International GroupとTC57/WG17のカテゴリーDリエゾンを承認することを要請し、2013年12月に配布された57/1424/RQで了承された。

(3) TC 57/WG21とエコーネットコンソーシアムとのDリエゾン提案

WG21（Interface and protocol profiles relevant to systems connected to the electrical grid）では、文書57/1217/Q（Request from the ECHONET Consortium for a Category D Liaison with WG 21）でエコーネットコンソーシアムとのDリエゾンを2012年2月に提案した。

4.9 TC 64（電気設備および感電保護）

CAG-SG（“Smart Grid / Micro Grid”）SC 23Eの報告に基づき、TC 64のオスロ会議で低電圧電気設備に対するスマートグリッド・マイクログリッドの影響の可能性を議論し、CAG-SGをプロジェクトチーム（PT）に発展させ、TC 64の議長であるE. Tison氏（フランス）を新PTのコンビーナにすることを決定した。日本からは、Mr. Kenji Yamaguchiが委員になっている。

新PTのタスクとしては、IEC 60364の新規のパートPart 8-2を開発することである。なお、Part 8-2には、Smart Grid / Micro Gridに関する低電圧要求条件がカバーされる。

4.10 TC 65（工業プロセス計測制御）

SG1（エネルギー効率と再生可能エネルギー）Recommendation #7を受

けて、工業用オートメーション分野におけるエネルギー効率の設計・運用に関するTR策定を視野に、工場内に注力して検討。

(a) TC 65プレナリ会議（2012年9月、米国・オーランド）での“Smart Grid” に関する議論

① SC 65C（デジタルデータ伝送）の議長より、エネルギー効率やネットワークの安全、セキュリティに関する規格はすでに実績があり、スマートグリッドにキイインする規格開発および既存規格のフォローアップは必要。

② TC 65幹事より、関連する標準化団体の動向等の紹介があり、TC 65内での検討は必要

(b) NP提案（65/519/NP：2012年12月）

①タイトル：System interfaces between industrial Facilities and the Smart Grid

② Scope：工場・プラントにおける産業オートメションプロセスを含む関連設備とスマートグリッドの間のインターフェースを規定し、工場設備とスマートグリッド間のエネルギーおよびそれに付随する情報の計画、管理、制御を行うために必要なプロファイルおよび必要な既存規格の拡張および規格を開発することを目的とする。

③投票結果（65/530/RVN：2013年12月）：賛成多数でWG17を新設、コンビーナは石隅徹氏（アズビル）、プロジェクト番号：IEC/TS 62872 Ed.1.0

④ WG17のタイトル：System interface between Industrial Facilities and the Smart Grid

⑤ WG17の役割：工場とスマートグリッド間でエネルギーの消費計画、供給計画の情報授受を円滑に効率よく行えるよう、その内容と伝達方法を標準的に定める

(c) TC 65/WG17東京会議

① TC 65 WG17の発足会議：東京のJEMIMA計測会館で2013年5月27日～29日で開催

②5月29日にはセミナー「更なるエネルギーの有効利用に向けて～ス

マートグリッドの周辺では～」を開催

(d) TC 65/WG17 オタワ会議

①第2回WG17会議：2013年9月30日～10月2日に、カナダのオタワで開催

②整理中のユースケース：通常連絡、変更連絡および緊急連絡におけるユースケースを検討

③ OpenADRとのユースケースに関する議論：2.0Bにまだ含まれていないOpenADR全体のProfileでWG17のUser Story/Use caseをカバーできると思われる。より具体的にどう対応できるか、開発文書を共有し会議に参加しての検討と議論が必要。WG17とOpenADRはリエゾンDを結ぶ方向で合意。

(e) IEC/TS 62872 Ed.1.0の進捗

① 65/555/CD (2014年2月)：IEC/TS 62872 Ed. 1.0: System interface between Industrial Facilities and the Smart Grid。幹事の見解を含んだコメント集65/565A/CCが2014年6月に配布

② 65/590/DTSが2015年2月に配布され、2015年7月に配布された65/598A/RVCで了承された。そして、IEC/TS 62872 Ed.1.0が2015年12月に発行された。

4.11 TC 69 (電気自動車および電動産業車両)

電動車用充電器のEMCは、表4.11.1のようにIEC TC 69（電気自動車および電動産業車両）が扱っている電気自動車の製品規格に規定される[2.9]-[2.11][4.12][4.13]。

(1) 車載充電器 (on-board charger) のEMC規格

IEC 61851-21-1は、車載充電器（on-board charger）のEMC規格である。AC充電ステーション、DC充電ステーションに接続し充電している状態でのイミュニティとエミッションの試験が規定される。2.2.2の（4）で述べた自動車法規UN規則No.10第5版 (UN/ECE-R 10-05) の充電モード試験と同じ試験がFDISに規定され2017年の発行を予定している。

(2) 充電ステーション (off-board charger) のEMC規格

IEC 61851-21-2 は、有線式の AC または DC の充電ステーション（off-board charger）に対する EMC 規格である。最新の文書である 4th CD には図 4.11.1 に示すように四つのポートの定義がなされ、ポート毎にイミュニティ試験、エミッション試験が規定されている。CPT（Conductive power transfer）ポートとは、車両に接続されるポートのことである。これは充電器の充電ケーブルであるため、電力線の他に車両との間で充電量の制御をするコントロールパイロット線や PE 線等が 1 本のケーブルとして束ねられている。DC 充電器の CPT ポートは、図 4.11.2 に示すように電動車のかわりに抵抗負荷を使用するため、DC 出力線には CISPR 25 の AN を、CAN 通信や PLC には ISN（AAN）を接続する。伝導妨害は、CISPR 25 で規定された AN の測定ポートで測定する。この他に DC 充電器特有の試験としては、CPT ポートの電力線に現れる過渡電圧を測定

〔表 4.11.1〕IEC TC 69 における EV 充電器 EMC の標準化 [2.10]

委員会	規格	概要
IEC TC 69	IEC 61851-21-1 第 1 版	車載充電器の EMC 規格。UN/ECE-R 10 第 5 版と同じ試験が規定される予定である（表 2.2.1 参照）。
	IEC 61851-21-2 第 1 版	AC および DC 充電ステーション等有線式の充電インフラの EMC 規格。IEC 61000-3、-4 シリーズ、CISPR 11 等が引用される予定である。
	IEC 61851-23 第 1 版	DC 充電ステーションの製品規格。電流リップル試験等が含まれている。2014 年 3 月に発行された。 三つの付属書があり、付属書 AA では CHAdeMO をベースにした日本提案、付属書 BB では中国の提案、付属書 CC ではドイツと米国の提案がそれぞれ記載されている。
	IEC 61980-1 第 1 版	ワイヤレス充電器の製品規格。2015 年 7 月に発行された。EMC と EMF（人体防護）が含まれる。

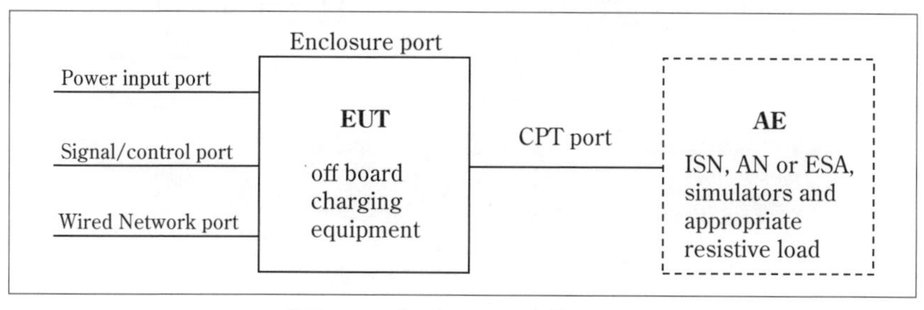

〔図 4.11.1〕ポートの定義 [2.10]

する二つの試験が規定されている。一つ目は、DC充電器内部のスイッチングに起因する過渡電圧の波高値の規定、二つ目はAC入力ポートの雷サージ試験（IEC 61000-4-5）のときにDC充電器を通り抜けてCPTポートに現れるサージパルスの波高値の規定である。試験セットアップは、図4.11.2と同じで、CPTポートにはANを接続するが、波高値はオシロスコープを用いて電力線を測定する。CPTポートのこれら二つの試験は、電動車を保護する目的で規定されている。

(3) DC充電器の製品規格

IEC 61851-23はDC充電器の製品規格である。EMC要件はIEC 61851-21-2で規定されるためEMCは含まれていないが、電流リップルや突入電流等の規定は盛り込まれている。

(4) 自動車用WPTの製品規格

IEC 61980-1は自動車用WPTの製品規格である。WPTはCISPR 11のグループ2機器の扱いとなるためエミッション試験にはCISPR 11の限度値が適用される。限度値は、環境区分に応じてクラスA、クラスBの値が共に規定されているが、150kHz～30MHzにおける低周波磁界の放射妨害のみ、表4.11.2に示すCISPR 11第6版に規定されているグループ2機器のクラスAの限度値が規定されている。クラスA、クラスBの区分はないため住宅地域に対しても表4.11.2の限度値が適用となる。

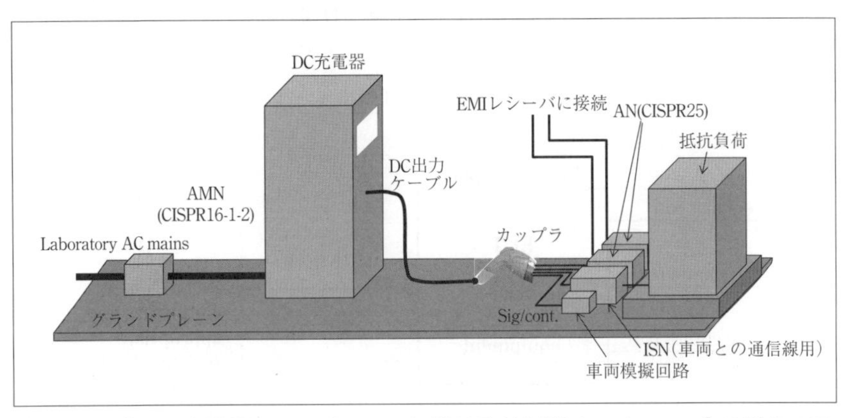

〔図4.11.2〕DC充電器CPTポートの伝導妨害波試験セットアップ の例 [2.10]

なお、WPTの9kHz～30MHzにおける放射妨害の限度値に関しては、CISPR/B/WG1にTFが設けられ検討されている。

4.12 TC 88（風力タービン）

TC 88とTC 57（電力システム管理および関連情報交換）との協同WGとしてJWG25が設置されており、現行のIEC 61400-25シリーズ（Communications for monitoring and control of wind power plants）の改訂作業が進められている。JWG25では、IEC 61850におけるセキュリティ対応の反映、TC 57/WG17（DER用通信インターフェース）からのWEB ServiceへのMapping拡大提案、分散電源向けインバータの詳細規格等、TC 57の他作業部会等の規格整備の進捗と合わせて、今後約3年かけて改訂版（Ed.2）をまとめることになった（2014年12月完了目標）。

4.13 TC 100（オーディオ、ビデオおよびマルチメディアのシステム／機器）

ECHONET Lite国際標準化に関して、アプリ層はTC 100、ミドル層はJTC 1 SC 25で検討している。

(1) TC 100/TA9（エンドユーザネットワーク用AVマルチメディアアプリケーション）

①IEC 62394のタイトル：Service diagnostic interface for consumer electronics products and network - implementation for ECHONET

②国内審議組織：JEITA TA9対応標準化グループ

〔表4.11.2〕150kHz～30MHzにおける低周波磁界放射妨害波の限度値 [2.10]

周波数 MHz	測定距離 D=3m 磁界（dBuA/m）QP	測定距離 D=10m 磁界（dBuA/m）QP
0.15～0.49 0.49～1.705 1.705～2.194 2.195～3.95	82 72 77 68	57.5 47.5 52.5 43.5
3.95～11	68～28.5	18.5
11～20 20～30	28.5 18.5	18.5 8.5

③標準化進捗：IEC 62394 Ed.2.0 に関する文書 100/2182/FDIS を 2013 年 7 月に作成し、100/2214/RVD（2013 年 9 月）で了承され、IEC 62394: 2013 が 2013 年 9 月に発行された。IEC 62394 Ed.3.0 に向けた文書 100/2439/RR が 2014 年 11 月に配布され、また、100/2608/CDV が 2016 年 1 月に配布され、2016 年 7 月に配布された 100/2698/RVC で了承された。

(2) ISO/IEC JTC 1 SC 25（情報機器間の相互接続）WG1

① ISO/IEC 14543-4-3 のタイトル：Application layer interface to lower communication layers for network enhanced control devices of HES CLASS 1

②国内審議組織：情報処理学会 SC 25 専門委員会

③標準化進捗：昨年提案した NP が否決されたこと（2013 年 2 月）への対応として、タイトルを変更して再提案実施した（2013 年 4 月）。最終的に、ISO/IEC 14543-4-3:2015 として、2015 年 9 月に発行された。

4.14 PC 118（スマートグリッドユーザインターフェース）

(1) PC 118 の設立経緯

2011 年 4 月に、SG3 はスマートグリッドユーザインターフェースの規格を検討すべきとの中国提案に関する対応指針を SMB に提案した（SMB/4496/R）。2011 年 6 月に開催されたストックホルム SMB 会議で、中国が提出した三つの提案の中で、以下の二つ提案を検討するプロジェクト委員会 PC 118 の設立を決定した（SMB/4536/DL の SMB 決定 141/15）。なお、Part 2：ドメイン側エネルギー源とグリッドの相互接続に関しては、TC 8 で引き受けることになっている。

① Part 1：デマンド側スマート装置とグリッド間のインターフェース規格

② Part 3：パワーデマンドレスポンス規格

SMB 決定 141/15 を SMB 承認するための文書が 2011 年 6 月に配布され、2011 年 9 月に PC 118 の設立が承認された（SMB/4541B/RV）。第 1 回会議が 2012 年 2 月に、中国の天津で開催された。PC 118 国際委員会の体制であるが、委員長は、R. Schomberg（IEC/SG 3 の Convenor）であり、幹事国は中国である。これに対する PC 118 国内委員会の体制であるが、委員長が合田忠弘九州大学教授（当時)、副委員長が林秀樹氏（東芝）であり、事務局は電気学会である。

(2) PC 118 のスコープの修正提案

SMB/4822/QP（2012 年 6 月）で SMB 投票にかけられ、賛成多数で承認 SMB/4822A/RV（2012 年 8 月）

①修正案："Standardization in the field of information exchange for demand response and in connecting demand side equipment and/or systems into the smart."

②原案："To develop standards and other deliverables related to information exchange interface, function and performance requirements for demand side system and equipment, with the focus on smart grid user interface architecture, use case, terminology, application model, information model, information exchange model, communication protocol profiles, privacy protection, and conformity test."

(3) スマートグリッドユーザインターフェースの標準化状況

① 118/34/DC（2013 年 12 月）：Draft IEC Technical Report for comments：Smart grid user interface、コメント集 118/39/INF を 2014 年 5 月に発行。

② 118/40/DTR（2014 年 5 月）：IEC 62939 TR: Smart Grid User Interface、118/42/FVC（2014 年 9 月）で承認。

③ IEC/TR 62939-1:2014："Smart Grid User Interface - Part 1: Interface overview and country perspectives" として発行。

(4) OpenADR の標準化状況

① 118/29/PAS（2013 年 9 月）：IEC/PAS 62746-199 Ed.1: System interfaces and communication protocol profiles relevant for systems connected to the smart grid - Open Automated Demand Response (OpenADR 2.0 Profile Specification). 118/32/RVD（2013 年 12 月）で承認。

② IEC/PAS 62746-10-1 Ed.1.0：Systems interface between customer energy management system and the power management system – Part 10-1: Open Automated Demand Response (OpenADR 2.0b Profile Specification) として 2014 年 2 月に発行した。IEC 62746 は TC 57 が使用している規格番号

であり、PC 118とTC 57が協調して作成した規格と言える。

③国際規格IEC 62746-10-1にするための文書118/47/CD (2015年1月) が配布され、コメント集118/54/CCが2015年12月に配布された。そして、118/55/CDVが2016年2月に配布されたが、2016年6月に配布された118/59/RVCで否決された。

(5) SEP (Smart Energy Profile) 2.0の標準化状況

① 118/36/INF (2014年2月に配布)：Proposal from the US national committee to consider the IEEE 2030.5-2013, "Standard for Smart Energy Profile 2.0 Application Protocol" under the IEC/IEEE Dual Logo Agreement (adoption).

② 118/44/DC (2014年11月) でIEEE 2030.5-2013に対するコメントを求め、コメント集118/48/INF (2015年2月) が配布された。118/44/DCに対するコメントの報告が、118/63/INFとして配布された。118/63/INFについては、2016年10月にフランクフルトで開催される118総会で議論される予定である。

(6) OASIS (Advancing Open Standards for the Information Society) EI (Energy Interoperation) の標準化状況

① 118/46/CD (2014年12月に配布)：IEC 62746-10-2 Ed.1.0: OASIS Energy Interoperation Version 1.0 Specification、118/46/CDに対するコメント集118/53A/CCが2015年12月に配布された。

4.15 TC 120 (Electrical Energy Storage Systems：電気エネルギー貯蔵システム)

(1) TC 120の設立経緯

スマートグリッドにとって、電気エネルギーを貯蔵するシステムは極めて重要なシステムであるが、それに関する国際標準化をIECのMSB (市場戦略評議会) で検討してきた。その結果、電力系統用電気エネルギー貯蔵システムに関する新たな技術委員会 (Technical Committee) の設立を、2012年6月に日本からIECに提案したところ (C/1738/DV)、2012年10月にオスロで開催されたIEC/SMB会議で、日本を幹事国とした

TC 120の設立が認められた（SMB/4881/DL SMB決定145/12）。TC 120の国際幹事は林秀樹氏（東芝）である。TC 120国内委員会の委員長は竹中章二氏（東芝）であり、事務局は電気学会である。

(2) スケジュール

① 2013年2月：ドイツのMr. Erik Wolfを議長に決定

② 2013年7月：第1回Plenary会議（日本電機工業会、東京）：TC 120のスコープを議論

③ 2013年12月：第2回Plenary会議（VDE、フランクフルト）
TC 120の構成決定予定
WGコンビーナの決定予定

(3) スコープについて（120/22/INF抜粋）

①グリッドに設備されるEES（Electrical Energy Storage：電気エネルギー貯蔵）システムの領域における標準化：TC 120はエネルギー貯蔵デバイスよりEESシステムのシステムアスペクトにフォーカスし、新規の規格に対する需要を検討する

② TC 120の目的に対して、グリッドはa）utility grids、b）commercial or industrial grids、c）residential gridsを含む。もちろん、TC 120はスマートグリッドを含むことができる。

③ TC 120のスコープ：EESのシステムアスペクトを規定した基準文書を作成すること

(4) TC 120のWG構成の見直し（120/23/INF）

① WG1：用語

② WG2：単位パラメータと試験法

③ WG3：EESシステムの計画と設置→計画と設置

④ WG4：安全と環境問題→環境問題

⑤ WG5：安全考慮（新設）

⑥ adhG：システムアスペクトとギャップ分析

4.16 ISO/IEC JTC 1（情報技術）

(1) SWG-SG（Special Working Group on Smart Grid）

JTC 1 (Joint Technical Committee 1) におけるスマートグリッドの取り組みを活性化するために、2010年4月に第1回会議が開催された。米国サンディエゴで開催されたJTC 1総会において、SWG-SGから報告があり、以下の決議が行われた

①決議52：JTC 1の持つスマートグリッド関連規格をIEC/SG 3の書式に記載してSG3に提出すること

②決議53：SG3のリエゾンレポートで、JTC 1におけるSC、SG、WG等の活動状況を報告すること

③決議54：JTC 1をスマートグリッド標準化コミュニティの中にしっかり位置づけること。SC 32のメタデータ、SC 25/WG1のホームゲートウェイ等を特に考慮すること

④決議55：JTC 1の活動と重複するSDOs (Standard Development Organization：標準開発機関) の活動をレポートし、調和を目指すこと

⑤決議58：SC 27 (セキュリティ技術) にスマートグリッドのセキュリティに関する検討を開始するように勧告すること

2012年11月に韓国の済州島で開催されたJTC 1総会で、SWG on Smart Girdの新しいToR (Terms of Reference) が承認され。ToRの主要な部分を以下に示す。

①スマートグリッドに関する市場要求と標準化ギャップについて、インターオペラビリティをサポートする標準と、必要とされる国際標準に注意を払いながら継続的にレビューすること

② JTC 1の各SCにスマートグリッド国際標準の必要性を方向付けるように奨励する。そのためにスマートグリッドに関係する各SCと一緒に教育セッションを設ける

③ JTC 1によって開発されたスマートグリッド関係の国際規格を産業界やSDOに知らしめ、活用を奨励する。

2013年11月にフランスで開催されたJTC 1総会で、SWG on Smart Gridの解散が決定。

(2) ISO/IEC 27019 (Information technology - Security techniques - Information security management guidelines based on ISO/IEC 27002 for

process control systems specific to the energy utility industry）Ballot Resolution Meeting（2-13-04-22）の報告

JTC 1 の SC 27（セキュリティ技術）で作成した資料の審議。

①対象文書：JTC 1 N11146（SC 27 N11419），Text of Fast Track DTR 27019

②投票結果：JTC 1 N11438, Summary of Voting：DTR 投票は完了し、賛成多数で成立

③ SC 27 N12079, DRAFT Disposition of comments on Fast-track ISO/IEC DTR 27019

参考文献

（4.1）IEC Smart Grid Roadmap
http://www.iec.ch/smartgrid/roadmap/

（4.2）IEC Smart Grid Standards Mapping Tool
http://smartgridstandardsmap.com/

（4.3）IEC Smart Grid, Core IEC Standards
http://www.iec.ch/smartgrid/standards/

（4.4）奥川他：「スマートグリッドの EMC に関する NTT の取り組み」、電磁環境工学情報 EMC、No.308、pp.83-92、2013 年 12 月

（4.5）CISPR provides essential standards for SmartGrid EMC application
http://www.iec.ch/emc/smartgrid/

（4.6）CISPR/1270/INF: CISPR Guidance document on EMC of equipment connected to the SmartGrid
http://www.iec.ch/emc/pdf/CISPR_1270e_INF_SG_Guide.pdf

（4.7）平成 20 年度調査研究事業成果報告書「太陽光発電システムに起因する電磁妨害波測定法の調査―太陽電池パネルからの磁界放射について―」電波環境協議会、（委託先）社団法人日本電機工業会

（4.8）平成 21 年度成果報告書「標準化フォローアップ事業 太陽光発電システムより生じる電波雑音の測定方法及び限度値に関する標準化事業」、独立行政法人新エネルギー産業技術総合開発機構、（委託先）社

団法人日本電機工業会、東京都市大学

(4.9) 平成22年度成果報告書「標準化フォローアップ事業 太陽光発電システムより生じる電波雑音の測定方法及び限度値に関する標準化事業」、独立行政法人新エネルギー産業技術総合開発機構、(委託先) 首都大学東京、(再委託先) 社団法人日本電機工業会

(4.10) 平成23～24年度成果報告書「国際標準共同研究開発 太陽光発電システムより生じる電波雑音の測定方法及び限度値に関する標準化」、経済産業省、(委託先) 首都大学東京、一般社団法人日本電機工業会

(4.11) CISPR 11:2015, "Industrial, scientific and medical equipment - Radio-frequency disturbance characteristics - Limits and methods of measurement"
https://webstore.iec.ch/publication/22643

(4.12) IEC TC 69 Work program
http://www.iec.ch/dyn/www/f?p=103:23:0::::FSP_ORG_ID,FSP_LANG_ID:1255,25

(4.13) 塚原仁他：「電気自動車用直流充電システムのEMC 第1部：総論 直流充電の仕様と標準化」、電磁環境工学情報EMC、No.316、pp.17-23、2014年8月

5.

IEC以外の国際標準化組織における
スマートグリッドの動向

５．１　ISO/TC 205（建築環境設計）におけるスマートグリッド関連の取り組み状況

(1) ISO/TC 205 の所掌範囲

①許容できる室内環境と実用的な省エネルギー・効率化のための、新築／既築改修の設計の規格化。

②建築環境設計には、建築設備と関連する建築的要因、そして関連する設計プロセス、設計法、設計出力、設計フェーズでのコミッショニングが含まれる。

③室内環境としては、空気室、温熱環境、音環境および視環境を含む。

(2) ISO/TC 205 でスマートグリッドに関連する WG3

① WG3 のタイトル：Building Control System Design（建築制御システム設計：BACS）

② WG3 の委員長：Steve Bushby 氏（USA）

(3) ISO/TC 205/WG3 と ASHRAE（American Society of Heating, Refrigerating and Air-Conditioning Engineers：アメリカ暖房冷凍空調学会）の関係

下記は ASHRAE（SSPC135、SPC201P）が提案。

① Part 5：Data communication - Protocol（データ通信プロトコル）

② Part 6：Data communication - Conformance testing（データ通信適合試験）

③ NWI ISO/NP 17800：FSGIM（Smart Grid Information Model）

④ NWI ISO/NP 17798：BIM（Building Information Model）

(4) ASHRAE/SSPC135（Contact Information）/SG-WG（Smart Grid）の状況

①委員長は David Holmberg 氏（NIST）で、PAP09（デマンドレスポンス規格）と PAP04（エネルギー取引のための共通スケジュールコミュニケーション）のリーダ。

②ビル等の需要家側をグリッドの参加者とし、グリッド資源の状況からのグリッドからの価格やイベント信号等を受信し、応答して適切な負荷制御とエネルギー管理を可能とすることを目指す。

(5) BACS/BACnet（インテリジェントビル用ネットワークのための通信プロトコル規格）の国際標準化動向

ISO/TC 205/WG3ではBACS関して下記のISO規格を公開した。

① ISO 16484-1（2010年11月ISO化承認）にてBACSの計画と構築、完成の手順を定めた。

② ISO 16484-2（2004年8月ISO化承認）にてビルの監視制御システムをBACSと略称しそのハードウエアについて定めた。見直し予定。

③ ISO 16484-3（2005年1月ISO化承認）にてBACSに搭載する基本的機能と入出力関係をしめすBACSポイントリストを定めた。見直し予定。

④ ISO 16484-5（2004年8月ISO化承認）にてBACSのデータ通信プロトコルにBACnet 2001を適用した。その後2006年10月にBACnet 2004に差換えた。また2004のaddendum a-f、mがISO 16484-5に追加された。

⑤ BACnet2008の公開により、ISO 16484-5はBACnet2008に差換えられた。

⑥ BACnet2010の公開によりISO 16484-5はBACnet2010に差換えられた。

⑦ BACnet2012の公開によりISO 16484-5はBACnet2012に差換え予定。

⑧ ISO 16484-6（2005年11月ISO化承認）にてBACSのISO 16484-5のプロトコルに対するデータ通信適合試験について定めた。

⑨ ISO/IEC 14908-1～4（2008年12月ISO/IEC化承認）にてLonTalkのプロトコルスタック、TP通信、PL通信、IP通信がJTC 1にてISO/IEC規格化審議中。

5．2　ITU-T（国際電気通信連合の電気通信標準化部門）

(1) スマートグリッドに関するフォーカスグループ（FG Smart）

ITU-T（International Telecommunication Union Telecommunication Standardization Sector：ITU（国際電気通信連合）の電気通信標準化部門）では、2010年2月に開催されたTSAG（Telecommunication Standardization Advisory Group：電気通信標準化アドバイザリーグループ）会合で、TSAGの下にITU-T Focus Group on Smart Grid（FG Smart）の設立を承認した。

FG Smartの委託事項として、以下のことが挙げられている。

① ITU-Tの標準開発に潜在的なインパクトのある事項を見出すこと。

② ITU-Tの将来研究課題やITU-Tとして必要な活動を調査すること。
③ ITU-Tおよび関連標準化コミュニティを発展しつつあるスマートグリッド分野と親しくさせること。
④ ITU-Tとスマートグリッドコミュニティとの協調を喚起すること。

FG Smartの体制としては、①委員長はL. Brown（Lantiq、ドイツ）、②副委員長はL. Haihua氏（MITT、中国）、H. Kim氏（韓国テレコム、韓国）、Y. Sakurai氏（日立、日本）、D. Su氏（NIST、米国）、③ TSB（Telecommunication Standardization Bureau）SecretariatのH. Ota氏で構成されている。そして、WG1（ユースケース）、WG2（要求条件）およびWG3（アーキテクチャ）の三つのWG体制で検討が進められている。FG Smartに対する国内体制としては、TTC（Telecommunication Technology Committee：情報通信技術委員会）のFG Smart対応WG（FG Smart WG）で対応しており、主査は丹康雄北陸先端科学技術大学院大学教授である。

第9回FG Smart会合（2011年12月にジュネーブで開催）で、以下の五つの最終出力文書を合意した。

①オーバービュー（Smart-o-0034R4）
②ユースケース（Smart-o-0031R7）
③要求条件（Smart-o-0032R6）
④アーキテクチャ（Smart-o-0033R6）
⑤用語（Smart-o-0030R6）

(2) JCA-SG&HN（Joint Coordination Activity on Smart Grid and Home Networking）

2012年1月に開催されたITU-TのTSAGプレナリー会合で、既存のJCA-HN（Joint Coordination Activity on Home Network）の名称をJCA-SG&HN（Joint Coordination Activity on Smart Grid and Home Networking）に変更し、委任事項も変更してFG Smartは終了した。JCA-SG&HNの体制としては、ConvenerがR. Stuart（Lantiq、ドイツ）、Co-convenerが、L. Brown（Lantiq、ドイツ）とS. Galli（Assia、米国）であり、Secretariatは、H. Ota氏が務めている。JCA-SG&HNに対する国内体制としては、TTCスマートコミュニケーションAG（Advisory Group）下にHN&SG合同

WGとして再編し（2012年3月）、リーダーは、丹康雄北陸先端科学技術大学院大学教授が務めている。

(3) Narrow Band OFDM-PLC（kHz帯）

ITU-T G.9955（G.hnem PHY and system architecture）およびG.9956（G.hnem DLL）と呼ばれるNarrow Band OFDM-PLC規格を、2011年に策定した。Automatic Metering Infrastructure（AMI）、ビルのオートメーション、電気自動車（EV）との通信、Home Area Network（HAN）等が対象アプリケーションである。屋内と屋外の低圧（LV）および中圧（MV）線路を対象としている。対象周波数帯は、9kHz～500kHzであり、既存のG3-PLC方式とPRIME方式との相互接続性を保証している。最大通信速度は1Mbpsである。既存のG3-PLC方式およびPRIME方式との相互運用モードをサポートする。

なお、ITU-T G.9955（2011）およびG.9956（2011）の技術的な仕様をそのまま参照し[5.1]、以下の四つの規格に再構成された。G.9901（Narrowband OFDM PLC transceivers - Power spectral density specification）、G.9902（Narrowband OFDM PLC transceivers for ITU-T G.hnem networks）、G.9903（Narrowband OFDM PLC transceivers for G3-PLC networks）、およびG.9904（Narrowband OFDM PLC transceivers for PRIME networks）であり、いずれも2012年に承認されている。

なお後述のようにIEEEでも同様の1901.2規格を策定している。

(4) Broad Band OFDM-PLC（MHz帯）

MHz帯域を使用して、より高速なPLCを行うための規格がG.hnであり、以下の二つの規格から構成される。ITU-T G.9960（Unified high-speed wireline-based home networking transceivers - System architecture and physical layer specification）および、G.9961（Unified high-speed wire-line based home networking transceivers - Data link layer specification）である。2006年5月に検討が開始された。特徴は電力線に限らず、家庭内のすべてのワイヤ（電話線、電力線、同軸ケーブル）を単一のPHY/MACで規定している点である。Foundation document（PHYとMACの一部）は2008年12月に承認されている。G.hnは、HomeGrid Forumが支援した

規格であり、2010年に策定された。周波数の割り当ては以下の三つに区分されている。

① baseband：電話線、電力線、および同軸ケーブル用。2MHz～100MHz。

② passband：電力線のみ。100MHz～200MHz。ただし、2010年にこのバンド案は削除された。

③ RF band：同軸ケーブルのみ。350MHz～2.45GHzの帯域を50MHz/100MHz刻みで使う。

なお後述のようにIEEEでも同様の1901規格を策定している。

5.3　IEEE（電気・電子分野での世界最大の学会）におけるスマートグリッドの動向

IEEE（Institute of Electrical and Electronics Engineers, Inc.）は、米国に本部を置く電気・電子分野で世界最大の学会である。標準化活動はIEEE Standards Association（IEEE-SA）中心となり、これまでに1300以上の規格を策定している。スマートグリッドに関連する規格がIEEE内で100以上あり、既存規格のスマートグリッドへの拡張を含めて議論している。スマートグリッドに関連する重要なIEEE規格は、以下の通りである。

①スマートグリッド関連システムの相互運用性を検討するIEEE P2030

②無線通信をベースとしたスマートメータへの適用規格SUN（Smart Utility Networks）

③スマートメータへの適用を目指した狭帯域電力線通信システムIEEE P1901.2

5.3.1　IEEE 2030（スマートグリッド相互運用性）

(1) IEEE 2030の概要

スマートグリッド関連システムの相互運用性を目指して、IEEE P2030が2009年3月に設立された。そして、2011年10月にIEEE 2030（電力システムと需要家アプリケーション・負荷におけるエネルギー技術と情報技術に対するスマートグリッド相互運用性に関するガイド）を公開した[5.2]。IEEE 2030は、スマートグリッドの相互運用性に関する用語、特性、機能性、評価基準、アプリケーション等に対する知識ベースを提供している。また、スマートグリッド関連では、以下の拡張版が検討されている。

① IEEE P2030.1：電動輸送インフラストラクチャに関するドラフトガイド
② IEEE P2030.2：電力インフラストラクチャに統合された蓄電システムの相互運用性に関するドラフトガイド
③ IEEE P2030.3：電気エネルギー蓄積装置および電力システムアプリケーション向けシステムのテスト手順に関する規格
④ IEEE P2030.4：電力インフラストラクチャに適用される制御・自動装置に関するガイド

(2) IEEE 2030 における EMC 関連事項

IEEE 2030 では、EMC に関連する事項は、「4.5.5 Electromagnetic compatibility」で、「スマートグリッドが、そのポテンシャルを達成するためには、信頼性と安全性があり、かつ耐障害性がなければならない。そのために重要なことの一つは、EMC の実行であり、それによって、他の機器への妨害を発生することなく、十分なイミュニティを持って周囲の電磁環境に耐えることができるようになる。スマートグリッドに対する多様な発生源からの様々な電磁妨害は、性能低下、故障、操業停止の発生源となり、最悪の場合は、大規模なシステム障害に発展する場合がある。」のように記述されている。

EMC 事象として、以下の四つの広範なカテゴリーを考慮する必要がある。

①静電気放電、ファストトランジェント、電力線妨害のような共通的に発生する EMC 事象
②各種の無線送信機からの無線周波干渉
③無線通信がスマートグリッド内で効率的に協調できるような無線送信機間の共存
④意図的な犯罪やテロ行為ばかりでなく、雷サージや磁気嵐等の自然現象による高レベルの妨害

5．3．2　SUN（Smart Utility Networks）に関する標準化動向

本節では、IEEE 802 委員会において行われている無線 SUN システムの標準化動向について述べる。後述の通り、SUN はスマートメータの通信用途としての想定を含め、スマートグリッドの中核的構成要素となりうる無線システムであるため、今後世界的規模での需要増加が予想されている。当該 IEEE 802 標準化は、このような将来展望により必然的に発生したともいえる。

(1) ワーキンググループ・タスクグループの構成

図 5.3.1 に、IEEE 802 委員会におけるワーキンググループ（WG）およびタスクグループ（TG）の構成を示す。IEEE 802 委員会において SUN に関する標準化はその物理層仕様および MAC 層仕様に関してそれぞれ行われている。本標準化は、無線パーソナルエリアネットワーク（WPAN：Wireless Personal Area Network）に関するワーキンググループである WG15 で扱われ、特に、低速低容量物理層仕様を有するシステムを対象とする、タスクグループ TG4 の変更版として検討された。その結果、物理層仕様については、タスクグループ TG4g で、また、MAC 層仕様についてはタスクグループ 4e でそれぞれ標準規格が策定される

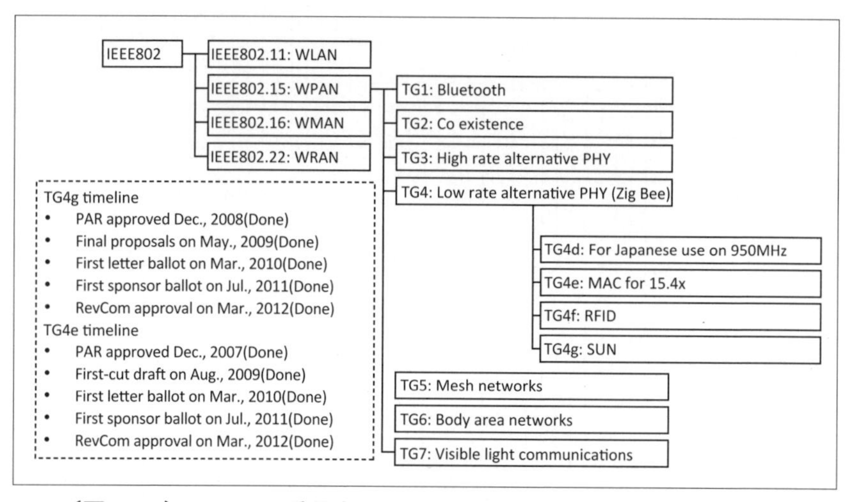

〔図 5.3.1〕IEEE 802 委員会における各グループの構成（部分）[3.58]

こととなった。

(2) IEEE 802.15.4g の概要

タスクグループIEEE 802.15.4gは、既存規格IEEE 802.15.4からの、SUNのための物理層変更を策定するタスクグループである。2012年3月における規格IEEE 802.15.4gの策定により、本タスクグループの標準化は終了した。図5.3.2に、IEEE 802.15.4gタスクグループの標準化スケジュールを示す。

(3) IEEE 802.15.4e の概要

	2008				2009												2010												2011												2012			
	9	10	11	12	1	2	3	4	5	6	7	8	9	10	11	12	1	2	3	4	5	6	7	8	9	10	11	12	1	2	3	4	5	6	7	8	9	10	11	12	1	2	3	4
PAR and SC approved	×		×																																									
Call for applications(as SC)			×																																									
Task group formed				×																																								
Review applications					×																																							
Technical guidance frame work					×	×	×																																					
Selection criteria					×	×	×																																					
Coexistence criteria					×	×	×																																					
Call for proposals issued					×																																							
Prelim proposals heard							×																																					
President final proposals									×		×																																	
Continue merging														×	×																													
Create common parts / diffs doc													×	×																														
Comments on doc														×																														
Prepare candidate draft															×	×	×																											
Refine candidate draft																	×																											
Approval for letter ballot																	×																											
Draft ready for 1st letter ballot																			×																									
Letter ballot																		×	×																									
1st letter ballot failed																			×																									
Resolve comments, retried letter ballot																			×	×	×	×	×	×	×																			
Retried letter ballot complete																									×	×																		
Resolve comments, 1st recirc																										×	×	×	×															
1st re-circulation complete																													×															
Resolve comments, 2nd recirc																															×													
Resolve comments, 3rd recirc																																	×											
Resolve comments / approval for SB																																			×									
Sponsor ballot complete																																			×									
Resolve comments, 1st recirc																																					×							
1st re-circulation complete																																					×							
Resolve comments, 2nd recirc																																							29					
Comments resolved																																							×					
3rd recirc has been conditional approval																																												
EC submission conditional approval																																							×					
RevCom conditional approval																																											28	
Publication																																												29

〔図5.3.2〕IEEE 802.15.4g タスクグループの標準化スケジュール [3.58]

タスクグループIEEE 802.15.4eは、既存規格IEEE 802.15.4からの、物理層変更を前提とした上で、それをサポートするためのMAC層変更を策定するタスクグループである。IEEE 802.15.4gと異なり、SUNシステムに特化していないところが特徴の一つである。IEEE 802.15.4gと同様、2012年3月における規格IEEE 802.15.4gの策定により、本タスクグループの標準化は終了した。図5.3.3に、IEEE 802.15.4eタスクグループの標準化スケジュールを示す。

(4) 標準化後の展開

上記標準化の後、後述の通り規格認証団体Wi-SUNアライアンスが設立され、想定無線通信システムの円滑な普及を推進している。本アライアンスにおいて、IEEE 802.15.4g規格は、認証対象機器のマンダトリ仕様として、さらに、IEEE 802.15.4e規格はオプション仕様の一つとしてそれぞれ重要な役割を持っている。

5.3.3 狭帯域電力線通信 Narrow Band OFDM-PLC (kHz帯)

規格名は、IEEE 1901.2であり、MAC層とPHY層を規定している。正式プロジェクト名称は、"IEEE Draft Standard for Low Frequency (less than 500kHz) Narrow Band Power Line Communications for Smart Grid

	2008				2009												2010												2011												2012		
	9	10	11	12	1	2	3	4	5	6	7	8	9	10	11	12	1	2	3	4	5	6	7	8	9	10	11	12	1	2	3	4	5	6	7	8	9	10	11	12	1	2	3
Baseline proposal selected			×		×																																						
Preliminary Draft													×																														
Editing completed & TG review																		19																									
1st letter ballot starts																				5																							
1st letter ballot completed																					15																						
letter ballot starts(retry)																										8																	
letter ballot completed																											7																
Resolve comments																													20														
1st Recirculation																														25													
Resolve comments																															17												
2nd Recirculation																																21											
Resolve comments																																	8										
3rd Recirculation																																		7									
Sponsor ballot																																				5							
Resolve comments & recirc																																						14					
Recirc-2																																						28					
EC submision approval																																							11				
RevCom approval																																											×

〔図5.3.3〕IEEE 802.15.4eタスクグループの標準化スケジュール[3.58]

Applications" であり、2010 年 3 月 25 日から活動が開始された。9kHz ～500kHzの低周波数帯域で、OFDM変調にて最大500kbpsの通信を行う。審議には 37 社が、うち日本からは Kawasaki Microelectronics や Renesas が参加している [5.3]。既存の G3-PLC 方式または PRIME 方式との相互運用モードをサポートする。2013 年 12 月に策定完了した。

対象電力線は、AC 線と DC 線の両方である。低圧（LV）線ではトランス／メーター間の近距離通信を、またトランスを経由して低圧から中圧へ（LV/MV）、あるいは中圧から低圧へ（MV/LV）への長距離通信（数キロメータ）を対象としている。想定アプリケーションは、電力メーター、Electric Vehicle（EV）～充電ステーション間、ホームネットワーク、照明や太陽光パネル監視等である。

なお、類似の規格が ITU でも策定されており、G.hnem と呼ばれ、G.9901、G.9902、G.9903、G.9904 規格から構成されている。

5．3．4　広帯域電力線通信 Broad Band OFDM-PLC（MHz 帯）

(1) Broad Band PLC 標準化の歴史

広帯域 PLC の規格化は、2001 年 6 月に米国の業界団体 HPA（HomePlug Powerline Alliance）[5.4] が策定した、伝送速度 14Mbps の宅内用 PLC 規格「HomePlug ver.1.0」が最初である。その後、高品位映像伝送等さらなる高速化需要の高まりを受け、2005 年 8 月には HPA から、200Mbps の「HomePlug AV」規格がリリースされた。また、2004 年に欧州で設立された UPA（Universal Powerline Association）においても 200Mbps クラスのアクセス PLC および宅内 PLC の仕様が策定された。一方、日本国内においては、200Mbps クラスの独自の広帯域 PLC 技術の開発が進み、QoS と低消費電力を特長とする「HD-PLC」方式が登場し、2007 年には HD-PLC アライアンス [5.5] が組織され、世界的な普及活動が行われた。さらに、国内において 2006 年の宅内 PLC の規制緩和に向けた準備が進む中、国内企業が開発中の PLC 製品が安心して利用できるよう、複数 PLC 間での共存方式の仕様策定を目的とする CEPCA（Consumer Powerline Communication Alliance）が発足し、2006 年に「CEPCA ver.1.0」をリリースした。このように世界中で複数の業界団体が、別々の PLC

方式の普及促進を目指す状況に至った。このような中、2005年7月にIEEEにおいて1901作業部会（以下、IEEE 1901）[5.6]が発足し、PLCの世界標準規格の策定が始まった。続いて、2006年には、ITU-Tにおいて、xDSL規格等で実績の高いSG15グループにて、電話線、同軸線、電力線の三つのメディアで共通の通信方式を策定する作業部会G.hnが発足した。また、G.hnの普及促進と認証を行う業界団体として2008年にHome Grid Forum[5.7]が設立された。

(2) IEEE 1901の概要

IEEE 1901は、ブロードバンド帯域における100Mbps以上の高速PLCのPHY/MAC標準仕様の策定を目的としている。IEEE 1901標準の範囲（スコープ）は、「宅内」、「宅外アクセス」、「輸送機」、そして「異種PLC方式との共存」と、極めて広範に及ぶ。当初複数あった提案を統合選択し、最終的にはHD-PLCアライアンスが提唱する「HD-PLC」方式と、HPAが提唱する「HomePlug AV」方式をベースとした二つの方式が併記される形で策定された。

これら2方式に加えて、CEPCA主導して策定した異種PLC間の共存のための制御方式ISP（Inter System Protocol）も含まれている。ISPは、2方式が相互接続できずに互いに干渉するのを防ぐために利用される。これにより、2方式を同じ電力線上で同時に使用することが可能となる。

IEEE 1901準拠のHD-PLCの概要であるが、2MHzから28MHzまでを利用する際の理論的な最大物理層速度は240Mbpsであり、利用周波数帯域を28MHzから50MHzまで拡張した場合は最大480Mbpsとなる[5.8]。IEEE 1901の最新仕様は、IEEE 1901-2010としてIEEE-SA（IEEE Standard Association）より公開されている。

(3) 共存方式を標準化するNIST勧告IR 7862

国際電気通信連合（ITU-T）SG 15においては、IEEE 1901とは別に、電話線、同軸線、および電力線の有線媒体で共通の通信方式を実現する仕様策定が行われた。2010年6月までに送受信機仕様G.hn（G.9960/G.9961）と、異なるPLC方式との共存方式G.cx（G.9972）が勧告化された。IEEE 1901とITU-T G.9960/G.9961の違いは、前者が宅内、アクセスおよび輸送機と、広範な応用アプリをターゲットとし、電力線での通信方式に最適化されているのに対し、後者は、宅内ネットワークのみをターゲットとし、電力線、同軸および電話線での通信方式の共通利用がベースとなっていることである。ITU-T G.9960/G.9961 規格の PLC 通信部分は、IEEE 1901 とは通信互換がなく、また、既存の業界規格とも異なるまったく新しい PLC 方式である。つまり、PLC の国際標準方式としては、IEEE 1901 準拠の「HD-PLC」方式、「HomePlug AV」方式、そして ITU-T G.9960/G.9961 方式の 3 方式が存在することとなった。これらの異種 PLC 間の共存方式としては、IEEE 1901 ISP が必須化されているのに対し、ITU-T G.9972 では ISP と共通化が図られたものの実装上必須とはなっていない。

このような中、米国政府の要請を受けてスマートグリッドの標準ガイドラインを策定している米国立標準技術研究所（NIST）の作業部会である SGIP PAP15 が、三つの標準 PLC 方式が同一電力線上で動作する事態を前提に、PLC の共存方式の共通化を促す活動を積極的に推進してきた。図 5.3.4 に示すように、SGIP PAP15 では、IEEE 1901 ISP と ITU-T G.9972 が実装上、共通仕様であることを認定した上で、この共存規格の実装と、さらにそれを常時有効とすることを必須化した勧告（NIST IR 7862）[5.9] を承認した。

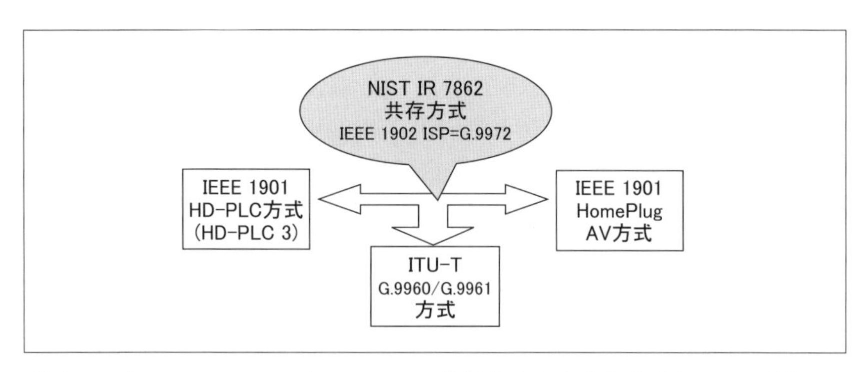

〔図 5.3.4〕IEEE 1901 ISP と G.9972 で共通化された共存方式と NIST 勧告 IR 7862 との関係 [5.9]

(4) 他の通信方式との融合化を目指すIEEE 1905.1

IEEE 1901の策定が完了したのに伴い、無線LAN、イーサネット、同軸通信、そしてPLC等、宅内ネットワークを構成する主要な通信技術をMAC上位のレイヤー（Convergence Layer）で束ねる、IEEE 1905.1作業部会[5.10]が発足した。この規格化の目的は、通信方式毎に異なる、操作体系の統一化、および通信方式の効率的な一体運営を行うことである。対象となる通信方式は、IEEEが策定した、イーサネット規格であるIEEE 802.3、PLC規格のIEEE 1901、無線LAN規格のIEEE 802.11、そしてIEEE規格ではないが、米国のケーブルテレビや、IP-TVの通信方式として普及が進むMoCAである。図5.3.5に、OSI参照モデルにおける各通信方式とIEEE 1905.1との関係を示す。

IEEE 1905.1の主な機能は下記の通りである。

①ディスカバリー機能：IEEE 1905.1対応デバイスの自動認識

②リンクメトリックスアクセス機能：パケットエラー、MAC速度、PHY速度情報の取得

③フォワーディング ルール機能：MACアドレス情報、VLAN ID、イーサタイプ、プライオリティコード等を管理

④セキュリティセットアップ機能：各通信方式に異なるプッシュボタンシーケンスを共通化

IEEE 1905.1は、2013年4月にIEEE 1905.1-2013としてリリースされた。また、2013年12月には、対象とする通信方式を拡張するための標準化

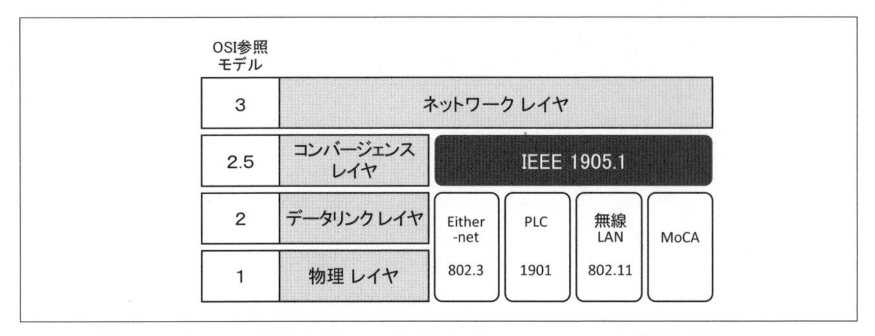

〔図5.3.5〕OSI参照モデルにおけるIEEE 1905.1の位置づけ[5.10]

プロジェクトIEEE P1905.1aが承認され、有線・無線を問わず、今後、さらに、アプリケーションや上位レイヤーから見た通信技術の融合化が進んでいくと思われる。

5．3．5　IEEE 1888（スマートグリッド向け新プロトコル）[5.11]

IEEE 1888は、次世代BEMS（Building and Energy Management System：ビル・エネルギー管理システム）やスマートグリッド向けに開発された通信プロトコルであり、日本と中国の共同提案で2010年6月に活動を開始し、2011年2月に国際標準化されたオープンな通信規格である。正式名をUGCCNet（Ubiquitous Green Community Control Network）と呼ぶ。この規格の開発には、日本の東大グリーンICTプロジェクトが関与しており、日本では、FIAP（Facility Information Access Protocol）と呼ぶこともある。

IEEE 1888は、あらゆるセンサ情報をインターネット・オンライン化することだけが目的ではなく、BEMS等に関係する様々な情報システム（アプリケーション・ソフトウェアやクラウド・サービス）をベンダーの枠を超えて連携可能にすることを目的としている。そのため、IEEE 1888には、HTTPとXMLによる通信方式が採用されている。また、データ保管（共有）機能が提供できるように設計されている。ECUHONET等のHEMS（Home Energy Management system：ホーム・エネルギー管理システム）規格が家庭内ネットワークを主に想定しているのに対し、IEEE 1888は、①家庭外との通信、②商業施設やオフィス等の電力・施設管理、をターゲットとしている。

2015年3月にISO/IECの国際標準ISO/IEC/IEEE 18880:2015としても承認された[5.12]。

5．3．6　IEEE EMC Societyにおけるスマートグリッドへの取り組み

IEEE EMC Societyでは、スマートグリッドを検討するための特別委員会SC 1を設立し、2011年7月に米国ロングビーチで開催された2011 IEEE EMCシンポジウムで第1回会議を開催した。委員長は、当時CISPR委員長であったHeirman氏、副委員長に前ACEC（電磁両立性諮問委員会）委員長であるRadasky氏、委員として、TC 2（EMC測定）、

TC 3（電磁環境）、TC 4（EMC 設計）、TC 5（高パワー電磁気）、TC 9（コンピュータ的電磁気）、SC 2（低周波 EMC）および規格開発委員会の代表者で構成されている。

SC 1の役割としては、スマートグリッド関連機器は、他の機器に悪影響を及ぼすエミッション問題と、他の機器からの妨害により誤動作するイミュニティ問題、すなわちEMC 問題があるため、EMCS 内の各 TC と SC の協調を図ることである。

参考文献

（5.1）http://www.itu.int/rec/T-REC-G.9955

（5.2）IEEE 2030-2011: "IEEE Guide for Smart Grid Interoperability of Energy Technology and Information Technology Operation with the Electric Power System (EPS), End-Use Applications, and Loads" , 2011.10
http://www.techstreet.com/products/1781311

（5.3）O. Logvinov: "Netricity PLC and the IEEE P1901.2 Standard"
http://www.homeplug.org/tech/whitepapers/NETRICITY.pdf

（5.4）Homeplug Powerline Alliance
https://www.homeplug.org/home/

（5.5）HD-PLC Alliance
http://www.hd-plc.org/

（5.6）IEEE 1901-2010: "IEEE Standard for Broadband over Power Line Networks: Medium Access Control and Physical Layer Specifications" , 2010.9
http://grouper.ieee.org/groups/1901/

（5.7）HomeGrid Forum
http://test.homegridforum.org/

（5.8）荒巻道昌他：「高速電力線通信技術の国際標準化動向」、電気学会論文誌 C、1284、2010 年 8 月

（5.9）Dr. David Su, Dr. Stefano Galli, NISTIR 7862, Guideline for the Implementation of Coexistence for Broadband Power Line Communication

Standards
http://dx.doi.org/10.6028/NIST.IR.7862
(5.10) IEEE 1905.1-2013 - IEEE Standard for a Convergent Digital Home Network for Heterogeneous Technologies
http://standards.ieee.org/findstds/standard/1905.1-2013.html
(5.11) https://ja.wikipedia.org/wiki/IEEE1888
(5.12) ISO/IEC/IEEE 18880:2015, "Information technology - Ubiquitous green community control network protocol" , 2015.4
http://www.iso.org/iso/catalogue_detail.htm?csnumber=67485

6.

スマートメータとEMC

6.1　スマートメータとSNS連携による再生可能エネルギー利活用促進基盤に関する研究開発（愛媛大学）

平成23年度～平成24年度、総務省戦略的情報通信研究開発推進制度(SCOPE) 地域ICT振興型研究開発で採択された受託課題である(112309006)。愛媛大学、株式会社パルソフトウェアサービス、および株式会社エス・ピー・シーの三者で実施した。

太陽光発電等の再生可能エネルギーで発電している人、あるいは興味を持っている人達のコミュニティが、SNS (Social Networking Service) で形成できるようにするために、「みんなでおでんき」サイト (http://odenki.org/) を構築運用した。発電量をスマートメータで定期的に計測し、クラウドサーバに集めて、PCや携帯端末に表示するサービスを行った。本研究で構築したネットワークサービスの基盤を今後さらに拡充することにより、環境負荷の低減と大規模災害時にも安全安心な地域コミュニティが育成されること、また関連事業の連携による新しい技術やビジネスが創出されることが期待できる。

受託者らが有している電力線通信 (PLC) 技術、遠隔監視装置、およびクラウドシステムによる情報処理とその表現技術を活かしながら、太陽光発電等の再生可能エネルギーの利活用を促進するためのネットワークサービス基盤を開発すること。また、この基盤により、地域コミュニティにおける環境負荷の低減と大規模災害時にも安全安心なエネルギーコミュニティ育成を目指すこと。さらに、関連事業の連携による新しい技術やビジネスを創出することを目的として、本研究を実施した。

(1) PLCおよび無線通信による宅内センサーネットワークの開発

図6.1.1に示す宅内センサーネットワークを構築した。太陽光発電による発電量と、そのときの電力会社に対する売電あるいは買電量とを同時に計測するために、電力測定用のセンサーノードを製作した。CPUは8ビットマイコンの一つであるAVR (ATMEL社) であり、Open-source electronic prototyping platformであるArudinoと電流電圧計測回路で構成した (以後Arduino電力計と呼ぶ)。Arudinoは、多数の関連コミュニティが存在する。これらのコミュニティと連携することによって、

本研究の成果物が広く使われることが期待できる。本研究では、組み立て済みの基板を購入したが、ハードウェア設計情報の EAGLE ファイルは無料で公開されているため、誰でも自分の手で Arduino を組み立てることができる。同様にして、本研究で開発した電流電圧計測回路も公開していく予定である。

図 6.1.2 に、Arduino 電力計によるスマートメータシステムの構成例を示す。Linux-PC に HGW（Home Gateway）機能を実装した場合であり、Arduino 電力計とは、ZigBee 規格の無線モジュールにて通信（9600bps）を行う。Arduino 電力計による測定値よりも高い測定精度が必要な場合には、既存の測定機もスマートメータ化できるようにした。図 6.1.2 中の共立電力計（共立電気計器社製デジタルパワーメータ KEW6305）がその例であり、USB 経由で測定データを取得している。

Arduino 電力計で測定した発電量等のデータを、HGW を経由してクラウドサーバへ伝送するデータ形式は、JavaScript 内のオブジェクトと文字列との相互変換が簡単に扱えることから、JSON（JavaScript Object Notation）形式とし、数値も文字列で表現することにした。また、クラウドサーバとの通信は、http の get メソッドを用いることによって、

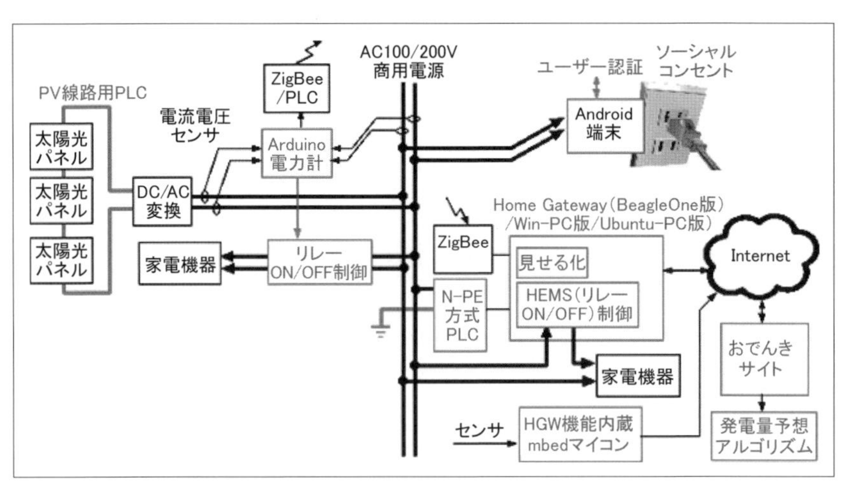

〔図 6.1.1〕構築した宅内センサーネットワーク [6.1]

汎用性を高めた。

(2) ソーシャルコンセント

ソーシャルネットワークサービスの一つとして、図 6.1.3 に示すように、当該コミュニティメンバが電気の貸し借りを行うための電源コンセント（「ソーシャルコンセント」と呼ぶ）を製作した。

図 6.1.1 に示したように、コミュニティメンバかどうかの認証には、Android 端末の NFC 機能を利用した。認証は IC カードで行う。たとえば taspo、運転免許証（発行県警とその発行時期によっては使えないカードもある）、Suica、おさいふケータイ、愛媛大学の学生証等、通常見かける IC カードであれば用いることができる。これらのカードの固有 ID 番号が、データベースに登録されていれば、所定の時間 AC100V の

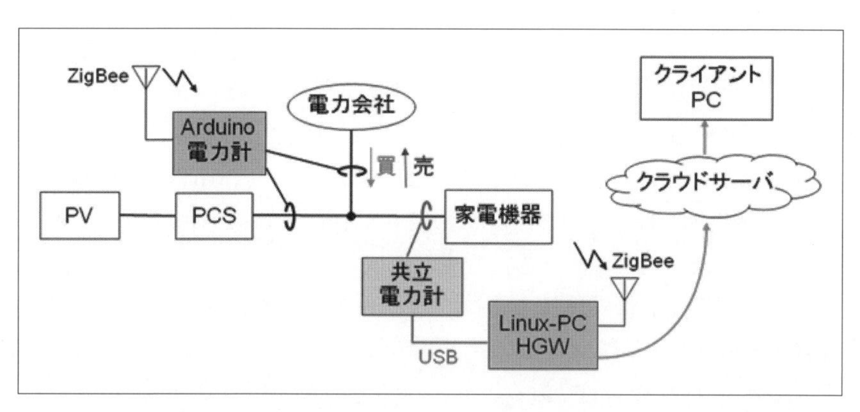

〔図 6.1.2〕Arduino 電力計によるスマートメータシステムの構成 [6.2] 例
（Linux-PC に HGW 機能を実装した場合）

〔図 6.1.3〕ソーシャルコンセントとは [6.3]

電気を利用できるサービスである。

またICカードがなくても、電気を使いたいユーザーが持参するAndroid端末のインターネット回線を使っても認証が行えるようにした。なお、大規模災害時には、認証機能を外して公衆コンセントとすることで、安全安心なエネルギーコミュニティ育成の一助になると考えている。

(3) ソーシャルグラフに基づく発電量の見せる化とソーシャル電力スポットの見せる化

本研究のソーシャルコミュニティサイトである「おでんきサイト」(http://odenki.org/) を構築運用した。この「おでんきサイト」の参加者は、Twitterアカウントもしくは Googleアカウントによるログインが可能である。これらの参加者は自身が所有するHGWを登録することができ、当該HGWから受信した発電量を対応する参加者の発電量とした。おでんきサイトでは参加者全員の発電量の合計を確認することができるようにして、コミュニティの一体感を演出した。

おでんきサイトのHGW登録ページでは、HGWに対してコマンドを送信できるようにしている。これにより外出先から、HGWが制御するリレーの接点を開き電源スイッチの切り忘れによる電力消費を防ぐ等ができるようにした。

(4) SNSや各種情報媒体によるコミュニティ形成を目的とした情報の表現方法の研究

コミュニティサイトである、みんなでエコプロジェクト「eエコえひめ」(http://dcity-ehime.com/e-eco/ank/) を構築し、「エコナンバーズ」「エコランキング」を企画・実施した。エコナンバーズは、HGW対応の太陽光発電パネルを設置していない人にもコミュニティに参加してもらうための方策として発案した。

「eエコえひめ」みんなのエコアイデア募集ページ (https://www.dcity-ehime.com/e-eco/ank/camp2.html) では、コミュニティ内でのにぎわい創出とエコに関心のある顕在層のモチベーションUPのため身近な役立ち情報を掲載した。

ただし、当初目標に挙げた技術開発項目は一通り実装したものの、実装を終了したのが研究期間終了間際となったため、コミュニティ形成の検証が必ずしも十分には行うことができなかった。本研究期間終了後もおでんきサイトは継続する予定であり、今後も継続して検討を行っていく所存である。

(5) むすび

本研究の成果の発展研究として、2013年度から2年間同じSCOPEにて「スマート環境センシング基盤の構築と地域デザインへの応用に関する研究開発(132309007)」(愛媛大学、株式会社愛媛CATV、株式会社アイムービック、株式会社ハレックス)を行っている。上記Arudino電力計やHGWによるスマートメータシステムを、松山平野内の小中学校に展開し、天気予報と発電予報の連動コンテンツを研究開発する予定である。

図6.1.4に概要を示す。小中学校内に設置されている百葉箱内で収集した気象データと、太陽光発電量データを、一定時間毎に伝送しJGN-X(総務省所管ネットワーク)内のサーバで蓄積する。収集したデータは、学校の環境教育に使えるコンテンツにしてリアルタイムに配信する。学校外からも同様にして環境データを収集する。収集した気象情報と発電

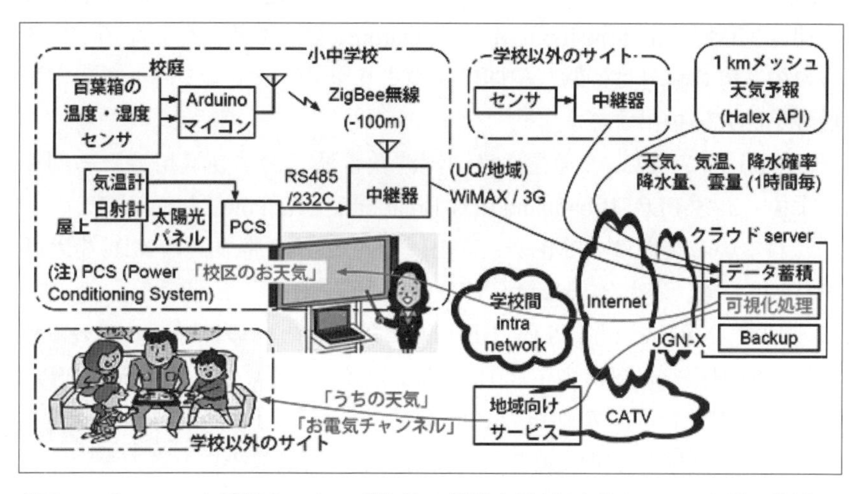

〔図6.1.4〕スマート環境センシング基盤の構築と地域デザインへの応用に関する研究開発概要図 [6.5]

電力の時間的空間的分布との相関性を明らかにすることによって、太陽光パネルを気象センサ化する。また、蓄積したデータを用いて校区限定コンテンツや、松山平野共通サービスを開発し、これらの有用性を検証していく予定である。

6.2　スマートメータに係る通信システム

6.2.1　電力線通信システム

本節では、スマートメータ用通信方式の一つである電力線通信（PLC: Power Line Communication）のうち、kHz帯を用いるPLCシステムの概要について説明し、特に普及が進んでいる欧州の状況を説明する[6.6]。なお、MHz帯PLCの概要については、文献[6.7]等を参照されたい。

(1) kHz帯PLCの概要

商用電源周波数に比べて十分高い周波数の信号を用いることにより、同一の電力線でエネルギーと情報を同時に伝送する通信方式がPLCである。特にスマートメータ応用の場合は、管理しようとする電気エネルギーの伝送線路を用いるため、PLCは極めて合理的な通信方式といえる。

EUプロジェクトとして、通信容量の増大を目的としたCommon modeも使うMIMO（Multiple Input Multiple Output）方式も検討され始めているものの、PLC信号は通常、線間に、つまりディファレンシャルモードで信号を注入／抽出する。

図6.2.1.1に、PLCの通信速度、周波数帯域、および適用分野の関係を示す。高速PLC（Broadband PLC, Broadband over Power Lines（BPL））と呼ばれている装置は、2MHz～30MHzの帯域（HF帯またはMHz帯と呼ぶ）を用いて、最大240Mbps（PHY）[1]の通信を行うことができる。一方、低速PLC（Narrowband PLC、NB-PLCと略す）と一般に呼ばれている装置は、10kHz～450kHzの帯域（kHz帯と呼ぶ）を用いて、100kbps（PHY）程度の通信を行う。これらのPLC製品は、我が国では電波法で定める高周波利用設備として規定され、使用できる周波数や送信電力が定められている。

一方、10kHz未満の帯域を使う（たとえば、RCS（Ripple Control

System）や TWACS（Aclara 社）[6.8]）超低速 PLC は、高周波利用設備の対象外であり、従来から配電線管理や検針等の業務で使われているものの民生品としては見かけない。

スマートメータ用 PLC が必要とされている場所は屋内外を問わないが、MHz 帯の場合は、PLC 信号が電力線外に漏洩することによる既存無線システム（アマチュア無線、短波放送、電波天文等）への影響が懸念されるため、我が国では原則屋外利用は認められていない[2]。一方 kHz 帯は、信号の波長が十分長いため、こうした放射エミッションノイズの懸念はなく、利用場所の制約もないため、kHz 帯かそれ以下の装置を使うことが想定されている。欧州も、MHz 帯 PLC の屋外利用は慎重な態度をとっているため、kHz 帯 PLC のスマートメータへの適用研究・開発が盛んに行われている。

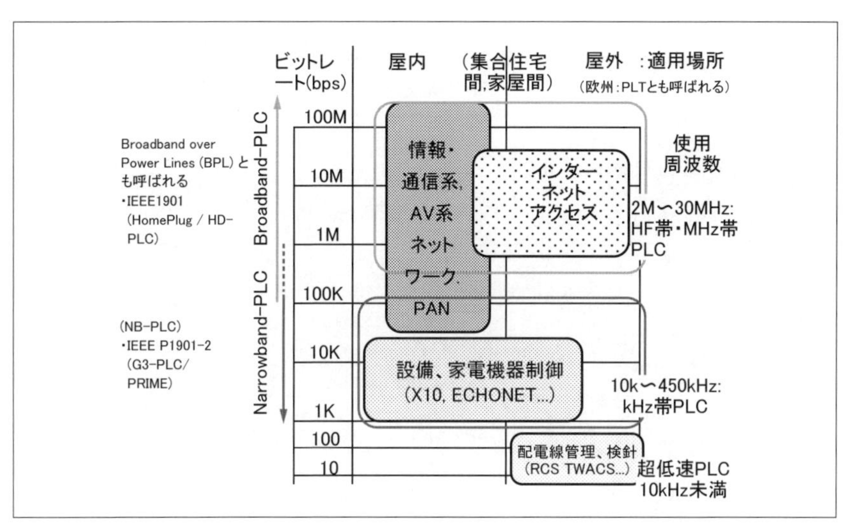

〔図 6.2.1.1〕PLC の通信速度、周波数帯域、および適用分野の関係 [6.6]

[1] 国内での使用は許可されていないが、2MHz ～ 68MHz の帯域を用いて最大 500Mbps（PHY）の通信を行う商品が欧米では販売されている。

[2] 屋外に設置するネットワークカメラや電気自動車（EV）の充電時等に限定した屋外利用については、規制緩和された（2013 年 9 月）。

NB-PLCによるスマートメータ通信のプロトコルスタック例を図6.2.1.2に示す。ドイツのNational Requirements for narrow-band PLC solutions（published by DKE2 AK 0.141 PLC of K461）からの引用である。現在運用されているPLCネットワークの規模は、200～300PLCノード／セグメントであるが、将来的には、セグメントあたりmax.2000ノードが接続されることを想定している。

図6.2.1.2からわかるように、メッシュネットワーク機能を採用することにより通信品質を向上できること、コネクションレス型であるUDP通信であること（TCPは回線品質が十分なときのオプション）、IPはversion 6であること、等が従来のPLCシステムよりも優れている点である。また、Layer 1に示すように、変調方式はOFDM（Orthogonal Frequency Division Multiplexing）が主流であり、通信容量の増大を図っている。

	Solution ADLMS-COSEM(注) -Application	Solution B File Transfer Application		Solution C SML (Smart Message Language) Application
Layer 7 Layer 6 Layer 5	OBIS (IEC 62056-61) OBIS (COSEM Objects (IEC 62056-62)) COSEM AL (IEC 62056-53)	Files / TFTP (RFC1350 and other)		OBIS (Object Identification System, IEC 62056-61) SML (Draft, EN 62056-58)
Layer 4	COSEM UDP-Wrapper (IEC 62056-47)			
	ICMP (RFC0792/RFC4443), UDP (RFC0768)			
Layer 3	IPv6 (RFC2460)			
Layer 2	Addressing and Compression (e.g. header)			
	Mesh Function			
	MAC (IEEE 802.15.4-2008)	MAC (PRIME)	MAC (HomePlug C&C)	MAC (REMPLI /DLC-2000)
Layer 1	OFDM (G3 PHY)	OFDM (PRIME)	DCSK (HomePlug C&C)	OFDM (DLC-2000)
	Solution 1 (G3-PLC)	Solution 2 (PRIME)	Solution 3 (RENESAS)	Solution 4 (iAd)

（注）AMR用標準言語（http://www.dlms.com/information/whatisdlmscosem/index.html）
DLMS：Device Language Message Specification
COSEM：COmpanion Specification for Energy Metering

〔図6.2.1.2〕NB-PLCによるスマートメータ通信のプロトコルスタック例
（http://www.ieeeisplc.org/2011/Bumiller panel.pdf からの引用）

なお、欧州を中心に採用されているスマートメータは、電力会社とメーター間の双方向通信による遠隔検針、および系統情報の把握を目的とするAMR（Automated Meter Reading）あるいはAMM（Automated Meter Management）であり、HAN（Home Area Network）との相互運用や機器制御を行うAMI（Advanced Metering Infrastructure）については将来的・オプション的なものとして位置づけているものが多い。

(2) 欧州におけるNB-PLCの状況

欧州と北米で導入が進んでいるスマートメータは、2015年までに約250百万台設置されると見なされている。その中でPLCは60%のシェアとなる見込みである（ABI Research 2010）。本節は、主に文献[6.9]からの引用である。

欧州においてスマートメータの導入をけん引しているのは、EU mandatesやdirectivesである。2009年7月の第3次EU電力自由化指令（2020年までに全需要家の80%以上にスマートメータを導入）を受け、スマートメータの導入が推進されている。国ごとの状況を図6.2.1.3に

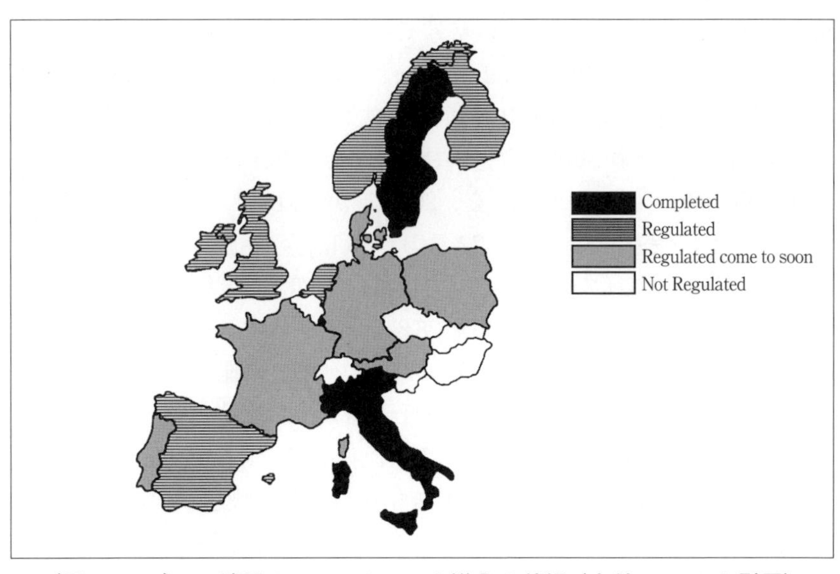

〔図6.2.1.3〕EU諸国のスマートメータ導入の状況（文献[6.9]から引用）

示す。スウェーデンとイタリアはすでに100%設置済み、スペインは、Royal Decree RD-1110（2007年8月24日）によって、2018年までに100%を達成することになっている。イギリスは、2009年に成立した法律によって、2020年までに47百万台のガス・電気メーターがスマート化される。フィンランドも、2009年の法律により、2014年までに完全にスマート化する、とのことである。また、「もうすぐ法律ができる」ドイツでも、2010年から、新しいビルにはスマートメータを設置しないといけない、とのことであった[6.10]。

また、同2009年のEUmandateM/441（スマートメータサービスのためのオープンアーキテクチャによる標準化）を受けて始まったのが、OPEN METER project（EU Commission 7th Framework Programme, Topic Energy. 2008.7.1.1, Project Number 226369）[6.11]である。スマートメータの製造会社、オペレータ、研究機関、標準化団体等19社が参加している。メーターとその検針データを収集するコンセントレータ間のPLC用通信方式として検討されたのが、S-FSK（IEC 61334-5-1）、NPSK（Meters & More）、OFDM（PRIME、G3-PLC）の3方式である。ただし、S-FSKは、Spread Frequency Shift Keyingの略号であり、IEC 61334-5-1で規定されている。N-PSKはN値Phase Shift Keyingであり、Meters and More（同名の業界団体が推奨するAMI用の通信プロトコル名称）で使われている[6.12]。Enel社（イタリアの電力会社）のTelegestore protocol（同プロトコルを搭載したスマートメータを、2001年から設置し、図6.2.1.3に示した通り全土に設置した。累計32百万台[6.13]。）を拡張したプロトコルであり、Endesa社（スペインの電力会社）が、13百万世帯に設置を予定している。高速モード（8PSK）で28.8kbps、ロバストモード（BPSK）で4.8 kbpsの通信速度である。イタリア、スペインの他マルタ、ブラジル等も加えると、Meters and Moreは5千万台以上の出荷実績となる[6.8]。

OFDM変調方式の主流は、PRIME（PoweRline Intelligent Metering Evolution）とG3-PLCである。いずれもIEEE 1901.2国際規格との相互接続性がサポートされている。表6.2.1.1に両者を比較する。G3-PLCのほうが、より強固な誤り訂正符号、伝送路適応変調、メッシュルーティング、IPv6 対応と多彩である。一方 PRIME は、これらに比べて簡素であり低コストであることが特徴である。

PRIME は、元々は欧州の会社が中心となって構成されたアライアンス名称であり、スマートメータ用 NB-PLC 規格の名称でもある。2007 年10 月に、IBERDROLA 社（スペインの電力会社）、Alfredo Sanz 博士（ADD Semiconductors 兼 Zaragoza 大学（スペイン））他が、活動を開始し、2009 年 10 月、マルチベンダ間での相互接続性を実証して、2010 年 10 月、10 万台のスマートメータを設置した。2011 年 4 月にはアライアンスメンバ数が30 になり、現在はワールドワイドなアライアンスとなっている。

G3-PLC は、ERDF 社（フランスの電力会社）と MAXIM 社（米国）が2009 年に策定した第三世代の NB-PLC の PHY/MAC 規格である。なお、文献 [6.17] によれば、第一世代が FSK, Yitran, Echelon であり、第二世代が PRIME である。また表 6.2.1.1 に加えて、柱上トランスを経由して低圧（LV）および中圧（MV）配電線間通信が良好に実施できる点も特長として挙げられている。

(3) おわりに

スマートメータ用通信方式として、欧州、および紙面の都合上紹介で

〔表 6.2.1.1〕PRIME と G3-PLC の比較 [6.9] [6.14] [6.15] [6.16]

	PRIME	G3-PLC
変調方式	OFDM	
FFT ポイント数	512	256
サンプリング周波数	250kHz	400kHz
最大通信速度	130kbps（@CENELEC A band）	300kbps（@FCC band）
副搬送波変調	DBPSK, DQPSK, D8PSK （in frequency）	DBPSK, DQPSK, D8PSK （in time）
暗号方式	128-bit AES	
誤り訂正符号	畳込み符号	リードソロモン符号、畳込み符号、繰り返し符号
インターリーブ	OFDM シンボル毎	データパケット毎
伝送路適応変調	なし	適応型トーンマッピング
ネットワーク・トポロジ	ツリー型	ポイント・ツー・ポイント型、スター型、メッシュ型
アダプテーション層	IPv4	IPv6 対応（6LoWPAN）

きなかった中国[3]では、NB-PLCが多数採用されていることを紹介した。

一方、我が国では、IEEE 802.15.4g/4e規格の近距離無線（920MHz帯）のほうが有力と考えられている。その理由として、約10年前にNB-PLCが注目されたものの[4]、宅内の線路特性が劣悪であるために、必ずしも成功しなかった失敗体験が挙げられる。しかし、その当時と比べて宅内の線路特性はさほど変わっていないものの、LSI技術等の進展により、より強固な誤り訂正符号、伝送路適応変調、メッシュルーティングといった技術が現在は実用化されていることから、再度評価されてもよいのではないかと、分担筆者は考えている。

なお、劣悪な宅内の線路特性を抜本的に改善するための方策として、従来のL−N（Live-Neutral）線間で信号を注入／抽出するのではなく、PE（Protective Earth）とN間で信号伝送する方式を筆者らは提案している[6.18]。また、詳細は省略したがMHz帯PLCの不要輻射問題については、既存無線局を検出してそれ以外のホワイトスペースを利用するSmart Notching[6.19]、あるいはPLC装置が自分自身の漏えい量を検出して送信電力をフィードバック制御するAEE-PLC[6.20]といったcognitive技術の検討が進んでいる。この不要輻射問題を解決できれば、MHz帯のほうが伝送路としては、より良好である。これらの技術課題の早期解決が望まれる。

6．2．2　SUN（Smart Utility Networks）システムの概要

本節では、代表的なスマートメータ用の無線通信システムであるSUNシステムについて、前述のIEEE 802標準規格も参照しながら、詳細仕様について説明する。

(1) システム利用イメージと技術課題

図6.2.2.1に、SUNシステムの利用イメージを示す。SUNとは、ガス・水道・電気メータ等の検針データの収集を、それぞれのメータに取り付けられた無線機による無線通信を介して効率的に行うシステム概念である。本図では、戸建て、あるいは集合住宅の各戸に以上の無線機搭載型

---

[3] たとえば、http://www.ieee-isplc.org/2012/program_44_3463431513.pdf

[4] 1997年から始まったEchonet規格にて、PLCも採用された。

のメータが取り付けられ、それぞれの無線機から送信された検針データがSUNサービスエリア内で収集制御局に集約される様子を示す。また、当該検針データは、その後、より広域のWAN（Wide Area Networks）システムによって収集制御局へと伝達されている。SUNの効用として、第一には従来の検針作業コストの軽減が考えられるが、自動化によって取りこぼしのない確実な検針プロセスが遂行されること、治安上の改善効果がもたらされること等の効果も注目されている。さらには、SUNを双方向通信インフラとして活用することにより、消費量マネージメント等の付加的サービスを含む、より汎用的なネットワークマネージメントを支える手段として機能することも期待されている。SUNの主な技術的課題として、以下の二つが考えられている。

①サービスエリアを拡張するマルチホップ技術

②電池による運用を可能とする省電力技術

ここで①は、図6.2.2.1に示されているように、収集／制御局から遠くに設置されたメータや、集合住宅内等遮蔽された環境に設置されたメ

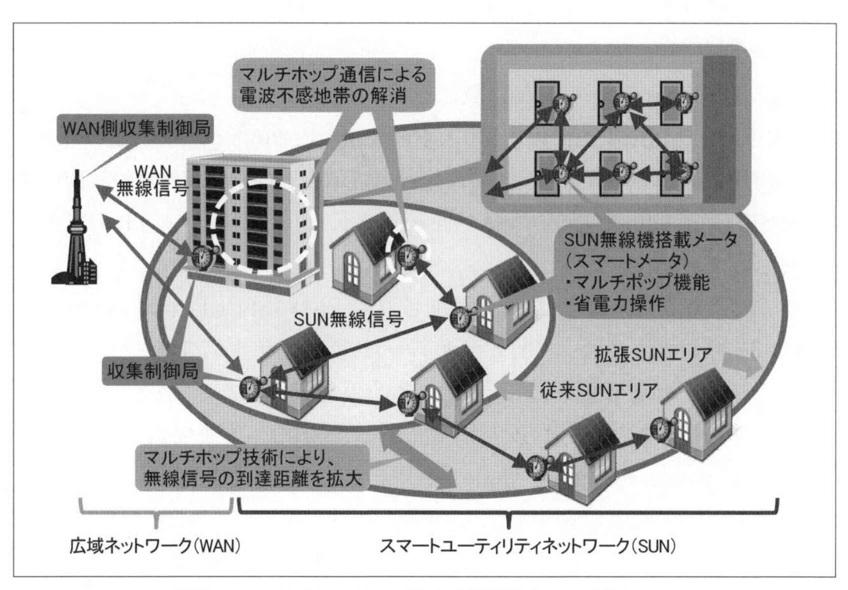

〔図6.2.2.1〕SUNシステムの利用イメージ[3.58]

ータが、それぞれ距離および遮蔽による無線電波の減衰を受け、直接通信のみでは所望のサービスエリアを実現できない場合に、各メータが中継局の役割を果たし、多段中継を行うことですべての検針データを確実に収集する技術である。マルチホップ技術を導入すると、距離による減衰の場合には、多段中継により電波到達距離を直線的に増大することができ、また遮蔽による減衰の場合には、多段中継を用いて減衰の少ない迂回経路を確立することで、電波の不感地帯を解消することができる。結果的に、マルチホップ技術により、サービスエリアの拡張がもたらされる。

次に②は、ガスメータや水道メータのように、電線等によるメータ外部からの電源供給が容易でなく、内蔵電池でのメータおよびSUN無線機の動作を想定する場合に特に重要となる技術である。消耗による電池交換頻度の増大は、そのための交換コストによってSUNシステムの前提を覆しかねない問題であることは言うまでもない。メータ運用の見地から、一般には、電池を交換することなく、10年以上の継続動作が目標とされている。

(2) 物理層仕様

IEEE 802.15.4g規格の主な特徴は以下の通り。

① MR-FSK（Multi-Rate and Multi-Regional Frequency Shift Keying）、MR-OFDM（MR- Orthogonal Frequency Division Multiplexing）、MR-O-QPSK（MR- Offset Quadrature Phase-Shift Keying）の三つのPHY方式が共存している。

②誤り制御方式に関する情報が付加されたSFD（Start Frame Delimiter）や、1500 octetsまでのPHYペイロード長に対応したPHYヘッダ等、PHYフレームが変更されている。

③三つのPHY方式の共存をサポートするために、共通変調方式であるCSM（Common Signaling Mode）を用いる、MPM（Multi-Physical layer Management）機構が採用されている。

図6.2.2.2に、割当周波数帯に対する各PHY方式の規定を示す。割当周波数帯は、実質的に運用が想定される地域を表していて、各地域の電

波法等に則した詳細仕様が定められることになる。

図 6.2.2.3 に、MPM 機構の概念を示す。ここでは、「PHY_A」、「PHY_B」という異なる PHY 方式をそれぞれ用いる通信ネットワークが同一地域

PHYs in IEEE 802. 15.4g				
Frequency band (MHz)	Expected region	PHY allocation		
		FSK	OFDM	OQPSK
450-470	US	Yes	–	–
470-510	China	Yes	Yes	Yes
779-787	China	–	–	Yes
863-870	EU	Yes	Yes	–
868-870	EU	–	–	Yes
896-901	US	Yes	–	–
901-902	US	Yes	–	–
902-928	US	Yes	Yes	Yes
917-923.5	Korea	Yes	Yes	Yes
928-960	US	Yes	–	–
920-928	Japan	Yes	Yes	Yes
950-958	Japan	Yes	Yes	Yes
1422-1518	US. Canada	Yes	–	–
2400-2483.5	Worldwide	Yes	Yes	Yes

〔図 6.2.2.2〕IEEE 802.15.4g における物理層仕様 [3.58]

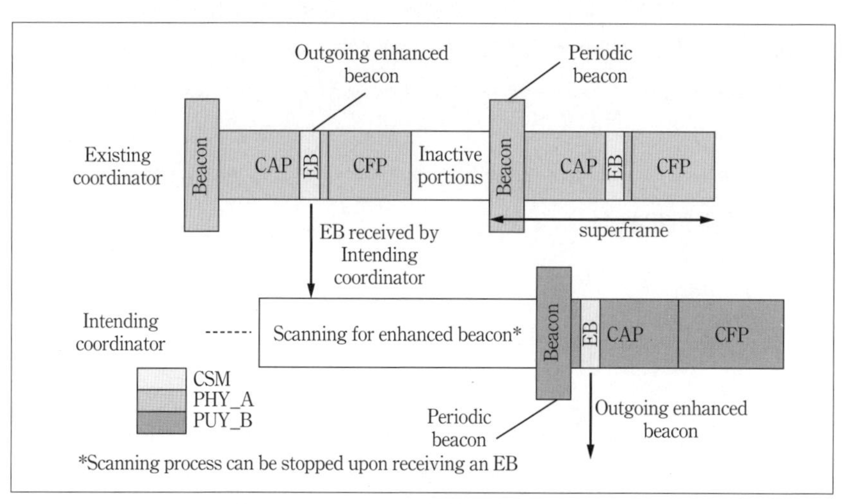

〔図 6.2.2.3〕MPM 機構の概要 [3.58]

で運用されている例を示している。いずれの通信ネットワークでも共通変調方式CSMによるビーコン信号（EB：Enhanced Beacon）を定期的に送信し、同時に他のEBを受信することで互いの存在を効率的に検知することに成功している。

(3) MAC層仕様

SUNのためのMAC層仕様として顕著なものは、省電力化のための方式が規定されている点である。IEEE 802.15.4eでは、大きく3種類の省電力化方式が存在している。これらを以下に示す。また各方式の動作例を図6.2.2.4に示している。

① LEスーパフレーム
② CSL（Coordinated Sampled Listening）
③ RIT（Receiver Initiated Transmission）

①では、データ送信側と受信側でスーパフレームによる同期をとり、わずかな時間的割合を占める待受状態を共有し、データを交換する。本方式の詳細は次節でも述べる。②では、同様にデータ受信側が間欠的に待受状態となることを前提とし、送信側が、送信データフレームの直前に短いウェイクアップフレームを連続送信することで、その後のデータフレームの送信タイミングを、受信側の待受状態期間内で通知する。また、③では、データ受信側が周期的にRITデータ要求フレームを送信し、これにタイミングを合わせてデータ送信側がデータフレームを送る。

6.3　暗号モジュールを搭載したスマートメータからの情報漏えいの可能性の検討

(1) はじめに

東京電力「スマートメータ通信機能 基本仕様（平成24年3月21日）」[6.21]には想定される脅威として「通信傍受」、「なりすまし」、「改ざん」が挙げられており、これらに対して確実なセキュリティ対策を施すとの記載がなされている。具体的な対策としては、暗号技術を用いた上述の脅威への対策が検討されている。スマートメータにおける検針の頻度、省電力で動作することを考慮すると暗号化機能はハードウェア実装され

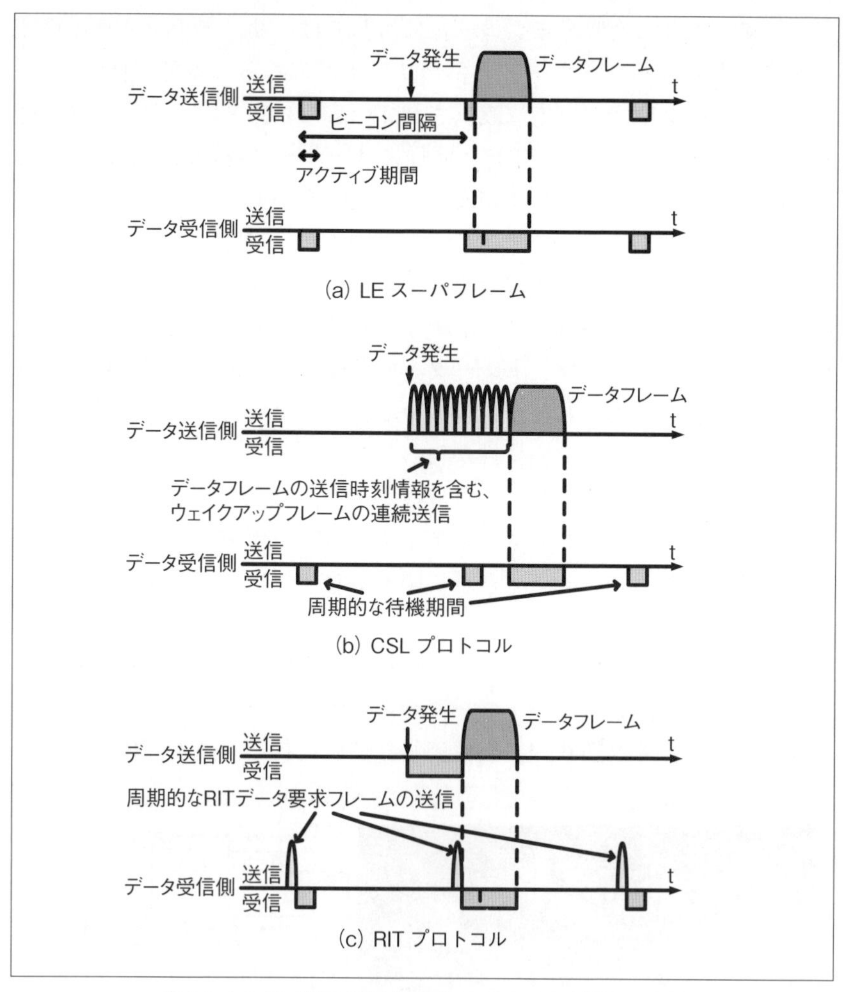

〔図 6.2.2.4〕省電力動作のための MAC 仕様 [3.58]

る可能性が高く、実装される暗号アルゴリズムは共通鍵方式が用いられることが予想される。実際、これまで市販されている海外のスマートメータ（Elster REX2 Smart Meter）、には鍵長 128-bit の Advanced Encryption Standard（AES）[6.22] がハードウェア実装されたモジュールが搭載されている [6.23]。

一方で、こうした暗号モジュールに対しては、サイドチャネル攻撃等の脅威があり、ハードウェアセキュリティが求められる可能性が高い。スマートメータは需要家宅に設置されているため、スマートカードに対するサイドチャネル攻撃 [6.24] と同様にユーザー自身が攻撃者になり得るため、同様の攻撃シナリオが成立する危険性がある。ただし、スマートメータはスマートカードと異なり、筐体により保護されているため、開封検知等のセキュリティ機能を有することが可能であることから、暗号モジュール近傍におけるサイドチャネル情報の取得は困難であると考えられる。一方で、スマートメータを分解せずに、電源線等からサイドチャネル情報を計測され秘密鍵情報を取得された場合、スマートメータにおける通信の機密性や完全性が失われスマートメータにより構築される電力網の安全性が損なわれる可能性がある。以上の背景に基づき、本章では電源線に漏えいするコモンモード（CM）電流をサイドチャネル情報として観測し、スマートメータに関するハードウェアセキュリティ評価を行った。

(2) スマートメータからのサイドチャネル情報漏えい評価

本実験では実際のスマートメータからのサイドチャネル情報の漏えいを模擬した評価系（図 6.3.1）を構築し、評価を行った。本評価では、評

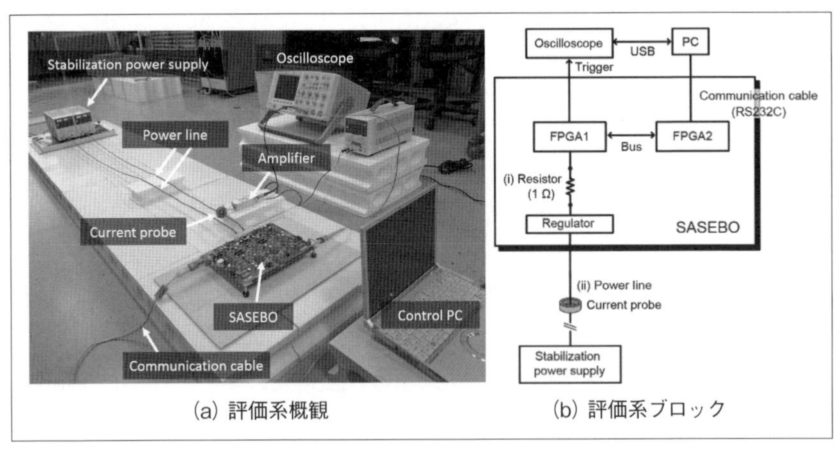

(a) 評価系概観　(b) 評価系ブロック

〔図 6.3.1〕スマートメーターからのサイドチャネル情報の漏えいを模擬した評価系 [6.28]

価対象としてスマートメータの代わりに、サイドチャネル攻撃標準評価ボードSide-channel Attack Standard Evaluation Board（SASEBO）[6.25]（図6.3.2）を用い、暗号アルゴリズムAES[6.22]を同FPGA上にハードウェア実装[6.26]した。対象のAES回路は、一般的に用いられる鍵長128ビットであり、暗号化10ラウンドを11クロックで処理する。解析においては、AESの最終ラウンドにおけるレジスタのHamming distanceを電力モデルとして選択関数を作成し[6.24]、ピアソンの相関係数を用いて計測波形との線形性を評価した[6.27]。秘密鍵の値は、アルゴリズム仕様書に示されたテストベクタ[6.22]とした。平文としては128ビットのデータで0～0x752fまでの30,000個を入力し、対応する30,000波形を取得した。波形の取得は、SASEBOから出力されるトリガ信号によって制御した。

(3) CM電流をサイドチャネルとした秘密鍵の推定

秘密鍵の解析には、電力解析攻撃の一手法であるCorrelation Power Analysis（CPA）を用いた[6.27]。また、サイドチャネル情報として、従来のスマートカードを対象とした解析で広く用いられている「暗号モジュール近傍においてシャント抵抗を用いて測定した基板上に生じた過渡

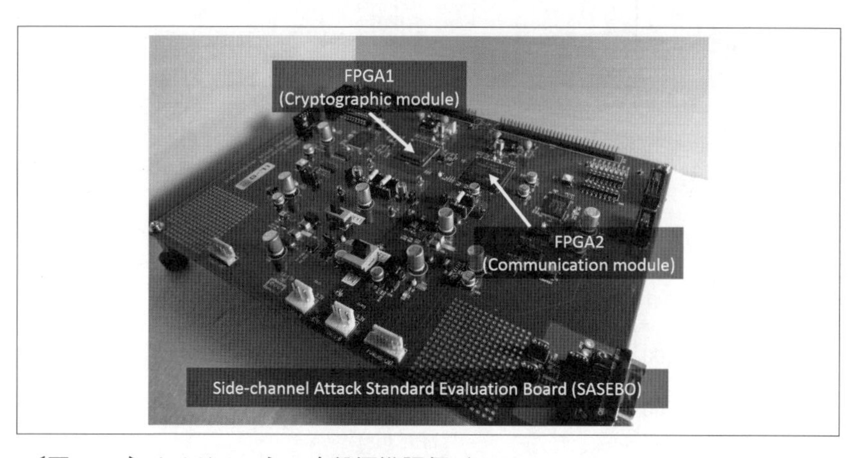

〔図6.3.2〕サイドチャネル攻撃標準評価ボード
Side-channel Attack Standard Evaluation Board (SASEBO)[6.28]

電流（図 6.3.3 (i) Resistor)」とスマーメーターからの漏えいを想定した「暗号デバイス（SASEBO）に接続された電源線上に生じたCM電流（図 6.3.3 (ii) Power line)」の双方を図 6.3.1 (b) に示す各計測ポイントで測定し、両者の解析結果を比較した。図 6.3.3 は各測定点における観測データを示している。過渡電流波形（図 6.3.3 (i)）およびCM電流（図 6.3.3 (ii)）双方で、AESの暗号化処理に対応した11個のピークが観測されている。

評価結果を図 6.3.4 に示す。図 6.3.4 は正しい鍵と誤った鍵を見分けるために、サイドチャネル情報として用いる波形がどの程度必要となるかを示している（Measurement To Disclosure (MTD)）。解析に使用する波形数を増加させるにつれ、正解鍵と誤った鍵で相関値が分離する様子が観察される。図 6.3.3 (ii) の電源線に生じたCM電流をサイドチャネル情

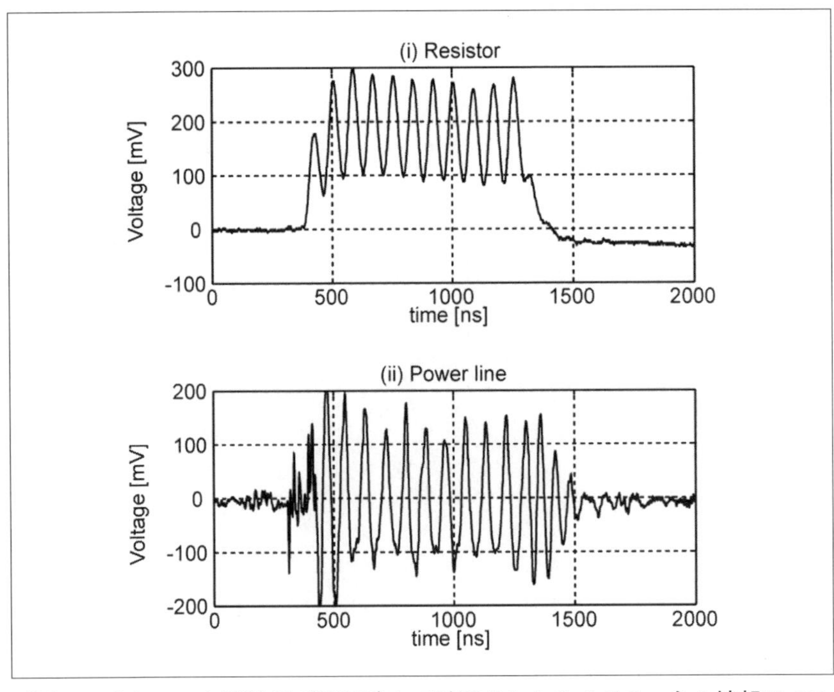

〔図 6.3.3〕シャント抵抗及び電源線上で計測されたサイドチャネル情報 [6.29]

報として用いた結果は、図 6.3.3 (i) の過渡電流をサイドチャネルとして用いた結果と比較して正解鍵での相関値が低く、かつ誤った鍵の相関値の収束が遅いという傾向を得た。正しい鍵と誤った鍵を区別することが可能な波形数を比較した場合、電源線に生じた CM 電流をサイドチャネル情報として用いた場合、過渡電流を用いた場合に比べ、解析に必要なる波形数が 1000 波形程度から 5000 波形程度に増加した。この傾向は、CM 電流が過渡電流に比べ SNR が劣化したことを意味している。しかし、解析に必要となる波形数は増大するものの、暗号ハードウェアの電源線に生じた CM 電流をサイドチャネル情報として用いた場合にも秘密鍵が取得できることが本結果より示された。

(4) まとめ

本章では、スマートメータ等筐体がある程度の大きさを有し、スマートカード等と異なり開封検知機構等を実装可能な場合を想定し、暗号モジュールに直接アクセスできない状況下において、機器外部に漏えいするサイドチャネル情報を用いて暗号処理に用いられる秘密鍵が取得可能か否かについて模擬的な装置を用いて評価を行った。測定の結果、モジ

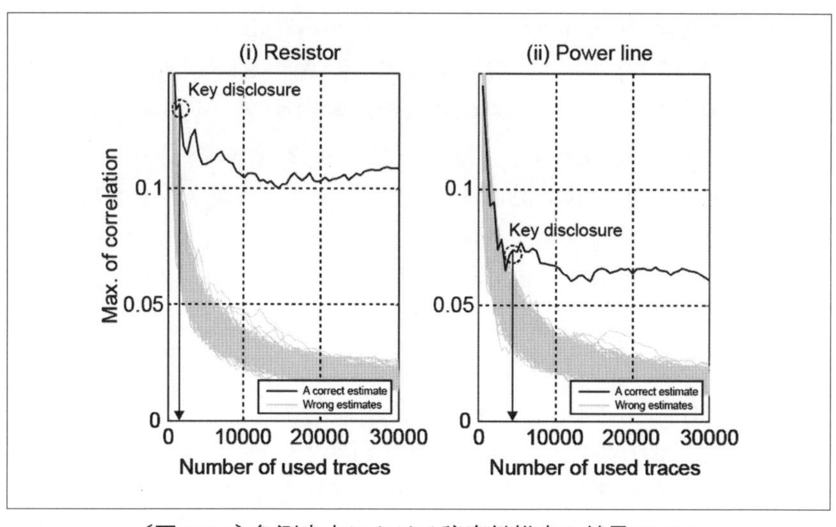

〔図 6.3.4〕各測定点における秘密鍵推定の結果 [6.30]

ュールへの直接なアクセスに比べ、サイドチャネル情報の観測に必要となる時間は増加するものの、機器外部の観測においても秘密鍵が取得できることを実験的に示した。こうした漏えい情報はEMCの規格規制値をクリアし出荷されたスマートメータにおいても、十分な時間をかけて、それらのサイドチャネル情報を取得することにより、ノイズ成分を低減し秘密鍵の取得が可能となるおそれがある。

今後は、こうした問題を解決するために、機器外部へ漏えいするサイドチャネル情報を含む周波数成分およびその伝搬経路を明確にし、秘密鍵情報等の意味ある情報の漏えいを抑止するために必要な規制値について、EMC・情報セキュリティ両分野の取り組みを合わせ議論する必要があると考えられる。

参考文献

(6.1) スマートメータとSNS連携による再生可能エネルギー利活用促進基盤に関する研究開発（112309006)、都築伸二、総務省ICTイノベーションフォーラム2013発表資料及び予稿集、B-7、2013年10月、からの転載
http://www.soumu.go.jp/main_content/000256407.pdf

(6.2) 二宮政浩、鈴木才太、佐々木隆志、都築伸二、鈴木信、兼築史季、早田洋一、山田芳郎：「みんなでおでんきPJ～スマートメータシステムの実装～」、情報処理学会研究報告、第123回情報システムと社会環境研究発表会、Vol.2013-IS-123、No.3、pp.1-8、2013年3月15日

(6.3) 松重雄大、鈴木才太、佐々木隆志、都築伸二、鈴木信、兼築史季、早田洋一、山田芳郎：「みんなでおでんきPJ～ソーシャルコンセントの実装～」、情報処理学会研究報告、第123回情報システムと社会環境研究発表会、Vol.2013-IS-123、No.2、pp.1-6、2013年3月15日

(6.4) 佐々木隆志、鈴木信、兼築史季、都築伸二：「スマートメータとSNS連携による再生可能エネルギー利活用促進に関する取り組み」、情報処理学会研究報告、情報システムと社会環境研究会 第119回研究会、Vol.2012-IS-119、No.7、pp.1-6、平成24年3月15日

(6.5) 都築伸二、森脇亮、山田芳郎、柴田裕輔、森本健一郎、阿部幸雄、越智正昭、須東博樹：「スマート環境センシング基盤の構築と地域デザインへの応用に関する研究開発」、情報処理学会（IPSJ）、FIT2015、O-035、2015年9月17日
(6.6) 藤原他：「スマートシティの電磁環境対策」、S&T出版株式会社、pp.227-236、2012年12月10日
(6.7) 電気学会 高速電力線通信システムとEMC調査専門委員会：「高速電力線通信システム（PLC）とEMC」、オーム社、2007年11月
(6.8) Wilsun Xu, Guibin Zhang, Chun Li, Wencong Wang, Guangzhu Wang, and Jacek Kliber, IEEE TRANSACTIONS ON POWER DELIVERY, Vol.22, No.3, pp.1758-1772, 2007.7
(6.9) Alessandro Moscatelli (ST Microelectronics, Milan- ITALY), From Smart Metering to Smart Grids: PLC Technology evolutions, IEEE-ISPLC2011, Keynote Speech
http://www.ieeeisplc.org/2011/Moscatelli talk.pdf.
(6.10) Michael Koch (Devolo社, Germany), Hybrid, IP-backbone Embedding Multi-communication Equipment for Smart Home and Smart Grid Applications, IEEE-ISPLC2011, Keynote Speech
http://www.ieee-isplc.org/2011/Koch talk.pdf.
(6.11) OPEN meter project
http://www.openmeter.com/.
(6.12) Meters and More Association
http://www.metersandmore.eu/index.asp.
(6.13) Sergio Rogai, TELEGESTORE PROJECT Progress & Results, ENEL Distribuzione S.p.A, IEEE-ISPLC, Pisa, 26th March 2007
http://www.ieee-isplc.org/2007/docs/keynotes/rogai.pdf.
(6.14) Martin Hoch, Comparison of PLC G3 and PRIME, IEEE-ISPLC2011, pp.165-169
(6.15) PRIME PROJECT, Technology Whitepaper, PHY, MAC and Convergence layers, v1.0, 21 July 2008

http://www.primealliance.org/Docs/Ref/MAC Spec white paper 1 0 080721.pdf.
(6.16) TI、電力線通信、ソフトウェア
http://focus.tij.co.jp/jp/general/docs/gencontent.tsp?contentId=76970#anchor1.
(6.17) Communications, MAXIM
http://www.maxim-ic.com/solutions/guide/smart-grid/smartgrid-communications.pdf.
(6.18) 吉澤、宇都宮、I.S.Areni、都築、山田：「kHz帯PLCへの適用を目的としたN-PE伝送方式の提案」、IEICE、信学技報、Vol.112、No.118、CS2012-47、pp.137-142、沖永良部島、2012年7月13日
(6.19) M.Tlich, P.Pagani, A.Zeddam, F.Nouvel, Cognitive detection method of radio frequencies on power line networks, 2010 IEEE International Symposium on Power Line Communications and Its Applications (ISPLC), pp.225-230, 28-31 March 2010
(6.20) S.Tsuzuki, S.Tatsuno, I.S.Areni, Y.Yamada, Radiation Detection and Mode Selection for a Cognitive PLC System, IEEE-ISPLC2011, pp.323-328, Udine, Italy, 2011.4.5.
(6.21) 東京電力「スマートメーター通信機能 基本仕様（平成24年3月21日）」
http://www.tepco.co.jp/corporateinfo/procure/rfc/rfc_com-j.html
(6.22) NIST FIPS PUB. 197, Advanced encryption standard (AES)
http://csrc.nist.gov/publications/fips/fips197/fips-197.pdf
(6.23) Elster REX2 Smart Meter Teardown
http://www.ifixit.com/Teardown/Elster+REX2+Smart+Meter+Teardown/5710
(6.24) S.Mangard, E.Oswald, T.Popp, "Power Analysis Attacks: Revealing the Secrets of Smart Cards (Advances in Information Security)" , Springer-Verlag New York, Inc., Secaucus, NJ, USA, 2007
(6.25) Side-channel Attack Standard Evaluation Board (SASEBO)
http://www.rcis.aist.go.jp/special/SASEBO/index-en.html
(6.26) Cryptographic Hardware Project, IP Cores
http://www.aoki.ecei.tohoku.ac.jp/crypto/items/AESSpec2007Sep25.pdf

(6.27) E.Brier, C.Clavier and F.Olivier: "Correlation power analysis with a leakage model" , Proc. CHES 2004, Lecture Notes in Computer Science, Vol.3156, Springer, pp.16-29, 2004
(6.28) T. Sugawara, Y. Hayashi, N. Homma, T. Mizuki, T. Aoki, H. Sone, A. Satoh: "Mechanism behind Information Leakage in Electromagnetic Analysis of Cryptographic Modules" , Information Security Applications, Lecture Notes in Computer Science, 5932, pp.66-78, 2009
(6.29) Y. Hayashi, T. Sugawara, Y. Kayano, N. Homma, T. Mizuki, A. Satoh, T. Aoki, S. Minegishi, H. Sone, and H. Inoue: "Information Leakage from Cryptographic Hardware via Common-Mode Current" , IEEE International Symposium on Electromagnetic Compatibility, pp.109-114, 2010
(6.30) Y. Hayashi, N. Homma, T. Mizuki, T. Sugawara, Y. Kayano, T. Aoki, S. Minegishi, A. Satoh, H. Sone and H. Inoue: "Evaluation of Information Leakage from Cryptographic Hardware via Common-Mode Current" , IEICE Trans. Electronics, Vol.E95-C, No.6, pp.1089-1097, 2012

7.

スマートホームとEMC

7．1　スマートホームの構成と課題

7．1．1　スマートホームの構成とEMCリスク（パナソニック）

(1) はじめに

本節では、パナソニックグループが目指すスマートホームと、スマートホーム実現におけるEMCリスクについて述べる。

スマートグリッド／スマートコミュニティは基本的にICT技術等を用いて電気エネルギーを効率的に活用することを目的としているが、ホーム（家）はこのエネルギーネットワークの末端に位置づけられるとともに、最大の需要家でもある。つまり社会全体でエネルギーを効率よく活用するためには、ホーム（家）におけるエネルギー・マネジメントが重要であり、これを実現するのがスマートホームというコンセプトである。図7.1.1.1に示すように、スマートホームは、エネルギーネットワークの末端消費者が、いかに賢い消費を実現するかということだが、この「賢い」という部分を言いかえると「快適性を維持したまま、いかに

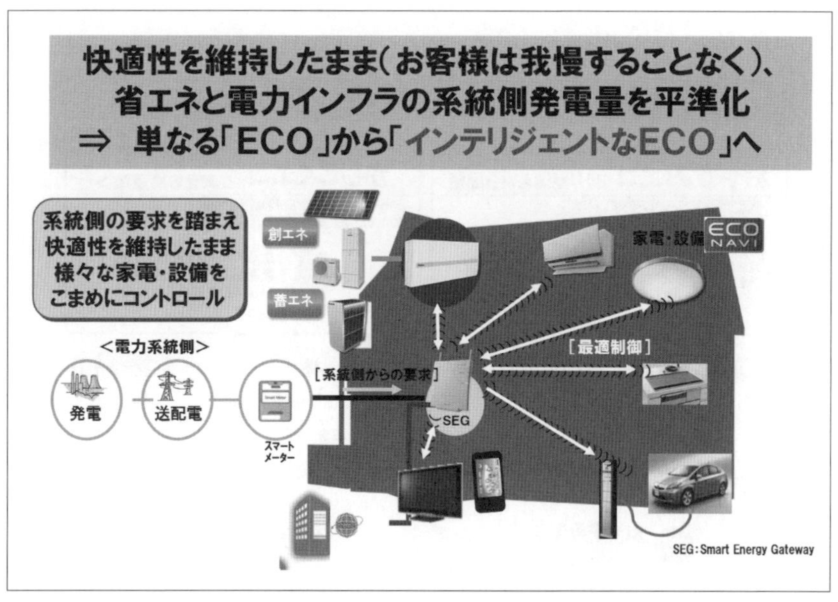

〔図7.1.1.1〕スマートホームの狙い：賢い快適省エネ

省エネするか」ということになる。

この賢い省エネを実現する例を二つ示す。まず一つ目の例は機器単体で省エネを実現しようというもので、図 7.1.1.2 にパナソニック社製の冷蔵庫の例を示す。冷蔵庫は、基本機能であるコンプレッサの効率向上や断熱材の革新等を常に行っているが、それ以外にも次のようなICT技術を用いた省エネも行っている。たとえば、光センサが冷蔵庫の前面にあり、照明が消えて回りが暗くなったら、夜間であり頻繁にドアの開閉はしないと判断して、基準値ぎりぎりの温度を保つモードに入る。また、ドアの開閉も感知して、その家の生活パターンを学習してコンプレッサを制御する。したがって、図 7.1.1.2 のように、エコナビで制御している時間帯は、庫内の温度は規定ギリギリのマイナス 18 度に保っており、エコナビを搭載していない冷蔵庫と比べて 12% から 15% の省エネを実現している。

なお、このように機器単体で賢く省エネするエコナビ技術は、冷蔵庫以外にもエアコン、洗濯機、空気清浄機、掃除機等に広く展開されてい

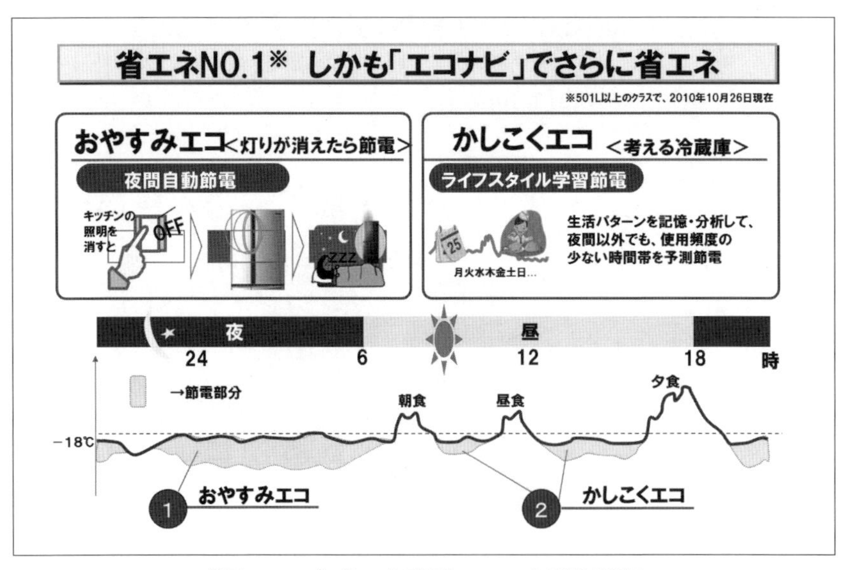

〔図 7.1.1.2〕省エネ家電：エコナビ冷蔵庫

る [7.1]。

二つ目の例は、図 7.1.1.3 に示すように機器単体ではなく機器をつないで賢く省エネしようというものである。ここでは、機器の状態をモニターしたり制御したりするために、スマートホーム用の特別な機器や装置が必要となる。たとえば、スマートホーム対応の分電盤、電力計測ユニットおよび SEG（スマートエナジーゲートウェイ）とよばれるような新たなボックス等である。また、各機器も状態をモニターするセンサーや制御マイコン、また、それを SEG と通信する通信モジュール等が必要となる。さらに、この家庭内の情報を系統の情報やその他クラウドに置かれた情報と連携するための通信手段も必要となる。これらが、いわゆる HEMS（ホーム・エネルギー・マネジメント・システム）というものである。

HEMS を用いた賢い省エネは、基本的にピークカット、ピークシフトを行うことである。そのため、従来、家庭にはなかった太陽電池や燃料ガス発電というものが家に入ってくる。さらに、ピークシフト実現のために、家庭用蓄電池等も普及しはじめており、EV 車にこの役割を担わせようという V2H（Vehicle to Home）というコンセプトも実現されてきている。

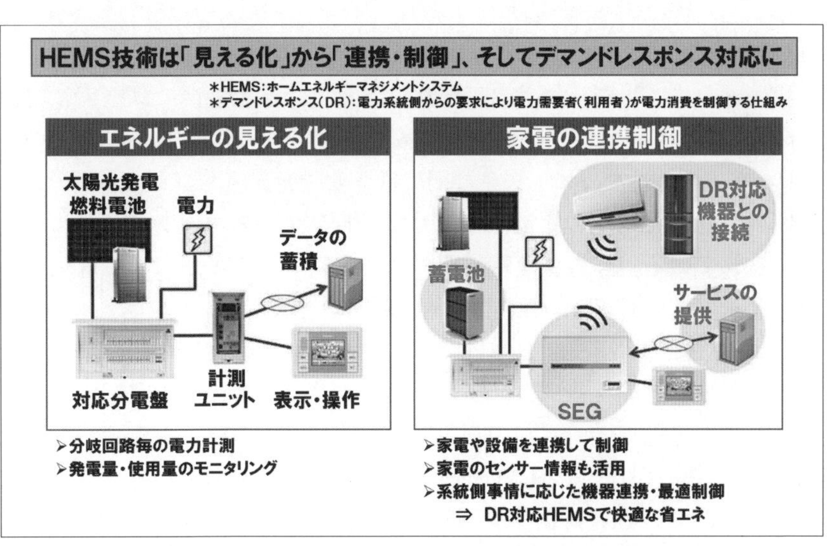

〔図 7.1.1.3〕機器をつないで省エネ：HEMS 技術

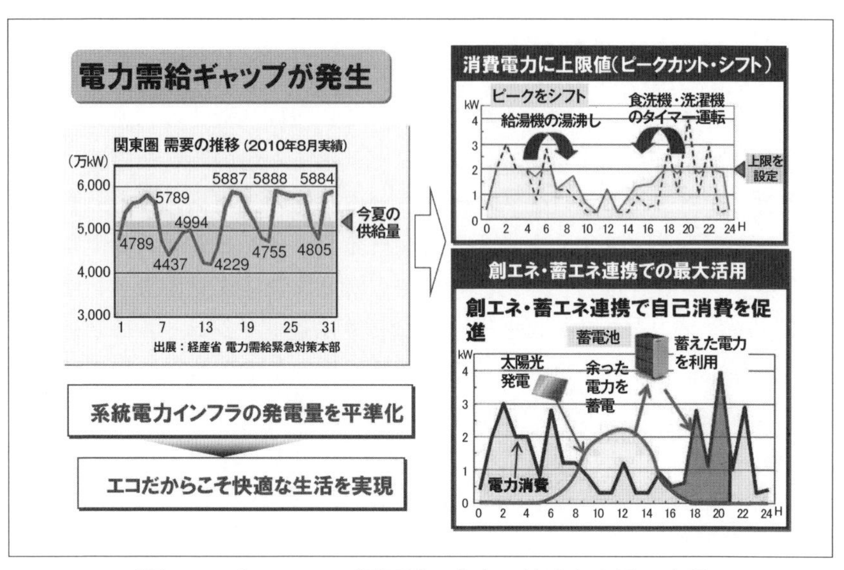

〔図 7.1.1.4〕HEMS の運用例：安定・快適な生活の実現

7．1．2　電気自動車等と3電池を活用するスマートハウス（電力中央研究所）

(1) 電動・スマート化によるエネルギー消費と CO_2 排出削減

我が国のエネルギー消費と二酸化炭素量は、産業部門では堅実に増加を抑制してきているが、民生と運輸部門は、年々、着実に増えてきている[7.4]。増加抑制のために、民生部門では、太陽光発電やコジェネレーション燃料電池、蓄電池の3電池に加えて、省エネのスマートメータ導入が進められている。一方、運輸部門では、電気エネルギーによる電気自動車や水素エネルギーによる燃料電池自動車の導入によるゼロエミッションや、電動駆動を利用するハイブリッド化による効率向上が期待されている。また、東日本大震災後には、停電や災害対策として、一般家庭での自立した太陽光発電や燃料電池の利用、蓄電システムの導入や車両から一般家庭等への電力供給（V2H：Vehicle to Home）も提案されている。

運輸部門での CO_2 排出量の 90% 以上を自動車から排出しており、車両の化石燃料依存からの脱却と、さらなるエネルギー効率向上が望まれ

ている [7.5]。2020 年以降には、欧州をはじめとして車両からの CO_2 排出量の規制が 90g-CO_2/km 以下までの強化が提案されていることもあり [7.6]、自動車のハイブリッド化、電動化が進められている。電気自動車（EV）やプラグインハイブリッド自動車（PHEV）の CO_2 排出は充電する電源の排出原単位（kg-CO_2/kWh）に大きく依存する（図 7.1.2.1）[7.7]。東日本大震災前の平均火力発電での値であれば、化石燃料で走行するハイブリッド自動車（HEV）よりも車両からの排出量は少ないが、石炭火力の依存度が高くなると増えることになる。再生可能性エネルギーや原子力発電等排出原単位の小さい電源を利用すれば、運輸部門での車両からの排出量を削減できる。

(2) 運輸部門の電動化

電動化でのキーテクノロジーである蓄電池技術開発は、経済産業省が取りまとめた「次世代自動車用電池の将来に向けた提案」を目標に進んでいる [7.8]。EV や PHEV の性能向上を考慮して、一充電走行距離から重量エネルギー密度を、加速性能から出力密度を、さらに、既存自動車との比較からコストの目標を、達成すべき年度毎に示されている。また、既存のリチウムイオン電池技術開発の進展で至ることのできないエネル

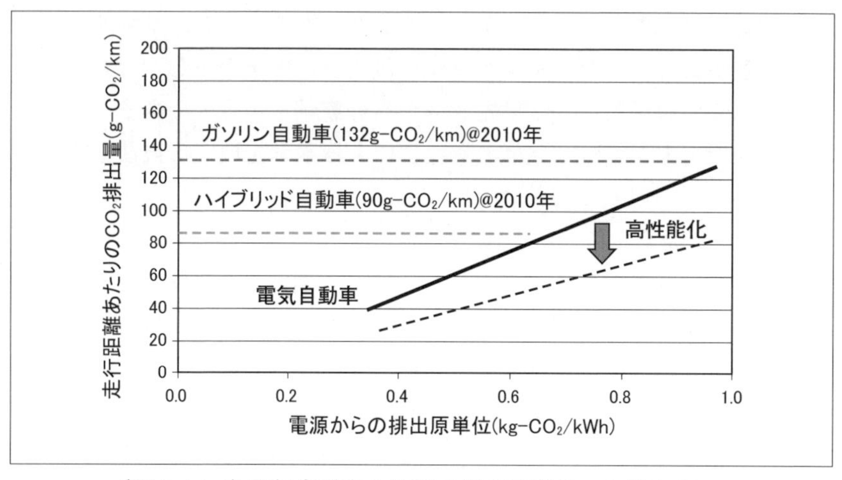

〔図 7.1.2.1〕電気自動車の電源の排出原単位への依存 [7.6]

ギー密度250Wh/kgを超えて500Wh/kgまで至るには、革新的な考えでの研究開発展開が必要である。ここまで至れば、ガソリン自動車と同等のEVとなる。

現状の走行性能のEVが普及しない理由の一つに、充電インフラ整備がある。EVの一走行距離の短さやコスト高に加えて、走行途中での充電スタンドが少ない、充電が面倒（充電プラグが重い、ケーブルが汚い等）等の問題がある[7.9]。充電スタンドの配置の方針は、経済産業省からの委託事業で交通シミュレーションによる研究が実施された[7.10]。これを基に平成25年度に次世代自動車の充電インフラ整備が国の事業として、自治体やメーカを巻き込んで進められている。一方、嫌われているケーブル利用での充電に対して、非接触充電の研究開発が進められている。しかし、効率向上、離隔距離と位置ずれ、電磁界漏れの影響等の解決すべき課題はある[7.11]。

一方では、水素燃料電池自動車（FCV）の市販化が聞こえてくるようになった。FCVは、車両に搭載する燃料電池スタックや水素タンク等の性能や安全性が向上してきたが、コスト高が課題である。また、充電インフラと同様に、水素充填スタンド等のインフラ整備を早急に進める必要がある。FCVでは、短時間での充填を行うため、スタンドでは100MPaの高圧水素を取り扱うことになり、設備コスト高や場所の確保等の課題がある。また、エネルギー・炭素フローを考慮した、化石燃料に依存しない低炭素な水素供給システムの整備も不可欠である。一般家庭や事業所でPVを利用した水素製造による水素充填する方法も提案されているが、国内では難しい。

(3) 一般住宅等でのスマート化

民生部門では、一般住宅の電化・スマート化による需要家サイドの省エネ・低炭素化が、スマートメータ、3電池（太陽光発電（電池）、燃料電池（FC）コジェネ、蓄電池システム）等の導入が提案されている。さらに、前述のEV等の次世代自動車も活用される。これらの機器と需要とを協調したエネルギーマネジメント、さらには、周辺の他の需要家と相互にエネルギー需給で連携したスマート化も提案されている。これらのマネジメント手法は、需給バランスを取りながら、省エネ、低コスト化、低CO_2排出、利便性等を評価項目として検討される。

東日本大震災以降、震災による停電、電力不足によるピーク対応、さらには、PV余剰電力の貯蔵を目的に、蓄電池システム（1kWh～10kWh）が導入され始めている。蓄電池システムには自立型と屋内配線供給型の2タイプがある（図7.1.2.2）[7.12]。自立型では、商用電源で充電し、利用時には自立した可搬型での利用が多い。家庭やオフィスで、本体にある複数のコンセントに電気機器を接続して、停電や過剰需要（ピーク）時等に、商用電源とは独立して電気機器に電力供給する（図7.1.2.3）。一方、後者は、設置型で、屋内配線に接続して、商用電源と連系し、ピーク需要や停電・瞬低に対応して電力を供給する（ただし、蓄電池システムから商業電源への逆潮はできない）。完全停電時には、自立して屋内配線に電力供給する。PV等との併設したシステムを住宅メーカが販売している。自立型では～3kW程度であるが、屋内配線供給型には、10kWの大きな出力容量のシステムもある。蓄電池には、リチウムイオン電池を用いたシステムが多い。

EVやPHV、FCVを電力供給の電源または電力貯蔵に利用しようとの

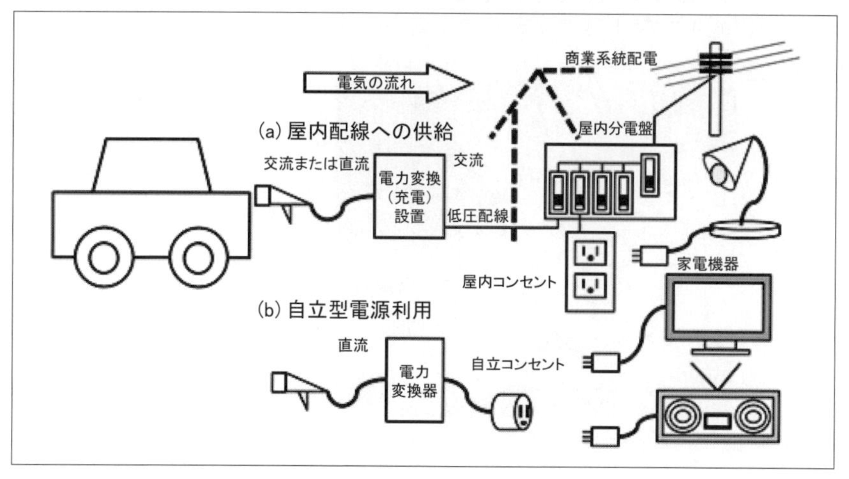

〔図7.1.2.2〕車両からの電力供給 [7.11]

提案がある。EV等のメリットとして電力貯蔵を考えて購入する人もいる[7.13]。車両の分散型電源利用も2タイプある。日産が提案するLEAF to Homeは、住宅の屋内配線に車両から電力変換器を通じて供給し、充電器として車両を充電する。住宅に備えたPVや蓄電池システムとの併用ができる。停電時等は、系統とは独立して電力を供給する。一方の三菱自動車のiMiEVやホンダのFCVでは、急速充電技術を使い、別置きの電力変換器に車両から直流で電力を送り、交流電源として利用する。また、トヨタのHEVプリウスやエスティマHEVでは、車内に100Vコンセントを備えて、車両の内外で交流が利用できるタイプもあ

(a) ホンダのFCV外部電力出力用電力変換器

自立型：ホンダのFCVのトランクルームに搭載された外部電力出力用の電力変換器。直流（青いプラグ）で取り出して、電力変換器で電力供給する。

(b) 日産自動車のLeaf to Home

屋内配線への供給：日産のLeafのV2H
（積水ハウス「観環居」にて）

〔図7.1.2.3〕車両からの電力供給の例[7.11]

る。将来技術として、ケーブル利用を利用しないで、電力の入出力を非接触技術の利用により、利便性向上を目指す研究もある [7.11]。

一般家庭における電気と熱の需要は、個人の生活パターンに依存するため、ピークも変動も大きい。一方、最近、普及が進んでいる太陽光発電は、発電が昼間であるため、供給と需要で、時間・量的にズレがある。これらのズレを蓄電・蓄熱を利用して調整するエネルギーマネジメント技術が高効率利用では必要となる。PV からの電気は、多くの場合、配電系統への連系で逆潮により蓄電池システムを代用されている。積極的な自家消費や停電時の自立運転を目的に蓄電池システムが設置されることもある。ただし、蓄電には、貯蔵時の入出力に電力変換ロスを伴うことにを考慮する必要がある。熱供給には、燃料電池コジェネや電気温水器、ヒートポンプ式給湯機（エコキュート）が導入され、貯湯槽による蓄熱が利用されている。近年では、一般家庭設置の FC コジェネシステムが普及し始めている。触媒等の耐久性向上、規制緩和、補機の低コスト化等が進み、固体高分子形燃料電池（PEFC）に加えて、固体電解質形燃料電池（SOFC）も販売されている（表 7.1.2.1）。共に、発電出力は約 0.7kW と小さいが、熱との併用利用で総合効率 90% 以上に至っている。ただし、熱ロスや湯切れ等の考慮が必要である。一般家庭での電気・熱の需要は、家族構成（人数、年齢等）や生活習慣により、需要量や比率で大小に差がある。これらの電気・熱供給のコジェネ FC や HP 式給湯機の導入によるエネルギー消費や CO_2 排出の削減の効果に差が生じる。特に、CO_2 排出量削減では、商用電源の排出原単位にも依存するため [7.14]、家族構成に

〔表 7.1.2.1〕燃料電池コジェネ

	PEFC タイプ	SOFC タイプ
発電出力	750W（出力範囲：200 ～）	700W
熱出力	1080kW（出力範囲：0.21 ～）	−
発電効率 LLV（HLV）	39.0%（35.2%）	46.5%（42%）
熱回収効率 LLV（HLV）	56.0%（50.6%）	43.5%（39.2%）
貯湯温度／タンク容量	60℃ /147L	70℃ /90L
備考（品番）	東京ガス：NA-0813ARS-K	大阪ガス：type S

http://home.tokyo-gas.co.jp/enefarm_special/enefarm/about.html
http://www.osakagas.co.jp/company/press/pr_2012/1196121_5712.html

よるや電熱需要の多様化に対応した運用方法を提案する必要がある。

(4) スマート化での課題

以上のように、住宅のスマート化では、多くの電力変換器が使われ、数 kW から数十 kW の大きな容量のシステムもある。それぞれの機器で十二分に安全性や高調波等の発生は抑制されているが、図 7.1.2.4 のように、多数機器の併設時には機器相互間の干渉が懸念される。エネルギーマネジメントでは、スマートメータを中心に制御することになる。導入する機器のメーカ間での通信の統一化が必要になる。

さらに屋外では、EV 充電、または、車両充電と V2H の相互給電に非接触給電技術が利用される可能性が高い。さらに非接触給電技術の発展では、屋内では、家電機器への給電から屋内配線レス化まで拡がりつつある。一般家庭への電力変換器の複数台数連系が生じ、相互干渉や非接触給電等での電磁界の環境影響に十分な配慮が必要となる。

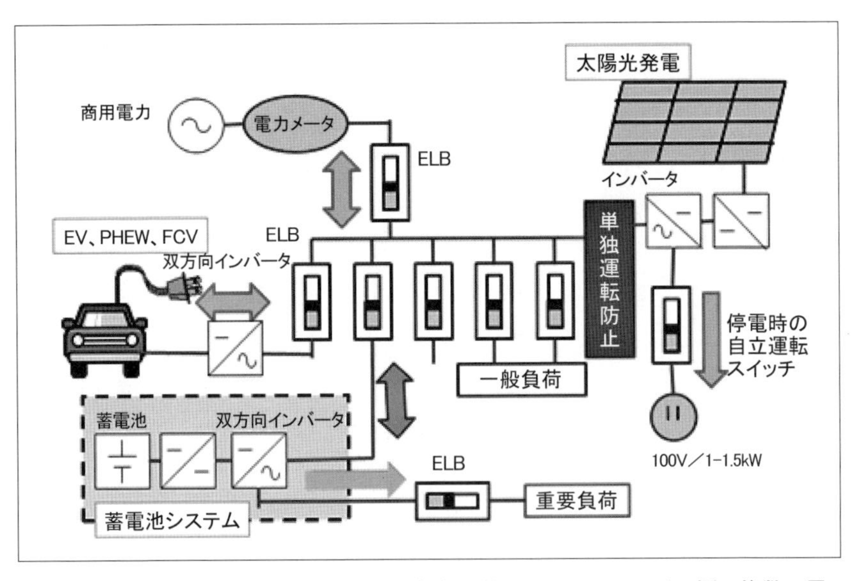

〔図 7.1.2.4〕複数種の分散型電源が一般家庭に導入されたイメージの例。複数の電力変換器が連系する（燃料電池コジェネや HP 式給湯器がさらに追加される）[7.11]

7.2 スマートホームに係る通信システム

7.2.1 Wi-SUN ECHONET Lite Profile 無線通信システム

スマートホーム構想の中核的な位置づけにあるHEMSアプリケーションについて、標準プロトコルとしてECHONET Liteが定義されている。本ECHONET Liteプロトコルを実現するための無線規格「Wi-SUN ECHONET Lite Profile」が、スマートメータ用無線の世界初の規格認証団体であるWi-SUNアライアンスによって規定されている。本節では、Wi-SUNアライアンスと、本規格の概要について説明する。

(1) 概要

スマートメータ用無線の世界初の規格認証団体Wi-SUNアライアンスは、2012年3月にIEEE 802.15.4g規格が策定されることを見込んだ上で、2012年の1月に設立された。Wi-SUNアライアンス設立の背景には、以下の要因によるIEEE 802.15.4g規格の普及化の遅れが予想されたことが挙げられる。

①認証、ならびにベンダ間相互接続性試験を行う機関が存在しなかった。

② IEEE 802.15.4g規格を物理層仕様とする無線機需要の中にも、上位層仕様に多様性がみられた（たとえば、IEEE 802.15.4規格や、IEEE 802.15.4e規格のそれ以外のMAC層仕様等）。

主なWi-SUNアライアンスのミッションは以下の通りである。

① IEEE 802.15.4g-2012、IEEE 802.15.4-2011規格に基づく無線機要求仕様の策定

②ベンダ間相互接続性試験手順の策定

③相互接続性試験手順書、試験設備を具備する試験機関の設立

④市場動向の調査

⑤営業計画の作成

⑥他の標準化・認証団体への寄与、ならびに当該団体との連携

Wi-SUNアライアンスの認証の対象は、物理層とMAC層であり、必要に応じてその上位層をインタフェースとして含める。物理層については、IEEE 802.15.4g規格をベースとすることが規定されている。対して、MAC層以上については特に条件を定めていない。以上の前提において、

想定されるアプリケーションに応じ、物理層、MAC層、（必要に応じて）インタフェースのそれぞれ適切な仕様を規定した上で、認証が行われている。こうした物理層、MAC層、（必要に応じて）インタフェースからなるプロトコルスタック仕様を、想定アプリケーションに対するWi-SUNプロファイルと定義している。図7.2.1.1に、Wi-SUNプロファイルの概念を示す。

図7.2.1.2にECHONET LiteのためのWi-SUNプロファイルを示す。ECHONET LiteはOSI参照モデルにおける第5層から第7層までの仕様を規定していることから、本Wi-SUNプロファイルはインタフェースを含めて第1層から第4層までを定義している。

Wi-SUN ECHONET Lite Profileは、ECHONET Liteプロトロルを無線によって実現するための技術仕様を効果的に定義していることから、情報通信技術委員会（TTC）によって制定された標準規格JJ-300.10（「ECHONET Lite向けホームネットワーク通信インタフェース（IEEE

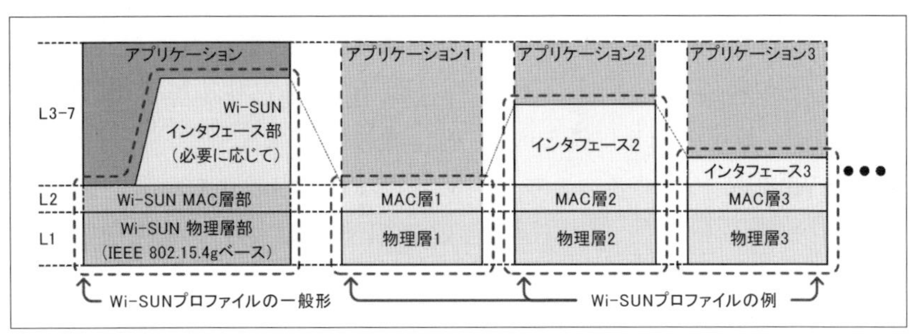

〔図7.2.1.1〕Wi-SUNプロファイルの概念 [3.59]

第5-7層	アプリケーション部	[ECHONET Lite]
第4層	Wi-SUN インタフェース部	Wi-SUNトランスポート層セキュリティ[PANA]
		Wi-SUNトランスポート層プロファイル[TCP, UDP]
第3層		Wi-SUNネットワーク層プロファイル[IPv6, ICMPv6]
		Wi-SUNアダプテーション層プロファイル[6LoWPAN]
第2層	Wi-SUN MAC層部	Wi-SUN MAC層プロファイル[IEEE 802.15.4/4e]
第1層	Wi-SUN 物理層部	Wi-SUN物理層プロファイル[IEEE 802.15.4g]

ECHONET Lite用Wi-SUNプロファイル：Wi-SUNアライアンスで認証・相互接続性試験を行う

〔図7.2.1.2〕ECHONET LiteのためのWi-SUNプロファイル [3.59]

802.15.4/4e/4g 920MHz 帯無線)」) に採録されている他、東京電力によるスマートメータ構想のうち、スマートメータと宅内エネルギー管理システムとの間の無線リンク (B ルート) としても採用されている。これを図 7.2.1.3 に図示する。なお東京電力では、平成 26 年度に 200 万台、平成 33 年度には 2700 万台への実装が見込まれている。以下では、Wi-SUN ECHONET Lite Profile の、物理層、MAC 層、およびインタフェースの仕様について説明する。

(2) 物理層仕様

Wi-SUN ECHONET Lite Profile の物理層仕様は、IEEE 802.15.4g 規格に準拠した 920MHz 帯 MR-FSK 方式を用いるものである。伝送速度については、100kbps が適用されている。

(3) MAC 層仕様

Wi-SUN ECHONET Lite Profile の MAC 層仕様は、IEEE 802.15.4/4e 規格が適用されている。当該 MAC 規格では、ビーコンモードとノンビーコンモードが定義されているが、Wi-SUN ECHONET Lite Profile では、いずれのモードも適用可能規定されている。

(4) インタフェース仕様

Wi-SUN ECHONET Lite Profile のインタフェース仕様は、ECHONET

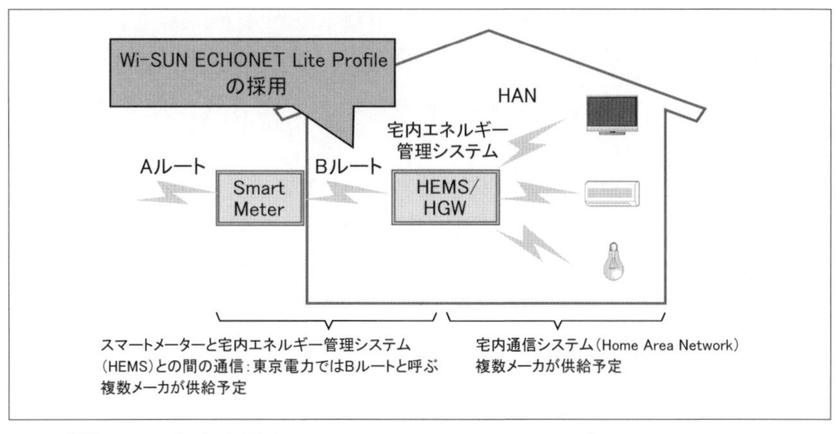

〔図 7.2.1.3〕東京電力システムにおける Wi-SUN プロファイル [3.59]

Liteのデータフォーマットが効果的に伝達できるように、上述の物理層およびMAC層の形式に加えて、アダプテーション層、ネットワーク層、トランスポート層のフォーマットとしてそれぞれ、6LoWPAN、IPv6/ICMPv6、UDP/TCPを適用しているものである。また、認証のためにPANA（Protocol for carrying Authentication for Network Access）プロトコルが適用されている。

7．2．2　高速電力線通信システム

家庭内に敷設されている電力線を使用してMHz帯の周波数で高速の信号を伝送する高速電力線通信システムも、ホームネットワークを構成する要素技術として期待されている。国内では、IEEE 1901に準拠したHD-PLC（High Definition Power Line Communication：高速電力線通信）が使用されている。ただし、日本の電波法では、スマートメータとホームネットワークを接続するBルートでの適用ができないため、別のルートからスマートメータの情報を取得する必要があるという問題がある。欧米等の日本以外の国では、MHz帯の周波数を使用する高速電力線通信もBルートでの通信が可能なため、HEMSを構成する通信方法として高速電力線通信を使用している例がある。

IEEE 1901に準拠するHD-PLC方式LSI（HD-PLC 3 Complete）の仕様概要を表7.2.2.1に示す[5.4]。

利用周波数帯域は、2MHz～28MHzが基本であるが、国によっては最大50MHzまで拡張可能である。また、従来のHD-PLCで採用されている仕様に加えて、伝送効率の向上のため、変調方式の最大多値度を

〔表7.2.2.1〕IEEE 1901に準拠するHD-PLC方式の概要[5.4]

標準名	IEEE 1901 HD-PLC（通称HD-PLC 3）
使用周波数帯域	2MHz ～ 28MHz（～ 50MHzまでオプションとして拡張可能）
変調方式	Wavelet OFDM（32PAM to 2PAM）
通信速度	240Mbps（最大変調速度）（50MHz拡張時480Mbps）
アクセス方式	CSMA/CA, DVTP（Dynamic Virtual Token Passing）
セキュリティ	AES 128ビット暗号化（簡単設定）
誤り訂正	リードソロモンとビタビの連接符号、LDPC-CC
消費電力	2.3W（PLCアダプター実装時）

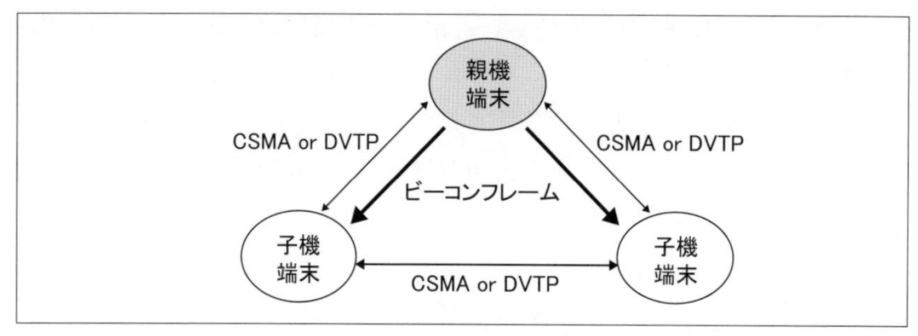

〔図 7.2.2.2〕HD-PLC における親機端末と子機端末のブロードキャスト方式 [5.4]

16PAM から 32PAM へ変更している。これにより、従来の 8bit/Hz から 10bit/Hz へ向上している。また、劣悪な電力線伝送路に対する耐性を向上させるために、誤り訂正符号に LDPC-CC が追加された。これにより、従来の RS（Read-Solomon）+CC の特性に比べ、約 1.2dB ～ 2.6dB 向上している。これらの仕様強化により、必要なノッチ形成後の理論的な最大 PHY 速度は 240Mbps、利用周波数帯域を最大 50MHz まで拡張した場合は 480Mbps を達成している。

MAC においては、親機がビーコンフレームと呼ばれる制御フレームをネットワーク内の全端末へ定期的にブロードキャストする方式を採用している（図 7.2.2.2 を参照）。これにより、ネットワーク内のメディアアクセス方式を統一し、QoS（Quality of Service）や各種制御のための管理を行っている。基本メディアアクセス方式には、CSMA（Carrier Sense Multiple Access）と DVTP（Dynamic Virtual Token Passing）がある。DVTP では、親機が動的にネットワーク内の端末に送信権を付与し、衝突の発生しないアクセスを実現している。

7.3　電力線重畳型認証技術（ソニー）

電力線重畳型認証技術は、アンテナを使って非接触で通信を行う従来の FeliCa/NFC とは異なり、認証・課金を行う高周波信号をスマートグリッドの電力線にのせて伝送する技術である。すなわち、電力線網にリーダライタの入出力端が接続され、グリッド内の一定の範囲にリーダライタの読み取り信号が重畳されるが、アンテナは設置されていないため、電力線の外には信号は送信されない。一方、電気機器側には、認証チップが内部に搭載され電力線に接続されている。電気機器の電源プラグがコンセントに挿入されると、電力線の物理的な接触を通じて、リーダライタで機器のIDが検知され認証される。電力線を通じた機器の認証、電力制御、支払い等を可能にするこの新しい通信技術は、これまでにないアプリケーションを実現する可能性をもっており、事業化に向けた研究開発が進められている[7.14][7.15]。

7.3.1　電力線重畳型認証技術の意義

生活の基盤となる電力に関わるシステムは、公共の利益に資するため、導入が容易で低コストでなければならない。また、スマートグリッド上で機密度の高い個人情報をあつかう際には、セキュアで安全性の高い通信技術が必要である。電力線重畳型認証技術はこれらの要件を満たす技術として注目されている。

7.3.2　電力線重畳型認証技術の特長

電力線重畳型認証技術の特長として、次の三つがあげられる。

①通信性：電力線の電力供給に依存しないパッシブ通信、高速認証
②操作性：事前設定なくすぐに使える、直感的な操作感
③導入容易性：電子マネーとの親和性が高く、小型で低コスト

(1) 通信性

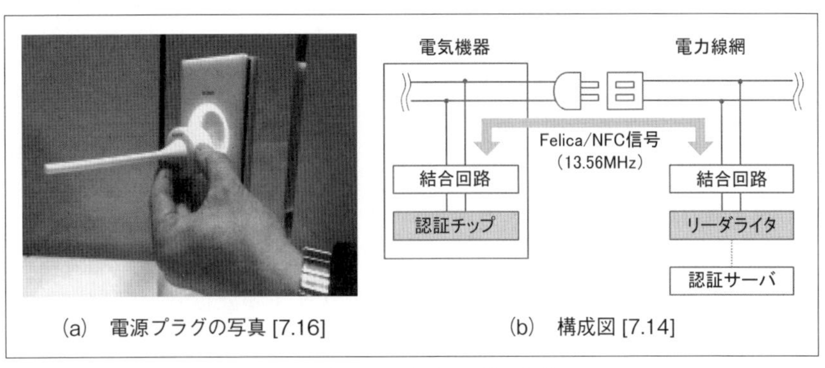

(a)　電源プラグの写真 [7.16]　　(b)　構成図 [7.14]

〔図 7.3.1〕電力線重畳型認証技術

電力線重畳型認証技術は、FeliCa/NFCの技術を継承したパッシブ通信を行う。すなわち、電力線を伝送路として利用するものの、AC100Vのような電力が供給されている必要はなく、リーダライタから送られる高周波信号を整流して得られる電力によって認証チップが応答する。電力供給を行う前に機器を認証することができるため、特定の機器だけに電力を供給する電力セキュリティーゲートや、接続された機器の電源仕様に応じてアダプティブに出力を自動調整するスマートコンセントを実現することができる。

公共交通機関での利用を想定して開発されたFeliCaは、約0.1秒での高速認証が可能である。この高速性を活かし、1個のリーダライタと複数のコンセントの接続を時分割で切り替えれば、コンセント毎にリーダライタを設置する必要がなく、低コストで導入することができる。

無線通信と比較して、有線では信号の伝送効率が高いため通信可能距離が格段に延長する。従来のアンテナを用いた非接触通信では読み取り可能距離が数cmとなる送信出力のリーダライタを電力線重畳型認証技術に適用した場合、長さ数十mの電力線の先に接続された電気機器の認証チップを読み取れることを確認している。

(2) 操作性

電力線重畳型認証技術では、ペアリング等の事前の通信設定は必要ない。ユーザーは通信を意識することなく、従来のように電気の利用のために電力ケーブルを接続するだけで、自動的に通信が行われ、必要な処理を施すことができる。

(3) 導入容易性

電力線重畳型認証技術では、専用のチップやリーダライタモジュールを用いることなく、従来のFeliCa/NFCのチップ、あるいはその他のRFID（Radio Frequency IDentification）の既存のモジュールを用いることができる。すでに普及が進んだ汎用部品や、既存の認証・課金インフラを流用したシステム設計が可能であるため、開発期間を短縮し、低コストでの導入が可能である。セキュリティー評価基準の国際標準であるISO/IEC 15408 EAL4を取得したFeliCaチップを用いれば、技術的には、楽天 Edy や Suica のような電子マネーも電力線上でやり取りすることができる。

高周波信号が重畳された電力線にアンテナをつけると、最後の数 cm を非接触で通信することができる。これにより、従来型の非接触通信と電力線重畳型認証技術を混在させたハイブリッドシステムを構成することができる。

7.3.3 期待されるアプリケーション

本節では、電力線重畳型認証技術のアプリケーション例として、「スマートコンセント」「EV スマート充電インフラ」「高容量バッテリーパックのバッテリーセル管理システム」を紹介する。

(1) スマートコンセント

モバイル機器の普及に伴い、外出先での電力利用のニーズが高まっている。従来、コンセントには認証機能がないため、利用者の管理ができず、外出先での電力利用の促進が妨げられていた。そこで、ソニーは認

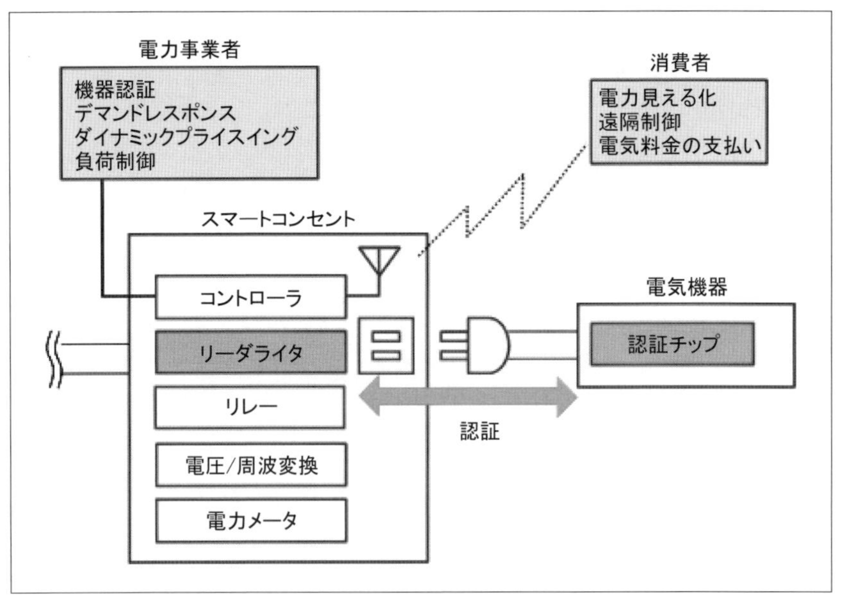

〔図 7.3.2〕スマートコンセント [7.14]

証機能付きのコンセントを提案している [7.17]。リーダライタを内蔵したコンセントに電気機器のプラグを挿すと、電気の利用が可能な機器と認証された場合のみ内部のリレーが ON になって電力が供給される。セキュリティーカードで代理認証を行う人の入退出管理システムと比較して、非接触 IC カードではなく電気機器そのものを認証する電力線重畳型認証技術を用いた電力セキュリティーゲートのコンセプトは、むしろ生体認証に近い。接続された機器を個体識別し、個々の機器が、いつどこでどれだけの電力が消費したのかを容易に把握することができるため、建物や地域全体での電力利用の効率化を行うことができる。

各電気機器に搭載された IC チップに電源仕様が書き込まれている場合、コンセント側がそれを読み取って自動的に出力する電圧や周波数を調整するスマートなコンセントを実現することができる。これを用いれば、ユーザーはプラグの形状や電圧の違いに頭をなやませることなく、たった 1 種類のプラグをコンセントに接続するだけで、世界中どこでも、電気を使用することができるようになる。

(2) 電気自動車 (EV) のスマート充電スタンド

電力線重畳型認証技術の課題は、認証チップを電気機器に搭載しなければならないことである。すでに市場にでている既存の機器には、チップ内蔵アダプタを電源プラグに外付けすることによって対応が可能であ

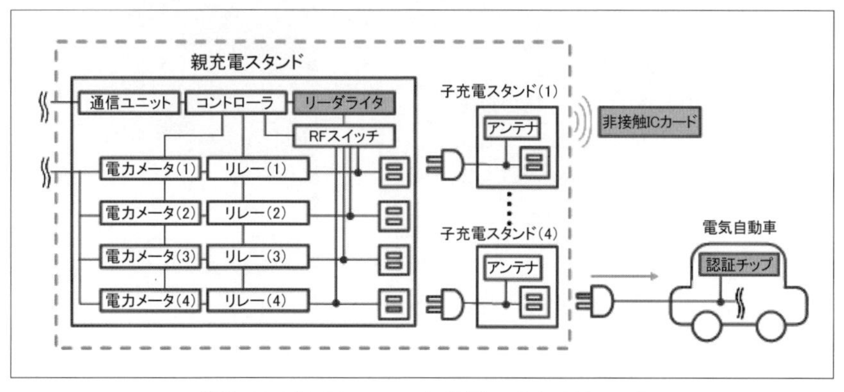

〔図 7.3.3〕EV スマート充電スタンド [7.14]

るが、やはり、望ましいのは、ユーザーの手間をかけずに、出荷時に最初から電気機器に認証チップを搭載しておくことである。その意味で、これからの普及が見込まれるEVへの対応は可能性が高い。ユーザーは、EVと充電スタンドを充電ケーブルで接続するだけで、認証、充電、課金および、充電履歴の記録が行われるので、利便性が向上する。EVは比較的大きな電力を必要とするため、機器認証による電力利用の効率化の意義も大きいと考えられる[7.18]。

(3) 高容量バッテリーパックのバッテリーセル管理システム

多くのリチウムイオンバッテリーはバッテリーパックごとに認証チップを搭載し適切な安全管理の下で使用されている。しかし、パック内のセルごとに認証する仕組みは確立しておらず、事実、バッテリーパックを開けて、中のセルだけを不正に交換する悪質な業者の存在も報告されている。そこで、電力線重畳型認証技術をつかった高容量バッテリーパックのバッテリーセルの管理システムが提案されている。

パッシブRFIDにセンサーを付け、低価格で、電池交換の必要がなく、リーダー／ライターから供給される電力によって、センシングと通信を

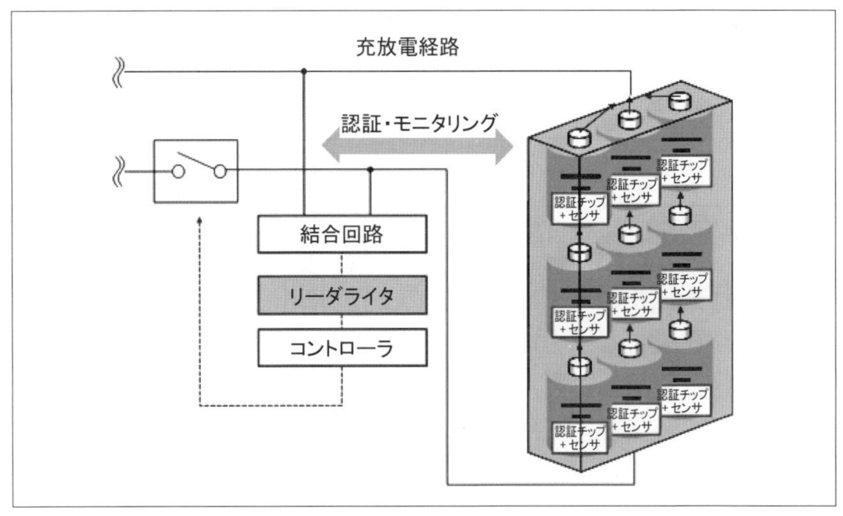

〔図7.3.4〕バッテリーセル管理システム

行うセンサー付きRFIDがある。センサー付きRFIDタグを個々のバッテリーセルに搭載し、電圧と温度をセンシングするが、バッテリーパックの外に設置されたリーダライタとの通信はアンテナを使わず、充放電の経路を介して行う。ハーネスを配置して各セルとの通信を行う従来の方式と比べて、価格的・サイズ的にメリットがある。通信とセンシングにセルの電力を消費しないため、バッテリーセルの管理システムの動作はセルの電圧に依存しない。そのため、寒冷地でセルの電圧が一時的に低下しても、認証とセンシングを行うことができる他、チップの消費電力の差によって、個々のバッテリーセルの電圧がアンバランスになることもない。

7.3.4　法規制

電力線重畳型認証技術は、新しい通信技術であるため、2013年現在、これに相当する適切な法規制は存在していない。本来なら、この技術を規格化し、法整備がされたうえで実用化するべきと考えられるが、それには時間がかかり市場の緊迫したニーズに応えることができない。

そこで、当面、この技術に近い「誘導式読み書き通信設備」と、「高速電力線搬送通信設備」の二つの規格にあてはめ、それらの基準値を満たすことで安全性を確認している。

(1) 誘導式読み書き通信設備としての対応

電力線にアンテナをつけ、非接触でも通信を行う場合は、誘導式読み書き通信設備の型式指定を取得しなければならないと考えられる。電力線にアンテナが付かない場合は、意図的な電磁界の放射はなく、コモンモード電流による漏えい電磁波が主となるため、アンテナ付きの従来の設備と比較して漏えい電界強度を基準値以下に抑えることは容易である。

(2) 高速電力線搬送通信設備 (PLC) としての対応

電力線重畳型認証技術にFeliCa/NFCを適用し、商用電源の電力線に信号を重畳する場合は、使用する周波数が13.56MHzであるため、高速電力線搬送通信に該当すると考えられる。

PLC装置のサイズは波長に比べて小さいため、建物内に配線される電力線のコモンモード電流が、主要なノイズ源になると考えられる。そこで、充電スタンドがつながる建物内の電力線に流れる導電ノイズを測定したところ、PLCの基準値を下回るように設計が可能であることが確認された。

7.3.5 今後の展望

先進国では電力は比較的安定して低価格で提供されている。電力のスマート化にはコストがかかることが通例であるため、新たな技術を本格的に普及させるまでのハードルは高いと感じられる。電力線重畳型認証技術も、単に電力利用の効率化目的の利用にとどまらず、電気自動車や電気機器のシェアリング、使用履歴の解析によるマーケティングへの応用、等の付加サービスと一体化して提供することが事業化のためには必要であろう。

一方、新興国では急速な経済発展による弊害が課題となっている。フィリピンでは有害な排気ガスが原因の呼吸器系の健康被害が深刻な社会問題となっているが、アジア開発銀行によれば、フィリピン全体の排ガス由来の大気汚染の3分の2がエンジン式三輪タクシー（トライシクル）によるとの試算があるという。フィリピン政府は、約350万台といわれるトライシクルの電気自動車化プロジェクトを推進中である。日本の企業にとっても、トライシクル本体だけでなく、電力線重畳型認証技術のような認証・課金システムまでふくめた充電インフラ全体のパッケージでの提案を行うことで、新市場開拓の商機とすることができるであろう。東南アジアの他、将来はインドやアフリカ等の市場に向けた輸出産業に育てることも可能である。

7.4 スマートホームにおける太陽光発電システム（日本電機工業会）

(1) スマートホームへの対応状況

太陽光発電システムのスマートホームへの関わりは、配電盤配下の機器との連携を進めるHEMSと、系統との連携を進め、検針・開閉動作等を実現するスマートメータに分けられる。これらの概念を図7.4.1に示す。

日本国内において、HEMSで利用されるEchonet Liteのプロパティ設定はJSCA（Japan Smart Community Alliance）スマートハウス・ビル標準・事業促進検討会の下、必須コマンドが検討されており、一般社団法人日本電機工業会（以下、JEMA）にもこれらを検討する委員会が設置されている。現状示されている最新の公開情報は「HEMS－重点機器 運用ガイドライン」、「HEMS－太陽電池／蓄電池 運用ガイドライン」もしくは、「住宅用太陽光発電／蓄電池－ HEMSコントローラ間アプリケーション通信インターフェース仕様書と認証試験仕様書」等で確認することができる。これらはあくまで日本国内に関する仕様を公開しているものであるが、世界市場を見据える場合、製品開発にあたっては競合する米国のSEP 2.0（Smart Energy Profile 2.0）および欧州のKNXとの関係も考えておかなければならない。以降については、主に国内での検討状況について示す。

太陽光発電システムにおけるHEMSの利用方法として、「動作状態（モード）の確認」、「瞬時発電電力計測値」、「積算発電電力量計測値」、「異常発生」等の、システムの動作状態を確認するものがあげられている。一般家電製品においては、上記以外に「運転モード設定」等の直接製品を制御するプロパティもあるが、製品自体がエネルギーを生み出す分散型電源への適用については、慎重な検討が重ねられている。ここまでは機器の個別利用に際してのHEMSの役割を示してきたが、太陽光発電システムにおいては、ユーザビリティ向上だけでなく、蓄電池と連携し

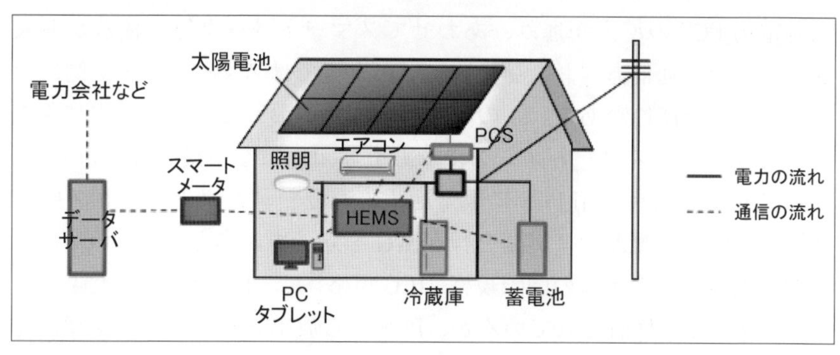

〔図7.4.1〕スマートホームにおけるスマートメータ・HEMSの役割 [7.20]

た創蓄エネというあり方が検討されている。通常、太陽光発電システムは売電による商用系統の電圧上昇が起きた場合、107Vを境に電圧上昇抑制機能が働き、停止する等の動作を行う。この動作は機器としての正常動作であり、系統側としては保安が確保されるため何ら問題ないところではあるが、停止しているということは、売電を行っている太陽光発電システム所有者から見れば、本来発電されるはずであった電力が発生しない状態となり、売電不能・宅内負荷での使用不能という、実質上の不利益となる。その点､創蓄エネでは一旦蓄電池に充電することにより、少なくとも宅内負荷での使用が可能であり、エネルギーの有効利用が可能となる。

一方、スマートメータはHEMSと比べて商用系統側に位置し、検針、HEMSとの通信、開閉制御等を行うことができる製品が存在する。太陽光発電システムとしての利点は、売電量も自動検針の対象に含まれるという部分である。HEMSと比べて利点は少ないものの、有用な機器であるといえる。

(2) 太陽光発電システムがHEMS・スマートメータに与える影響と対応

太陽光発電システムの中でも妨害波の発生要因であるパワーコンバータシステム（以下、PCS）には、UPS（無停電電源）、PDS（可変速駆動システム）のような､製品としてのEMC規格は存在していない。現状では、CISPRおよびIEC 61000シリーズを参照し、各メーカ独自に試験を行うことで自主的に対応を行っている状態にある。そのため、このまま太陽光発電用PCSの導入が進み、あわせてスマートメータ等の機器が導入された場合、通信方式および機器耐量によってはスマートメータ側に影響を与える可能性がある。この問題は国内外において広く対応すべきことであり、特にスマートメータに障害を与えかねない機器については、太陽光発電システム用PCSに限定せず、パワーエレクトロニクス機器全般についてJEMA内に実証を行うWGを立てて対応を行っている。

太陽光発電システムの国際規格（IEC規格）は、IEC/TC 82（太陽光発電システム）で検討されているが、PCSから放出されるエミッション規格に関しては、CISPR/SC-Bで検討されている。日本はTC 82において、

CISPR 11を加味した形での太陽光発電用PCSのEMC規格作成を公式に発案し、PT（プロジェクトチーム）リーダーとしてIEC 62920の審議を開始した。ここで規定する項目の中には、次の要素が含まれる。

①出力によるクラス分け

② PCS筐体からの放射許容値＊と測定方法

③ PCSのAC側・DC側端子の雑音端子電圧許容値＊と測定方法

④機器の放射・伝導妨害波耐量

＊：ここで示す「許容値」は原則として既存規格から参照し、他規格との干渉が起きないように進める。

また、太陽光発電用PCSが他のパワエレ機器等と違う点として下記の3点があげられる。審議においては、既存規格の枠から外れたこれらの事項を考慮した測定方法（機器配置）等が議論の中心になるものと思われる。

①系統に接続する発電機である

②入力が直流である

③数百Wから数MWまでのラインナップがある（住宅用は4kW～5kW）

以上の太陽光発電システムとしてのEMCの考えや取り組みは、分散型電源全体に波及するものであり、今後のスマートグリッドを考える上で早急に取り組むべき課題であると考えられる。

7.5　スマートホームにおける電気自動車充電システム

電気自動車（EV）やプラグインハイブリッド車（PHEV）の普及への課題の一つとして、充電作業の煩わしさを感じさせない仕組みが必要とされており、無線電力伝送を用いた非接触充電システムが期待されている。図7.5.1に示すように、駐車スペースに設置した送電パッドの上に、受電パッドを車両の下に搭載したEVを停車するだけで充電が可能となる。荒天時等に充電用ケーブルを着脱する不便を解消することができる点で期待が大きい。

現在は、駐車した場合に送受電パッド間に前後左右の位置ずれが生じても、効率の低下が少ない磁気共鳴方式の無線電力伝送が注目されている [7.21]。10cm ～ 20cm 程度上下に離れた送受電パッドの間で、7kW 程度までの電力を高効率に伝送するものが提案されている。

図 7.5.2 に、電気自動車の非接触充電に向けた無線電力伝送システムの構成の一例を示す。電力伝送には、20kHz ～ 150kHz 程度の周波数が用いられる。なお、送受電間の電力伝送制御装置の間で制御信号をやり取りするための無線機も必要となる [7.22]。

一方、EMC の観点からは、電気自動車の有線充電に用いられる装置

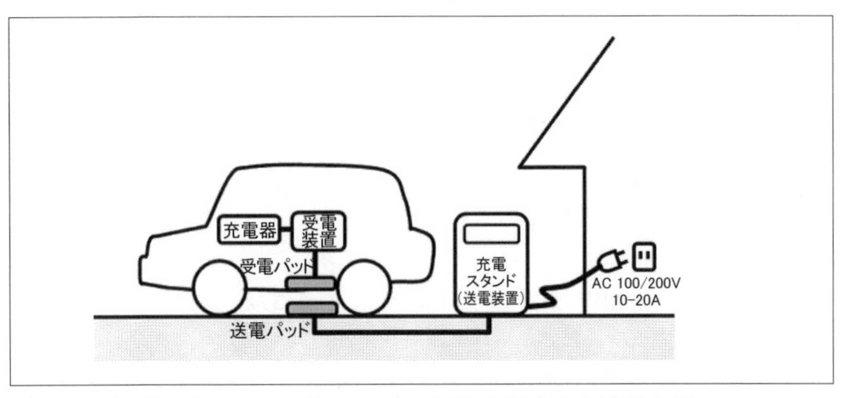

〔図 7.5.1〕プラグインハイブリッド車や電気自動車の非接触充電 [7.23] [7.24]

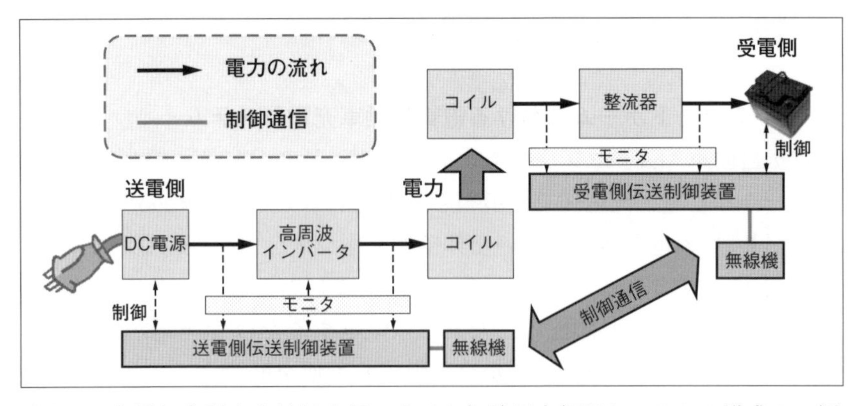

〔図 7.5.2〕電気自動車非接触充電に向けた無線電力伝送システムの構成の一例 [7.23] [7.24]

の要件に加え、送受電パッドに用いるコイルから輻射される電力伝送周波数や図 7.5.2 の高周波インバータに起因する高調波、等の各周波数における漏洩電磁界に関する追加要件が検討されている。たとえば、他の電波機器への干渉を低減するための放射エミッション、人体防護指針（たとえば国内指針 [7.25][7.26]、ICNIRP による指針）等が対象となる。

なお、電力伝送方式や伝送周波数に関わる法制化・標準化が国内外で行われている。そのうち EMC 関係では、国内は、情報通信審議会電波利用環境委員会のワイヤレス電力伝送作業班、ブロードバンドワイヤレスフォーラム [7.27] の中に設けられたワイヤレス電力伝送 WG の WPT 標準開発部会、等で検討が進んでいる。また、国際的には IEC TC 69/JPT61980 で、また米国 SAE International の TF J2954 でも検討されている。

なお、V2G（Vehicle To Grid）に対応するための双方向の無線電力伝送に関しても実験を含めた研究が行われている [7.28]。

7．6　スマートホーム・グリッド用蓄電池・蓄電システム [7.29]（NEC：日本電気）

太陽光発電等の再生可能エネルギーの爆発的な普及とともに、エネルギーを「貯められる」蓄電システムが社会全体に広がることが期待されている。NEC は 1990 年代からリチウムイオン電池の開発に取り組み、これまで携帯電話や電動アシスト自転車向けのリチウムイオン電池の開発・製造を行い、EV 向けのリチウムイオン電池技術の開発を進めた。日産自動車株式会社と共同開発したリチウムイオン電池は、高い安全性衝撃や高温にも耐えうる、安全性と耐久性を兼ね備え、EV「日産リーフ」に採用されている。

NEC の大容量リチウムイオン二次電池は、従来から主流の電極を巻いた捲回構造ではなく、電極を幾重にも重ねた積層構造を採用している [7.30]（図 7.6.1）。そのため高い放熱性を実現すると同時に薄型であり、自動車等搭載スペースが限られている用途に適している。また、正極材料は過充電に強く、かつ熱的安定性に優れるマンガン系材料を採用することにより、高い安全性を実現している他、水銀、カドミウム、鉛等の環境に有害な物質を使用していないことも特長である。

前述の自動車用リチウムイオン二次電池はNEC相模原事業所内のNECエナジーデバイスの生産ラインにおいてその心臓部である電極の量産を行っている。ここは世界最大級の生産能力を有し、大量生産によるコスト優位性を発揮している。この電極を用いたリチウムイオン二次電池（セル）は日産自動車とNECグループの合弁会社であるオートモーティブエナジーサプライによって製造される。

さらに、NECでは2011年7月には家庭内の電力を自立制御できるリチウムイオン電池家庭用蓄電池システムを開発（図7.6.2参照）、2012年3月には量産を開始した。こうした蓄電システムは車載用電池に採用された高い安全性と耐久性、また通信機器で培った長期屋外設置機器の筐体（きょうたい）技術等を活かし、電池単体だけでなくシステム全体まで3階層で安全性を確保している。

NECの蓄電システムは、系統連系機能とクラウドを介したエネルギーマネジメント機能を兼ね備え、系統電力網や太陽電池に加え、燃料電池とも連携し、多様なエネルギーアクセス網と分散電源を巻き取る「ハブ」の役割を担う（図7.6.3参照）。将来的には、それぞれの需要家が電力自立化し、連携し合うことで、電力の余剰や不足をエネルギークラウドがリアルタイムに把握･分析し、きめ細かな情報を提供するとともに、少し先の需給見通しを予測して需給調整を行うことにより、コミュニテ

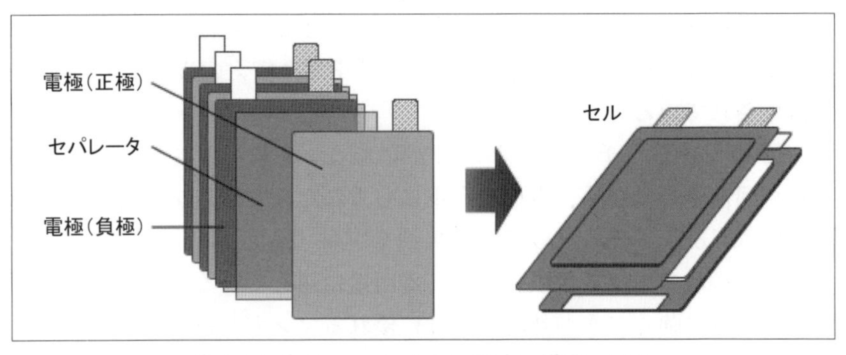

〔図7.6.1〕リチウムイオン電池の構造 [7.30]

ィレベルでの電力自立化に貢献する（図 7.6.4）。

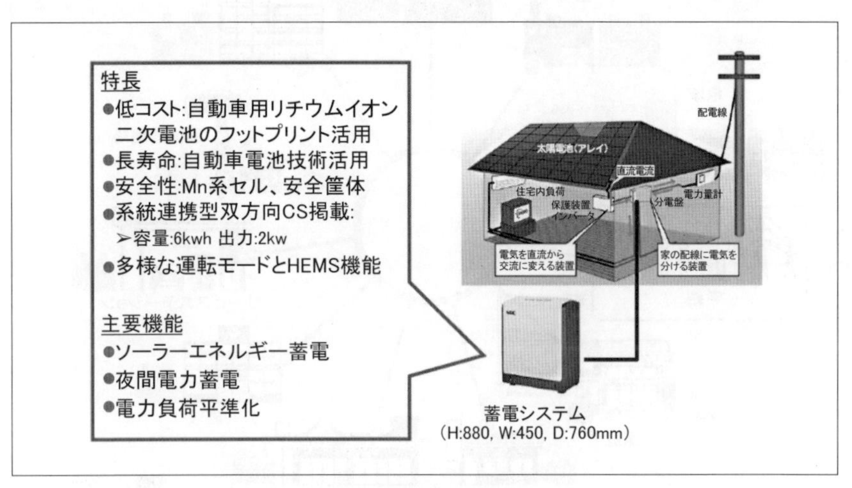

〔図 7.6.2〕家庭用蓄電池システム [7.31]

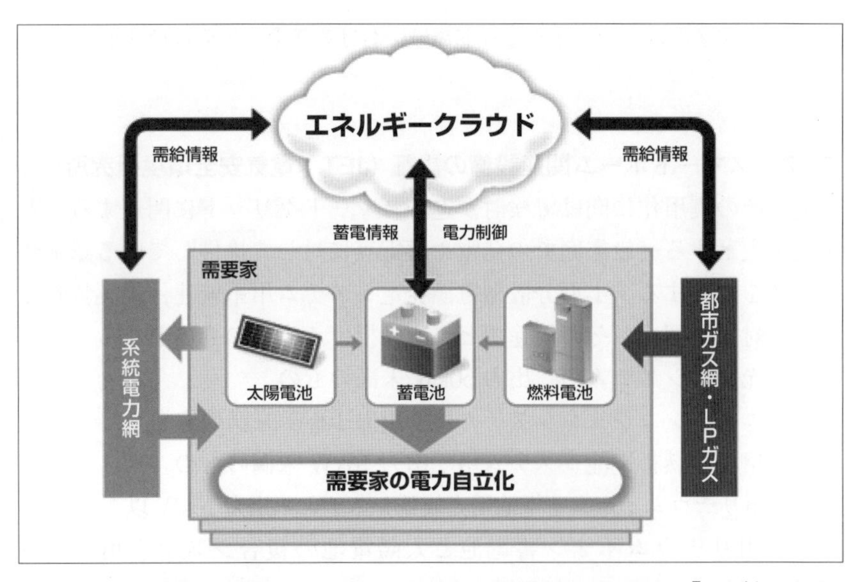

〔図 7.6.3〕多様なエネルギーアクセス網と分散電源を巻き取る「ハブ」の役割を担う蓄電池 [7.32]

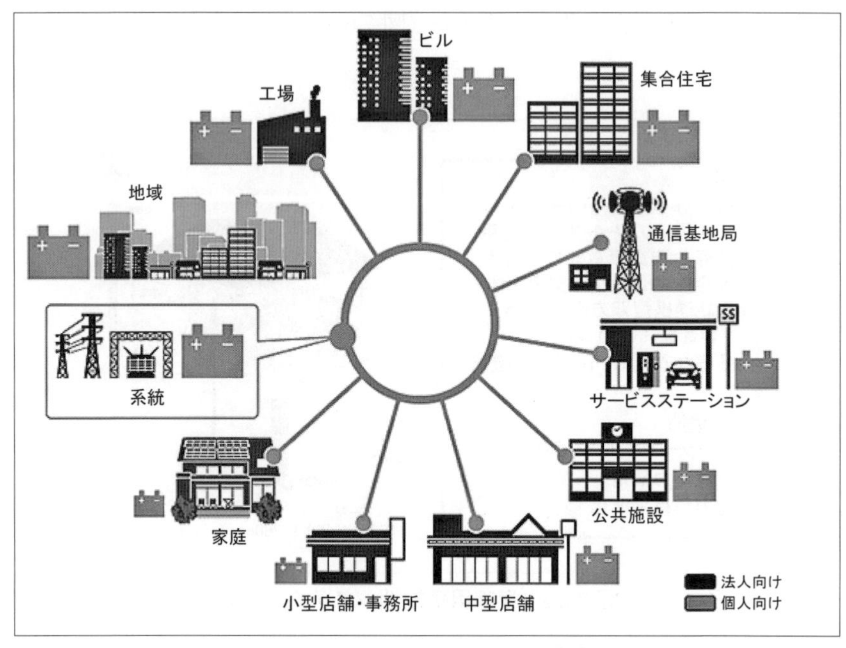

〔図 7.6.4〕スマートグリッド領域における蓄電システム [7.32]

7. 7　スマートホーム関連設備の認証（JET：電気安全環境研究所）

近年その実用化に向けて検討が進むスマートグリッドに関連する、太陽光を主とする一般家庭での発電や蓄電等に対して提供している認証サービスを紹介する。小型分散型電源発電システム用系統連係保護装置等の認証対象範囲は、その用途ごとに次に掲げる出力のものとなる。

①太陽光発電システム用：出力 50kW 未満のもの
②ガスエンジンコジェネシステム用：出力 10kW 未満のもの
③定置用小型燃料電池システム用：出力 10kW 未満のもの
④定置用リチウムイオン蓄電池用充放電システム：出力 10kW 以下のもの
⑤定置用リチウムイオン蓄電池と太陽電池の複合システム用：出力 10kW 以下のもの
⑥ガスエンジンコジェネと定置用リチウムイオン蓄電池との複数入力用

であって、出力が10kW未満のもの
⑦定置用小型燃料電池と定置用リチウムイオン蓄電池との複数入力用であって、出力が10kW未満のもの
⑧電気自動車等搭載蓄電池（直流接続型）用であって、出力が10kW未満のもの
⑨太陽電池と電気自動車等搭載蓄電池（直流接続型）との複数入力用にあっては、出力が10kW未満のもの

住宅向けパワーコンディショナに製品認証の手法を適用することを通じて、第三者による系統連系要件の包括的な確認サービスの提供という形で貢献する。

電力系統への連系のための協議については、接続場所の個別の状況に応じて系統との協調を確保するための保護装置の確認、系統への影響等評価が必要になるため、個別に協議を行うことが原則になっている。この個別協議に要する期間の短縮を最大限実現するために、各電力会社と十分すり合わせた上で製品認証サービスを提供している。

(1) 太陽光発電システム用系統連系保護装置等の認証

近年、太陽光発電の家庭への普及が進んでいる。太陽電池で発電されたDC電力は、パワーコンディショナ（以下、PSC）によって家庭で使用できる商用周波数のAC電力へと変換される。発電されたAC電力は、その家庭の家電製品を動かすために利用する他に、余剰分を商用電力系統に逆潮流させることが一般的となっている。スマートホームは、家庭内で使用する家電製品や太陽光発電システム、蓄電システム等を一元管理することによって、家庭内の電力消費を抑えることができる。

太陽光発電システムによって発電された電力を逆潮流させるためには、電力会社との系統連系協議が必要となるが、その簡素化のために、太陽光発電システム用系統連係保護装置等の認証が運用されている。この認証では、系統連系保護機能を備えたDC電力をAC電力へと変換するインバータ（逆変換装置）が、電力品質確保に係る系統連系技術要件ガイドライン、電気設備技術基準の解釈や電気用品の技術上の基準を定める省令の解釈等を基に作成した基準を満足していることを確認する。

この基準には、EMCの要求事項も含まれている。

DC電力からAC電力への変換にスイッチング技術を利用するPSCでは、スイッチングノイズが大きく発生するため、これを抑えることが重要である。EMC要求事項では、家庭内での電磁両立性を確保する目的で、PSCから発生する妨害波に対する許容値を定めている。測定対象はPSCの交流端子および直流端子である。交流端子での測定は、PSCの交流端子から系統に放出される妨害波を抑える目的で実施されるもので、多くの電気製品に要求される。一方、太陽光発電システムは特有の直流端子を持つため、この直流端子に対しても妨害波の許容値を設定している。測定方法および許容値は、CISPR 14-1の負荷端子電圧測定を準用している。これを満足することにより、太陽電池からPSCに接続される直流ケーブルからの妨害波の放射を低減する効果を期待している。直流端子に対する測定要求は、CISPR 11で新たに導入された測定と同等の効果を期待できるもので、世界に先駆けた測定要求となっている。

(2) 太陽電池モジュールの認証

JETの「太陽電池モジュール認証制度」(JETPVm認証)は、現在国際的に広く使用されている性能認証規格および安全性認証規格(IEC規格)に適合した製品が継続的に製造されていることを、製品試験と工場調査を通じて確認し認証する制度である。

(3) ECHONET Lite認証

JETは、エコーネットコンソーシアムにより認定された認証機関として、ECHONET Lite規格適合性認証のサービスを提供している。申込みいただいた製品について、ECHONET Lite規格への適合を確認し、認証登録証を発行する。この認証を得た製品には、適合を示すマークを表示することがでる。

ECHONET Lite規格は、図7.1.1に示すように家庭内の製品をホームネットワークにより相互接続し連携できるようにするための規格である。シンプルで使いやすく、また下位通信メディアに依存しない規格になっている。

(4) 定置用リチウムイオン蓄電池導入促進対策事業費補助金に関する機

器対象基準による認証

一般社団法人環境共創イニシアチブ（以下、SII）が定める機器対象基準による認証を行う指定認証機関として、JETが登録された。機器登録を受けるためには、①蓄電池部、②蓄電システム部のそれぞれについて、指定認証機関による認証が必要である。

①蓄電池部：機器対象基準で定められる試験を行って、部品認証サービスのスキームにより認証

②蓄電システム部：蓄電システム部による試験を行って、S-JET認証のスキームにより認証

(5) リチウムイオン蓄電池を利用した蓄電システムの一般財団法人環境共創イニシアチブ（以下、SII）補助金制度

東日本大震災後の電力不足は大きな社会問題となった。計画停電等の電力不足への対応はインパクトが非常に大きく、それを解消するツールの一つとして蓄電システムが注目された。蓄電システムは主に夜間の余剰電力を蓄電池に充電し、昼間の電力使用量がピークを迎える時間帯に電力を放電するシステムであり、電力のピークカット・ピークシフト効果を期待できる。

SIIは、その早急な普及を促進する目的で、リチウムイオン蓄電池を使用した蓄電システムを対象とした補助金制度「定置用リチウムイオン

〔図7.7.1〕ECHONET Lite規格の応用例

蓄電池導入促進対策事業費補助金」を開始した。補助金制度の対象となる蓄電システムの例を図7.7.2に示す。この制度への申込み要件として、SII指定の認証機関により、JISC 4412-1またはJISC 4412-2に基づく認証を受けることが要求されている。このSIIで定める基準では、製品の電気安全性の要求に加え、EMCについても要求されている。

蓄電システムは、夜間充電時にパワーコンディショナーシステム（以下、PSC）によりACからDCに変換された電力をリチウムイオン蓄電池に充電し、昼間放電時にPSCによりDCからACに変換された電力を家庭内の系統もしくは冷蔵庫等の重要な負荷に給電（放電）する。PSC部は太陽光発電システムと同様の技術を用いているものであるため、スイッチングノイズが大きく発生し、この低減が課題となる。

SIIで定める基準のEMC要求は太陽光発電システムのEMC要求と同様に、系統に接続されるAC端子伝導妨害波、および停電時にも常時電力を供給したい冷蔵庫等の重要な負荷へのAC出力端子での妨害波測定を要求している他、HEMSの通信に利用されるLANポートの測定、高調波電流の測定等が要求されている。

(6) 定置用小型燃料電池システムの系統連系保護装置等の認証

家庭内発電システムとしては、太陽光発電システムの他に燃料電池による発電システムの普及も進んでいる。燃料電池システムは、燃料電池

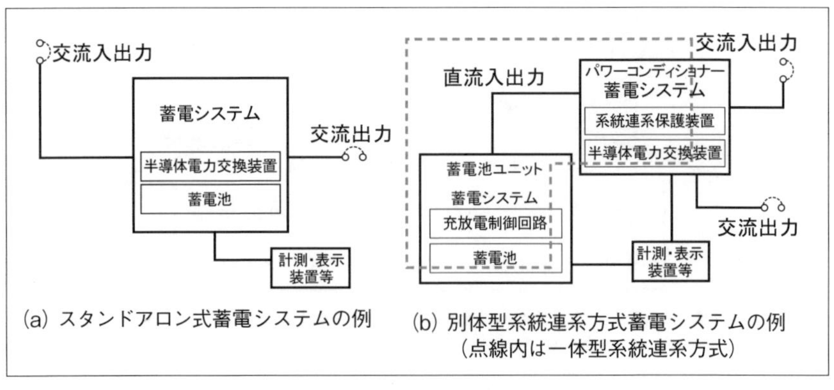

〔図7.7.2〕補助金制度の対象となる蓄電システムの例 [7.35]

により発電されたDC電力をPSCによりAC電力に変換し、家庭内の系統に給電する。DC電力をAC電力に変換するシステムが太陽光発電システムと同様の技術であるため、PSC部分に対する、定置用小型燃料電池システムの系統連系保護装置等の認証は、太陽光発電システムとほぼ同様の要求を定めている。

太陽光発電システムは、図7.7.3に示すように太陽電池から発電されたDC電力がPSCの外部から給電されているためにDCケーブルが接続されるが、燃料電池システムは、製品内の燃料電池が発電したDC電力が直接PSCに給電されるため、DCケーブルが不要となる。DCケーブルが接続された場合、このケーブルからの不要輻射が懸念されるため、これを低減する目的で直流入力端子での妨害波測定が要求されるが、燃料電池システムにはDCケーブルが接続されないため、直流入力端子での伝導妨害波測定が要求されない。

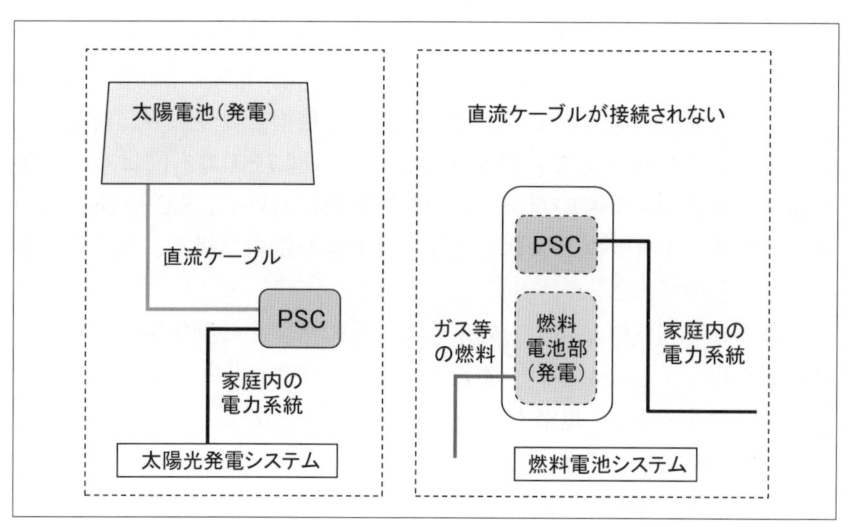

〔図7.7.3〕燃料電池システムと太陽光発電システム [7.36]

7.8　スマートホームにおけるEMC

7.8.1　スマートホームにおけるEMCの課題：新規コンポーネントによるノイズ

スマートホームによって、家の中の電磁環境のメカニズムが根本的に変わるわけではない。しかし、省エネ、創エネ、蓄エネを目指す中で、従来にはなかった新しい電子・電気機器が家の中に入ってくる。また、これらが起こす電磁干渉は、これまでと程度が異なるものもあり規格や法規制が未整備のものもある。

スマートホームで新規コンポーネントというと、まず頭に浮かぶのが、太陽電池である。2011年の震災以降、最も注目を浴びている創エネデバイスといえる。再生可能エネルギーの大本命である太陽エネルギーを、消費エネルギーの最終段階である電気エネルギーに直接変換するわけであるから、理想的な創エネデバイスといえる。しかし、これを現在使用中の機器やインフラの中で活用しようとすると、パワーコンディショナー等の電力変換機が必要となる。太陽電池以外にも、家庭用蓄電池や、LEDライト等、高効率な省エネルギーを謳う新コンポーネントは数多くある。

また、利便性という点では、無線電力伝送技術というのも、新たなコンポーネント技術として注目を浴びている。図7.8.1の右図はパワー半導体の性能に関するものだが、電力変換回路において、SiCやGaN等の新しいワイドギャップ半導体を使うと、大きな電力を扱え、効率が上がるというものである。

このような利便性が高く、効率のよいものは、その副作用としてノイズ問題を起こすものが多い。またこれらの新規コンポーネントや新規デバイスに対するEMC規格や規制は、商品が世に出て、障害が起きてから後追いで制定されるものがある。

(1) LED照明のEMCリスク

環境省および経済産業省は「あかり未来計画」と題して、なるべく早期に省エネ性能に優れた電球形蛍光ランプやLED照明等、高効率な照明製品への切替えの推進を行っている[7.2]。これを受けて、パナソニックでも白熱電球の生産終了時期を半年前倒しして年内に2012年10月

31日を終了すると発表した。LEDは白熱電球と比べて電力使用料が8割減であることや寿命が約40倍あることがメリットだが、効率を上げるためにEMC的な副作用のリスクもある。このような新規コンポーネントが出た際に、規格や法規制が後手にまわることがよくあることだが、LEDについてもそれが起こっている。東北のある街で街路灯をLEDに替えてTVの受信障害が起こったというニュース報道があったが、これは、LEDが当時、電安法の品目対象外であったこと、そして、この問題を起こしたLEDが新興のメーカーの製品であったという2点が主要因と考えられる。ちなみに、LEDは2012年7月から電安法に入ることになった。また、照明の規格でいうと国際規格としてCISPR 15があるが、これが国際整合に対応している省令2項と一致していない部分がある。たとえば、30MHz～300MHzの放射妨害波がCISPRでは10m法での測定だが、省令2項ではこの規定がなく、代わりに雑音電力を測定することになっている。なお、パナソニックは従来の照明機器メーカーとしてのノウハウを有しており法規制の整備が完了する以前から、ノイズ品質は確保した商品を出荷している。

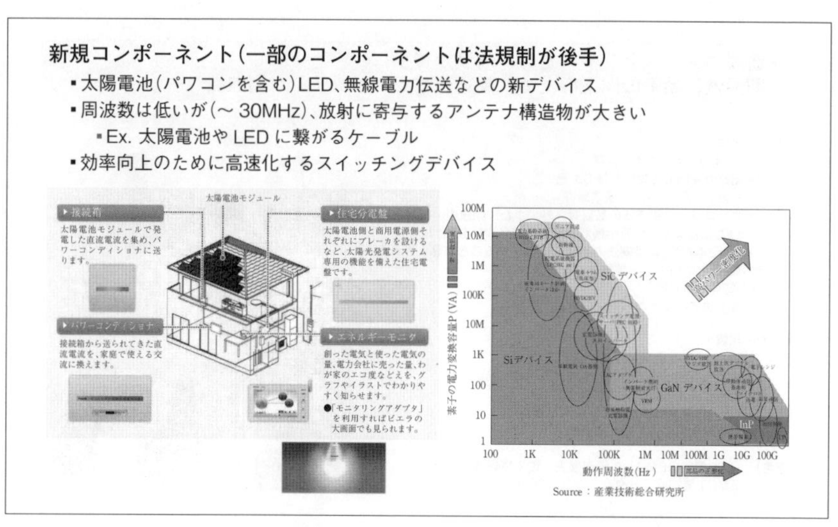

〔図7.8.1〕新規コンポーネントによるノイズ[7.3]

次に技術的課題を述べる。一般的にはスイッチング周波数は上げれば上げるだけ、効率もよくなるし、電源回路も小さくなる。一方で、同じ大きさの筐体で効率がよくなるということは、ノイズ源としては、逆に大きくなる可能性がある。LED電球が大きなノイズ源になりうる最大のポイントは、従来の家庭の白熱球では高周波電流は出していないので白熱球の先に電源配線が付いていても問題にならなかったが、LEDや蛍光灯の場合はスイッチングしているので高周波電流源となるということである。そして、その先の長い電源配線はノイズを輻射するアンテナになるが、これは数百kHzから数MHzの電磁波を放射するのに十分な長さを持っている。屋根裏に長い電源配線が低インピーダンスのアンテナ配線であるからである。さらに屋根裏ではこのような電力線とTV受信機のフィーダー線や情報線が電磁気的に分離されている保証はない。レガシーの白熱電球の場合はただの電力線であったのが、LED等を接続したがために電力線がノイズを出すアンテナになり、それが隣接するTV受信機のフィーダー線やLANケーブル等の情報線に影響を及ぼすのである。

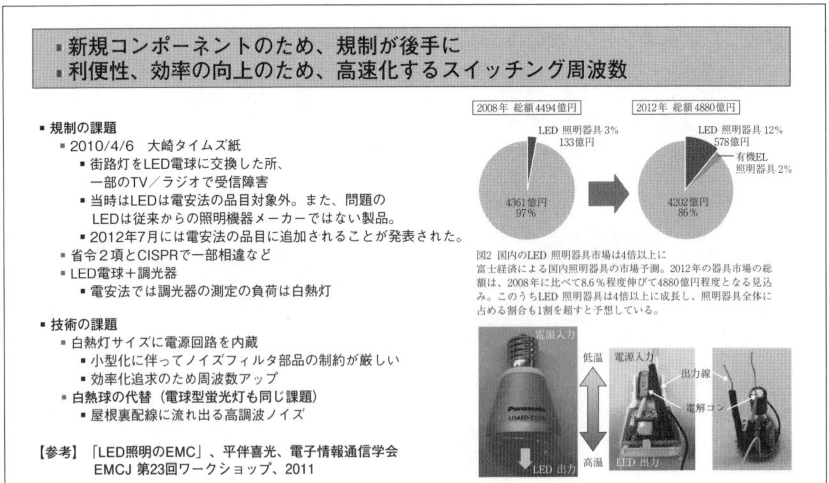

- 新規コンポーネントのため、規制が後手に
- 利便性、効率の向上のため、高速化するスイッチング周波数

- 規制の課題
  - 2010/4/6　大崎タイムズ紙
    - 街路灯をLED電球に交換した所、一部のTV／ラジオで受信障害
    - 当時はLEDは電安法の品目対象外。また、問題のLEDは従来からの照明機器メーカーではない製品。
    - 2012年7月には電安法の品目に追加されることが発表された。
  - 省令２項とCISPRで一部相違など
  - LED電球＋調光器
    - 電安法では調光器の測定の負荷は白熱灯
- 技術の課題
  - 白熱灯サイズに電源回路を内蔵
    - 小型化に伴ってノイズフィルタ部品の制約が厳しい
    - 効率化追求のため周波数アップ
  - 白熱球の代替（電球型蛍光灯も同じ課題）
    - 屋根裏配線に流れ出る高調波ノイズ

【参考】「LED照明のEMC」、平伴喜光、電子情報通信学会 EMCJ 第23回ワークショップ、2011

2008年 総額4494億円
LED 照明器具 3%
133億円
4361億円
97%

2012年 総額4880億円
LED 照明器具 12%
578億円
有機EL
照明器具 2%
4202億円
86%

図2 国内のLED 照明器具市場は4倍以上に
富士経済による国内照明器具の市場予測。2012年の器具市場の総額は、2008年に比べて8.6％程度伸びて4880億円程度となる見込み。このうちLED 照明器具は4倍以上に成長し、照明器具全体に占める割合も1割を超すと予想している。

電源入力
LED 出力
低温
高温
電源入力
出力線
電解コン
LED 出力

〔図7.8.2〕LED電球によるノイズ [7.3]

(2) 太陽電池／パワーコンディショナーのEMCリスク

次に太陽電池という新規コンポーネントについて説明する。LED素子がDC電流で光るが、AC電源につなぐためにAC-DCコンバータ（スイッチング素子を内蔵）を介するのとは逆に、太陽電池はDC電位を発生する素子であるが、利用する際にはAC電位に変換したり、DC電位を変更して使用するため、DC-ACコンバータ（スイッチング素子を内蔵）が必要になる。これについてもLEDと同様、新規コンポーネントのために規制が後手になっている。

実際に高周波スイッチングをするのは、太陽電池パネルではなく、その先についているパワーコンディショナーである。ここでDC-DCやDC-ACの電力変換を行う際にノイズが発生する。従来、このような電源装置を評価する際には、その先に擬似電源回路網（LISN）を接続して測定していたが、太陽電池や家庭用蓄電池に接続するパワーコンディショナーの場合、出力が従来のようなAC電力ではなく、DC電力なので従来のLISNが使えない。現在、CISPRでDC-LISNの定義が進められている。

太陽電池／パワーコンディショナーについても、法整備が整う前に商品化がすすんでおり、障害も報告されている。原因は明確にはなっていないが、太陽電池がノイズを発生する基本メカニズムはLEDの場合と

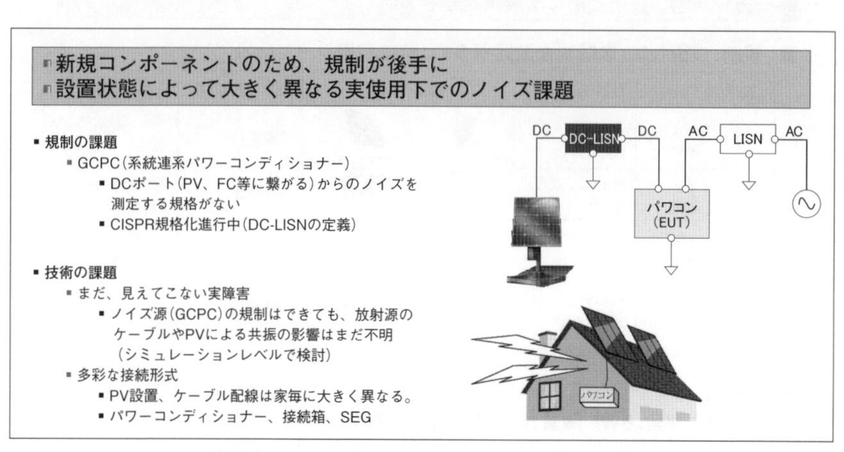

〔図7.8.3〕太陽電池／パワーコンディショナーによるノイズ [7.3]

同様である。スイッチングとしては数百 kHz で、その高調波が数 MHz ぐらいまで広がっているのが、問題は、その先に十分に長いケーブル等ノイズを輻射するアンテナとなりうる金属構造物がついており、しかも、それがアースから離れた状態にあるという点である。また、パワーコンディショナー本体が EMC 規格をクリアできても、接続形態が家ごとに変わってくるので、当然、ノイズの出方も変ってくる。これについては、実証実験が各地で進む中で検証していく必要がある。

(3) 無線電力伝送機器の EMC リスク

無線電力伝送技術は、スマートホーム、スマートコミュニティと同時に、ここ数年大きな関心を集めている技術である。5W 以下の電力のものについては、たとえばシェーバーの充電器等古くから製品応用されているが、ここ数年では Qi 規格等の標準化も進んで、今後スマートフォンの充電等を通して大きく広がっていくと考えられる。5W 以上のものについては、まだ事例は少ないが、パソコンや EV 充電まで、今後ますます活用が広がると思われる。技術課題としては、特に安全について議論されているが、EMC もやはり大きな課題の一つである。電磁誘導方

- 新規／非接触の利便性(デザイン性、耐久性、防水性)で注目
- 一方、規制、技術ともに未解決問題も多い

■ 規制、技術共に、未解決な問題が多い(特に利用シーン②～④)

利用シーン(＊)		仕様例(＊)	適用例	主な技術課題	共通課題
①	モバイル AV	~5W 10cmまで	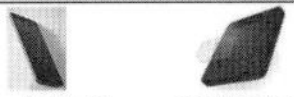 スマートフォン　charge pad	位置ずれ	・EMC対策 ・異物検知 ・知財 ・標準化
②	AV 家電	数十W 数mまで	 ノートPC　tablet	伝送距離	
③	一般 機器	数百W 10cmまで	 e-bike 電動アシスト自転車	高効率化	
④	EV 充電	10kW 30cmまで	 EV充電	人体保護	

(＊)：分類は総務省 BWF＊1 定義に基づく　　＊1 BWF：ブロードバンドワイヤレスフォーラム　電波利用促進を図る総務省関連の団体

■ 標準化
- WPC 陣営、BWF 陣営、MIT/WiTricity 陣営

〔図 7.8.4〕無線電力伝送技術の EMC リスク

式も、磁界共鳴方式も放射界を使うものではないが、ある程度の電界、または磁界を飛ばすものである。また、トランスミッター上に金属異物が載った場合、アンテナとして輻射することも考えられ、一旦、放射ノイズ源となってしまった場合は、元の電力が大きいだけに、大きな電磁波障害を引き起こす可能性がある。

なお、無線電力伝送に関するノイズの規格はCISPRを中心にさまざまな業界でも議論がなされ、規格化がすすめられている。

7.8.2　スマートホーム内での無線利用拡大によるノイズ課題

スマートホームで懸念されるもう一つの課題として家庭内での無線利用の拡大がある。HEMSの制御ユニットであるSEGと各家電は図7.8.5に示すように通信機能を有する。創エネ・蓄エネ・省エネを実現するための制御は、画像転送等のようなIT通信と比べるとデータ通信量は大きくないが、専用線を設置するのは困難であり、ISM帯を用いた無線通信が主力になると考えられる。10年程前まで、家の中で受信して活用している電波利用というのは、家の外からやってくるラジオの電波、携帯電話の電波、リモコンの電波ぐらいであった。しかし、今では家庭内

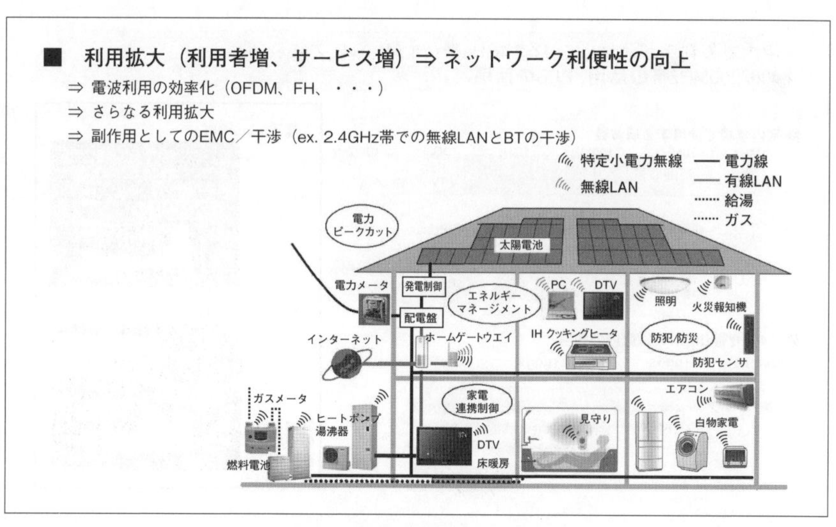

〔図7.8.5〕スマートハウス内の無線利用の拡大によるノイズ課題 [7.3]

の無線LANの活用や、ワンセグTV受信等、非常に電波環境は込み合った状況にある。しかも、これらはOFDM等電波を効率的に使うために、ギッシリとつまった密度で帯域を埋め尽くしている。

前節の7.8.1では、新しいコンポーネントにより電磁波障害の加害者である放射源となるコンポーネントが家の中に増えつつあるということを述べたが、被害者になりやすいRFコンポーネントも同様に増えている。

特に2.5GHz帯はLAN、Bluetooth、Zigbee等多くの方式の無線利用がなされており、どの無線規格も、様々な家電への展開をみせている。図7.8.6は電子レンジが動作した際の無線LANへの飛び込みを示したものだが、ここでも干渉が起こっている。パソコンでウェブサイトを閲覧したりメールを処理している際には特に問題はないが、QOSを用いて動画を転送している場合は、この程度の障害でも動画の停止等が起こってしまう。

このような課題に対して、スマートハウス内の通信方式としてPLC技術が注目を集めている。HEMSの制御においては、通信データ量は多くないが、電力制御のため確実な通信で機器の誤動作や機能安全を保障する必要がある。スマートハウス内では確実な通信とともに、セキュリ

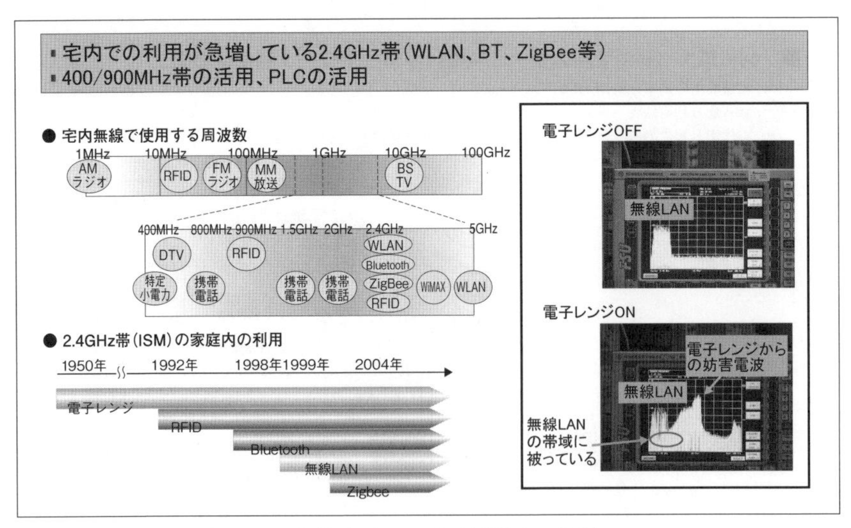

〔図7.8.6〕住宅内での無線活用の急増 [7.3]

ティも考慮した通信方式が望まれており、図 7.8.7 のように電力線通信 (PLC) もスマートホームを実現する手段として注目されている。

7．8．3　むすび

スマートホームによって、新しいデバイスや通信機器が家（ホーム）の内にはいってくる。この中には周波数特性や電磁気的な構造から、従来起こり得なかった電磁障害を発生することがある。また、新しい製品に対する EMC の規格や規制は、どうしても後追いになることが多い。しかし、パナソニックは HEMS や太陽電池等スマートホーム時代の新しいデバイスを開発しているだけでなく、家（パナホーム)、家電製品、通信機器を製品として有しており、スマートホームのユーザにとって EMC リスクを低減した製品群を提供していきたいと考えている。

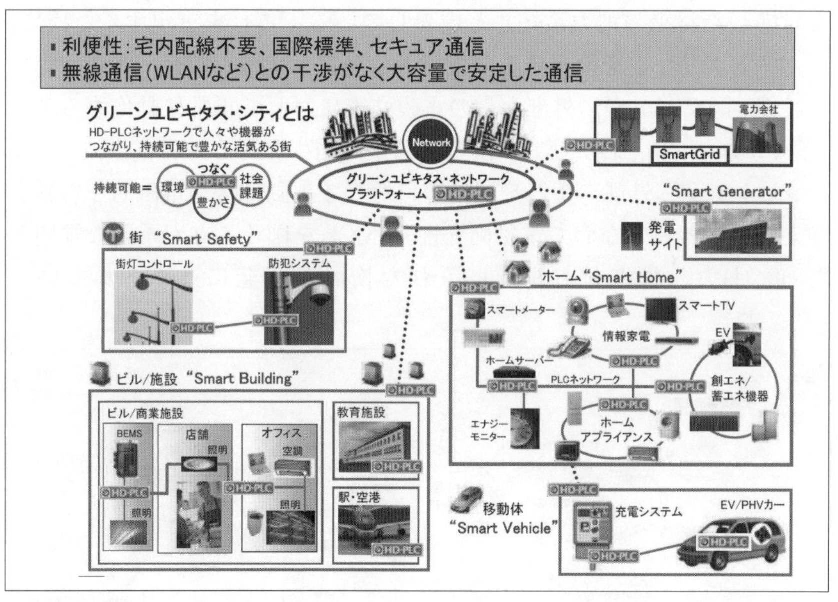

〔図 7.8.7〕電力線通信によるスマートホームにおける無線障害リスクの低減 [7.3]

7．9　スマートグリッドに関連した電磁界の生体影響に関わる検討事項

スマートグリッドにおいては、これを構成する各要素の電磁的両立性(EMC)を考慮することの重要性が指摘されており[1.10][1.11]、加えて、これらの各要素においては、電磁界の生体影響（人体防護）についても検討が必要なものがある。本節では、スマートグリッドに関連するEMCに関わる課題のうち、電磁界の生体影響に関連する検討項目と考慮点について、報告されている事例を中心に述べる。

7．9．1　スマートグリッドに関連した電磁界の人体防護に関する検討対象

日本におけるスマートグリッドとして、文献[7.37]では、「太陽光発電（PV）の大量導入に対して安定かつ有効利用を実現し、電気自動車(EV)等新しい電気利用や効率的電気利用を支え、電力設備の経年化にも対応した将来の電力系統」と定義している。これを実現するために、スマートグリッドを構成する要素である発電・送電・貯蔵・需要家等の各設備（図7.9.1）が、外部からの電磁妨害に対して正常に動作すること(イミュニティ)、およびこれらの設備から発生し得る妨害電磁波（エミッション）が、外部の機器や通信等に対して誤動作等、電磁的な影響を与えないこと、すなわち電磁両立性（EMC）を図ることが重要な課題となっており、標準化も視野に入れた検討が活発に進められている

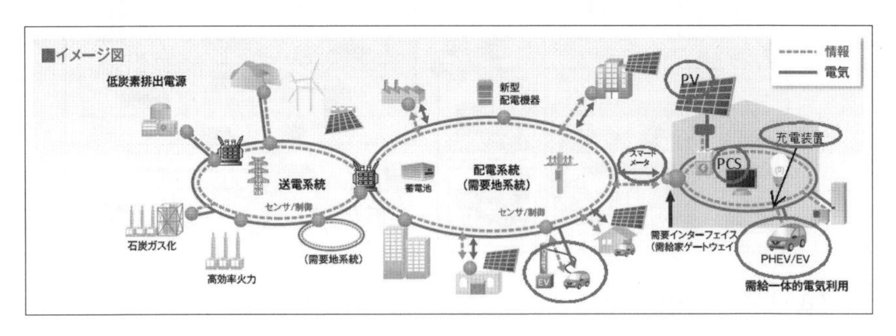

〔図7.9.1〕日本におけるスマートグリッドのイメージと人体防護に関わる検討対象［文献[7.37]より一部改変］(※丸印が、電磁界の人体防護の検討に関連)

[1.10][1.11]。一方、これらのスマートグリッドを構成する要素から発生する電磁界については、特に、人が接近可能な範囲において、いくつか検討が必要な項目がある。

図7.9.1に示すスマートグリッドを構成する各要素のうち、送配電系統等電力設備に関わる電磁界の人体防護、および需要家内における電気機器周辺の電磁界の人体防護については、古くからの検討･知見があり、これらの電磁界へのばく露に対する安全性評価のための測定方法の標準的手法も確立している[7.38][7.39]。これに対し、近年、スマートグリッドに関連して、新たに電磁界の人体防護に関する検討が行われている、あるいは今後検討が必要と考えられる対象として、以下の要素・設備が挙げられる。

①電気自動車（EV）に関連するもの（車両、充電装置）

②スマートメータに用いられる通信に起因する電磁界に関連するもの

③その他（PVや風力発電等の分散型電源、エネルギー変換、直流送電等に関するもの等）

このうち①については、特に非接触充電システムについては、大きいエネルギーを、空気を媒体として局所的に伝送させることから、周囲への電磁界の漏洩と人体防護についての関心が高い。以下に、人体防護の考慮において参照される基準について述べた後、スマートグリッドを構成する各要素について電磁界ばく露の特徴と評価方法について、検討状況を中心に述べる。

7.9.2　電磁界の人体防護の安全性評価の参照基準

電磁界の人体防護の安全性評価の参照基準として、ICNIRP（International Commission on Non-Ionizing Radiation Protection、国際非電離放射線防護委員会）による人体防護ガイドライン（以下、ICNIRPガイドライン）[7.40]-[7.42]が最も広く受け入れられている。ICNIRPガイドラインには、変動する電磁界を対象としたもの[7.40][7.41]、および静磁界を対象としたもの[7.42]がある。スマートグリッドに関連する電磁界ばく露の安全性評価においては、その電磁界の周波数特性に応じ、これらのICNIRPガイドラインに適合していることを示せばよい。

変動する電磁界を対象としたICNIRPガイドラインについては、現在、改定作業が進められており、100kHz以下の低周波電磁界は、2010年の低周波改定版[7.42]を（実際は、10MHzまでの値が示されており、参照する必要がある）、100kHz以上の高周波電磁界は、1998年のガイドライン[7.41]を参照する。安全性の指標は、100kHz以下の低周波では、体内誘導電界の神経系機能への作用、100kHz以上では、電磁界による組織の発熱等、体内の物理量が用いられており、これらの作用の閾値（周波数特性を有する）に十分な安全率を考慮して、体内の電気量で表された「基本制限」が規定されている。

100kHz以下の低周波においては[7.40]、基本制限の評価指標として、体内誘導電界（in situ電界）が用いられ、基本制限を適用する対象部位は、「頭部のCNS（中枢神経系）組織（脳および網膜）」および「頭部および身体の全組織」の2種類であり、異なる生体作用の閾値に基づき、異なる基本制限値が示されている。「頭部のCNS組織への基本制限」は、網膜における閃光現象に基づくもので、網膜における閃光を回避することを意図している。一方、「頭部および身体の全組織」の基本制限は、末梢神経系の刺激の閾値に基づくもので、刺激による痛みを回避することを意図している。表7.9.1にICNIRP低周波ガイドライン[7.40]における、刺激作用に基づく基本制限を示す。なお、この刺激作用に基づく指針値は、10MHzまで示されており、100kHz～10MHzの周波数範囲においては、後述の熱作用による指針値とあわせて考慮する必要がある。

100kHz以上の高周波においては[7.41]、人体に吸収されるエネルギーによる発熱の影響が考慮されており、基本制限の指標として比吸収率（Specific Absorption Rate：SAR）が用いられている。これは、全身的な熱によるストレス、および過度な局所加熱を回避することが意図されたものである。全身ばく露については、体内深部の温度上昇が1℃以内となるように管理すべきと考えられ、これは約4W/kgの全身平均SAR（約30分間のばく露）に相当することから、安全率を考慮し、全身平均SAR（6分間平均）の基本制限は、職業ばく露に対し0.4W/kg、公衆ばく露に対し0.08W/kgと定められている。一方、局所的な電磁界ばく露に対しては、任意の組織の10gあたりの局所SAR（6分間平均）が基本制限として定められ、頭部・体幹に対しては、職業ばく露に対し10W/kg、公衆ばく露に対し2W/kgと定められている。表7.9.3にICNIRPガイドライン[7.41]における熱作用に基づく基本制限を示す。

これらの体内の電気量の指標（誘導電界またはSAR）を、測定により評価することは困難であるため、ICNIRPガイドラインでは、適合性評価の便宜のために、評価可能な電界・磁界の大きさで表された参考値（「参考レベル」と呼ばれる）が示されている。これは、「基本制限」に等価な電界・磁界の大きさが、計算や実験データを用いて導出されたものであり、「参考レベル」を満たすことを示せば「基本制限」を満足することが保障され、「参考レベル」を超えた場合でも、計算等別の手法で「基

〔表7.9.1〕ICNIRP低周波ガイドライン[7.40]における基本制限

ばく露特性	対象部位	周波数範囲	体内誘導電界（V/m）
職業ばく露	頭部 CNS組織	1Hz ～ 10Hz 10Hz ～ 25Hz 25Hz ～ 400Hz 400Hz ～ 3kHz 3kHz ～ 10MHz	$0.5/f$ 0.05 $2 \times 10^{-3}f$ 0.8 $2.7 \times 10^{-4}f$
	頭部および 身体の全組織	1Hz ～ 3kHz 3kHz ～ 10MHz	0.8 $2.7 \times 10^{-4}f$
公衆ばく露	頭部CNS組織	1Hz ～ 10Hz 10Hz ～ 25Hz 25Hz ～ 1000Hz 1000Hz ～ 3kHz 3kHz ～ 10MHz	$0.1/f$ 0.01 $0.4 \times 10^{-3}f$ 0.4 $1.35 \times 10^{-4}f$
	頭部および身体の全組織	1Hz ～ 3kHz 3kHz ～ 10MHz	0.4 $1.35 \times 10^{-4}f$

・fはHzを単位とした周波数。
・すべての値は実効値。
・100kHz以上の周波数では、高周波の基本制限も考慮。

〔表7.9.2〕ICNIRPガイドライン[7.41]における高周波の基本制限

ばく露特性	周波数範囲	全身平均SAR（W/kg）	局所SAR（頭部／体幹）（W/kg）	局所SAR（四肢）（W/kg）
職業ばく露	100kHz ～ 10GHz	0.4	10	20
公衆ばく露		0.08	2	4

・すべてのSAR値は、任意の6分間の平均値である。
・局所SARは、同質の組織10g平均値。この値を最大局所SARの評価に用いる。

本制限」を満たすことを示せばよい。表7.9.3（低周波）[7.40]および表7.9.4（高周波）[7.41]にICNIRPガイドラインにおける電磁界の参考レベルを示す。また、ICNIRPガイドラインでは、複数の周波数が含まれる場合の評価方法についても記されており、特に低周波領域[7.38]では、「時間領域評価」として、参考レベルの周波数特性に対応したフィルタを介して磁界を評価する手法が示されている。なお、現在、ICNIRPガイドラインは改定作業中であり、100kHzから10MHzにおける電磁界の参考レベルが複数存在する状況となっているが、高周波部分の改定により、今後、整合がとられることが予想される。

さらに、ICNIRPガイドライン[7.40][7.41]では、電磁界ばく露の指針

〔表7.9.3〕ICNIRP低周波ガイドライン[7.40]における参考レベル

ばく露特性	周波数範囲	電界強度（kV/m）	磁束密度（T）
職業ばく露	1Hz ～ 8Hz	20	$0.2/f^2$
	8Hz ～ 25Hz	20	$2.5 \times 10^{-2}/f$
	25Hz ～ 300Hz	$5 \times 10^2/f$	1×10^{-3}
	300Hz ～ 3kHz	$5 \times 10^2/f$	$0.3/f$
	3kHz ～ 10MHz	1.7×10^{-1}	1×10^{-4}
公衆ばく露	1Hz ～ 8Hz	5	$0.04/f^2$
	8Hz ～ 25Hz	5	$0.5 \times 10^{-2}/f$
	25Hz ～ 50Hz	5	0.2×10^{-3}
	50Hz ～ 400Hz	$2.5 \times 10^2/f$	0.2×10^{-3}
	400Hz ～ 3kHz	$2.5 \times 10^2/f$	$0.08/f$
	3kHz ～ 10MHz	0.83×10^{-1}	0.27×10^{-4}

注）表中のfの単位はHz。非正弦波および複数周波数へのばく露の評価方法についてはガイドライン本文に別途記載がある。100kHz以上の周波数では、高周波の参考レベルも考慮。

〔表7.9.4〕ICNIRPガイドライン[7.41]における高周波の参考レベル

ばく露特性	周波数範囲	電界強度（kV/m）	磁界強度（A/m）
職業ばく露	0.1MHz ～ 1MHz	610	$1.6/f$
	1MHz ～ 10MHz	$610/f$	$1.6/f$
	10MHz ～ 400MHz	61	0.16
	400MHz ～ 2000MHz	$3 \times f^{1/2}$	$0.008 \times f^{1/2}$
	2GHz ～ 300GHz	137	0.36
公衆ばく露	100kHz ～ 150kHz	87	5
	0.1MHz ～ 1MHz	87	$0.73/f$
	1MHz ～ 10MHz	$87/f^{1/2}$	$0.73/f$
	10MHz ～ 400MHz	27.5	0.073
	400MHz ～ 2000MHz	$1.375 \times f^{1/2}$	$0.0037 \times f^{1/2}$
	2GHz ～ 300GHz	61	0.16

注）表中のfの単位は、周波数範囲の欄に示す単位。

とは別に、電磁界中に置かれた、人体の電位とは異なる電位を有する物体への接触に伴う、人体を通過する接触電流に関する規定がある(110MHzまでの時間変動する電流に適用。表7.9.5)。これは、痛みを伴う電撃や、やけどを回避することを意図したものである。

静磁界に関するICNIRPガイドラインについては[7.42]、強い磁石を使用する機器近傍への適用を想定したものであり、スマートグリッドを構成する機器等への適用は想定しづらいが、表7.9.6に示す限度値（公衆に対しては、400mT）が示されている。この値は、環境における地磁気の大きさ(40μT～50μT程度)と比べ、大きな値となっている。

この他、ICNIRPガイドラインの他にも、安全基準があり、その一つが、IEEE（米国電気電子学会）より発行された安全基準に関する規格である。これは、3kHzを境に低周波側（静磁界も含む）[7.43]と高周波側[7.44]とで異なる規格となっている。これらは、米国を中心に影響力を持ち、国際規格としての意味合いも持っている。IEEE規格もICNIRPと同様に基本制限と参考レベル（MPE：maximum permissive exposureと呼ばれる）の2段階構成であり、基本制限として誘導電界が用いられている等、基本的な考え方はICNIRPガイドラインと同様である。IEEE規格では、現在改定作業が行われており、低周波と高周波を合冊とする方向

〔表7.9.5〕ICNIRPガイドライン[7.40] [7.41]における接触電流の参考レベル

ばく露特性	周波数範囲	最大接触電流（mA）
職業ばく露	～ 2.5kHz 2.5kHz ～ 100kHz 100kHz ～ 10MHz	1.0 0.4f 40
公衆ばく露	～ 2.5kHz 2.5kHz ～ 100kHz 100kHz ～ 10MHz	0.5 0.2f 20

注）表中のfの単位は、kHz

〔表7.9.6〕ICNIRP静磁界ガイドライン[7.42]におけるばく露限度値

ばく露特性		磁束密度
職業ばく露	頭部および体幹四肢	2T 8T
公衆ばく露	すべての部位	400mT

※本ガイドラインの適用にあたっての注意事項については、当該ガイドラインを参照。

で作業が進められている。

また、国内においては、10kHz 以上の周波数領域において、総務省による電波防護指針[7.45][7.46]があり、これについても、基本的な考え方はICNIRPガイドラインと同様である。国内においては、この指針への適合を示す必要がある。

次章以降では、スマートグリッドを構成する各要素（EV、スマートメータ、その他）について電磁界ばく露の特徴と評価方法について、最近の検討状況を中心に述べる。

7.9.3 電気自動車EVに関連する電磁界ばく露

(1) 概要

スマートグリッドの構成要素であるEVに関しては、走行時の車室内、および充電時の車体近傍や充電装置周辺（非接触の充電装置を含む）等が電磁界ばく露に関する評価対象となる。以下に、これまで報告されている検討例を中心に述べる。

(2) 走行時の車室内

文献[7.47]では、EV、HEV（ハイブリッド車）、およびPHEV（プラグインハイブリッド車）を対象に（計8台）、車室内（人体が占有する座席上や荷台）の磁界が測定され（40Hz～1kHzの低周波領域、磁界ばく露量計を用いた4秒おきの連続測定）、同様の測定を行ったガソリン車（計6台）との比較がなされている。走行条件として、距離10マイルの、フリーウェイを含む周回ルートを設定している。測定された磁界のデータの統計的解析がなされ、幾何平均値は、EV、HEV、PHEVに対し0.095μT、ガソリン車に対し0.051μTであり、いずれもICNIRPやIEEEの指針値よりも低いものであった。

また、国内においても、走行時の車室内の低周波磁界（0Hz～3kHz）の測定が行われ、EV、HVとガソリン車との比較が行われた報告がなされている[7.48]。これによれば、測定は屋内試験施設（シャーシダイナモ）を用いて走行速度40km/h一定の条件で測定が行われ、6Hzの周波数成分が卓越すること、ならびにICNIRPの指針値よりもはるかに小さいこと等が報告されている。

また、EVにおける主要な磁界発生源となる電力変換装置（インバータ）から発生する磁界について有限要素法による数値計算および実測との比較が行われ、ICNIRPの指針値との比較が行われている[7.49]。これによれば、静磁界、商用周波磁界、および高周波（5kHz）の各成分の考慮が必要なこと、およびいずれの成分も、インバータから20cmの位置で電流120Aを仮定したとき（最悪ケースを仮定）、ICNIRPの指針値を大きく下回ることが示されている。

この他、EVにおける駆動電流に起因する磁界の評価が行われ[7.50]、正弦波とは大きく異なる、磁界波形の測定例が示されている。また、大きさおよび複数の周波数成分が時間変動する磁界波形について、前述の時間領域評価を行い、ICNIRPの指針値を大きく下回ることが示されている。

標準化については、IEC（国際電気標準会議）のTC 106専門委員会（電磁界の人体ばく露に関連する電磁界の評価方法）において、EV・ガソリン車を含む車両に関連する電磁界評価方法の標準化の検討が進められている。標準化においては、走行時の、加速、定速走行、減速の実施方法の規定方法等が検討されている。なお、加減速に伴う磁界の変動（大きさ、周波数成分）は、鉄道においても観測されるものであり、鉄道における電磁界測定方法の規格[7.51]においても、時間領域評価が参照されている。

(3) EV充電時

EVの充電時の車体近傍や充電器周辺についても関心が高い。特に、非接触充電装置は、大きなエネルギーを、空隙を介して伝送することから、周囲への電磁界の漏洩が懸念される。非接触の電力伝送（WPT：wireless power transfer）については、RFを用いるもの、電磁誘導方式、電界方式等様々な方式が開発されており[7.52]、このうちEVの充電の用途には、数十kHz程度の周波数を用いる電磁誘導方式（磁気共鳴方式と呼ばれるものも含む）が多く用いられている[7.28]。電力伝送コイル周辺磁界分布の特徴として、多くの家電機器[7.53][7.54]と同様に、逆3乗比例に収束し、距離減衰が急である（図7.9.2）[7.55]。

非接触充電装置の実機を対象に周辺磁界が評価された例が数多く報告

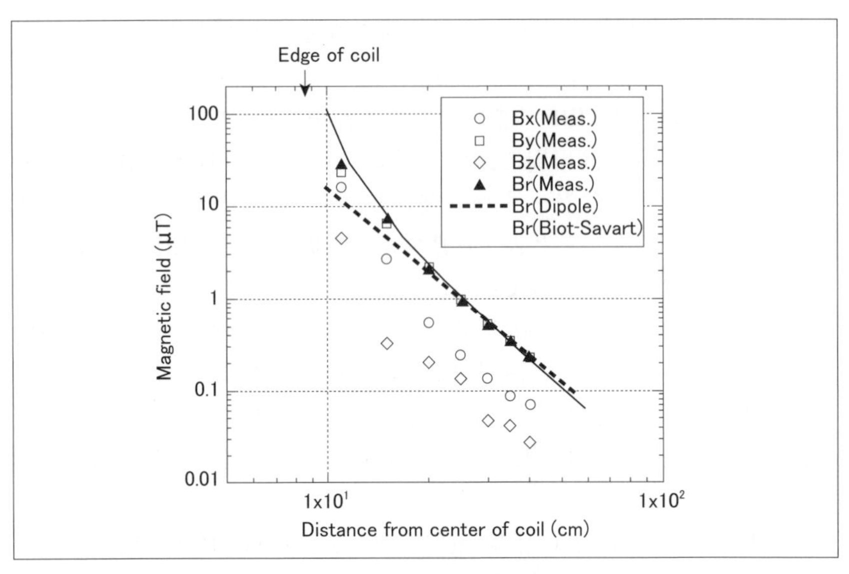

〔図 7.9.2〕非接触電力伝送コイル周辺磁界の距離特性の測定例 [7.28]（磁気ダイポール模擬およびコイル電流模擬の計算との比較を示す）

されるようになっている [7.56]-[7.59]。

30kW 級および 150kW 級（LRT への搭載を想定）の電磁誘導型充電装置（IPS：inductive power supply）単体を対象に装置周辺の磁界（基本周波数 20kHz）が測定され、30kW 級の装置の直近では 34.8μT、50cm 離れると 7.65μT、150kW 級の装置の直近では 274μT、50cm 離れると 12.6μT であったことが報告されている [7.56][7.57]。また、対向コイルの位置ずれにより、周辺磁界が増加することが指摘されている [7.56]。

また、EV の車体を模擬する金属筐体を含めた非接触充電装置（ソレノイド型、3kW）の周辺の磁界（85kHz）が評価され、ICNIRP および日本の電波防護指針の限度値以下であることを示している。また、コイル間の位置ずれについても検討を行っている [7.58]。

この他、電気バスへの非接触充電装置周辺の磁界および電界が評価された例が報告されている [7.59]。これは、米国テネシー州 Chattanooga における実運用の電気バスへの適用を想定したシステムであり、ドイツ

Wampfler 社製の電磁誘導式電力伝送システム（IPT）を用いた非接触充電装置が用いられ、周波数は 20kHz、最大出力 60kW である。テストサイトにおける測定が行われ、磁界、電界とも、ICNIPR および IEEE の指針値以下であることが報告されている。

今後、ICNIRP ガイドライン等人体防護指針の電磁界の参考レベルを超える状況が生じた場合、ガイドラインの基本制限に立ち返った評価が必要となる可能性がある。すでに、文献[7.58]の磁界分布のデータに基づき、体内誘導電界が評価された報告[7.60]があり、磁界参考レベルを超えた場合でも、基本制限を超えない例が報告されている。なお、電気自動車への適用を想定するものではないが、RF 共鳴型（8MHz～10MHz）の WPT に対する体内 SAR を評価した例も報告されている[7.61]-[7.63]。

非接触充電装置の周辺磁界の評価方法の標準化については、他の EMC に関わる検討とともに進められ[7.64][7.65]、IEC では TC 69（電気自動車）において、規格作成作業が進められている。また、国内では、総務省において、情報通信審議会 情報通信技術分科会 電波利用環境委員会 ワイヤレス電力伝送作業班 人体防護アドホックグループ（主任：渡辺聡一氏（情報通信研究機構））が設けられ、各種ワイヤレス電力伝送システムから放射される漏えい電磁界の、電波防護指針との適合性評価のための測定法の提案に向けた検討が進められている[7.66]。

7.9.4 スマートメータに関連する電磁界ばく露

(1) 概要

スマートメータは、通信・開閉機能を有する電子式電力計であり、通信方式として、2.4GHz 帯無線 LAN や、出力 20mW 以下の 920MHz 帯特定小電力無線等の無線通信、および電力線搬送通信（PLC：power line communication）等が検討されている。これらに起因する RF 電磁界、および PLC による周辺電磁界による人体ばく露については、周波数帯域、通信方式、出力、送受信間距離、人体が接近する位置・距離関係、通信の頻度と継続時間等が検討項目となる。

(2) RF 電磁界

米国において RF スマートメータの電磁界の人体安全性評価が行われ

ている [7.67]-[7.69]。これによれば、Itron 社および Trilliant 社製の 900MHz 帯無線 LAN（300mW）および 2.4GHz Zigbee（115mW）を用いたスマートメータを対象に電磁界の測定が行われており、発生する電磁界レベルは、ICNIPR 等の指針値よりはるかに小さいものであったことが報告されている。また、スマートメータに使用される通信の特徴として、通信頻度・期間が極めて疎であり（デューティ比 1% 以下）、6 分間平均を行うとさらに小さくなることが指摘されている。

このように参考レベルを十分に下回ることが示されているものの、さらに基本制限との比較を意図し、FDTD 法を用いて、850MHz または 1900MHz で動作するスマートメータへの人体ばく露（10g 平均局所 SAR）が評価されている [7.70]。これによれば、100% のデューティ比を前提とした場合のみ、ICNIRP の公衆ガイドラインを超えるものの、より現実的な 0.088% のデューティ比を適用すると、ばく露量は十分に制限値を下回ることが報告されている。

なお、人体防護の対象とは異なるが、心臓ペースメーカー等心臓埋め込み電子機器への誤動作への影響についても検討例がある。これによれば、心臓埋め込み電子機器 5 機種（ペースメーカおよび埋め込み心臓除細動器）を、生理食塩水を満たしたアクリル製円筒形容器へ配置し、この近傍（10cm 離れた位置）にスイス製のスマートメータおよびルータを配置し、挙動を評価している。加えて、Itron 社製スマートメータ 6 機種を、心臓埋め込み電子機器から 6cm ～ 15cm 離れた位置に配置し、RF 信号の伝送試験を行っている。この結果、いずれの条件においても干渉は生じなかったかったことが報告されている [7.71]。

標準化に関しては、スマートメータそのものの RF 電磁界を対象とした標準化の検討はなされていないが、RF 電磁界の人体ばく露評価に関する規格が、IEC TC 106 WG4 にて作成されており、スマートメータの RF 電磁界に対しては、次の 2 規格が参照できる。

IEC 62479[7.72]：出力 20mW 以下の微弱電力機器に対しては、「本質的適合」として電磁界を測定しなくても、局所 SAR の基本制限 2W/kg を超えることはないとして、指針に適合しているとみなされる。

IEC 62209-2[7.73]：人体近傍において、機器との距離が20cm以内で使用される通信機器のSAR測定法を示す規格である。スマートメータへの適用は考えづらいが、IEC 62209-2を用いたSARの実測によりSARが基本制限の2W/kgを越えないことを示すことにより、適合性を示すことができる。

なお、本体部分（計測部・表示部）については、電気機器と同様の商用周波数を中心とした評価[7.39]が必要である。

(3) 電力線搬送通信（PLC）

スマートメータの通信方式として、10kHz～450kHz以下の低速のPLCについても採用が検討されている[7.74]。PLC信号が重畳したケーブルの周囲に、この周波数の磁界を発生させる。以下に、この磁界の評価検討例を示す。

手順として、国内で許容される最大出力（電波法の出力規制）を想定し、最大電流値およびケーブル諸元より、周辺磁界の最大値を見積もる。これは、PLCの方式によらず適用可能なものである。検討において、想定する電線として引込用ビニル絶縁電線DV3R（3相撚り線、ケーブル外径12.5mm、層心径14.4mm、よりピッチ866mm）を考える。このとき、電波法の出力制限350mWより、負荷10Ωとして、最大の電流値は0.187A rmsと見積もられる。磁界計算においては、ビオサバールの式を使用し、3相撚り線の周辺磁界[7.75]を計算した。計算の結果、ケーブル中心より5cmの位置において0.232μTとなり、ICNIRPガイドラインにおける公衆の磁界参考レベル（10kHz～10MHzでは27μT）と比較し、はるかに小さい値となった。

7.9.5　その他スマートグリッド構成要素に関連する電磁界ばく露

以上に述べた検討対象の他、スマートグリッドを構成する要素として、太陽光発電設備（PVシステム）や風力発電、電力貯蔵システム、および直流送電・直流給電設備等がある。これらについては、電磁界の人体防護の観点からの検討の必要性は、ただちには想定されづらいが、このうちPVシステムについては、測定例の報告がある。

PVシステムは、PVモジュール（パネル）、PCS（系統連系インバータ、パワーコンディショナー)、およびこれらを接続するケーブルで構成され、PVモジュールにおいて、直流の電気を生成し、PCSにおいて商用周波数に変換し、系統に接続する。報告[7.76]では、PVパネル背面およびパワーコンディショナー(PCS)周辺における静磁界および商用周波磁界が測定され、PVパネル背面の静磁界は、20cm離れた位置で、最大8.33μTであった。この値は、地磁気(40μT~50μT)より小さく、また静磁界のICNIRPガイドラインの公衆に対する限度値(400mT)と比較し、十分に小さい値であった。また、PCS周辺の商用周波磁界は、直近で61.9μT、30cm離れた位置で11.92μTと報告され、これらの値は、ICNIRPガイドラインより小さい値であった。

本節では、スマートグリッドに関連するEMCに関わる課題のうち、電磁界の人体防護に関連する検討課題とその特徴および考慮点について、これまでに報告されている内容を中心に述べた。スマートグリッドについては、今後のさらなる進展が見込まれ、あわせて人体防護に関する課題および評価法、対処法も明確化されることが予想される。

参考文献

(7.1) http://panasonic.jp/econavi/products/
(7.2) http://funtoshare.env.go.jp/akari/
(7.3) 正田、福本他:「システムとコンポーネントから見たEMC」、電磁環境工学情報EMC、No.300、pp.13-70、2013
(7.4) 経済産業省「エネルギー白書2011年」
http://www.enecho.meti.go.jp/topics/hakusho/2011energyhtml/index.html
(7.5) 日本貿易振興機構・調査レポート「自動車のCO_2排出規制」(ユーロトレンド)、2007年4月号Report3
(7.6) 池谷知彦:電気学会誌、Vol.133、No.1、pp.10-12、2013年
(7.7) 経済産業省「次世代自動車用電池の将来に向けた提言」新世代自動車の基礎となる次世代電池技術に関する研究会、2006年8月
(7.8) 土屋依子:電力中央研究所研究報告Y11032「電気自動車の家庭への普及ポテンシャル一航続距離・費用・充電設備からみた移行可能性

ー」、平成24年5月
(7.9) 次世代自動車振興センター・電力中央研究所・構造計画「平成24年度充電ステーション最適配置に関する解析調査」
(7.10) 名雪琢弥：電力中央研究所研究報告H11028「電磁誘導方式による双方向非接触給電回路を用いたV2H基本モジュールの試作」、平成24年5月
(7.11) 池谷知彦：生産と電気「電気自動車等の一般家庭用等用電源としての利用」、9月号、pp.2-7、2012年
(7.12) 田頭直人：電力中央研究所研究報告Y12029「電気自動車・プラグインハイブリッド車の利用実態と利用者意識」、平成25年5月
(7.13) 池谷知彦：電力中央研究所研究報告書Q09019「需要特性および系統電力のCO_2排出原単位を考慮した家庭用高効率給湯システムのCO_2排出削減効果の評価」、平成22年5月
(7.14) T. Washiro: "Applications of RFID Over Power Line for Smart Grid", IEEE ISPLC2012 (International Symposium on Power Line Communications and its Applications), 2012
(7.15) http://www.informetis.com/index.html
(7.16) http://newlaunches.com/archives/sony_shows_the_future_of_power_sockets.php
(7.17) http://www.sony.co.jp/SonyInfo/News/Press/201202/12-023/index.html
(7.18) M. Strobbe, K Mets, M Tahon, M Tilman, F. Spiessens, et al.: "Smart and Secure Charging of Electric Vehicles in Public Parking Spaces", i-SUP2012 (4th International Conference innovation for sustainable production), Proceedings. pp.1-5, 2012.
(7.19) http://monoist.atmarkit.co.jp/mn/articles/1203/08/news016.html
(7.20) JSCA スマートハウス・ビル標準・事業促進検討会 第3回発表資料 HEMS-スマートメータ（Bルート）運用ガイドライン［第1.0版］（案）、2013年5月
(7.21) Kurs, A. et al.: "Wireless Power Transfer via Strongly Coupled Magnetic Resonances", Science, Vol.317, No.5834 pp.84-86, 2007

(7.22) Obayashi, S, et al.: “Wireless Communication Technology for Control of Wireless Power Transfer/Transmission System” , Toshiba Review, Vol.68, No.7, pp.11-14, 2013
尾林・工藤：「ワイヤレス電力伝送システム用制御通信技術」、東芝レビュー、Vol.68、No.7、pp.11-14、2013
(7.23) S. Obayashi and H. Mochikawa: “Kilowatt-class wireless power transfer system for efficient PHEV/EV charging” , EVTeC and APE Japan 2014, Yokohama, Japan, 2014
(7.24) 尾林他：「PHEV/EV 充電向け 7kW 無線電力伝送システム」、信学技報、A・P2014-202、2015 年 2 月
(7.25) 総務省電気通信技術審議会答申、電波防護指針 諮問第 38 号「電波利用における人体の防護指針」、平成 2 年
(7.26) 総務省電気通信技術審議会答申、電波防護指針 諮問第 89 号「電波利用における人体防護の在り方」、平成 9 年
(7.27) ブロードバンドワイヤレスフォーラム
http://bwf-yrp.net/.
(7.28) 名雪他：「双方向非接触給電システムの提案と基本性能の実証」、電中研研究報告、H10007、2011 年
(7.29) http://jpn.nec.com/energy/aes.html
(7.30) http://www.neced.co.jp/enterprise/technology.html
(7.31) http://jpn.nec.com/energy/aes/home.html
(7.32) http://jpn.nec.com/energy/aes/advance.html
(7.33) 太陽光発電システム用系統連系保護装置等の認証
http://www.jet.or.jp/products/protection/
(7.34) ECHONET Lite 認証
http://www.jet.or.jp/products/echonet_lite/
(7.35) 一般財団法人環境共創イニシアチブ 平成 23 年度定置用リチウムイオン蓄電池導入促進対策事業費補助金
http://sii.or.jp/lithium_ion/device.html?archives=7
(7.36) 系統連系保護装置の認証

http://www.jet.or.jp/products/protection/index.html
(7.37)「電力中央研究所におけるスマートグリッド研究」、電中研トピックス、Vol.1、2010
http://criepi.denken.or.jp/research/topics/pdf/201005vol1.pdf
(7.38) IEC: "Electric and magnetic field levels generated by AC power systems - Measurement with regard to public exposure" , IEC 62110 Ed.1.0, 2009
(7.39) IEC: "Measurement methods for electromagnetic fields of household appliances and similar apparatus with regard to human exposure" , IEC 62233 Ed.1.0, 2005
(7.40) ICNIRP: "Guidelines for limiting exposure to time-varying electric, magnetic and electromagnetic fields (up to 300 GHz)" , Health Physics, Vol.74, No.4, pp.494-522, 1998
(7.41) ICNIRP: "Guidelines for limiting exposure to time-varying electric and magnetic fields (1 Hz to 100 kHz)" , Health Phys, Vol.99, No.6, pp.818-836, 2010
(7.42) ICNIRP: "Guidelines on limits of exposure to static magnetic fields" , Health Phys, Vol.96, pp.504-514, 2009
(7.43) IEEE: "IEEE standard for safety levels with respect to human exposure to electromagnetic fields, 0-3 kHz" , IEEE Std C95.6, 2002
(7.44) IEEE: "IEEE standard for safety levels with respect to human exposure to radio frequency electromagnetic fields, 3 kHz-300 GHz" , IEEE Std C95.1, 2005
(7.45) 総務省：諮問第38号「電波利用における人体の防護指針」、1990年
(7.46) 総務省：諮問第89号「電波利用における人体防護の在り方」、1997年
(7.47) R. A. Tell, G. Sias, J. Smith, J. Sahl, and R. Kavet: "ELF magnetic fields in electric and gasoline-powered vehicles" , Bioelectromagnetics, Vol.34, pp.156-61, 2013
(7.48) 加藤、小路、大久保:「定速走行時の自動車内における磁界の測定」、

平成25年電気学会全国大会、1-137、p.170、2013年

(7.49) P. Concha Moreno-Torres, J. Lourd, M. Lafoz, and J. R. Arribas: "Evaluation of the Magnetic Field Generated by the Inverter of an Electric Vehicle", IEEE Transactions on Magnetics, Vol.49, pp.837-844, 2013

(7.50) A. R. Ruddle, L. Low, and A. Vassilev: "Evaluating low frequency magnetic field exposure from traction current transients in electric vehicles", in 2013 International Symposium on Electromagnetic Compatibility (EMC EUROPE), pp.78-83, 2013

(7.51) IEC: "Measurement procedures of magnetic field levels generated by electronic and electrical apparatus in the railway environment with respect to human exposure", IEC/TS 62597 Ed. 1.0, 2011

(7.52) H. Shoki, "Issues and Initiatives for Practical Deployment of Wireless Power Transfer Technologies in Japan", Proceedings of the IEEE, Vol.101, pp.1312-1320, 2013

(7.53) 山崎・名雪:「電磁誘導型非接触電力伝送コイルの周辺磁界評価における考慮点」、平成24年電気学会全国大会、1-154、p.181、2012年

(7.54) K. Yamazaki and T. Kawamoto: "Simple estimation of equivalent magnetic dipole moment to characterize ELF magnetic fields generated by electric appliances incorporating harmonics", IEEE Transactions on Electromagnetic Compatibility, Vol.43, pp.240-245, 2001

(7.55) K. Yamazaki, T. Kawamoto, H. Fujinami, and T. Shigemitsu: "Equivalent dipole moment method to characterize magnetic fields generated by electric appliances: extension to intermediate frequencies of up to 100 kHz", IEEE Transactions on Electromagnetic Compatibility, Vol.46, pp.115-120, 2004

(7.56) 長谷川:「電磁誘導式非接触充電装置(IPS)における漏洩磁界」、月刊電磁環境工学情報EMC、No.265、pp.47-53、2010年

(7.57) 高橋:「非接触給電と周囲の電磁環境」、月刊電磁環境工学情報EMC、No.265、pp.54-68、2010年

(7.58) 市川、森、川久保：「磁界共鳴型近距離無線電力伝送試験装置の開発 (3) ソレノイド型コイルを用いたkW級システムにおける磁界特性」、電子情報通信学会大会、Vol.B-1-27、2013年
(7.59) R. A. Tell, R. Kavet, J. R. Bailey, and J. Halliwell: "Very-low-frequency and low-frequency electric and magnetic fields associated with electric shuttle bus wireless charging" , Radiat Prot Dosimetry, Vol.158, pp.123-34, 2014
(7.60) I. Laakso and A. Hirata: "Evaluation of the induced electric field and compliance procedure for a wireless power transfer system in an electrical vehicle" , Physics in Medicine and Biology, Vol.58, pp.7583-93, 2013
(7.61) A. Christ, M. G. Douglas, J. M. Roman, E. B. Cooper, A. P. Sample, B. H. Waters, et al.: "Evaluation of Wireless Resonant Power Transfer Systems With Human Electromagnetic Exposure Limits" , IEEE Transactions on Electromagnetic Compatibility, Vol.55, pp.265-274, 2013
(7.62) I. Laakso, S. Tsuchida, A. Hirata, and Y. Kamimura: "Evaluation of SAR in a human body model due to wireless power transmission in the 10 MHz band" , Phys Med Biol, Vol.57, pp.4991-5002, 2012.8.7
(7.63) P. Sang Wook, K. Wake, and S. Watanabe: "Incident Electric Field Effect and Numerical Dosimetry for a Wireless Power Transfer System Using Magnetically Coupled Resonances" , IEEE Transactions on Microwave Theory and Techniques, Vol.61, pp.3461-3469, 2013
(7.64) ブロードバンドワイヤレスフォーラム：「ワイヤレス電力伝送技術の利用に関するガイドライン」、BWF TR-01 2.0版、2013年
(7.65) S. Obayashi, H. Tsukahara: "EMC issue of Wireless Power Transfer" , 15P-B7, EMC'14/Tokyo, pp.601-604, 2014
(7.66) http://www.soumu.go.jp/main_content/000268444.pdf
(7.67) R. A. Tell, G. G. Sias, A. Vazquez, J. Sahl, J. P. Turman, R. I. Kavet, et al.: "Radiofrequency fields associated with the Itron smart meter" , Radiat Prot Dosimetry, Vol.151, pp.17-29, 2012
(7.68) K. R. Foster and R. A. Tell: "Radiofrequency energy exposure from the

Trilliant smart meter” , Health Phys, Vol.105, pp.177-86, 2013
(7.69) R. A. Tell, R. Kavet, and G. Mezei: “Characterization of radiofrequency field emissions from smart meters” , J Expo Sci Environ Epidemiol, Vol.23, pp.549-53, 2013
(7.70) Z. Lanchuan and J. B. Schneider: “A Study of RF Dosimetry from Exposure to an AMI Smart Meter” , IEEE Antennas and Propagation Magazine, Vol.54, pp.69-80, 2012
(7.71) G. Ostiguy, T. Black, L. J. Bluteau, L. Dupont, K. Dyrda, G. Girard, et al.: “Smart meters and routers radiofrequency disturbances study with pacemakers and implantable cardiac defibrillators” , Pacing Clin Electrophysiol, Vol.36, pp.1417-26, 2013
(7.72) IEC: “Assessment of the compliance of low-power electronic and electrical equipment with the basic restrictions related to human exposure to electromagnetic fields (10 MHz to 300 GHz)” , IEC 62479 Ed. 1.0, 2010
(7.73) IEC: “Human exposure to radio frequency fields from hand-held and body-mounted wireless communication devices - Human models, instrumentation, and procedures - Part 2: Procedure to determine the specific absorption rate (SAR) for wireless communication devices used in close proximity to the human body (frequency range of 30 MHz to 6 GHz)” , IEC 62209-2 Ed. 1.0, 2010
(7.74) 小川：「kHz帯PLCの動向と需要地系通信への適用課題」、電中研研究報告R11001、2012
(7.75) 山崎、岩本、河本、藤波：「各種電線路における交流磁界分布と磁界遮へい方策に関する検討」、電気学会論文誌B、Vol.118、No.6、pp.635-642、1998年
(7.76) 塚田、加藤、世森、大久保：「太陽光発電システムから発生する静磁界および商用周波磁界」、平成23年電気学会基礎・材料・共通部門大会、VIII-7、p.211、2011年

8.

スマートグリッド・
スマートコミュニティとEMC

8.1　スマートグリッドに向けた課題と対策（電力中央研究所）

低炭素化社会やエネルギーセキュリティの確保に向けて、我が国では、太陽光発電（PV）を中心とした分散形の再生可能エネルギー電源の大量導入が見込まれている。一方、これによって、電力会社の送電線や配電線といった電力系統の電気の品質、事故時の安全性、および安定性が低下する可能性があり、将来にわたって、電力系統と調和の取れた導入と有効利用を図るためには、電力系統側、分散形電源を含めた需要家側ともに、新たな対策が必要になるものと考えられている。

この対応として、2009年度～2010年度にかけて、政府補助事業を中心に、スマートグリッドに関わる各種の実証プロジェクトが開始された。これに先立ち、電力中央研究所（電中研）では、2003年度より、PVを中心とした分散形電源大量連系時の技術的課題の解明と、配電レベルでの対策技術開発として、通信やパワーエレクトロニクスを活用した次世代形配電システムである「需要地系統」の研究開発を進めてきた。さらに、2008年度からは、PV5000万kW超の将来の系統全体への大量導入に対応するための技術として、送電系統や、負荷調整等の需要家側の対策を含めた将来の電力供給・利用システム「次世代グリッド」の概念を提案し、総合的な研究・開発を進めている。

本節では、再生可能エネルギー電源のうち、我が国で最も大量に導入されることが見込まれているPVに焦点を当て、大量導入時の電力系統運用上の課題、ならびに、対応策として、電力中央研究所が提案している次世代グリッド技術を中心とした日本型スマートグリッドのコンセプト、および、その中の要素技術である、需要地系統技術、PV余剰電力対応の需給一体化形運用・制御技術、通信ネットワーク技術、等のこれまでの研究成果について紹介する。

8.1.1　日本の電力供給システムとPV大量導入時の課題

(1) 電力供給システムの現状

現状、電力会社では、天気予報や季節・曜日等の情報をもとに翌日の需給計画を立て、当日運用においては需要と供給のバランスを常に保ち、電圧や周波数が適正値になるように各発電設備の運転を行っている。また、送電線や配電線からなる電力流通ネットワークでは、各需要家に品質の高い電気を安全に送り届けることができるように、落雷等による事故時を含め、時々刻々変わる系統状況に対応した的確な監視制御を行っている。

これらにより、わが国の電力系統は、これまで世界一の供給信頼度を保ってきた。

(2) PV 大量導入時の課題

このように高い供給信頼度を確保しているわが国の電力系統だが、PV を中心とした分散形電源が大量に導入された場合には種々の問題の生じる可能性がある。PV については、その導入ポテンシャルの高さから、国では 2030 年までに住宅を中心に 5300 万 kW の導入を目標（2011 年 5 月時点）にされているが [8.1]、この 5300 万 kW という値は、電気事業用の全発電設備容量の 2 割を超えた大きな量となる。

このように、PV が電力系統に導入されると、住宅等需要家内で余った電力が配電線に逆潮流として流れ込み、この結果、図 8.1.1 に示すように、配電線の電圧が上昇し、負荷機器に悪影響を及ぼす可能性がある。また、導入量が 1000 万 kW 以上になると、需要の少ない中間期（春、秋）において系統全体での供給電力が消費電力を上回り余剰電力が発生したり、瞬時電圧低下等の系統過渡擾乱時における一斉脱落を含め [8.2]、系統全体での出力変動により周波数の変動を招く等、系統全体の安定性に支障を来たす可能性がある。このため、今後、PV の電力系統と調和の

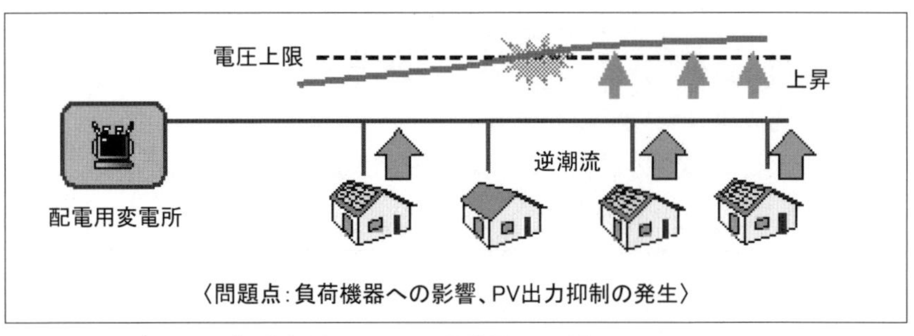

〔図 8.1.1〕逆潮流による配電線電圧上昇のイメージ [8.4]

取れた円滑な導入と最大限の利用を図っていくためには、これらの課題に対する新たな対策技術を構築していく必要があるといえる。

8．1．2　提案する日本型スマートグリッド（次世代グリッド）の概念と開発課題

我が国では、政府補助事業を中心に、上述した各種課題への対応技術、さらには分散形電源の有効活用技術や省エネ技術を含めた、スマートグリッドに関わる種々の実証プロジェクトが進められている。ここでは、一部国プロ [8.3] の技術ベースにもなったもので、電中研が提案している日本型スマートグリッドの概念と開発課題を中心に紹介する。

電中研では、PV 大量導入への対応を中心に、日本型スマートグリッドともいうべく、将来の低炭素社会に向けた日本型の電力供給・利用インフラの研究、開発を進めている。これを次世代グリッドと呼んでいる。次世代グリッドの構成イメージを図 8.1.2 に示す。これは、前述したわ

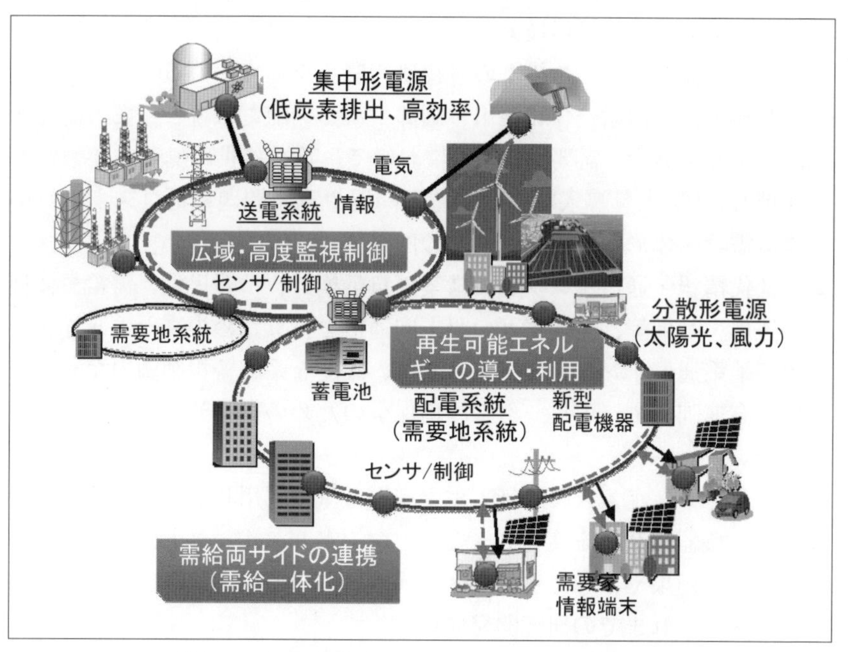

〔図 8.1.2〕次世代グリッドのイメージ [8.7] [8.8]

が国の現状の電力供給システムをベースに、これらをさらに改良・発展させるものである。すなわち、電気と情報・通信との融合によって、電気の供給・利用を相互に結びつけ、経済性（社会コスト最小化）も考慮しながら、低炭素電化社会に向けて必要と考えられる三つの要件、①不安定なPV大量導入の中でも安定運用を確保すること、②導入された再生可能エネルギー電源については､その最大限の利用を可能にすること、③全体対策コストの低減を目標に、系統側と需要家側が一体となった運用制御を可能にすること、を満たす全体調和的なインフラの構築を目指すものである。

また、電中研では、これに先行して、2003年度より、PVを中心とした分散形電源大量連系時の技術的課題の解明と、配電レベルでの対策技術開発として、通信やパワーエレクトロニクスを活用した次世代形配電システムである「需要地系統」の研究開発を進めてきた。現在は、需要家を含めた需要地系運用制御技術に加え、送電系の運用制御技術、共通インフラである情報通信技術、パワーエレクトロニクスによる変換機技術、等の全体を網羅した以下の各種研究開発を進めている。

①需要地系統の需給一体化運用・制御：新しい配電系統として当研究所が提案してきた「需要地系統」において、新たに供給側と需要家側を連携し、PV大量導入時の余剰電力問題や電圧問題に低コストで対応する需給一体形の運用制御手法の開発。

②次世代情報・通信インフラの構築：自動検針、情報提供、需給一体型の運用・制御等、需要家との双方向通信を行うための高セキュリティ需要地系通信インフラの開発。また、高度な系統監視制御のための広域・高速制御ネットワークや設備保全のためのセンサネットワークの開発。

③デマンドレスポンスの評価：需要家が電気の利用状況や価格情報を受けて、機器の利用を変化させる「デマンドレスポンス」について、わが国での効果や、考えられるメニューについて検討・評価。

8.1.3　これまでの研究開発成果

(1) 次世代型配電システム（需要地系統）技術

需要地系統の概念構成を図 8.1.3 に示す。同系統は、①コスト抑制の面から、既存の配電設備の有効活用を図りながら極力シンプルな構成で、分散形電源の導入・運用形態や負荷の需要形態によらず、電力品質の維持や事故時の保護保安を可能とする系統、および、②情報通信技術を利用した分散形電源を含む需要家機器の間接的または直接的制御により、省エネ、経済性、安定供給を達成する系統、を基本コンセプトに置いたものある。①に関しては、分散形電源が一つの配電線に集中連系した場合、配電線設備容量の 100% までの導入を可能にすることを目標に、図 8.1.4 に示すパワーエレクトロニクスを利用した双方向形の電流・電圧調整装置のループコントローラ（LPC）を開発した。これにより、長さ 3km ～ 4km の配電線（住宅 1000 軒～ 1500 軒に配電）の末端部同士を接続し、たとえば PV により電気の余っている配電線から負荷のみの配電線に電気を流し、安定に利用するものである。また、同装置を活用したもので、通信による配電線の適正電圧維持方式、ならびに分散形電源を

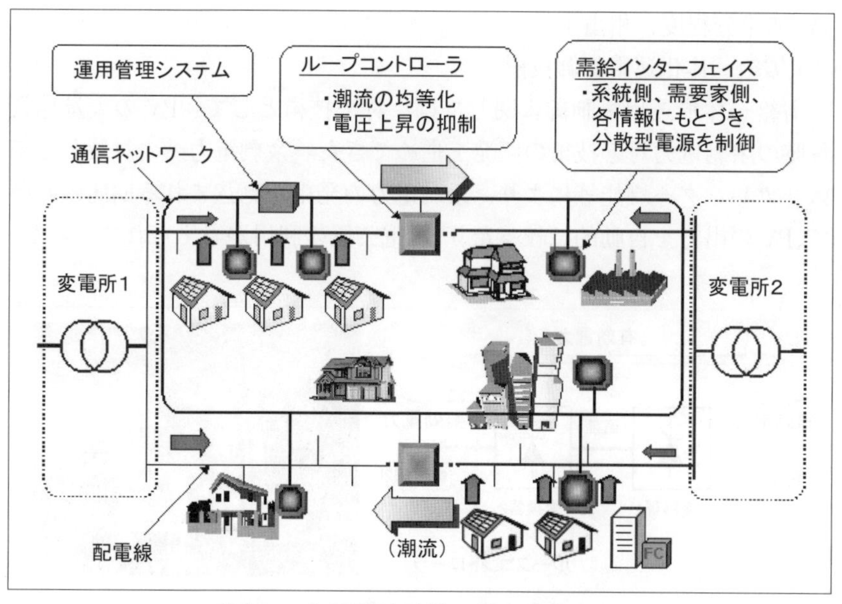

〔図 8.1.3〕需要地系統の基本構成 [8.4]

併用し、配電線事故時に健全区間を自立運転させて停電区間の最小化を図る系統運用制御方式を開発した[8.4]。②については、各需要家において、需要家内情報や料金等を含めた各種の系統情報をもとに、分散型電源や負荷を自律的に管理・制御する装置（需給インターフェイス）の適用を考え、これまでに、概念設計を行うとともに低圧需要家を対象とした系統事故時の自立運転方式を開発した[8.4]。

以上の開発技術については、シミュレーションによる解析ならびに実証試験により妥当であることを検証した。これにより逆潮流に伴う配電線電圧上昇抑制技術面では、我が国の平均的な住宅地域配電系統を対象とした場合、一つの配電線のみへのPV集中導入に関しては、図8.1.5に示すように、住宅3軒に2軒程度（配電線設備容量比では100%）まで、配電系統への分散導入に関してはループ系の特徴を生かせるレベルとして、住宅3軒に1軒程度まで、出力有効電力の抑制なしで電圧上限以下に維持できる基本技術を確立した[8.2]。これは、PVが今後とも住宅を中心に導入が進むものとすると、2030年までの国の導入目標5300万kWの半分程度に相当する。

(2) 需給一体化運用制御技術

需給一体形運用・制御に関しては、将来技術として、PVの大量導入量時の余剰電力対応技術の開発を進めてきた。余剰電力への対策としては、カレンダー機能等により、余剰電力の発生が見込まれる期間において、PVの出力を自動的に絞ったり、蓄電装置の利用が考えられているが、

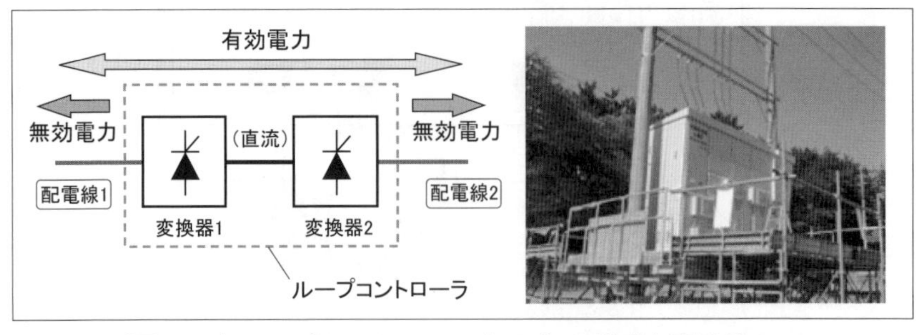

〔図8.1.4〕ループコントローラ（LPC）の構成と開発機[8.4]

ここでは、PV 設置需要家を対象に、給湯機等の負荷を自動的に PV 発生時間帯に移行し、余剰電力を有効活用するものである。これにより、PV の有効利用を図りながら、発電機会損失（発電出力を絞ることによって失われる電力量）や高価な蓄電装置の必要容量を低減させた。さらに、本技術は、逆潮流の抑制につながるため、配電線の電圧制御機器の容量低減効果も期待できる。図 8.1.6 は、太陽発電導入系統の余剰電力を有効活用する需給一体化運用・制御の一例で、PV 大量導入時において、需要家内の温熱機器等の運用を工夫することによって、系統への逆潮流の抑制や軽負荷時における PV の余剰電力を有効活用するものである。これにより、PV の発電機会損失の低減、変動を吸収する蓄電装置や電圧制御機器、さらには PV の出力変動を補償する他の発電設備の必要容量を低減させる。こうした需給一体的な運用を実現するためには、電力会社との双方向通信の構築、PV 出力の予測、利便性への影響等様々な課題を解決する必要がある。電中研では、これまでに、HP 式給湯機を対象に、図 8.1.7 に示す統計的手法を取り入れ、翌日等の PV 出力の予

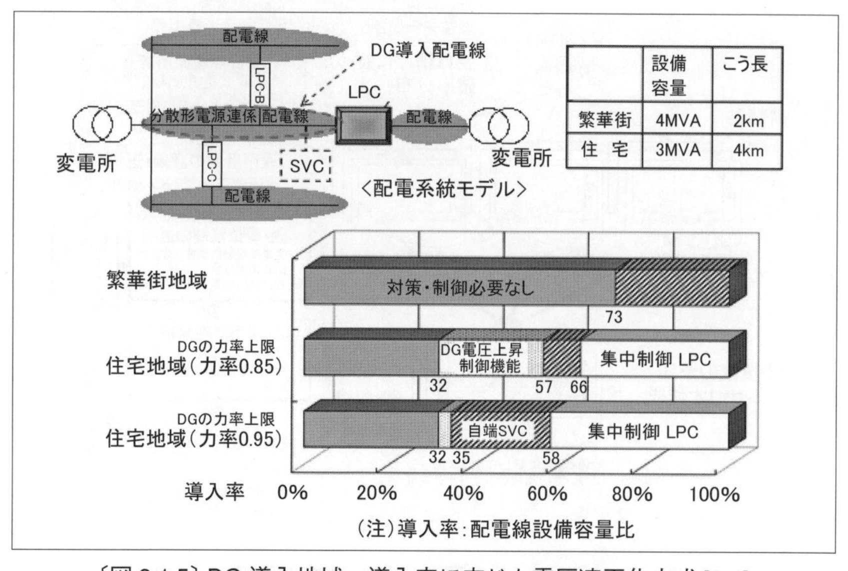

〔図 8.1.5〕DG 導入地域・導入率に応じた電圧適正化方式 [8.4]

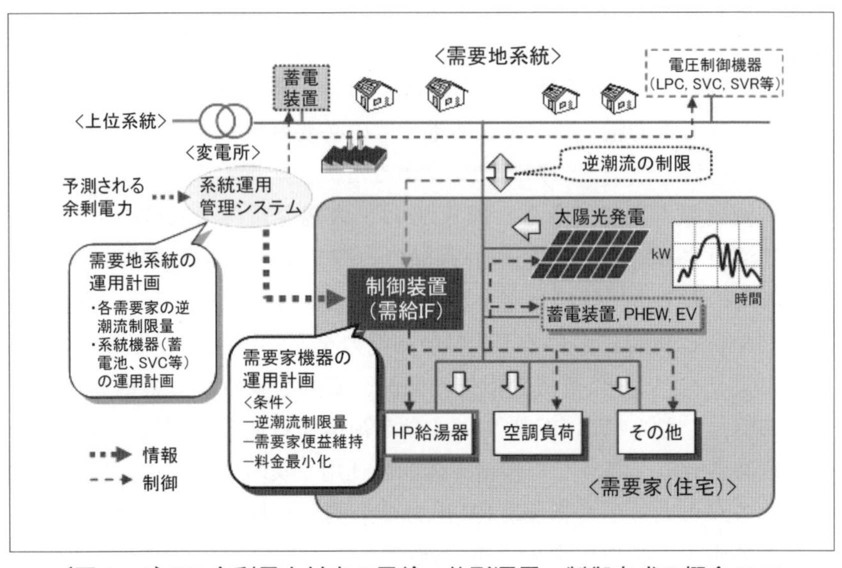

〔図 8.1.6〕PV 余剰電力対応の需給一体形運用・制御方式の概念 [8.6]

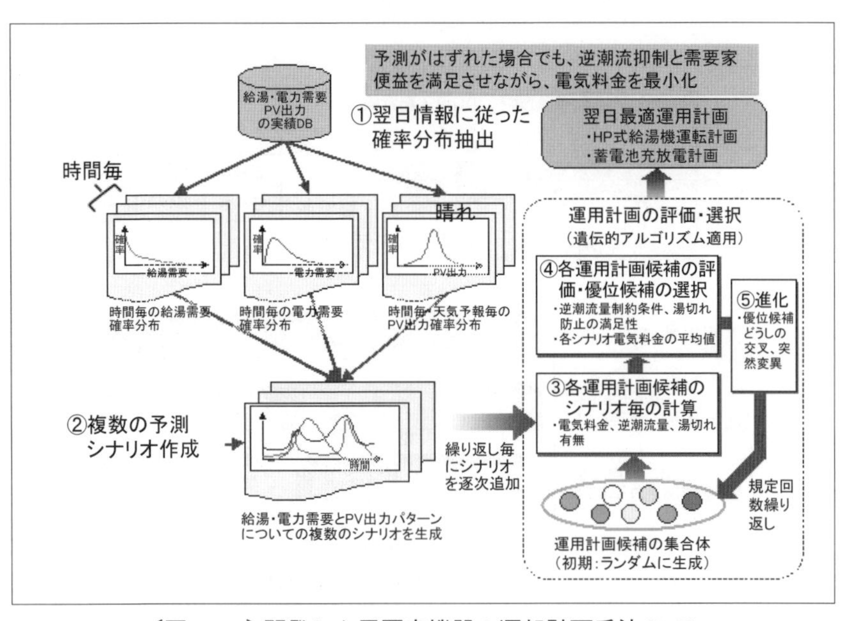

〔図 8.1.7〕開発した需要家機器の運転計画手法 [8.5]

測がある程度はずれた場合でも、系統への影響や需要家の利便性への影響を最小限に抑える需要家内の需給運用計画手法等を開発した [8.5]。また、図 8.1.8 に示す例のように、実証とシミュレーションにより、PV 発電機会損失を 30% ～ 50% 低減できる見通しを得ている [8.6]。

今後は、系統との連携・協調を考慮しながら、余剰電力対策や出力変動対策の検討をさらに進め、需給一体化運用制御方式を構築していく予定である。

(3) 次世代通信ネットワークシステム

次世代グリッドにおける通信インフラ技術として、①需要家との連携や分散形電源・配電系統の運用管理等のための需要地系セキュア通信ネットワーク、②広域系統の監視・保護制御のための広域・高速制御ネットワーク、および、③電力設備保全高度化のための設備保全センサネットワークについて、それぞれ要素技術開発を進めている。

このうち、需要地系セキュア通信ネットワークについては、需要家と

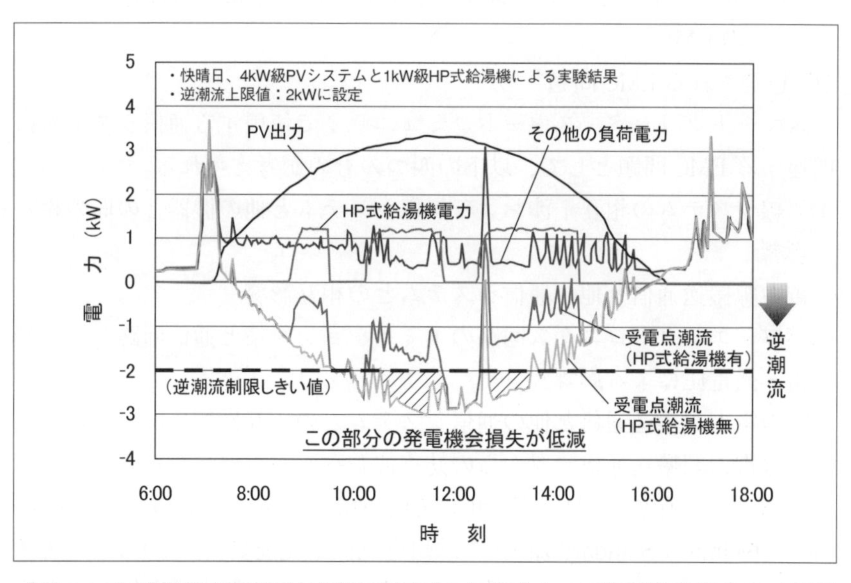

〔図 8.1.8〕需要家内運用計画手法適用時の各電力と PV 発電機会損失の時間推移例 [8.6]

電力会社が情報連携するための需要家ゲートウェイについて、自動検針用の国際標準通信規格（IEC 62056）を適用した場合のデータ伝送性能について、計算機を用いた模擬装置により評価した。その結果、一部、分散形電源の高速制御（遅延制約が数十ミリ秒）に対しては適用できない可能性があるが、その他のアプリケーションは支障なく情報伝送できることを明らかにした[8.7]。その他、広域・高速制御ネットワークでは、多様な系統監視・保護制御システムを低コストで一元的に実現するための技術として、標準的な広域イーサネット技術や高精度時刻同期方式(IEEE 1588)、ならびに計測・演算・制御等の機能や各種アプリケーションをモジュール的に実装する方式について、複数のプロトタイプ装置を試作して評価した。その結果、保護に必要なマイクロ秒オーダの時刻同期や、異なる装置の機能モジュール間での連携動作が実現できることを確認した[8.8]。

8．2　スマートグリッド・スマートコミュニティに係る通信システムのEMC

(1) 想定されるEMC問題

スマートグリッド・スマートコミュニティで使用する通信システムに関連するEMC問題として、以下の四つのものが考えられる。

①無線システムの相互干渉および無線システムと他の機器との間の相互影響

②電力線搬送通信と他の通信システムとの相互影響

③パワーエレクトロニクス回路のエミッション対策と通信回路への影響

④雷・過電圧による影響

②の電力線搬送通信と他の通信システムとの相互影響に関しては、国内では電力線搬送通信装置からの妨害波レベルが電波法で規制されている。また、国外では、欧州のCENELEC（European Committee for Electrotechnical Standardization：欧州電気標準化委員会）でEMCを所掌するCLC/TC 210において、妨害波の許容レベルと測定法の検討が進められ、欧州規格EN 50561が2013年10月に発行されている[8.9]。また、

④の雷･過電圧対策に関しては、通信センタビル等の建物の接地改善や、ホームゲートウェイ等の端末機器の高耐力化が実施されている。[8.10]

一方、①の無線システムの相互干渉および無線システムと他の機器との間の相互影響に関してみると、スマートグリッドやスマートコミュニティでは、電力消費の見える化や機器制御等のために、様々なセンシング情報の活用が想定され、NW 構築の容易さや柔軟性の高さ等から、無線システムの導入が考えられる。たとえば、スマートメータの場合、ユーザのエネルギー管理システムとスマートメータ間のBルートにおいて、新設の配線が不要であり、ネットワークの柔軟性が高い等の観点で、無線の利用が有効であると考えられている。一方、通信センタやデータセンタ内においては、ICT 装置近傍の温度分布を可視化し、空調機器の温度設定を制御することで省エネ化を図るシステムの導入が検討されている。この場合、多数の温度センサを設置することが必要であり、現在、2.4GHz 帯を使用する無線システムによるセンサーネットワークの導入が進められている [8.11]。このように、スマートグリッド・スマートコミュニティにおいては、様々な無線システムが機器の近傍で運用されるようになり、無線送受信機の送信電波による機器への影響の防止や、無線システム間の相互干渉といったEMC 問題が想定される。

さらに、③のパワーエレクトロニクス機器のDC・AC 変換、高出力インバータ、パワーコン等の、高出力パワー制御回路部と、センシング・制御回路および情報通信回路部等の微弱信号回路部が近接して混在することによるEMC 問題がある。また、④の雷・過電圧による影響に関しては、屋外に設置されるスマートコミュニティ設備では、雷による過電圧から防護する必要があり、機器の設置環境応じた過電圧対策が必要であり、このEMC 課題を解決する必要がある。

(2) 無線送受信機の近接利用対策

機器の無線送受信機の送信電波に対する耐性（放射イミュニティ）に関しては、IEC（International Electrotechnical Commission：国際電気標準会議）のCISPR（International Special Committee on Radio Interference：国際無線障害特別委員会）等が発行している国際規格があるが、要求されるイミュニティレベルは3V/mや10V/mが一般的である[8.12]。しかしこれらの値は、無線送受信機の近接利用を想定した場合のイミュニティレベルとしては不十分であり、情報技術装置に関してはCISPRで新しいイミュニティ規格（CISPR 35）が策定中であり、表8.2.1に示したように、無線システムの種類と想定される離隔距離に応じたイミュニティレベルのガイダンスが記載される予定である。ただし、これらのイミュニティレベルは1kHz 80% AM信号によるものであり、現在導入が進められている無線システム、あるいは今後導入が検討されている無線システムの送受信電波の変調方式、たとえばOFDM（Orthogonal Frequency Division Multiplex：直交周波数多重）変調との相関性が重要な課題となっている。これまで、電話機の可聴雑音やテレビの画像劣化については、1kHz 80% AM信号による試験で代表させることができるとの検討結果が示されているが、ICT装置の誤作動に関しては明らかになっていない。

この問題を解決するために、複数のICT装置を対象に、1kHz 80% AM信号とOFDM信号による放射イミュニティ試験を実施した結果が報告されている[8.13]。試験系の概要を図8.2.1に、試験結果を表8.2.2に示す。

表中の値は、誤作動が観測されたときの信号発生器出力（無変調）であり、OFDM信号のほうが約10dB小さかった。つまり、今回誤作動等が確

〔表8.2.1〕無線機器送信電波に対するイミュニティレベル（CISPR 35草案より引用）

Table I.1, Guidance on the selection of immunity levels to common wireless communication devices

Table clause	Approximate Separation distance (m)	Calculated RF field strength in V/m for frequencies and separation destances simulating different radio transmission types, assuming a given ERP						
		LTE/UMTS (0.2 W)	GSM		WiMAX/3G (1.26 W)	WiMAX (1.26W)	Wi-Fi (1 W)	Maximum RF feild strength at any ßfrequency
			(2 W)	(1 W)				
		800 MHz	900 MHz	1.8 GHz	2.6 GHz	3.5 GHz	5 GHz	
11.1	3.0	0.6	3	2	2	2	2	3
11.2	1.5	1.16	4	3	3	3	3	4
11.3	1.0	1.74	6	4	5	5	4	6
11.4	0.5	3.33	11	11	12	12	10	12
11.5	0.2	8.33	27	27	30	30	26	30

Footnotes
1. The separation distance is not the test distance as defined in IEC 61000-4-3, but the expected operating distance between the EUT and the interfering wireless communication device.
2. The spot frequency test for LTE has not been included in Table 1 as the test in table clause 1.2 provides adequate protection. This will be reviewed if the power level of LTE changes.

認されたICT装置の場合、1kHz 80% AM信号と比較してOFDM信号のほうが厳しい試験となっていることがわかる。今後は、誤作動のメカニズムも含めて差分が生じた要因や、1kHz 80% AM信号とOFDM信号の試験結果の変換係数等について、さらなる検討が必要であると考えられる。

(3) 無線システムの相互干渉対策

スマートグリッド・スマートコミュニティにおける無線システムの相互干渉問題の一つとして、2.4GHz帯におけるZigBeeと無線LAN（IEEE 802.11b/g/n）との相互干渉が挙げられる。2.4GHz帯でのZigBeeと無線LANとの相互干渉問題に関しては、すでにいくつかの検討が行われており、両者のチャネル周波数が重なるもしくは近接する場合に、ZigBeeの通信成功率が最大66%まで低下するとの報告例がある[8.14]。

ZigBeeと無線LANの相互干渉を防ぐ方法としては、両者が異なる周波数帯の無線チャネルを使用することが第一であり、事実、920MHzを用いた特定小電力無線が実用化されている。しかし、システムの導入量

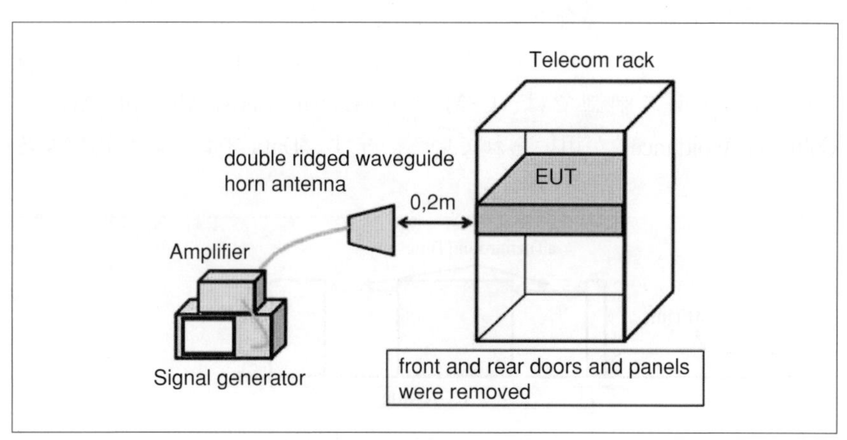

〔図8.2.1〕試験系の概要[8.13]

〔表8.2.2〕1kHz 80% AM信号とOFDM信号による放射イミュニティ試験結果[8.13]

EUT	誤作動発生時の信号発生器出力（無変調）[dBm]	
	1kHz 80% AM	OFDM
EUT1	27.1	18.4
EUT2	22.1	12.2

が大幅に増加した結果、2.4GHz帯や920MHz帯それぞれの中での相互干渉も想定され、無線チャネルの周波数変更だけでは対応しきれなくなることが想定される。こうした観点から、無線チャネルの周波数帯によらず相互干渉を回避できる方法の確立が必要であると考えられる[8.15]。

図8.2.2はZigBeeのアクセス制御方式の概念図である。ZigBeeエンドデバイスがDataフレームを送信する前にバックオフタイムの期間待機し、CCA（Clear Channel Assessment）を開始しチャネルの使用状況を判定する。このとき、チャネルがアイドルと判断された場合、aTurnaroundTimeの期間が経過した後にDataフレームを送信する。一方、チャネルがビジーと判断された場合、再びバックオフタイムの期間待機する。ZigBeeコーディネータがDataフレームを受信した場合、aTurnaroundTimeの期間が経過した後にACKフレームを送信する。なお、Dataフレーム送信後に、macACKWaitDurationの期間にACKフレームが受信されなければDataフレームを再送し、別に定められている再送回数の上限値を超えた場合フレームが破棄される。

一方、無線LANのアクセス制御方式の概要を図8.2.3に示す。無線LANのアクセス制御では、CSMA/CA（Carrier Sense Multiple Access/Collision Avoidance）が用いられている。まず、Dataフレームを送信する

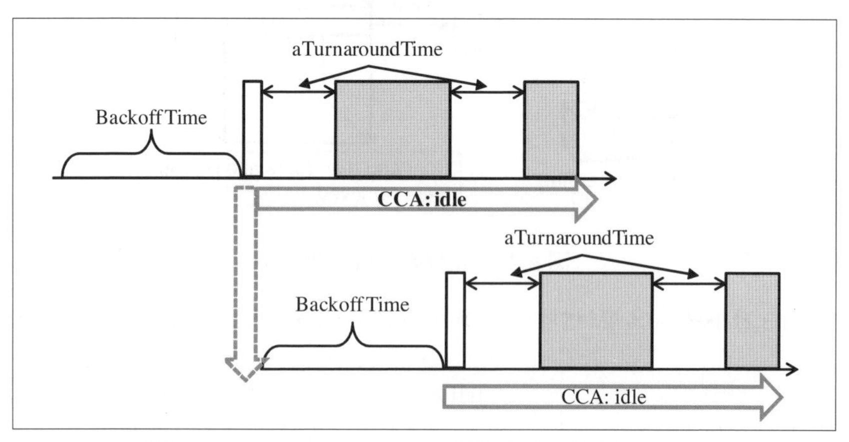

〔図8.2.2〕ZigBeeのアクセス制御方式の概念図[8.15]

前に、DIFS（Distributed Inter-Frame Space）の期間チャネルの使用状況を判定し、アイドルと判断された場合、CW（Contention Window）の範囲内から乱数（整数値）を発生させ、その乱数にaUnitBackoffPeriodを乗算したバックオフタイムを決定する。バックオフタイムはaSlotTimeごとにチャネルの使用状況を判定し、チャネルがアイドルと判断された場合はバックオフタイムを減算する。バックオフタイムがゼロに到達したときに、Dataフレームを送信する。ここで、バックオフタイムの減算途中にチャネルがビジーと判断された場合は、バックオフタイムの減算を中断し、再びDIFSの期間チャネルがアイドルと判断された後に、減算を再開する。なお、Dataフレーム送信後にEIFS（Extended Inter-Frame Space）の期間にACKフレームが受信されなければ、CWをインクリメントしてDataフレームを再送する。別に定められている再送回数の上限値を超した場合フレームは破棄される。

こうしたアクセス制御方式に基づく干渉のパターンとして、図8.2.4に示す三つのケースが考えられる。ケース1は、CCAの間に無線LANがDataフレームを送信してしまい、ZigBeeがDataフレームを送信できない場合で、ZigBeeのCCA検出時間が長いことが要因である。ケース2は、CCA後からDataフレーム送信までの待機時間（aTurnaround Time=192μs）の間に、無線LANがDataフレームの送信を開始し、ZigBeeのDataフレームと衝突してしまう場合である。これは、ZigBeeのaTurnaround Timeが長いことが要因である。ケース3は、ZigBeeのDataフレーム送信後に、ACKを受信するまでの待機時間（aTurnaround

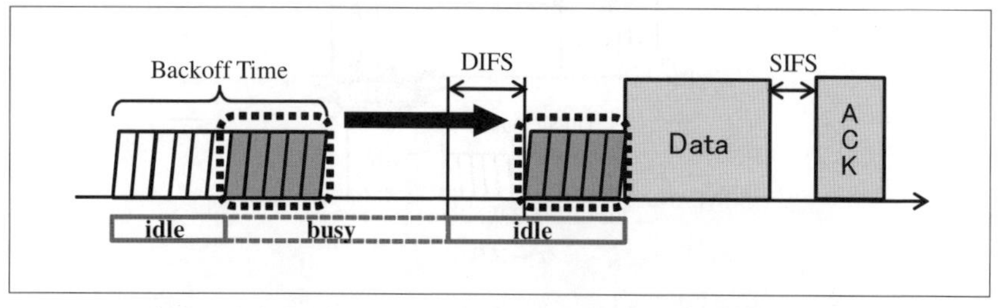

〔図8.2.3〕無線LANのアクセス制御方式の概念図 [8.15]

Time=192µs）の間に、無線LANがDataフレームの送信を開始し、ZigBeeのACKと衝突してしまう場合である。

これらのケースに共通する要因は、ZigBeeのaTurnaround Timeと比較して、無線LANのIFS（Inter-Frame Space）が短いことである。つまり、無線LANがZigBeeの存在を検知した際にIFSの値を大きくすれば、干渉を回避することができると考えられる。無線LANの新しい規格であるIEEE 802.11eでは、従来のDIFSの代わりにAIFS（Arbitration Inter-Frame Space）が規定され、通信のQoSに応じてAIFSの値を変化させることで、優先順位が高いフレームほど待ち時間を短くすることができる。この機能を用いれば、ZigBeeを検知した際に無線LAN側でAIFSの値を調整することで、干渉を回避することができると考えられる。

図8.2.5は、一組のZigBee送受信機と無線LAN送受信機の干渉特性を、ZigBeeの送信成功率を尺度としてシミュレーションにより評価した結果である。図からわかるように、通常のAIFS設定値（50µs）の場合と

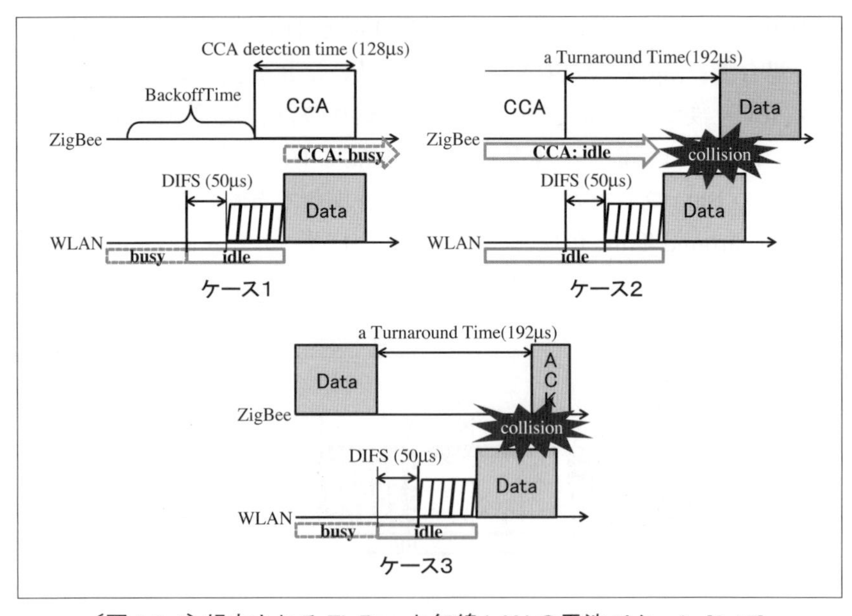

〔図8.2.4〕想定されるZigBeeと無線LANの干渉パターン[8.15]

比較して、AIFSを210μsあるいは310μsとすることで、ZigBeeの送信成功率が改善されている。また、図8.2.6に示すように、AIFSの値を大きくしても、無線LANのスループットは変化しておらず、AIFSの値の変更が無線LANの通信品質に影響を与えていないことがわかる。

(4) パワーエレクトロニクス回路のエミッションと通信回路への影響

太陽光発電システム、燃料電池、省エネ制御の普及に伴い、DC・AC

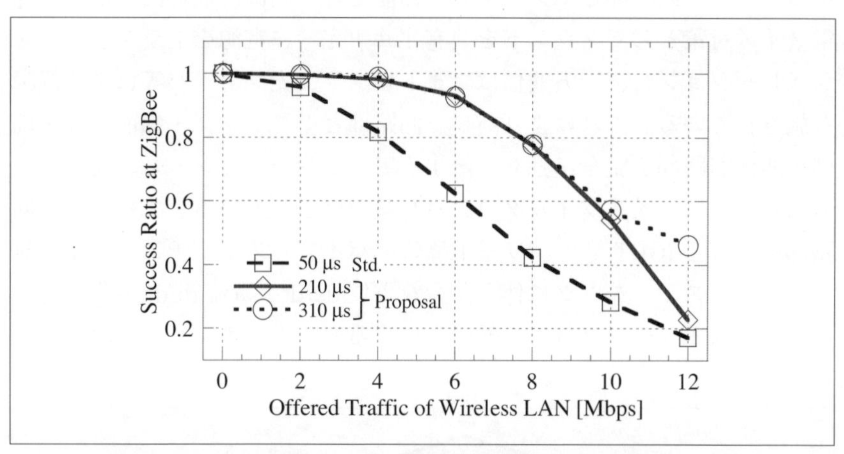

〔図8.2.5〕AIFS変更によるZigBee送信成功率の改善例 [8.15]

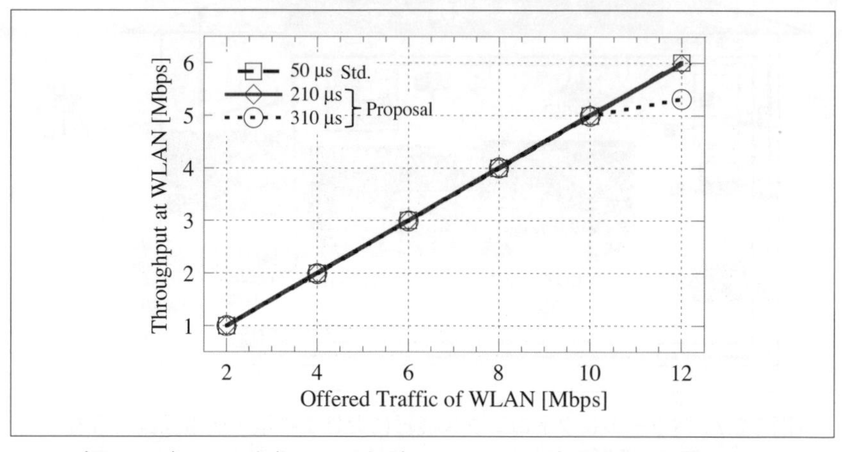

〔図8.2.6〕AIFS変化による無線LANスループットへの影響 [8.15]

変換、高出力インバータ、パワーコン等の、高出力パワー制御回路部と、センシング・制御回路および情報通信回路部等の微弱信号回路部が近接して混在することによるEMC問題がある（図8.2.7)。近年は太陽光発電用パワーコンディショナが1MWまで製品化されており、大出力化するにつれてEMC対策が難しくなってくる。

基本的なEMC対策は、アイソレーションとノイズフィルタの採用である。パワー回路部とセンシング・知能処理・制御・通信回路部は、導電ノイズ対策としてグランドを共有化せず完全に電源をトランスでインシュレーションし、一方通信はフォトカプラ、光ファイバ等による絶縁が施されている。これによりパワー回路部とセンシング・知能処理・制御・通信回路部を完全に独立分離するアイソレーションとし、誘導ノイズに対してはノイズフィルタによる対策が施されている。またパワー回路部におけるIGBT等のパワー半導体デバイスのスイッチングノイズ対策として、スイッチングに伴う急激な電位dv/dt・電流di/dt変化を避けるためにスイッチング特性を緩やかにするソフトリカバリーの改善およ

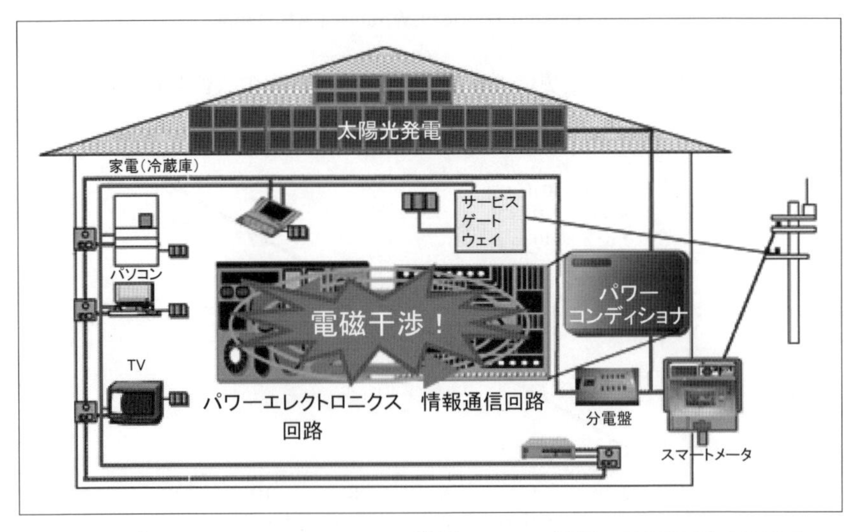

〔図8.2.7〕パワーエレクトロニクス機器における強電・弱電回路の混在とEMC問題 [8.16]

び、信号系においては、位相ノイズマージンを考慮しつつ高調波成分を多く含む矩形波から台形波・正弦波の採用、回路基板においては浮遊容量低減とノイズループ面積の低減設計等の対策が施されている。

(5) 雷による過電圧からの設備防護

屋外に設置されるスマートコミュニティ設備では、雷による過電圧から防護する必要[8.17]があり、機器が設置される環境に対応して、表8.2.3に示す雷保護領域に区分される。LPZ0Aは、直撃雷の危険にさらされる環境領域、LPZ0Bは受雷設備により直撃雷から保護される環境領域である。直撃雷から保護されるLPZ0B環境下においては、さらに四つの耐インパルス過電圧カテゴリ（LPZ1～4）がある。過電圧カテゴリで区分された各機器は、LPZ1のカテゴリⅣは設備の引き込み口、主分電盤の電源供給側で使用する機器、LPZ2のカテゴリⅢは主分電盤を含む固定設備の負荷側機器、固定設備に恒久的に接続される産業用機器、LPZ3のカテゴリⅡは固定設備から供給されるエネルギーを消費する機器、LPZ4のカテゴリⅠは過渡過電圧を適切な低レベルに制限するための処置が講じられている回路に使用される機器である。特に、スマートメータはスマートハウスの引き込み口に設置されるので、カテゴリⅣの

〔表8.2.3〕機器の設置環境による耐インパルス過電圧カテゴリ[8.16]

雷保護領域	$LPZO_A$	$LPZO_B$			
		LPZ1	LPZ2	LPZ3	LPZ4
過電圧カテゴリ		Ⅳ(引き込み口)	Ⅲ（幹線）	Ⅱ（負荷）	Ⅰ（機器内部）
必要なインパルス耐電圧（AC120/240V）		4kV	2.5kV	1.5kV	0.8kV
機器の例		電力量計（WHM）スマートメータ	住宅用分電盤	パソコン家電	

4kV の耐圧が要求されることから過電圧対策が必要であり、この EMC 課題を解決する必要がある。

(6) まとめ

スマートグリッド・スマートコミュニティに関連する EMC 問題として、無線システムの相互干渉および無線システムと他の機器との相互影響、雷・過電圧対策について、問題の概要と対策に関する検討例を概説した。スマートグリッド・スマートコミュニティにおいて、通信システムは、いわば神経系の役割を果たすものであり、その信頼性を担保することは非常に重要な課題である。こうしたことからも、本節で扱ったものも含めて、想定される EMC 問題を解決していくことが不可避であるといえる。

8．3　スマートグリッド関連機器の EMC に関する取組み（NICT：情報通信研究機構）

国立研究開発法人 情報通信研究機構（NICT：National Institute of Information and Communications Technology）電磁波研究所電磁環境研究室では、LED 照明機器や太陽光発電等の省エネルギー機器や高周波利用設備、スマートグリッド、無線機器等により引き起こされる電磁干渉障害の発生機構を解明し、干渉の原因となる電磁波の伝搬特性を評価する手法や、複数かつ同時に存在する干渉要因にも対応できる統計的識別評価法を確立している。

(1) スマートグリッド関連機器による雑音の測定・解析に関する検討

スマートグリッド関連機器の大きな特徴の一つは、多くの場合インバータ等のスイッチング回路が使用されていることである。スイッチング回路は、電磁雑音の発生源と大きな要因の一つである。このため電磁環境研究室では、スイッチング回路を持つ機器として LED 照明機器に注目し、その EMC 諸問題の解明に取り組んでいる。この成果は、他のスマートグリッド関連機器に対する EMC 問題の解明・解決に資するものである。

図 8.3.1 は、異なる製造メーカおよび型番の LED 照明から放射された

電磁雑音のスペクトラムの測定例である。同図より、メーカや型番によって大きさや放射の周波数特性が異なることがわかる。

図 8.3.2 に、LED の発光パターンと電磁雑音強度の相関を用いた雑音

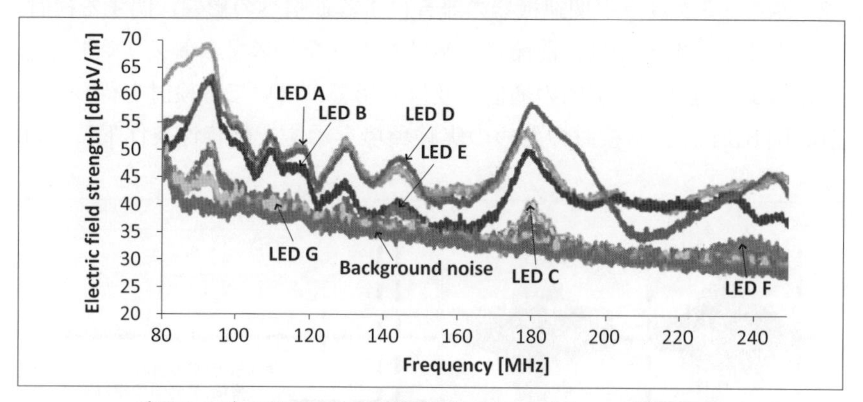

〔図 8.3.1〕LED からの放射雑音のスペクトルの例 [8.18]

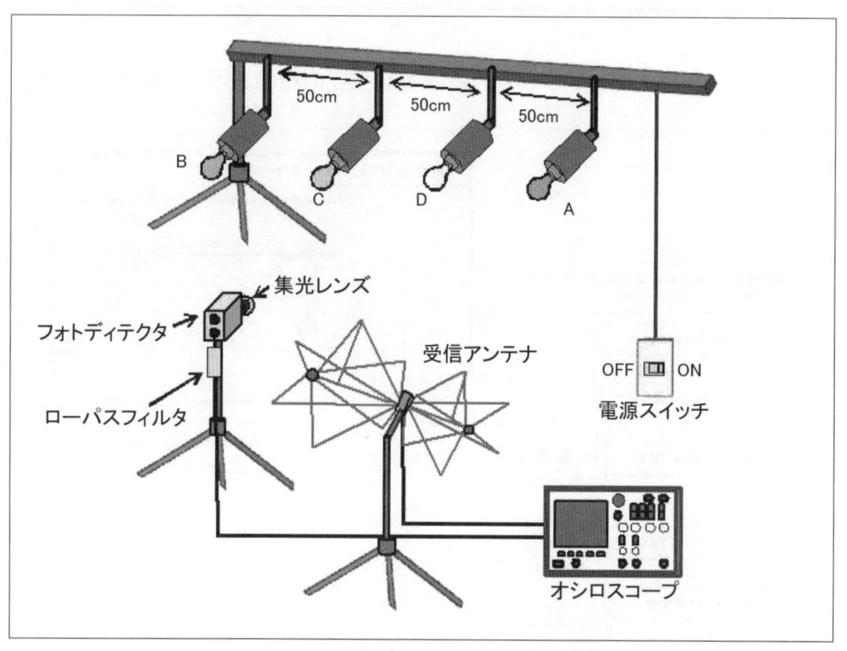

〔図 8.3.2〕LED 雑音源識別法の測定装置 [8.18]

源識別法の測定装置、図8.3.3にその測定例を示す。図の通り、LED照明の点滅に対し、相関のあるタイミングで放射ノイズが発生していることが確認できた。

(2) スマートグリッド関連機器の雑音による通信への影響に関する検討

一方で本研究室では、前節にて挙げたような、スマートグリッド関連機器による雑音が、実際の通信に及ぼす影響についても検討を行っている。図8.3.4に、本検討のための実験環境を示す。静特性条件下におけ

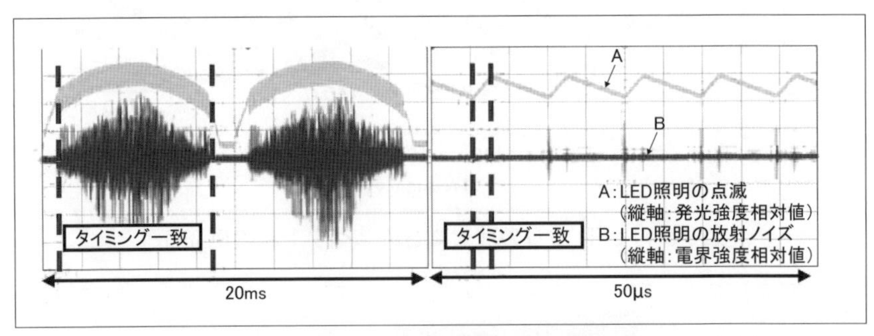

〔図8.3.3〕LEDの発光パターンと電磁雑音強度の相関を用いた検討例 [8.18]

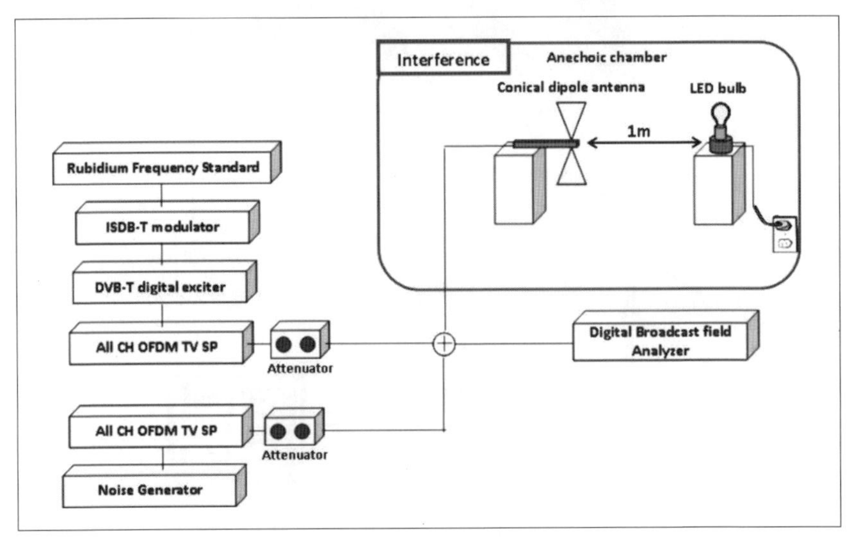

〔図8.3.4〕LED雑音によるディジタル放送受信への影響評価装置例 [8.19]

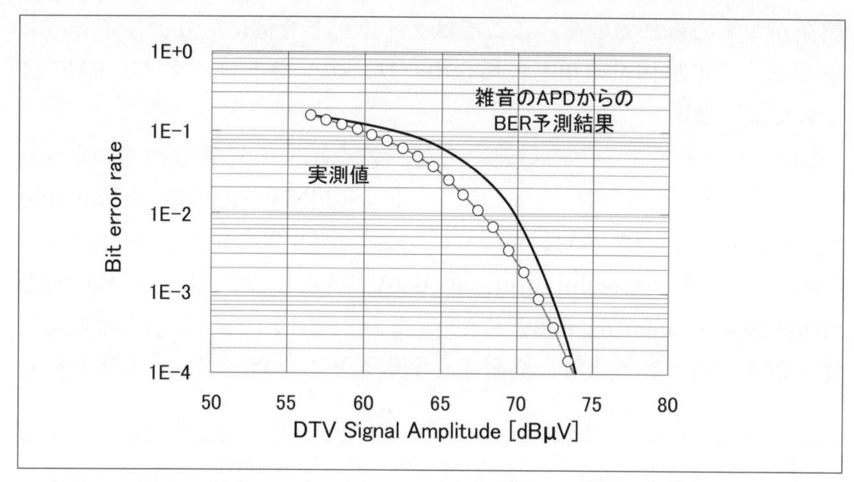

〔図 8.3.5〕LED 雑音によるディジタル放送受信への影響評価結果例 [8.19]

るディジタル放送受信系において、LED 雑音が付加された場合の特性変化について検証した。図 8.3.5 に、本状況下におけるディジタル放送信号の受信強度に対する BER 特性を示す。図では、実測値と予測値の双方を並べて表示しているが、両特性はほぼ一致を示している。

8．4　パワーエレクトロニクスへのワイドバンドギャップ半導体の適用と EMC（大阪大学）

省エネルギーや再生可能エネルギーの利用を可能とする手段としてパワーエレクトロニクスが用いられている。またパワーエレクトロニクスは、電力の変換だけでなく制御を行う手段でもあるため、スマートグリッドにおいてエネルギー・パワーを扱うために不可欠な基盤技術となっている。取り扱うパワーが大きくなると電力変換損失も無視できなくなるため、導通損失低減のために回路動作の高電圧・小電流化が必要となる。またスイッチング損失低減のためには高速スイッチング動作が必要となる。従来用いられてきた Si IGBT や Si PiN ダイオードの開発は高電圧・高速スイッチング動作の理論限界に近づいており、これを超えるためにワイドバンドギャップ半導体である SiC を用いたパワーデバイスの開発がすすめられている。ここではダイオードを例に取り、ワイドバンドギャップ半導体を適用した場合のパワーエレクトロニクスとEMCについて述べる。

図8.4.1にダイオードの室温での静特性を示す。対象は同等の電圧・電流定格のSi-PiNダイオード（Si-PiND）（RHRP860, Fairchild Semiconductor, 600V, 8A）、Si-ショットキーバリアダイオード（Si-SBD）（QH08-TZ600, Power Integrations, 600V, 8A）、およびSiC-SBD（IDH12SG60C, Infineon, 600V, 12A）である。図8.4.1（a）に示す順方向電圧－電流（I-V）特性より、高耐圧を実現させるためにドリフト層を長く

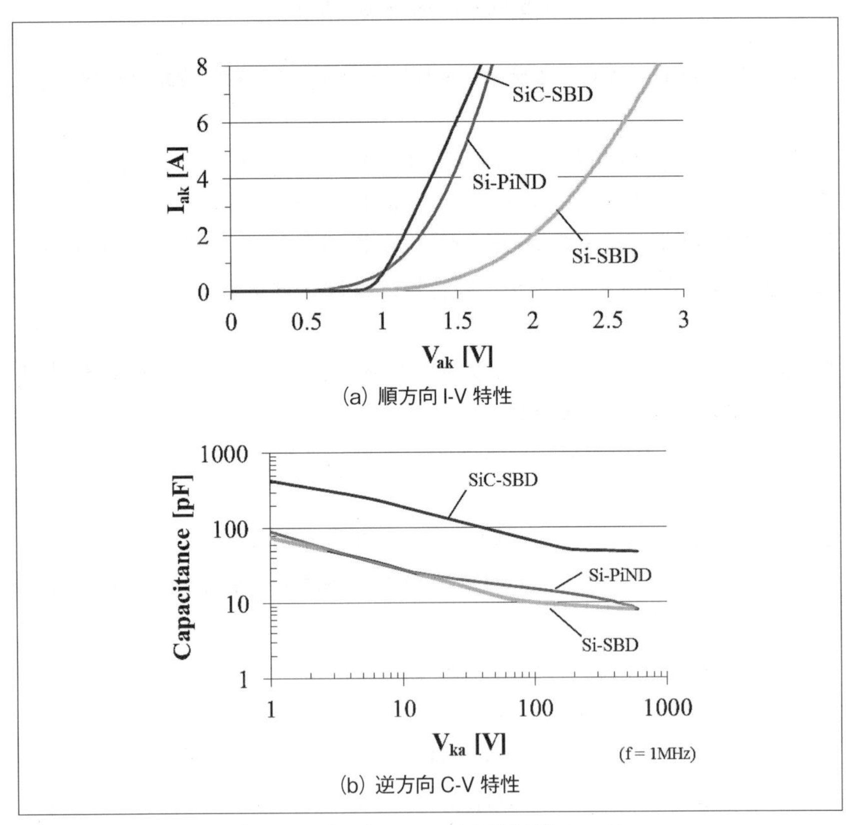

(a) 順方向 I-V 特性

(b) 逆方向 C-V 特性

〔図8.4.1〕ダイオードの静特性 [8.20]

しかつ、不純物濃度を低くしているためSi-SBDの順方向電圧降下が最も大きくなっている。Si-PiNDは伝導度変調効果を利用しているため、高耐圧でも順方向電圧降下を低く抑えており、SiC-SBDと同程度なっている。また逆方向端子間容量－電圧（C-V）特性より、電流定格が同等でもドリフト層における不純物濃度により端子間容量は大きく異なり、SiC-SBDは最も大きい値となっていることがわかる。

ダイオードの動特性として、ターンオフ動作における電圧・電流の応答を図8.4.2に示す。Si-PiNDはバイポーラデバイスであり、導通状態から遮断状態に遷移（ターンオフ）する過程において、導通状態でドリフト層に蓄積された小数キャリアが排出された後に空乏層が広がる。この動作が大きな逆方向電流が流れる逆回復現象として現れる。一方SBD

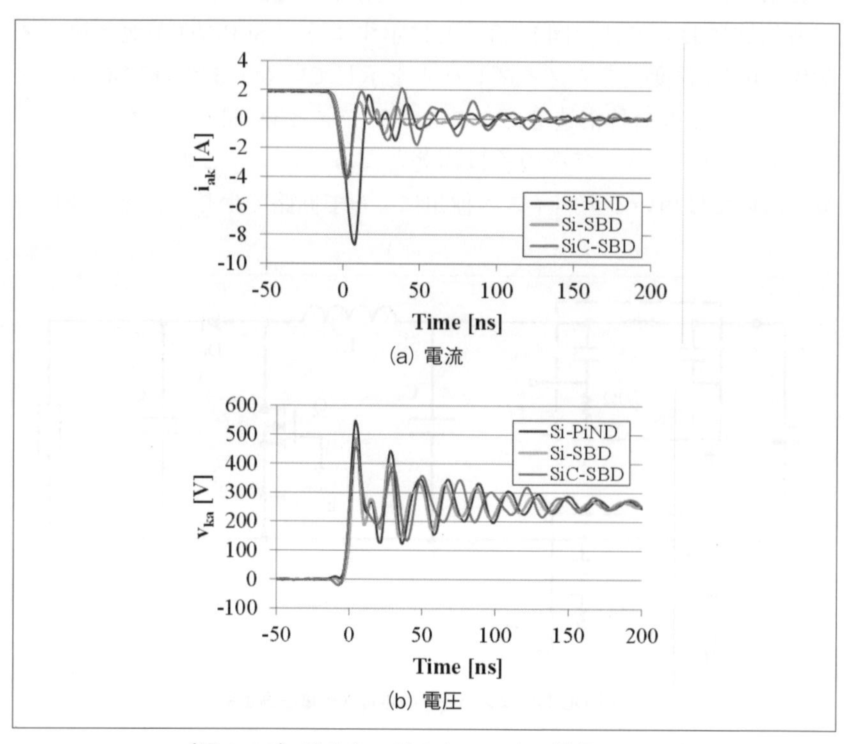

〔図8.4.2〕ダイオードのターンオフ動作 [8.21]

はユニポーラデバイスであり、導通時に少数キャリアが蓄積されず、ターンオフ動作においては空乏層形成に伴う電荷の排出のみが現れる。このようにバイポーラデバイスとユニポーラデバイスではターンオフ動作における現象に差異があり、これより電力変換回路から生じるノイズに対して影響を与えることが考えられる。

図 8.4.3 (a) に示す構成で、LISN (Solar Electronics, 9117-5-PJ-50-N) およびスペクトラムアナライザ (Agilent E4402B) を使用して DC-DC コンバータの雑音端子電圧の周波数スペクトルを測定した結果を図 8.4.3 (b) (c) に示す。DC-DC コンバータのスイッチング周波数が 100kHz であることから、数 MHz 以下ではスイッチング周波数の理論高調波によるノイズが支配的となっており、用いるダイオードの種類による差異はほとんど見られない。一方、スイッチング周波数の理論高調波が減衰する高周波領域においては、図 8.4.3 (c) に示すように Si-PiND が他と比べて 5dB ～ 10dB 程度大きいノイズレベルを示している。また DC-DC コンバータの回路が非対称構造であることから、va と vb 間の差となって現れており、SBD においてその差は顕著となっている。このように、高周波においては用いるデバイスの種類によって回路で生じるノイズ特性が

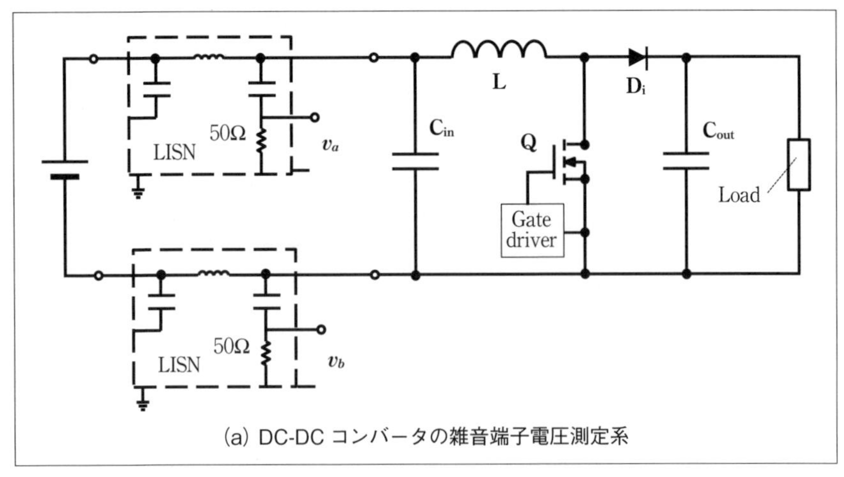

(a) DC-DC コンバータの雑音端子電圧測定系

〔図 8.4.3〕DC-DC コンバータの雑音端子電圧の周波数スペクトル [8.22]

異なるため、SiC 等の新しいデバイスを回路に適用する際には注意する必要があることがわかる。

8.5　メガワット級大規模蓄発電システム（住友電気工業）

再生可能エネルギー電源の導入量の拡大のためには、天候等による不規則な発電の安定化技術や計画的発電技術が必要である。また、夏場の電力不足問題に対しては、需要家への系統供給電力に対するピークカット運用が求められているとともに停電等緊急時の電力バックアップ体制の構築も求められる。さらに事業所レベルから街レベルでの分散型電力のニーズが増大すると、分散電力を高度に制御することが必要となる。このような背景の下、世界最大規模のレドックスフロー電池、国内最大規模の集光型太陽光発電（CPV）、エネルギーマネジメントシステムか

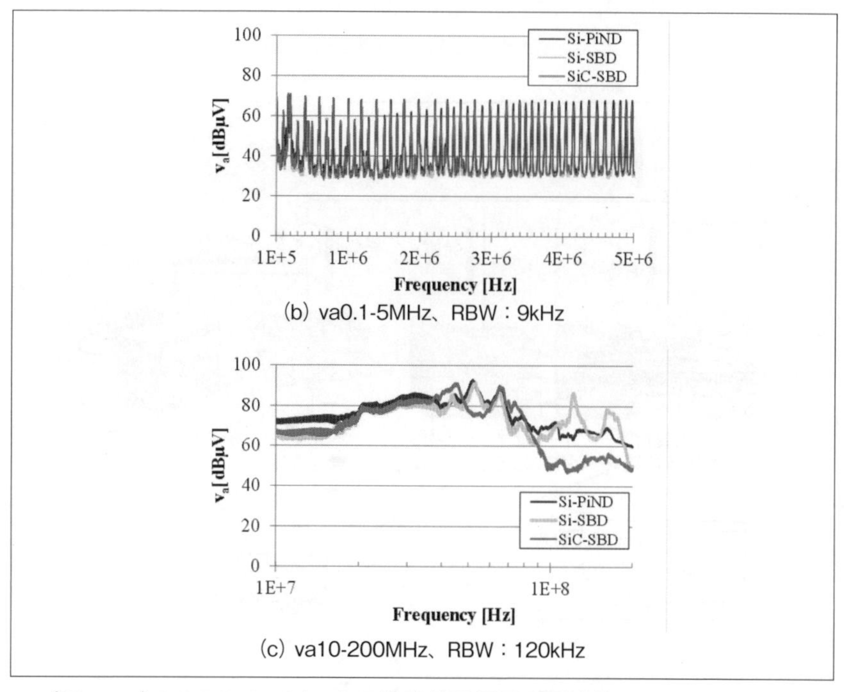

〔図 8.4.3〕DC-DC コンバータの雑音端子電圧の周波数スペクトル [8.22]

ら構成される「大規模蓄発電システム」を開発し、2012年7月より、住友電気工業（株）横浜製作所内の電力利用の中での実証運転を開始した[8.23]。

8．5．1　システムの構成

図8.5.1にシステムの構成、図8.5.2にシステムの全景を示す。本システムは、夜間電力や太陽光発電電力を貯蔵するレドックスフロー電池（容量1MW×5時間）と再生可能エネルギー源としてのCPV（15基、最大発電量100kW）から構成され、外部の商用電力系統とも連系している。CPV発電量、レドックスフロー電池の充放電量は、エネルギーマネージメントシステム（EMS）によって監視され、計測データはEMSサーバで一括管理している。

また、レドックスフロー電池とCPVに加えて、既設のガスエンジン発電機を組み合わせて、横浜製作所全体の電気エネルギーの最適運転を

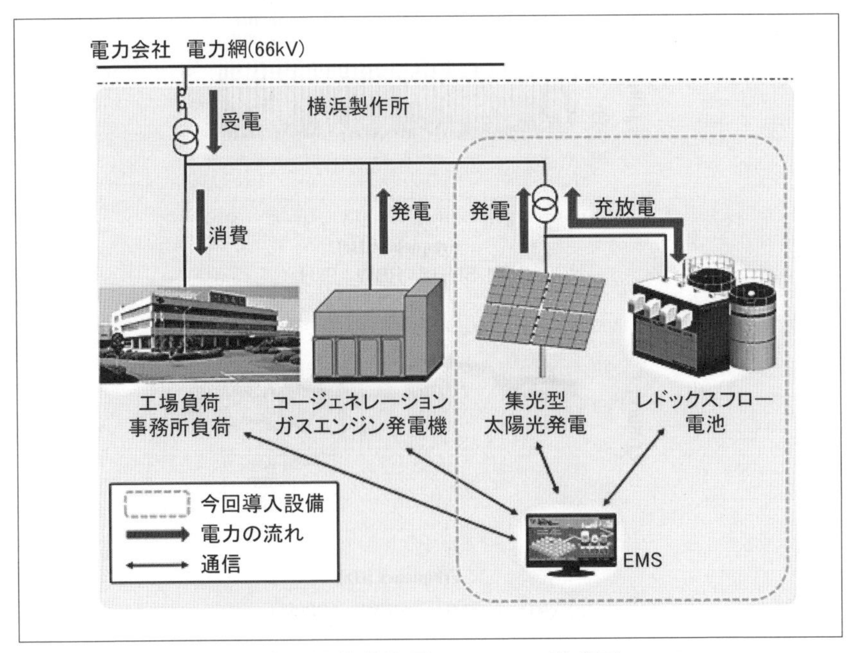

〔図8.5.1〕大規模蓄発電システムの構成図[8.23]

行うFEMS（ファクトリーエネルギーマネージメントシステム）の実証も行う。

(1) レドックスフロー電池（容量1MW×5時間）

レドックスフロー電池は、充放電を行う入出力部（電池盤）とバナジウムのイオン電解液を蓄えるタンクから構成される[8.24]。本システムでは最新技術を活用して、125kW×8面の電池盤で最大出力1MWのものを構成している。各電池盤ごとに正極用と負極用の電解液タンクをペアで設置し、全体で8組（16台）のタンクを設置している、図8.5.3に設備外観を示す。

(2) 集光型太陽光発電CPV（最大発電量100kW）

CPVのパネル内の発電セルにはGaAs系化合物半導体からなる高効率の発電セルを使用している[8.25]。一基のパネル枚数は64枚の構成で、

〔図8.5.2〕大規模蓄発電システムの全体像（住友電気工業㈱横浜製作所内）[8.23]

〔図8.5.3〕レドックスフロー電池の外観[8.23]

最大定格発電電力は7.5kW/基である。現在15基で定格100kWのシステム構成としている。各CPV基毎に設置されたDC/DCコンバーターにてDCリンク接続しており、各基毎に最大電力点追従制御（MPPT）を行うとともに、各基毎の発電量等の運転状態を管理している。図8.5.4に開発したCPVとDC/DCコンバータの様子を示す。

本CPVパネルにおいては、発電出力を落とすことなく、絵や文字をパネル面に表示することも可能で、図8.5.4（a）では文字を表示させた例を示している。

(3) パワーコンディショナー

レドックスフロー電池と商用電力系の間には500kWのパワーコンディショナー1台と250kWのパワーコンディショナーを2台とを設置している

(4) エネルギーマネジメントシステム（EMS）

EMSは本システムにおいてCPV15基の発電量を監視する他、商用電力系統、CPV、レドックスフロー電池、事務所・工場間の電力フローを監視する役割を担う。必要な情報は光通信ネットワークによって収集されEMSサーバで集中管理している。監視画面の一例を図8.5.5に示す。

8．5．2　実証運転の内容と狙い

本システムで進めている実証運転の内容と効用は次のようなものであ

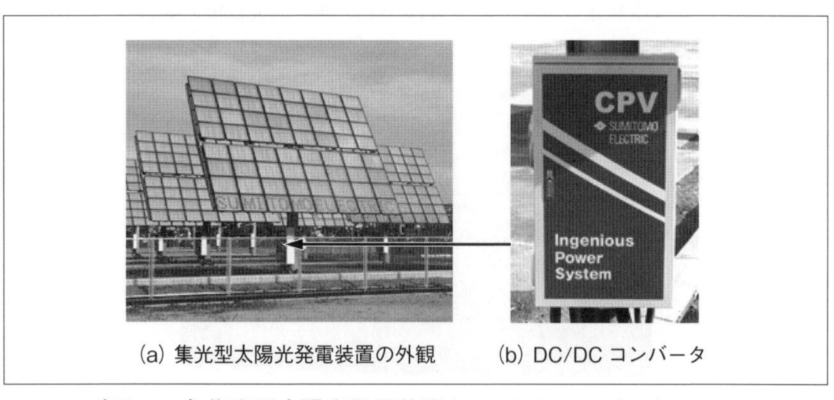

(a) 集光型太陽光発電装置の外観　(b) DC/DC コンバータ

〔図8.5.4〕集光型太陽光発電装置とDC/DCコンバータ [8.25]

る。

①横浜製作所におけるピークカット運用（最大 1MW のデマンド抑制）を行う。これにより、国内で喫緊の課題である電力不足問題の軽減に貢献する。

②天候に左右される太陽光発電をレドックスフロー電池と組み合わせ、計画的な発電を行う。これにより、太陽光発電の価値を高め、導入を促進する。

③あらかじめ設定したデマンドスケジュールとなるよう電力負荷に応じた放電量を調整する。電力消費のレベルを安定化させることで、必要な発電所の規模低減に貢献する。

④太陽光発電の激しい出力変動をレドックスフロー電池の充放電で補償することで、出力を平滑化する。これにより、火力発電所の調整負荷が軽減され、系統へ連系できる太陽光発電、風力発電の規模が拡大する。

以上のように、太陽光発電や風力発電に代表される不安定な再生可能エネルギーの導入に対し、レドックスフロー電池を駆使することで電力の安定化を実現するとともに、電力不足の問題の軽減に貢献することを目的としている。また、レドックスフロー電池と CPV に既設のガスエンジン発電機を組み合わせて、横浜製作所全体の電気エネルギーの最適運転を行う FEMS（ファクトリーエネルギーマネージメントシステム）

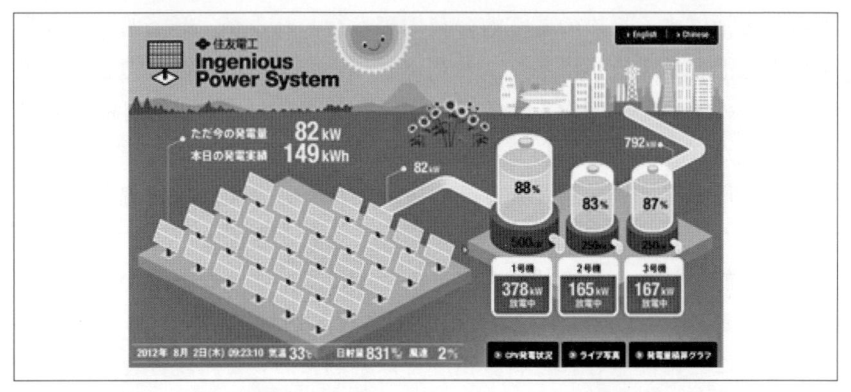

〔図 8.5.5〕大規模蓄発電システムのモニター画面の例 [8.23]

の実証も開始している。本FEMS実証は、経済産業省「平成24年度次世代エネルギー・社会システム実証事業」として、「横浜スマートシティプロジェクト」の中で株式会社明電舎と共同で行っている。

本システムはすでに横浜製作所の電力需要のピークカット運用等で活用を始めているが、今後、再生可能エネルギーの導入やエネルギーの効率的運用を一層促進すべく、特に工場や商業施設等の大規模需要家でのニーズに合わせて、本システムの実用化を進めていく予定である。

8.6　再生可能エネルギーの発電量予測とIBMの技術・ソリューション [8.26]

世界的に電力・エネルギー危機が叫ばれる中、風力や太陽光等の再生可能エネルギーの導入が進んでいる。しかしながら、その一方で自然エネルギーを変換して用いることから生じる課題もある。その一つが、気象に左右されるため電力の安定的な供給が難しいという点である。そこで最近注目されているのが、気象予測と連携した発電量予測の技術である。ここではIBMの数値気象予測の手法を説明し、世界ですでに実証実験や導入済みの発電予測ソリューションについて見ていきたい。

8.6.1　何故予測技術が必要なのか

風力、太陽光等の再生可能エネルギーを用いた発電ではその発電量は気象に大きく依存し、安定した電力供給は一般には難しい。発電電力の揺らぎを補償するための蓄電池の装備等も行われるが、経済的には投入する蓄電池容量を最小にすることが望ましい。また、発電電力を送配電網に良質の電力として投入するには定めた時刻における供給可能電力量をより確かなものにする必要がある。先々の時刻、たとえば一日先の保有発電設備の発電量予測をより高い確度で行うことで、供給電力の品質向上をもたらし、発電所の経済性を高めることが可能となる。

再生可能エネルギーの将来の発電量予測はこのような要請から生じたものである。(精度という言葉を用いずに敢えて「確度」という言葉を用いていることに注意されたい。精度とは予測において再現性を言うものであり、必ずしもあたるということを意味しない。したがって、ここでは意識して確度とか確からしさという言葉を用いる。)

発電量を予測するシステムの基本的構成は、日照、風速・風向、気温等の気象変数を予測する気象予測と、気象変数を入力とした発電設備の発電量予測の二つとなるが、その方法として様々なものが提案されている。

①気象予測では、発電所の所在における過去の気象統計を元に気象動向パターンを導き出し、気象庁等が提供する広域の気象予報値を気象変数として動向パターンに入力することで、当該場所における先々の気象変数予測を与える方法[8.27]。

②気象庁等が提供する広域の気象予測値を元にさらに精緻な気象モデル狭領域をピンポイントで計算し、時間、空間的に粒度の高い気象変数予測を与えるもの。

IBMでは後者の方法により、確度の高い気象変数予測を行っている[8.28]。気象変数予測値が与えられたとき、それをどのように処理して発電電力予測に結び付けるかは特許3950928号[8.29]に詳しく記述されており、その考え方はほぼ共通といえるのでそちらに譲ることにする。

ここで､風力タービンや太陽光パネル等の実際の発電電力量であるが、設置条件や稼働状況に依存し、装置メーカが提供する標準的な性能仕様では正確に見積もることが難しいため、実際の運用データを元に発電効率を求めることが多い。後述のIBMの再生可能エネルギー発電電力予測ソリューションHyRef (Hybrid-data assimilation based Renewable Energy Forecasting) においても種々の統計解析を適用することで、発電所の発電予測モデルを作っている。

8.6.2　IBMにおける再生可能エネルギー予測関連技術

(1) 数値気象予測「エンジン」WRF

確からしさの高い発電予測に用いられる数値気象予測 (Numerical Weather Prediction：NWP) とは、大気の振る舞いを数学的にモデル化し、緯度、経度、高度、時間軸 (4次元) で数値的に解析することで、温度、湿度、風速、風向、降雨状態、降雨量、雲の発生、日射量等を求めるものである。米国大気研究センターNCAR (National Center for Atmospheric Research) 等が中心となり開発した汎用気象モデルWRF (weather research and forecasting、ワーフと日本では発音されることが多い）は豊富な物理モデルが提供されており [8.30]、数値気象予測研究開発の一つの標準的気象モデルとなっている。ここでいう物理モデルとは流体力学で扱うことができない雲の生成、消滅や地表の熱収支、大気中の放射伝達等の物理過程を表したモデルのことをいう。雲マイクロ物理、積雲、境界層等 8 種類あり、それぞれに複数のモデルが用意されており、それらを組み合わせて、最適な気象モデルを作ることが可能である。ただし、最適なモデル開発には気象学、および経験に基づいた深い技術を必要とし、WRF を利用しているということだけで正確な気象予測を意味するものではない。10 年以上に及ぶ IBM の気象予測研究が活かされる場面である。

IBM では図 8.6.1 に示す狭域精緻気象予測・解析システム（Deep Thunder）に WRF を基本気象モデルとして採用し、再生可能エネルギーへの応用のだけでなく、気象変化に鋭敏な事象の事態予測として、洪水予測、交通渋滞管理、車両運行管理、農業、ロジステイック等幅広い応用を推進している [8.31]。

(2) Deep Thunder と数値気象予測

気象予測をするステップを簡単に述べると、

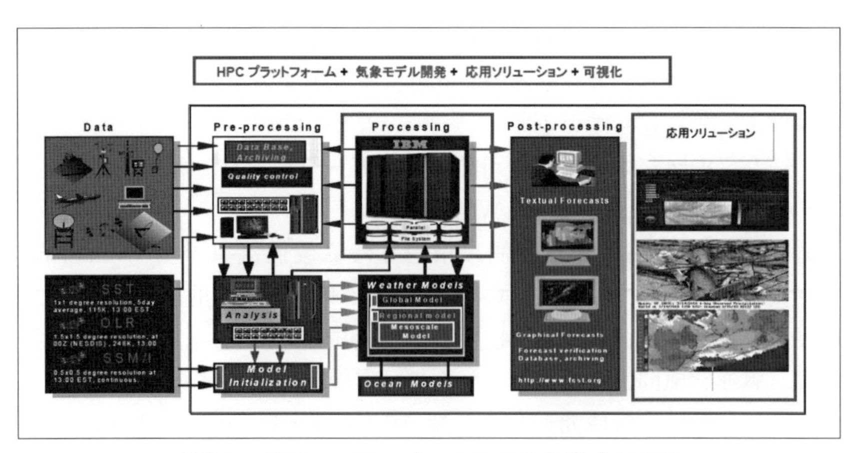

〔図 8.6.1〕Deep Thunder のシステム構成 [8.26]

① GIS（Geographic Information System）等から、気象予測対象領域の地形、土地利用、植生データ等を取り込み、同時にWRFの物理モデル等を解析条件として取り込み、当該地域の気象モデルを作成する。精緻な気象モデルとするには当該地域の過去の気象データを元に選択するWRFの物理モデルの再考察、各々のモデル内のパラメータの調整等を行う「チューニング」が欠かせない。

②この気象モデルに、米国海洋大気庁傘下の米国環境予報センター（NECEP、National Centers for Environmental Prediction）が無料で提供する全球モデルの気象データ（GFS、Global Forecast System、データ格子点間隔55km、予測時間間隔3時間）を初期値、境界値として入力し、対象とする狭領域を水平分解能1km以下、時間分解能を分刻みで解析する。

実際には、地表において観測された対象領域における気象変数をアンサンブルカルマンフィルター等により、データ同化させることで、初期値の確からしさを高め、24時間先、48時間先等の予測の確度を高める。また、日射量等通常の天気予報では与えられない変数の予測を、雲の発生を予測することで精度の高い予測を行う。ここでいうデータ同化とは、気象モデルへの入力である初期値に実際の気象観測値を取り込み、予測の確からしさを上げる方法のことである。しかしながら、データ同化には数多くの仮定、パラメータがあり、その決定には経験に基づく技術的判断が必要とされ、計算コストも高いため民間レベルでは効果的なデータ同化が実際に行われているケースは稀である。IBMでは複数の観測値をデータ同化するが、観測システムに合わせたインターフェイスの開発等が求められることを注意したい。

図8.6.2に10分刻みで48時間先まで予測した解析結果のアニメーション表示のスナップショットを示す。水平解像度1km、大気鉛直方向層数60（地表からの気象変化を考慮するために、約20kmの高度までの大気層を何層に分けて計算するかということ。数値が細かいほど正しく気象変化を捉えることができるが、計算量が飛躍的に増える。60は最大級。）で解析されたものであり、雲の発生・消失、地表面での降雨量

が示されている。

8.6.3　IBMの再生可能エネルギー発電予測ソリューション、HyRef

再生可能エネルギー発電量予測用途に向けては、変分法とアンサンブルカルマンフィルターを合成し、各々の特長をもつデータ同化手法を実用化した再生エネルギー発電予測ソリューション（HyRef）を開発した。HyRefでは気象解析格子点の水平空間分解能を風車の設置間隔に近い200m程度まで上げることが可能である。図8.6.3にシステムアーキテクチャを示す。気象予測モデルにはWRFベースの気象モデル（Deep Thunder等）以外の気象モデルとの組み合わせも可能である。

その他に、昨年米国エネルギー省のプロジェクトにおいて米国内の太陽光発電所において基礎的実証実験を終了した、異なる気象モデル、衛星観測、地表実測（観測・予測時間の異なるものも含めて）等を機械学習により夫々に最適な重み付けをして組み合わせ、確度高く太陽光発電等の発電量予測を行う予測システム（Watt-Sun）を開発し[8.33]、地域を変え実証実験を行っている。

8.6.4　再生可能エネルギー予測システムの導入例

ここでは紹介可能な例として、中国国家電網（State Grid Corporation of China、SGCC）の大規模再生可能エネルギー実証プロジェクトである「670MW －張北実証プロジェクト（風力500MW、太陽光100MW、蓄電池70MW）においてHyRefによる発電電力量予測について紹介したい。

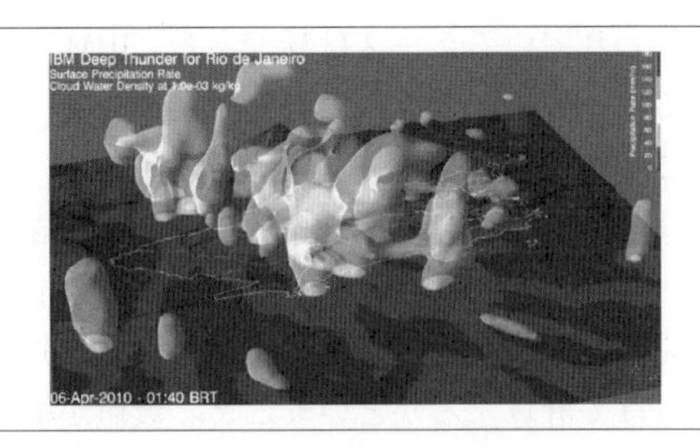

〔図8.6.2〕Deep Thunderによる解析例。水平解像度1km、鉛直方向層数60、雲の発生、地上には降雨量が示されている[8.26]

同プロジェクトが実施された河北省張家口市張北（L/L：41.062527,114.37314）は、山間に位置する複雑な地形であり周囲の山々の影響で発生する縦方向の風が予測結果にもたらす影響を考慮する必要があった。

また発電所は幅1km、長さ15kmという形状をしており、一つの狭域気象モデルで発電所全体を包含することは難しく、風車毎の気象観測値を用いて風車毎にデータ同化することで、タービンの発電量予測を個々の風車単位で行うことを可能とした[8.34]。

その結果、一日先予測において風力発電で平均予測誤差8%（RSME後述）、太陽光発電で平均予測誤差15%（RSME後述）程度を確認している。一般に20%のRSMEが業界の性能の目安として求められることが多いが、太陽光等では20%の達成も容易ではないといわれる。

また、このシステムは2011年3月より、実運用されている。図8.6.4に、このプロジェクトにおける風力予測評価データの一部を示す。3時に当日21時から、翌日21までの24時間の風力を予測し、実測との比較を

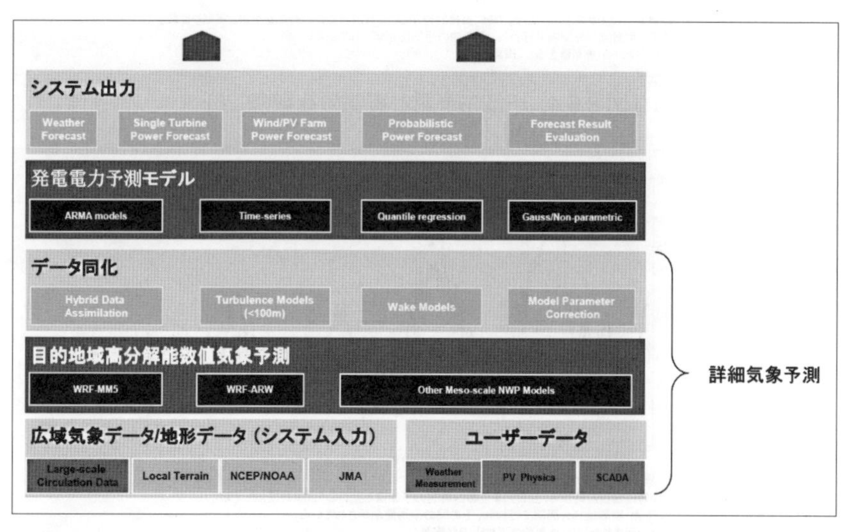

〔図8.6.3〕ハイブリッドデータ同化型再生可能エネルギー予測システム（HyRef）のアーキテクチャ[8.26]

行ったものであるが、高い予測確度を示している。この精緻な風況予測を統計的に求めた発電量予測（ここでは省略）モデルに入力することで正確な発電量予測が可能となる。

実測と予測の差である予測誤差については、予測開始時間（たとえば0-4時間、4-24時間等）等を考慮し、電力系統への影響、経済的メリット等の観点からの考察を加えた種々の評価法が提案されている[8.35]-[8.37]。予測する時間幅によって、たとえば一日先であればユニットコミットメント（UC）に予測結果が利用され、数時間先の予測であれ

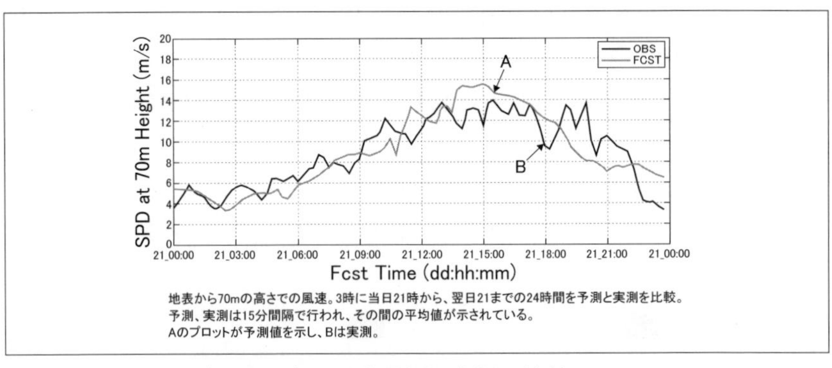

〔図 8.6.4〕一日先予測と実測の比較 [8.26]

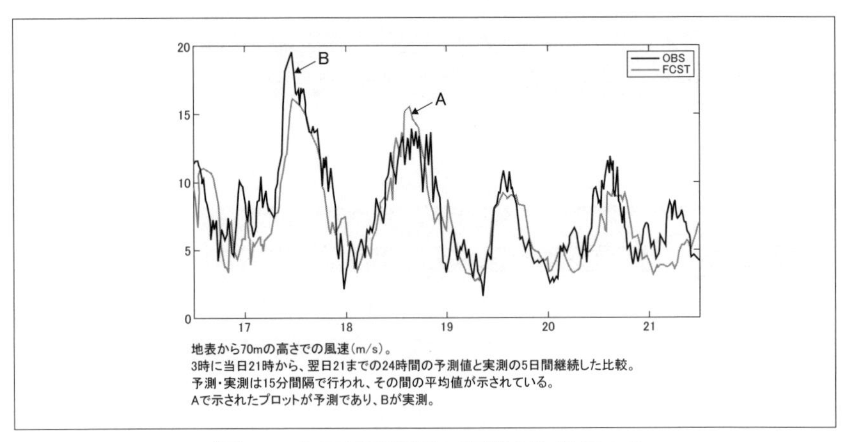

〔図 8.6.5〕五日間予測と実測の比較 [8.26]

ばすでにUCした電力量の補償に関わるものとなり、予測誤差に対する経済的影響は大きくなる。したがって、実際の運用では、それらを考慮した評価式が有効になることが考えられるが、一般には、2乗平均平方根誤差（RMSE：Root Mean Square Error）や、平均バイアス誤差（Mean Bias Error、MBE）、平均絶対誤差（Mean Absolute Error）等が発電予測技術の性能比較に用いられることが多い。

8.6.5　今後の展開

複雑な地形、気象条件を持つ日本において精緻な数値気象予測に基づく確度の高い発電予測をDeep Thunder、HyRefにより提供し、拡大が急である国内風力、太陽光発電所の発電電力の有効利用に貢献する。また、本稿では詳しく紹介できていない機械学習をベースにした発電電力予測システムを国内で実証する機会を設けたい。

確度の高い予測と連携し最適なユニットコミット（UC）、パワーディスパッチを行う（ソフトウェア）システムの実証等も進めていく[8.38]。

参考

2乗平均平方根誤差（RMSE：Root Mean Square Error）は、個々の観測値と予測値の差分のばらつきの程度を表すために用いる。気象庁の予測において気温の予測誤差の評価に用いられる。観測値をI_{Mk}、予測値をI_{Fk}と表したとき、RMSEは次のように表される。Nはサンプル数を表す。

$$RMSE=\sqrt{\frac{1}{N}\sum_{k=1}^{N}(I_{F,k}-I_{M,k})^2}$$

また、予測の系統的誤差を示すものとして、平均バイアス誤差（mean bias error、MBE）が用いられる。

$$MBE=\frac{1}{N}\sum_{k=1}^{N}(I_{F,k}-I_{M,k})$$

$$MAE=\frac{1}{N}\sum_{k=1}^{N}\left|I_{F,k}-I_{M,k}\right|$$

標準偏差とこれら評価式との間には次の関係がある。

$$STD=\sqrt{RMS^2-MBE^2}$$

参考文献

(8.1) 総合資源エネルギー調査会 需給部会：「長期エネルギー需給見通し」、平成20年3月

(8.2) 横山、赤木、林、荻本、石井：「次世代送配電系統最適制御技術実証の進展」、電気評論2012年10月号、p.19、2012年

(8.3) 小林、山下：「瞬時電圧低下が太陽光発電と風力発電に与える影響の実験解明」、電中研研究報告R10037、2011年

(8.4) 小林、石川、浅利、岡田、上村、八太、大谷：「需要地系統の運用制御技術の開発」、電力中央研究所総合報告R08、2008年

(8.5) 浅利、所：「需要家機器との連携制御を用いた太陽光発電逆潮流制御方式－予測の不確実性を考慮したヒートポンプ式給湯機の運用計画法－」、電力中央研究所研究報告R08025、2009年

(8.6) 浅利：「需要家機器との連携制御を用いた太陽光発電逆潮流制御方式－ヒートポンプ式給湯機翌日運転計画手法の実証試験と改良－」、電力中央研究所研究報告R10042、2011年

(8.7) 大谷：「自動検針用国際標準通信プロトコルの基本特性と次世代グリッドへの適用可能性評価」、電力中央研究所研究報告R09009、2010年

(8.8) 芹澤、藤川、大場、田中、松浦、佐藤：「汎用・標準技術に基づく次世代広域系統監視・保護制御ネットワークのプロトタイプ設計と評価」、電力中央研究所研究報告R09011、2010年

(8.9) http://www.cenelec.eu/

(8.10) 本間他：「電磁環境問題からネットワーク装置を守るEMC技術」、NTT技術ジャーナル、2014年1月号

(8.11) データセンタ空調自動制御システムSmartDASH®
http://www.ntt-f.co.jp/service/aco_dash

(8.12) たとえば、CISPR 24 Edition 2.0, "Information technology equipment – Immunity characteristics – Limits and methods of measurement" , 2010.8
(8.13) 平澤他：「無線 LAN 電波による通信装置の電磁干渉問題に関する一考察」、EMCJ2013-49、pp.1-5
(8.14) 林：「小電力データ通信の EMC に関する実験調査」、奈良県工業技術センター研究報告、No.36、2010 年
(8.15) 小川他：「ZigBee と無線 LAN の共存環境において ZigBee の送信成功率を向上させるためのアクセス制御方式」、電気学会論文誌 C、Vol.134、pp.381-389、2014 年
(8.16) 武田勉：「スマートコミュニティにおける通信システムと EMC」、電磁環境工学情報 EMC、No.272、pp.35-40、2010 年 12 月
(8.17) JIS C 60664:2009：「低圧系統内機器の絶縁協調」
(8.18) Y. Matsumoto, et. al.: "Measurement and Modeling of Electromagnetic Noise from LED Light bulbs" , IEEE EMC Magazine, Vol.2, No.4, pp.58–66, 2013
(8.19) I.Wu, et. al.: "Characteristics of Radiation Noise from an LED Lamp and Its Effect on the BER Performance of an OFDM System for DTTB" , IEEE Trans. on EMC, Vol.56, No.1, pp.132–142, Feb.2014
(8.20) 舟木：「SiC パワーデバイスの高速・高周波スイッチングにむけた電力変換回路の課題」、電気学会 電子デバイス・半導体電力変換 合同研究会、EDD-13-053、SPC-13-115、2013 年
(8.21) 平野、舟木：「SiC ショットキーバリアダイオードの等価回路モデルに関する実験的考察」、電気学会 電子デバイス・半導体電力変換合同研究会、EDD-12-060、SPC-12-133、2012 年
(8.22) 井渕、舟木：「ダイオードの動特性が DC-DC コンバータの伝導ノイズに与える影響に関する実験的検討」、電気学会・電磁環境研究会、EMC-14-032、2014 年
(8.23) 中幡英章他：「スマートグリッド実証システムの開発」、SEI テクニカルレビュー第 182 号、2013 年
(8.24) 重松敏夫：「電力貯蔵用レドックスフロー電池」、SEI テクニカル

レビュー第179号、2011年
(8.25) 斎藤健司他：「集光型太陽光発電システムの開発」、SEIテクニカルレビュー第182号、2013年
(8.26) 櫻井、岡原：「IBMの気象予測・解析システム「Deep Thunder」と発電量予測ソリューション「HyREF」」、Smart Gridニューズレター、Vol.3、No.7
(8.27) 石橋他：「太陽光発電の発電量予測技術」、富士電機技報、Vol.86、No.3
(8.28) L. Treinish and A. Praino: "The role of meso- γ -scale numerical weather prediction and visualization for weather-sensitive decision making", presented at the Forum Environmental Risk Impacts Society: Successes Challenges, Atlanta, GA, 2006, Paper 1.5
(8.29) 特許登録番号：3950928号、風力発電における発電出力予測方法、発電出力予測装置及び発電出力予測システム
(8.30) 田村他：「太陽光発電のための日射量予測手法の開発（その1）－気象予測・解析システムNuWFASによる翌日の予測精度の評価－」、電力中央研究所研究報告N10029、2011-04、2010-01-31
(8.31) L.A.Treinish et al.: "Enabling high-resolution forecasting of severe weather and flooding events in Rio de Janeiro", IBM J. RES. & DEV. Vol.57 No.5 PAPER 7 Septemer/October 2013
(8.32) Siuan Lu et al.: "A multi-scale solar energy forecast platform based on machine-learned adaptive combination of expert systems", American Meteorological society
https://ams.confex.com/ams/94Annual/webprogram/Paper234392.html
(8.33) インターネット記事、IBM has a machine learning project to forecast solar and of course it' s called (LOL) Watt-sun,
https://gigaom.com/2014/06/05/ibm-has-a-machine-learning-project-to-forecast-solar-and-of-course-its-called-lol-watt-sun/
(8.34) Yan Zhongping et al.: "Integrated wind and solar power forecasting in China", 2013 IEEE International Conference on Service Operations and

Logistics, and Informatics, pp.500-505, 28-30 July 2013
(8.35) H.G.Beyer et al.: "Report on Benchmarking of Radiation Products" , 2009
(8.36) Zhang, J. et al.: "Metrics for Evaluating the Accuracy of Solar Power Forecasting" , Presentation,. NREL (National Renewable Energy Laboratory), 19 pp., NREL Report No.PR-5D00-60465, 2013
(8.37) 田村他：「太陽光発電のための日射量予測手法の開発（その2）－予測誤差の分析と精度改善法の検討－」、電力中央研究所研究報告 N13013、2014年4月
(8.38) J. Xiong, P. Feldmann et al.: "Framework for Large-Scale Modeling and Simulation of Electricity Systems for Planning, Monitoring, and Secure Operations of Next-generation Electricity Grids" , Computational Needs for Next Generation Electric Grid, 2011
http://certs.lbl.gov/next-grid/pdf/7-white-paper-xiong.pdf

[illegible] 2011

[illegible] Research Reports, [illegible]

[illegible] for [illegible]

[illegible] Report [illegible]

[illegible]

[illegible]

[8] [illegible] P. Richardson et al.: "Framework for Large-scale Modeling and Simulation of Electricity Systems for Planning, Monitoring, and Secure Operations of Next-generation Electricity Grids", Computational Needs for Next Generation Electric Grid, 2011

[illegible]

付録

スマートグリッド・コミュニティに対する各組織の取り組み

A　愛媛大学におけるスマートグリッドの取り組み

愛媛大学でも、さまざまなスマートグリッド関連の研究開発が行われている。本稿では分担筆者が関わっているプロジェクトを中心に述べる。

A．1　サスティナブルエネルギー開発プロジェクト [z.1]

平成24～26年度の愛媛大学研究活性化事業（拠点形成支援）として実施しているプロジェクトであり、グリーンイノベーション研究拠点の形成を目的としている。工学部の他に農学、理学、法文学部の研究者で構成されている。対象としているエネルギーは太陽光、バイオマス、水素、および小水力である。議論されているテーマは、

①ゼロエミッション社会を実現するための多様な新エネルギー利活用技術の提案（再生可能エネルギーの生成と貯蔵、および消費の過程を緻密に観測しビッグデータ化することによる新たな付加価値を創出）
②家庭から排出される廃棄物の処理と水素の製造を同時に行う技術、およびこの水素を中心とした循環型社会の提案
③エネルギーの生成・貯蔵量と消費量情報を利用した住民の態度行動変容と地域コンテクスト変容の解明
④エネルギー消費・嗜好に関するメタ分析と時空間的比較検証
⑤スマートコミュニティの形成を促進する新エネルギー経済システムの提案

等である。

その他、エネルギー関連プロジェクトとしては、潮流発電（工学部中村教授ら。潮の流れが速い来島海峡に水車を設置することを想定して、水車の開発や、エネルギーの賦存量を解析し最適な発電場所の探索等を行っている）がある。またスマートコミュニティの範疇からは、農学部が中心となって運営している植物工場研究センター（太陽光利用型植物工場の国内研究拠点の一つであり、トマト栽培等を行っている）との連携研究も今後期待されている。

A．2　eco-tranS プロジェクト [z.2]

電気電子工学科を中心とした工学部の横断的なプロジェクトであり、電気自動車（EV）や ITS（Intelligent Transportation Systems）関連の研究

および教育を行っている（2010年～）。愛媛県では、コンバートEV（既存のガソリン自動車の外側はそのまま利用し、動力部分だけ電動に改造した自動車）の研究開発を推進しており、共同でEVを試作した（愛媛県内でのナンバープレートの取得1号車）。近年は、コンバートEV内のバッテリと太陽光発電とを利用した自立型のガレージ充放電システムの開発を行っている。

A．3　スマートメータとSNS連携による再生可能エネルギー利活用促進基盤に関する研究開発

本文6.1に記載

B　日本電機工業会におけるスマートグリッドに対する取り組み

B．1　スマートグリッド分野の現況

現在、国の主導で本格的スマートグリッド実現のための技術開発、実証事業や国際標準化活動が進められている。スマートグリッドは経済産業省のインフラ・システム輸出戦略分野の一つに挙げられており、これらの活動により培った技術や経験等を活用し、種々のニーズを満足する最適なスマートグリッドシステムを構築し、国内のみならず海外へ拡大展開を図っていこうとしている。

また、東日本大震災と原発事故を経て、再生可能エネルギー大量導入時の系統安定化対策に加え、負荷平準化や事故・災害時への対応等スマートグリッドへの期待が高まっており、デマンドレスポンス、蓄電池の活用等の実証や導入に向けた動きが始まっている。

B．2　スマートグリッド分野に関する取り組み体制

スマートグリッドに関するJEMA組織体制および国レベルの活動との関係を図B.1に示す。

各部におけるスマートグリッド関連の事業については、スマートグリッド統括室構成員（各部兼務者）を通じて情報を共有、スマートグリッド統括室は全体状況を把握して各部門のベクトル合わせを実施している。

B．3　これまでの主要な活動

これまでに行ってきた主要な活動を、全体を取りまとめるスマートグ

リッド委員会（B.3.1）と各部の受け持つ委員会活動（B.3.2）および全体的な動向調査（B.3.3）に分けて紹介する。

B.3.1　スマートグリッド委員会

(1) スマートグリッド分野の課題に関する検討

蓄電池システムの普及に向けて、スマートグリッドにおける蓄電池システムの利用形態と課題および提言の方向性について報告書をとりまとめ各委員にて共有した。

(2) スマートグリッド関係のJEMAウェブサイトの作成

スマートグリッドの動向等を紹介するJEMAウェブサイトを2012年6月より公開した[z.3][z.4]。

(3) 関連情報・動向の共有

B.3.2　各部の活動（標準化活動）

各部に設置されている委員会を通じて、下記の調査協力・技術基準の策定等を行った。

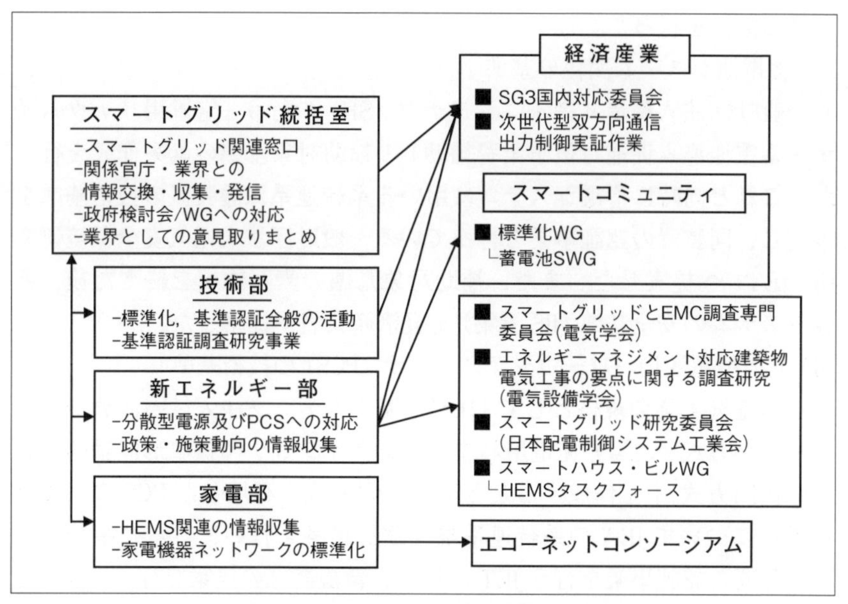

〔図B.1〕スマートグリッドに関するJEMA組織体制および国レベルの活動との関係

(1) 基準認証イノベーション技術研究組合（International Standard Innovation Technology Research Association：IS-INOTEK）の基準認証調査

経済産業省が進めるアジア太平洋基準認証協力推進事業のうちの一つとしてINOTEKが行った調査事業のうち、「冷蔵庫等の消費電力量評価」に協力した。

(2) 一般社団法人日本電気協会（JEA）、一般社団法人電気設備学会（IEIEJ）等の調査研究

下記の調査に参加し、基準策定等に寄与した。

(a) JEA

・燃料電池等活用調査委員会および作業会（EV、PHV、FCVに係る調査）
・電気用品調査委員会遠隔操作タスクフォース

(b) IEIEJ

・エネルギーマネジメント対応建築物電気工事の要点に関する調査研究委員会

関係団体等の蓄電池関連の調査委員会に委員として参画し、調査研究事業に協力を行った。

(3) 蓄電池システム関係の基準

一般社団法人環境共創イニシアチブ（SII）の行う「定置用リチウムイオン蓄電池導入促進対策事業費補助」の補助対象基準の素案作成を行った。これと同時に蓄電システムに用いる系統連系保護装置の技術基準を策定し、同装置の認証事業を行っている一般財団法人電気安全環境研究所（JET）へ提案した。また、補助対象基準の素案作成を終えた後、蓄電システムの安全基準（JIS素案）を経済産業省へ提案した。

(4) 分散型電源用パワーコンディショナ（PCS）の技術基準

日本電機工業会規格として「JEM1498：ステップ注入付周波数フィードバック方式（太陽光発電用パワーコンディショナの標準形能動的単独運転検出方式）」を作成するとともに、同方式を利用したPCSの系統連系要件についてJEAの系統連系規程改訂提案を行い、さらに系統連系保護装置の認証事業を行うJETに対し、新規認証の提案を行った。

続いて燃料電池、ガスエンジン、蓄電池についても同JEMの方式を

利用した認証の提案を行った。また、太陽電池、燃料電池、ガスエンジンおよび蓄電池の各電源についてFRT（Fault-Ride-Through：系統擾乱時の運転継続性）要件基準案を作成し、系統連系規程（JEAC 9701）を発行しているJEAに対して追記提案を行った。

(5) IECにおける家電製品のスマートグリッド

TC 59（家電の性能：国内事務局JEMA）に設置されたWG15（スマート家電）に参加し、日本はWG15のセクレタリーとして協力することになった。

B.3.3　関連情報・動向の把握および関連部署への提供

(1) HEMS・スマートハウス関連動向の取りまとめ

会員企業のHEMS・スマートハウス関連事業の動向、電気用品安全法技術基準（遠隔操作）の改正動向を調査し、各部で共有した。また、動向の一部を会員専用ページに掲載し、会員間の情報共有の一助とした。

(2) スマートグリッド分野の情報収集

下記の実証および標準策定について情報収集を行った。

①次世代エネルギー・社会システム国内4地域（横浜、豊田、けいはんな、北九州）実証事業の進捗

②JSCAスマートハウス・ビル標準・事業促進検討会（JEMAはオブザーバ参加）

等。

B．4　今後の活動

B.4.1　スマートグリッド委員会活動

(1) スマートグリッド分野の課題に関する検討

スマートグリッドにおける蓄電システムの利用シーンおよびその恩恵の整理、課題の検討、提言まとめを行う。

(2) 関連情報・動向の共有（有識者を招聘した講演会を含む）

(3) JEMAウェブサイトの運用

B.4.2　今後の標準化活動

(1) IEC全般のスマートグリッドに関する国際標準化活動

スマートグリッド分野における国内外の対応は、JISC（日本工業標準

調査会）のSG3（スマートグリッド）国内対応委員会を中心にJSCA（スマートコミュニティアライアンス）等が取り組んでおり、JEMAからも業界意見集約と標準化提案作業に協力するとともに、関連情報をJEMA国内委員会で情報共有を行う。

(2) 分散電源システムの認証に係る基準策定事業

三相PCS用単独運転検出標準方式、蓄電池用多数DC入力型PCSおよびシームレス充放電型蓄電池用PCSの技術基準を策定する。

(3) IECにおける家電製品のスマートグリッドの検討

2012年11月のオスロ会議でTC 59にWG15が設置され、TC 59関連機器（白物家電）がエネルギーマネジメントに繋がったときの性能を2013年から議論を開始した。エネルギーマネジメントの定義（例：出力抑制）の検討から開始している。

B.4.3　関連情報・動向の把握および関連部署への提供

①標準化・技術基準・基準認証関係（電気用品安全法 技術基準（遠隔操作）の改正動向他）

②国の検討会関係（次世代エネルギー・社会システム協議会、スマートハウス・ビル標準・事業促進検討会、蓄電池戦略プロジェクトチーム他）

③実証事業関係（次世代双方向通信出力制御実証事業、次世代エネルギー・社会システム実証事業他）

④関連団体の動向（団体：JSCA、IS-INOTEK、電事連、JEITA、JPEA、JWPA、JEMIMA他、組織：NEDO、電力会社、地方自治体等）

C　スマートグリッド・コミュニティに対する東芝の取り組み

C.1　スマートコミュニティに向けた東芝の取り組み

「スマートコミュニティ」は、情報通信技術（ICT）を活用しながら、再生可能エネルギーの導入を促進しつつ、電力、熱、水、交通、医療、生活情報等、あらゆるインフラの統合的な管理・最適制御を実現し、社会全体のスマート化を目指すものである。

(1) メガトレンドとスマートコミュニティ

世界の持続可能性を考え、これからのスマートコミュニティのニーズをとらえる上で、解決していくべきさまざまな問題がある。以下、重要で代表的なメガトレンドを列挙する。

(a) 人口問題：新興国での急激な人口増加と都市部への集中がみられる

世界の人口は2011年に70億人を突破した後も増加を続け、2050年には96億人になると予想されている[z.5]。特に、アジア・アフリカを中心に人口が増加しており、エネルギー消費や医療費の増加が懸念される。また、2050年には、都市部への人口集中が約70%にのぼる。この都市化は、交通渋滞等の問題をより深刻なものとする。

(b) エネルギー問題：アジアの成長に伴い、エネルギー需要が増大する

世界のGDPは、2009年21.3兆ドルから2035年には55.7兆ドルに伸びる[z.6]。これに伴いエネルギー需要が増大し、資源不足、価格高騰が懸念される。一方で、発電容量の増大と並行して、再生可能エネルギー等の利用等、電源が多様化する。したがって、資源の有効活用と電源のベストミックスが課題となる。

(c) 地球環境・自然災害：二酸化炭素排出増大による地球温暖化、自然災害が多発するおそれ

二酸化炭素の排出量増大の予測例として、資源エネルギー庁の資料では、2030年には400億トンと、1971年の約3倍になるとの数字がある。また、近年、津波を伴う震災、地震の頻発、洪水、台風・サイクロン・ハリケーン等、大規模な自然災害の発生が目立つ。このような大規模自然災害の多発が社会・経済へ与える影響は大きい。したがって、環境対策・災害対策のより一層の強化・整備が課題となる。

(d) 情報社会化：ICTの進展でデジタルデータは爆発的に増加していく

近年のスマートフォンやタブレットPC等コンシューマ・エンターテイメント関連機器をはじめ、産業・医療に向けたものも含めると、インターネット接続機器の増加が今後も継続する。SNS、防犯カメラ、電子カルテ／医用画像等の非構造化データが急増している。一般的にもコンテンツが、テキストベースから、静止画像、さらには動画像へと変化している。これらの大量のデータを高速に、かつ、高い信頼度で処理する必要が生じる。さらに、プライバシー保護等の観点から、セキュリティ

の強化も重要な課題である。

これらのメガトレンドから生じる課題に対して、図C.1.1で示すように、持続可能なエネルギー利用とインフラ整備、自然災害へ備える強い街づくり、セキュアな情報インフラ整備、で解決を図る必要がある。これらを実現するスマートコミュニティへの期待は大きい。

なお、各地域では優先される課題が異なることが一般的である。したがって、各コミュニティにおける優先課題に対応したローカルフィットのスマート化が重要である。

(2) 東芝の取り組む36プロジェクト

2013年10月時点で、東芝が世界で取り組む36プロジェクトの一覧を図C.1.2に示す。そのうち、国内は14プロジェクトとなっている。図C.1.2の凡例で示すように、大きく分けると、以下の9種類の課題を対象としている。

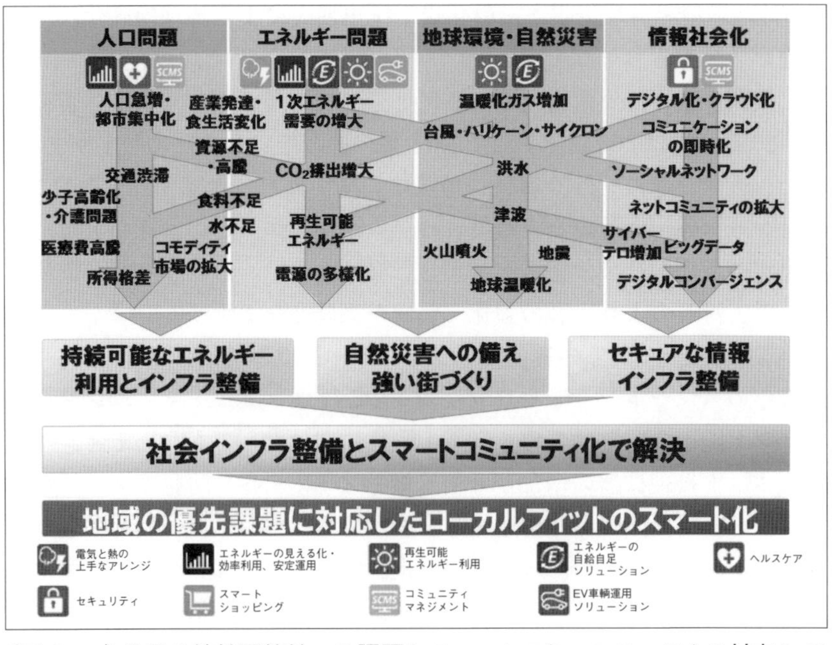

〔図C.1.1〕世界の持続可能性への課題とスマートコミュニティによる対応 [z.8]

①電気と熱の上手なアレンジ
②エネルギーの見える化・効率利用、安定運用
③再生可能エネルギー利用
④エネルギーの自給自足ソリューション
⑤ヘルスケア
⑥セキュリティ
⑦スマートショッピング
⑧コミュニティマネジメント
⑨ EV 車両運用ソリューション

日本国内では、横浜市を始め、各自治体がさまざまなスマート化に対応している。アジアでは、中国、インド、ASEAN 諸国の都市問題の解決、工業団地のスマート化に取り組んでいる。欧米では、環境配慮型の街づくりに貢献している。

このように、再開発型や新規開発型、大都市型や中小都市型、工業団地型等、地域毎、コミュニティ毎の優先課題に対応したローカルフィッ

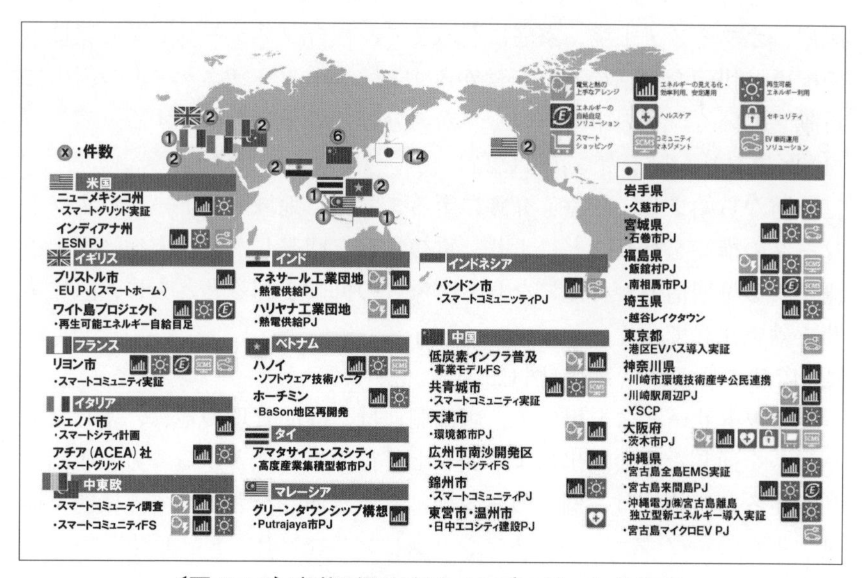

〔図 C.1.2〕東芝が取り組む 36 プロジェクト [z.9]

トのスマート化を推進している。これら、数多くのプロジェクトに取り組む結果、「共通化・標準化」させた様々なソリューションパッケージを増やしている。これらのパッケージを組み合わせ、地域のニーズに合った最適なソリューションを迅速に提供することを目指している。

上記36プロジェクトのうち、国内、国外それぞれ一つのプロジェクトに関して特徴を紹介する。その他の主要なプロジェクトに関しては、Webページを参照いただきたい[z.7]。

(3) YSCP（横浜スマートコミュニティプロジェクト）：本文3.6.1で記載

(4) ニューメキシコ州における日米スマートグリッド実証事業：本文2.1.3の(1)で記載

(5) ロスアラモス郡における実証内容：本文2.1.3の(2)で記載

(6) フランス・リヨン スマートコミュニティ実証PJ：本文2.2.3の(1)で記載

(7) 無線電力伝送：本文7.5で記載

C．2　東芝が提供するスマートコミュニティソリューション

図C.2.1に示すように、東芝グループは、エネルギーから水、交通、医療、オフィス・工場、家庭に至るまで、複合ソリューションで環境への配慮と快適な生活の両立をはかる「スマートコミュニティ」の創出に貢献していく。その中で、いくつかの分野での狙いを紹介する。

(1) 医療ソリューション（図C.2.2）

予防から始まり、診療、介護に至るまでの、地域医療トータルネットワークの構築を行うことにより、重複受診を回避したり、疾病管理・予測による早期治療が可能になり、医療費の抑制を図るとともに、医療業務を効率化していく。

(2) 店舗ソリューション（図C.2.3）

クラウドサービスを用いて、店舗側には、商品管理の他に、多彩なデバイスを通じた機会創出による売り上げ拡大を可能とする一方、店舗を利用するお客様には、個々のお客様に合った商品をお勧めする機能を提供する、といったスマートストアショッピングコンセプトを実現していく。

(3) 水ソリューション（図 C.2.4）

水源のベストミックスによる水バランスの最適化を可能とする。夜間電力を用いた配水ポンプの運転の最適化で電力料金を削減したり、汚泥処分に伴う二酸化炭素排出量を、燃料化により削減することが可能となる。

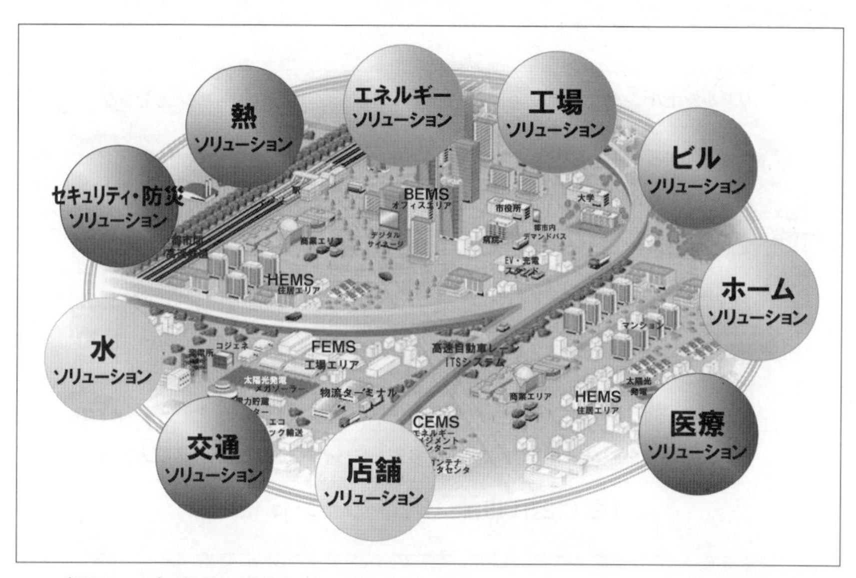

〔図 C.2.1〕東芝が提供するスマートコミュニティソリューション [z.10]

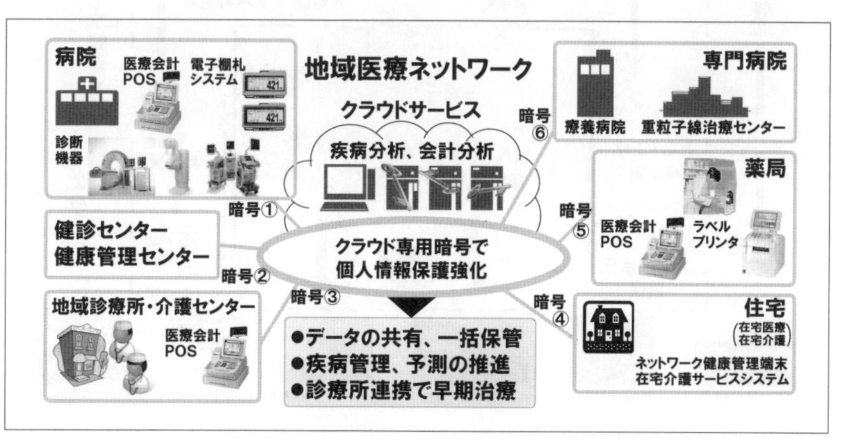

〔図 C.2.2〕医療ソリューション [z.11]

(4) 地域防災ソリューション (図 C.2.5)

水・交通・医療等の個別ソリューションの組み合わせで地域防災ソリューションを実現する。たとえば、雨水・河川管理状況をリアルタイムに把握し制御するとともに、地域連携を図ることにより、災害発生件数を抑制できると考える。

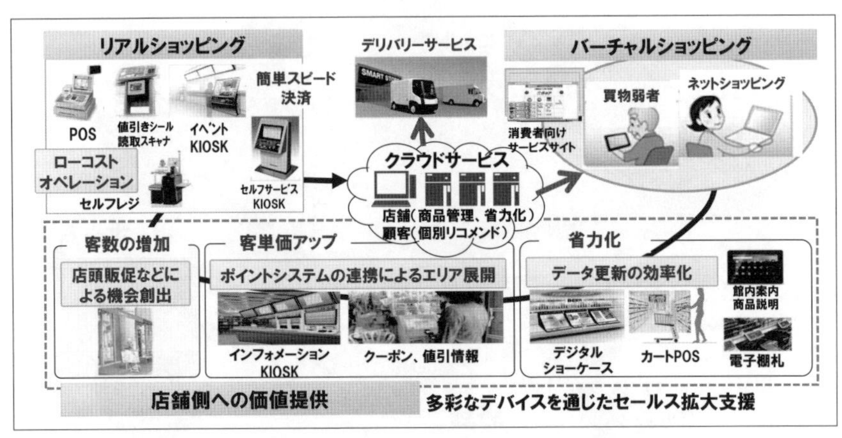

〔図 C.2.3〕店舗ソリューション [z.12]

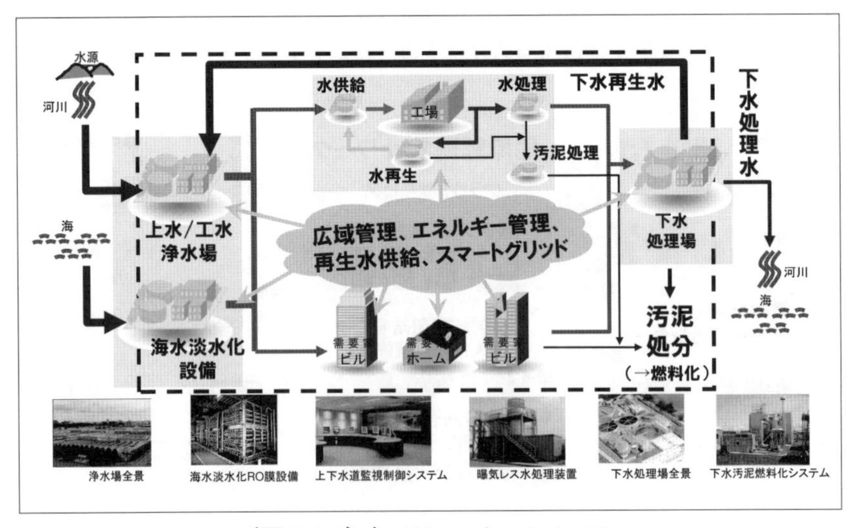

〔図 C.2.4〕水ソリューション [z.13]

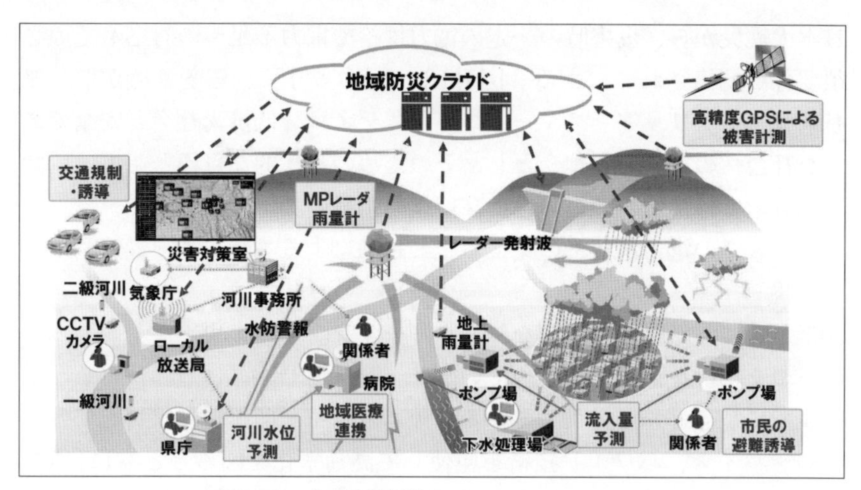

〔図 C.2.5〕地域防災ソリューション [z.14]

C．3　今後の展開

まず、C.1 で紹介したような国内外で取り組むプロジェクト等の実証事業により、技術や事業性の検証を蓄積していく。続く段階では、社外パートナー等を含めた最適なコンソーシアムを構築し、ビジネスモデルの確立、戦略的アライアンス、標準化・規格化、大量生産による低コスト化を実現していく。

その後、商用事業につながるプロジェクトを含め、グローバル展開を図る。民間プロジェクトの割合を拡大し、戦略的アライアンスを深耕する。また、EPC 事業（設計（Engineering）・調達（Procurement）・建設（Construction））からサービス事業への拡大を図る。

D　スマートグリッドに対する三菱電機の取り組み

D．1　まえがき

国内のスマートグリッドは再生可能エネルギーの大量導入に伴う電力品質の安定維持といった供給側の視点と、蓄エネや蓄熱等のエネルギー移動の制御、電化によるより高度で最適なエネルギー利用といった需要家の視点双方で議論され、研究開発や実験がされてきている。一方、東日本大震災から、災害時の一定の電力供給や電力不足への対応もその必須要件と認識されつつある。図 D.1.1 に示すように、三菱電機が取り組むスマートグリッド・スマートコミュニティは「低炭素社会と安全で豊かな社会への貢献」を理念とし、そのための具体的な目標として

①低炭素で経済的かつ信頼性の高い電力系統の実現

②需要家での電力消費量の見える化と制御によるエネルギー最適利用の実現

③緊急時にも対応した堅牢なエネルギーインフラの実現

の三つを掲げ技術開発を進めている。

すでに製品として提供している各種エネルギー関連製品に対して、パワーデバイス、パワエレ技術を駆使して高効率化を図るとともに、ICT 技術により各製品を繋げ、エネルギー最適化技術によりこれらを有機的に相互作用させる。ここでは、当社のエネルギー関連製品および共通キー技術との関連を示し、大規模エネルギーシステムであるスマートグリッド・スマートコミュニティの実現のプロセスとして、実証試験にて多

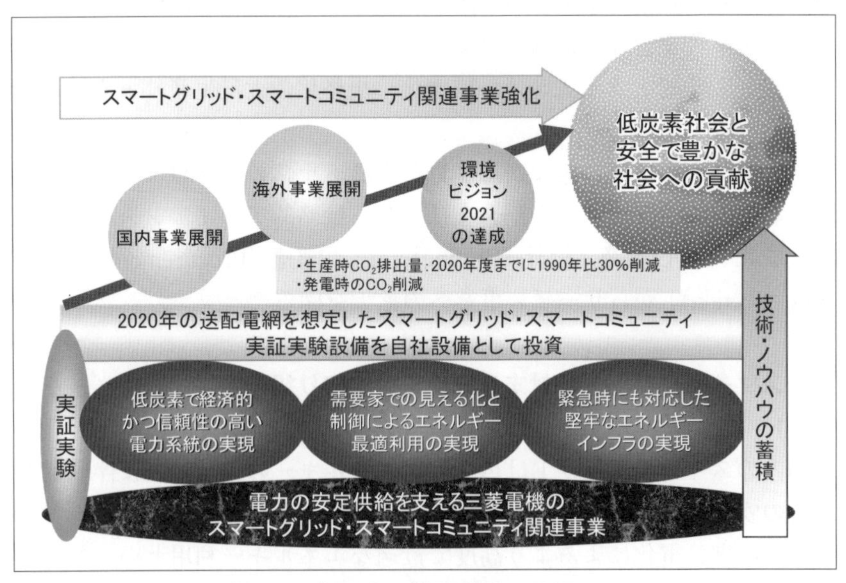

〔図 D.1.1〕理念と技術開発の目標 [z.8]

角的に検証を積み重ね、次世代のエネルギーインフラの技術構築を果たしていくことを述べる。

D．2　スマートコミュニティ・スマートグリッドの定義

スマートグリッド、スマートコミュニティは、概ね表D.2.1のような定義と認識している。

図D.2.1はスマートグリッドとスマートコミュニティの関係を模式的に表している。概ねスマートグリッドは供給側のシステム、スマートコミュニティは需要側のシステムといえよう。これからわかるようにこれ

〔表D.2.1〕スマートグリッド・スマートコミュニティの定義 [z.8]

スマートグリッド	スマートコミュニティ
供給側としての電力システムおよび需要家の各機器をネットワークで繋ぎ、再生可能エネルギーの大量導入対策や全体としての省エネのため、需要と供給のバランスを常に最適化し、効率的かつ安定的に高品質な電力供給を実現する仕組み	再生可能エネルギーを含めた電力の最適利用、河川熱・地中熱等を含めた熱の有効利用等エネルギーの地産地消を地域単位で図る。ピークシフトや省エネを地域全体で進めエネルギーの最適利用をライフスタイルの変革等を含めて行う次世代のエネルギー・社会システム

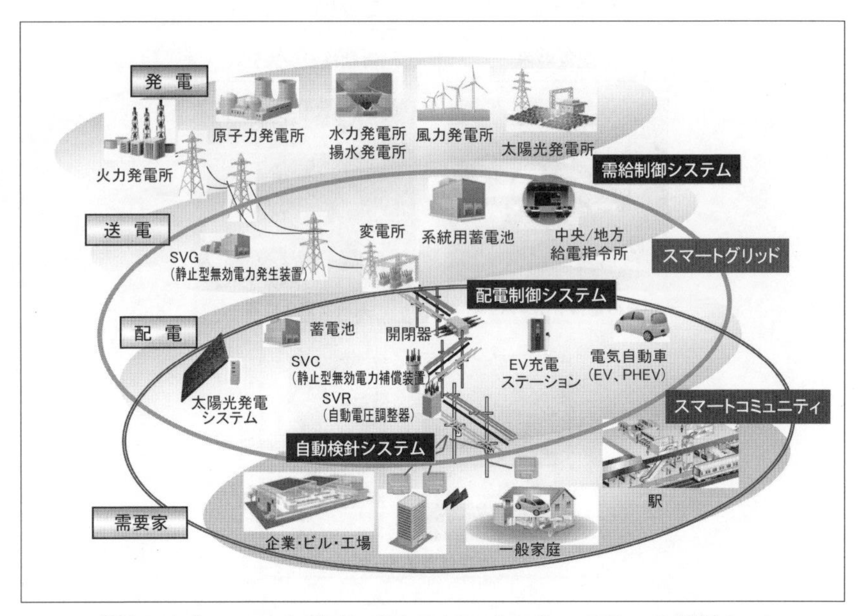

〔図D.2.1〕スマートグリッドとスマートコミュニティの関係 [z.8]

らを構成する要素は従来から存在、またはすでに出現している製品であり個別に省エネ技術や節エネ技術が駆使されてきている。今後、さらなる技術の進化を反映していくとともに、これらが有機的につながることでエネルギーの部分最適から全体最適に移るようにスマートグリッドとスマートコミュニティが実現されていくものと考える。

D．3　実現プロセススマートグリッドの取り組みと実証実験

(1) 供給側の構成要素

電力供給の高信頼化や高い電力品質の実現のため、図D.3.1に示すように需給制御システム、系統安定化システム、系統安定化機器、配電制御システム、配電機器、自動検針システム等を提供してきた。再生可能エ

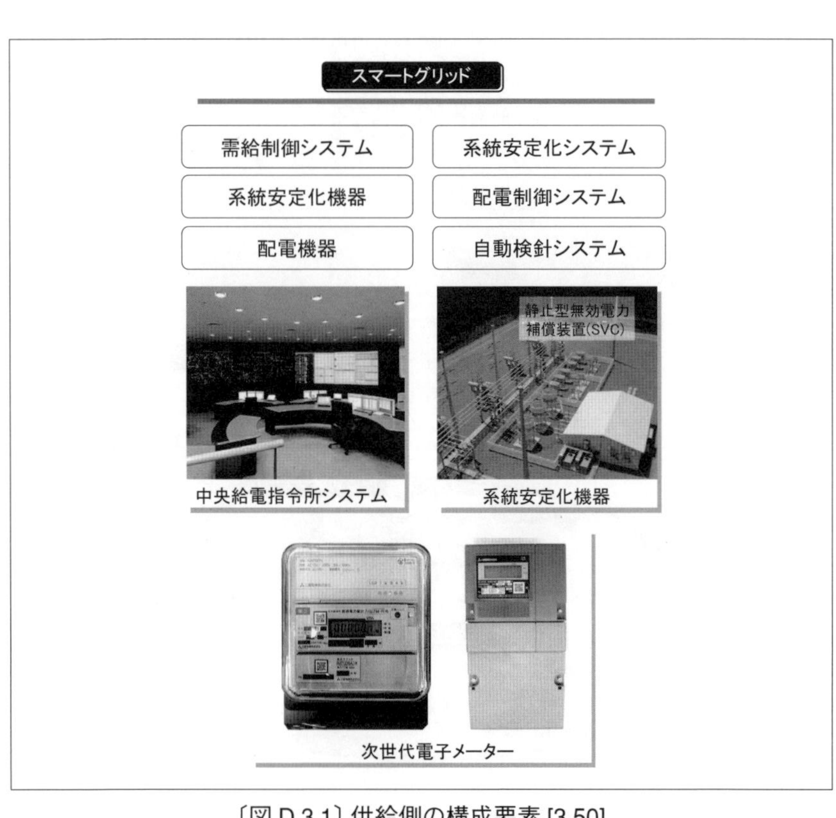

〔図D.3.1〕供給側の構成要素 [3.50]

ネルギーが大量導入された場合、出力の不安定性への対応、需要量の正確な把握、配電電圧の適正値維持等これらのシステムの重要性はますます高まる。さらに、緊急時、エリア内の分散電源で需給を成立させ、一定の生活が確保できるようなインフラとしての新たな要件も浮上している。これらの要件を捉え、的確に対応できる技術を製品に反映していく。

(2) 需要側の構成要素

図 D.3.2 に需要家側の構成要素を示す。鉄道分野では、車両電機品や変電設備の高効率化、小型軽量化を進めるとともに、回生電力を有効活用する電力貯蔵システムの開発や駅への太陽光発電・LED 照明の導入等様々な製品とシステムを提供している。

ビル分野ではエネルギー効率の高い空調、LED 照明、エレベーター、省エネ支援を含んだビル管理システム Facima 等様々なソリューションを提供している。工場分野では空調照明等のユーティリティ機器に加え、

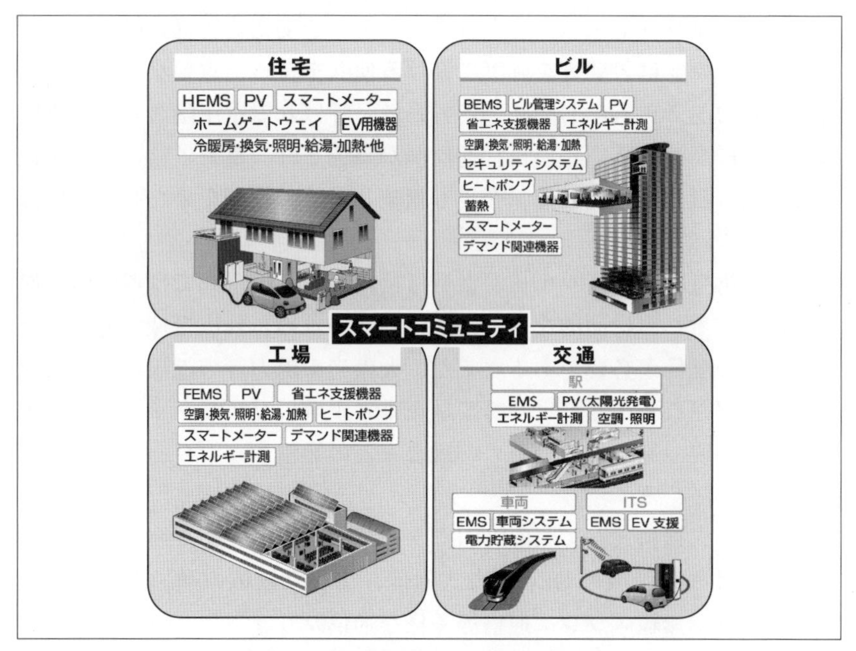

〔図 D.3.2〕需要側の構成要素 [3.50]

モーターや変圧器等の高効率機器、エネルギー計測ユニット等の省エネ支援機器や省エネソリューションのe&eco-F@ctoryやデマンド関連機器を提供している。住宅分野では太陽光発電、空調・照明機器、給湯システム、床暖房、IHクッキング等の省エネ製品を提供してきている。

今後も個々の製品の高効率化を図っていくが、これに加え鉄道、ビル、工場、住宅等のクローズした中でのエネルギーの融通や自然エネルギーや再生可能エネルギー利用の最大化、エネルギー利用の工夫によるピーク抑制や緊急時のエネルギー消費抑制等を実現することが重要である。そのため、図D.3.2に示すように、BEMS、FEMS、HEMS等各需要家単位でのエネルギー管理システムを中核にエネルギーの見える化をきっかけとして、創エネ、省エネ、節エネ、畜エネの各システムを有機的に繋げ、エネルギーの最適利用システムを実現できる機能を付加していくことが重要と認識している

(3) 情報通信

スマートグリッド・スマートコミュニティを支える神経系統として情報通信インフラは各要素を確実に繋げる使命を持った重要なインフラである。電力システムにおいて、基幹系統と呼ばれる電圧階級の高い送電網はすでに高速、高信頼な自営通信網が整備され、電力供給の高信頼化に大きく貢献してきており、今後も継続してその役割を果たしていけるものである。

一方、再生可能エネルギーが大量に接続される配電網では電圧値を適正に維持するために面的なきめ細かい制御が求められ広帯域の通信ネットワークの整備が必要である。また、太陽光や風力等の電源が需要家側に分散配置されることにより需要量をより正確にリアルタイムに把握することが必要であり、そのための需要家との通信ネットワークの整備が必要になってくる。

当社は、光通信としてGE-PON、ツイストペアケーブル等の長距離メタル線向けの広帯域のOFDM方式通信、需要家領域の通信として高速電力線通信や無線メッシュ通信等多様な通信ソリューションを保有している。さらに、暗号技術、認証技術等情報通信に欠かせないセキュリテ

ィ技術の強みを生かした情報通信インフラを実現していく。

(4) スマートグリッド・スマートコミュニティ技術の実現プロセス

(1) の供給側、(2) の需要側の各要素は、パワーデバイス技術、パワーエレクトロニクス技術、エネルギー最適化（制御）技術等の全社横断的なキー技術により個々のエネルギー効率の向上等製品競争力を強化していくとともに実証実験により個々の要素を有機的につなげ、供給側・需要側すべてにわたってエネルギー最適利用の観点でのシステム開発・検証、知見の習得を行っていくことで、スマートグリッド・スマートコミュニティ技術の実現を図っていく。（図 D.3.3）

スマートコミュニティの具現化は、最近のエネルギー政策と密接な関係を持っている。特に原発事故が発端となって社会問題となっている電力不足に対する需要家サイドの対処、固定買取制度の開始に伴う再生可能エネルギーの需要家側への導入加速、東日本大震災からの復興の街づくりにおける最新エネルギー技術の導入促進等、需要側への新たなエネ

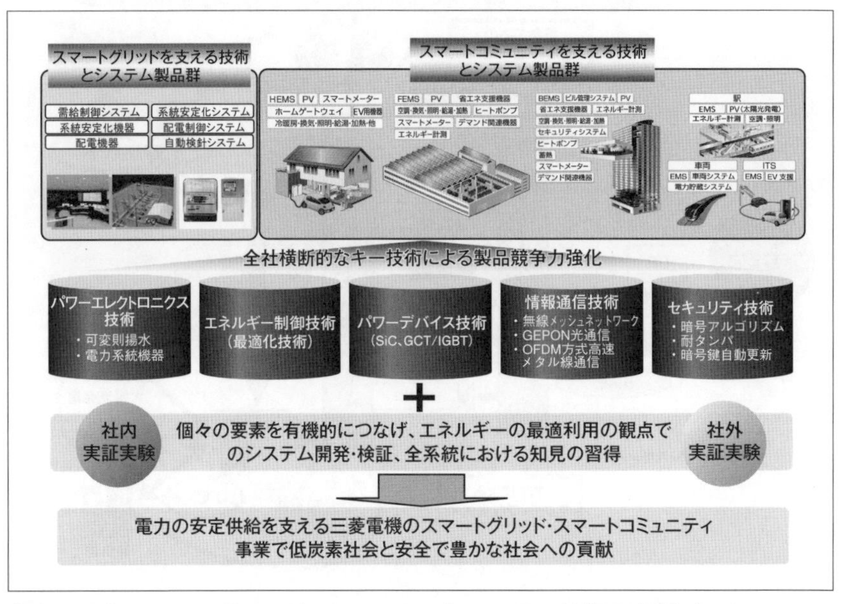

〔図 D.3.3〕スマートグリッド・スマートコミュニティ技術の実現プロセス [3.50]

ルギーインフラ整備が重要な施策になっている。三菱電機ではこれらのエネルギー政策の動向を踏まえスマートコミュニティの検討を進めている。

図 D.3.4 は三菱電機が考えるスマートコミュニティの概念図である需要家の単位として家、ビル、工場、地域を捉え、各々エネルギーの見える化を行う一方、各単位のエネルギーマネージメント（HEMS・BEMS・FEMS・CEMS）が各単位に存在する発電（たとえば家なら屋根の上の太陽光、地域なら小規模なバイオマス発電や小水力）と定置蓄電池・EV 等の蓄電を組み合わせ、電力の時間的・空間的移動を行うとともに、電気設備も制御することでエネルギーの最適利用を図るものである。これらは電力会社の需給逼迫時のデマンドレスポンスに対応してダイナミックに節電を行うことでインセンティブの獲得も図ることができるものである。

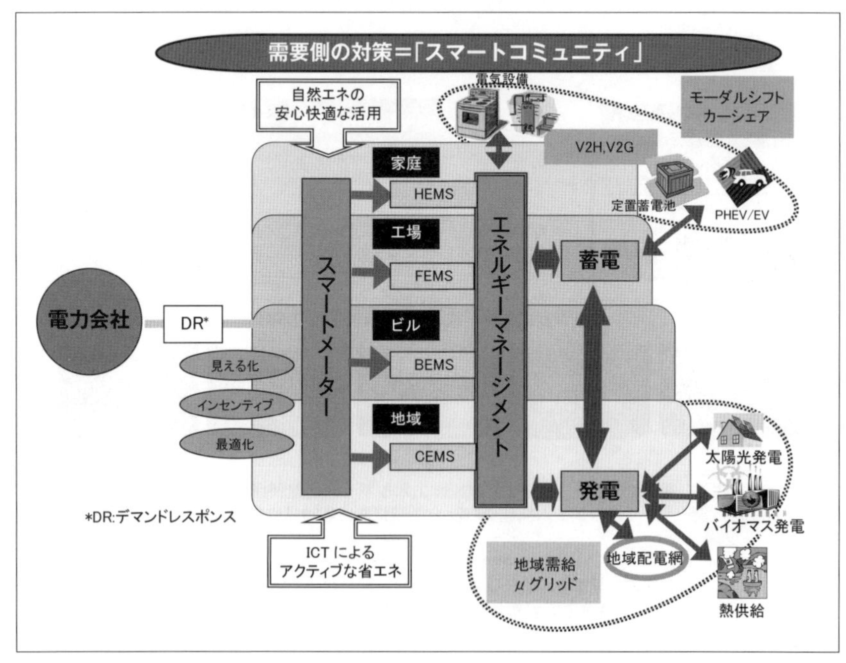

〔図 D.3.4〕スマートコミュニティの概念 [3.50]

D．4　三菱電機によるスマートグリッドの実証実験

(1) 尼崎・和歌山地区のスマートグリッド・スマートコミュニティの実証実験：本文 3.9.6 の (1) に記載

(2) 大船地区実証スマートハウス：本文 3.9.6 の (2) に記載

E　スマートシティ／スマートグリッドに対する日立製作所の取り組み

(1) 日立の考えるスマートシティ／スマートグリッド

現在、地球温暖化という気候変動とともに、世界人口の増加とその都市部への集中が人類共通の課題として認識されている。日立グループは、「人と地球のちょうどいい関係」の実現をめざし、スマートシティ構築に取り組んでいる。それは、人々が生活の質を犠牲にすることなく、快適で安全・便利なくらしを続けながら自然環境とも調和できる都市である。

スマートシティは一般的に、「ITを駆使してエネルギーや資源等を効率よく使い、環境に配慮する都市」と解釈されている。スマートシティに求められる社会インフラとして、図E.1に示すように「エネルギー」「輸

〔図E.1〕日立の考えるスマートシティ [z.9]

送」および「水、環境」があり、これらを効率的に運用管理することで持続的な発展を実現できる社会がスマートシティと日立では考えている。

(2) スマートシティ／グリッド実証プロジェクトの概要

国内外の都市においてはそれぞれの文化があり、社会インフラの整備状況も異なるためスマートシティ構築に向けたニーズや優先事項も都市ごとに異なる。このため、さまざまな都市環境における具体的なテーマに実際に取組み、その経験を技術開発にフィードバックしていくために、国内外で実施されているプロジェクトに積極的に参画している。図 E.2 に日立グループが参画しているスマートシティ／グリッド実証プロジェクトの一覧を示す。以下では主な事例について紹介する。

(3) 六ヶ所村スマートグリッド実証：本文 3.8.4 に記載

(4) 沖縄 EV 普及インフラ：本文 3.9.7 に記載

(5) ハワイ離島型スマートグリッド実証：本文 2.1.3 の (3) に記載

(6) スペイン スマートコミュティ実証：本文 2.2.3 の (2) に記載

(7) まとめ

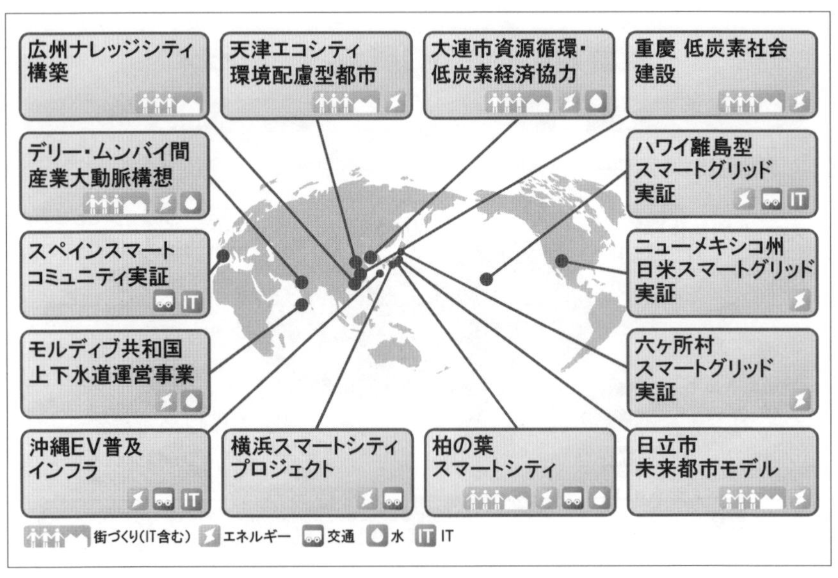

〔図 E.2〕日立参画のスマートシティ実証プロジェクト [z.10]

日立グループでは国内外で「人と地球のちょうどいい関係」の実現をめざし、スマートシティ実証試験に取組んでおり、主な状況を紹介した。スマートシティ実現には実態に沿った投資効率の検討や、持続していくための経済性の視点が重要である。日立は、スマートシティの構想・構築・運営・保守まで一貫して関わる都市のパートナーを目指していく予定である。

F　トヨタ自動車のスマートグリッドへの取り組み

未来の「モビリティ社会の実現」に欠かせないアイテムとしてスマートグリッドの導入が注目されている。トヨタ自動車は、再生可能な自然エネルギーを利用して、快適で環境にやさしい生活を提案すべく、2012年以降、次世代環境車のプラグインハイブリッド車（PHV）や電気自動車（EV）を市場投入してきた。低炭素社会の実現に向けて、このような次世代環境車の普及は不可欠であるが、一方で、その充電に伴う電力需要を適切にコントロールするインフラも必要となる。トヨタ自動車は、自動車ユーザーの視点から、ITを駆使して電力需給をコントロール、電力の安定供給と省エネルギーを実現する新しい電力網を実現、応用を検討している。図F.1にその概要を示す[z.12]。

図F.1に関して、トヨタスマートセンターとは、トヨタ自動車が開発した低炭素、省エネのトータルライフサポートとして住宅、車、電力供給事業者とそれを使う人をつないでエネルギー消費を統合的にコントロールするシステムである。このシステムの特徴は、今後普及が予測されるPHVやEV、さらには住宅内のエネルギー使用を管理するHEMS（Home Energy Management System）を装備した先進のスマートハウスを活用し、それらが使用するエネルギーと、電力供給事業者からの電力、自然エネルギーによる自家発電電力等により供給されるエネルギーを合わせて、需要、供給全般を管理、調整するとともに、住居者、車両使用者に情報を提供し、外部からもコントロールが可能となる。たとえば、車両から送信されるバッテリ残量、HEMSの住宅内の電力消費等の情報や、気象予測データ、電力供給事業者の時間帯別料金情報をあわせて総合的に判断し、生活圏全体における CO_2 排出量と居住者の費用負担を最小化するように、車両の充電や住宅内の電力消費を調整する。また、一般のスマートフォンを利用し、外出先からもエネルギー使用量を把握し、調整することや、空調のオンオフ、給湯器の確認等も遠隔操作が可能となる。

最後に、スマートグリッドの進展と密接に関係するであろう、PHV・EV の充電に関わる EMC に関して、今後とも、その規格・標準化活動および技術開発に積極的に取り組んでいくことで、低炭素で快適なスマートモビリティ社会の実現の一助となるべく貢献していきたい。

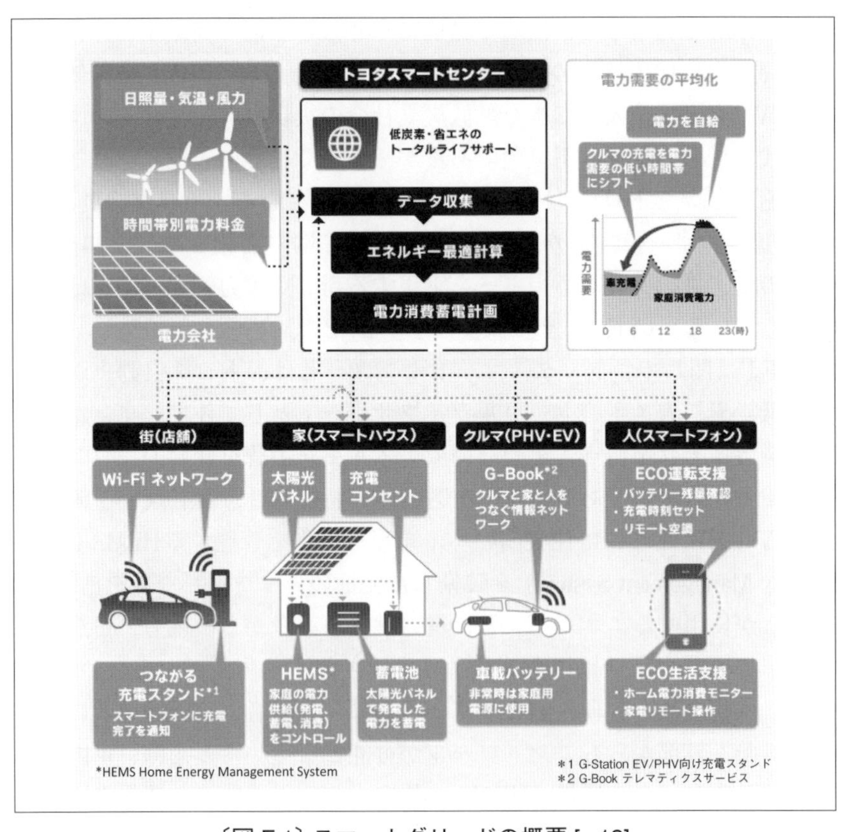

〔図 F.1〕スマートグリッドの概要 [z.12]

G　デンソーのマイクログリッドに対する取り組み

(1) はじめに

スマートグリッドは発電所、送配電、変電所を経て家庭に設置される電力メータまでの範囲を制御の対象としている。一方、マイクログリッドは、分散型電源をネットワーク化した地域の電力マネジメントである(図 G.1)。

マイクログリッドは住宅やビル、工場、店舗等の建物単位で小規模・分散型の電力や熱を発生させ、蓄え、さらに融通しあってエネルギーをより効率的に利用するシステムである。

スマートグリッドおよびマイクログリッド開発の目標の一つに低炭素社会の実現がある。自動車業界では、2020 年の欧州 CO_2 規制 (95g/km) が最も厳しく、今後、電動車両 (PHV、EV 他) の市場導入も不可避となってきた [z.13]。デンソーは PHV (プラグインハイブリッド車)、EV (電気自動車) の普及を見据え、自動車周辺で培ってきた要素技術をマイクログリッド分野に応用することに取り組んでいる (図 G.2) [z.14]。

EV 単体はゼロエミッション車であるが、EV を充電するための電力

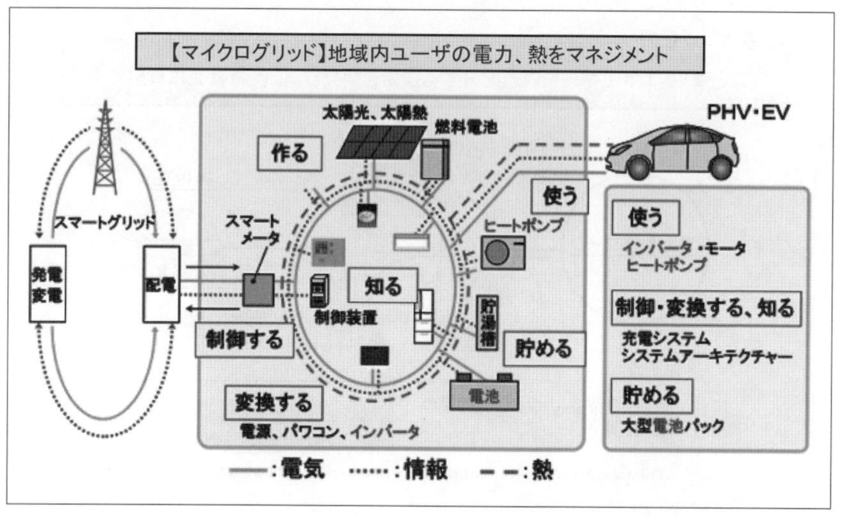

〔図 G.1〕スマートグリッドとマイクログリッドの関係 [z.14]

を火力発電所から供給していては真のゼロエミッションにはつながらない。いかに再生可能エネルギーで電気をつくり、供給するかということを含めないとPHVやEVの効果を最大限に発揮できない。

そこで、今後マイクログリッドにおいて分散発電、蓄電のコアとなっ

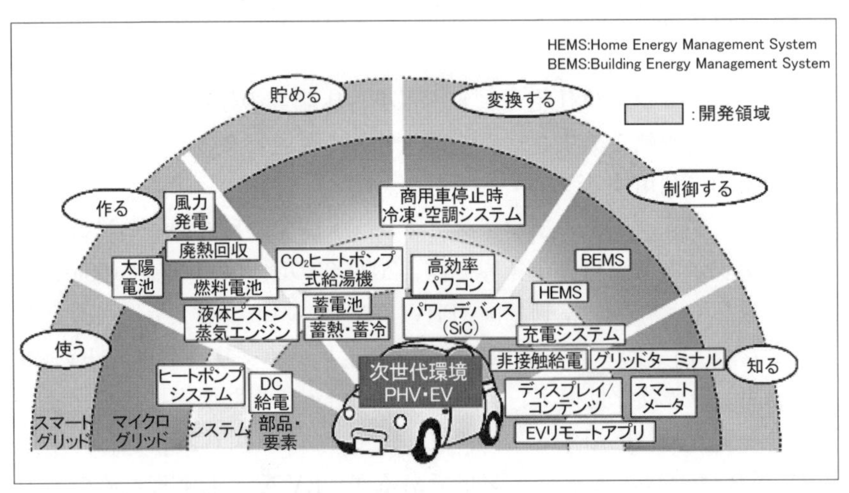

〔図 G.2〕開発中のマイクログリッド関連技術 [z.14]

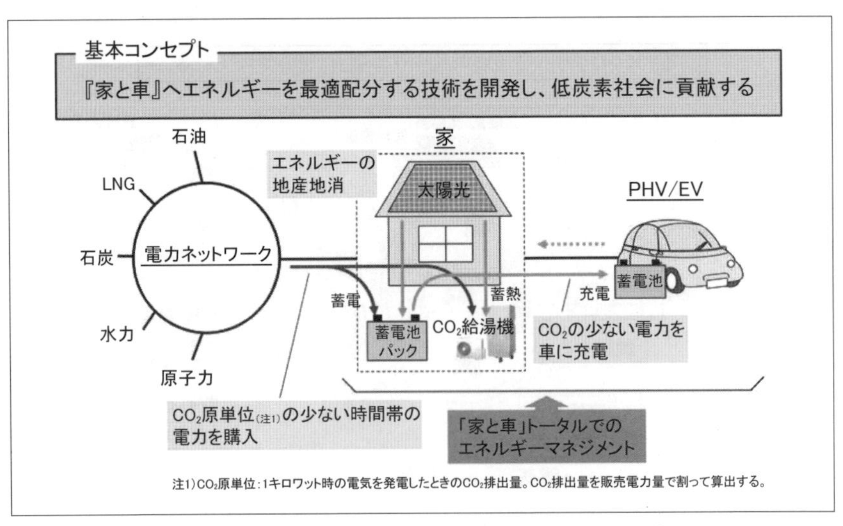

〔図 G.3〕デンソーのマイクログリッドの基本コンセプト [z.14]

ていく住宅、車を中心とした領域を重点領域としており、家庭で使用される200V、100Vの商用電力が使われる分野に特化している。

開発した技術は、経済産業省が推進している「次世代エネルギー・社会システム実証事業」[3.43]の一つである「豊田市低炭素社会システム実証プロジェクト」[3.46]において導入し、事業化に向けた評価を進めている。

(2) デンソーのマイクログリッドの特徴

「家と車」・「電気と熱」のエネルギーを最適制御して低炭素社会に貢献する、というのが基本コンセプトである(図G.3)。

図G.4に示すように日本の住宅内エネルギー消費量の3分の2を給湯と暖房が占めている。ヒートポンプに代表される高効率機器を導入するとエネルギー消費量は半減するが、給湯用のエネルギーは住宅内のエネルギーの1/4を占める[z.15]。HEMS (Home Energy Management System)とCO_2給湯機を組み合わせ、給湯タンクを「蓄熱機」として活用することで負荷の平準化に貢献できると考えている。

蓄電池は電力負荷の低い夜間に蓄電し、住宅では昼間にその電力を使うことで電力ピークカットに貢献できる。また、昼間の太陽光発電によ

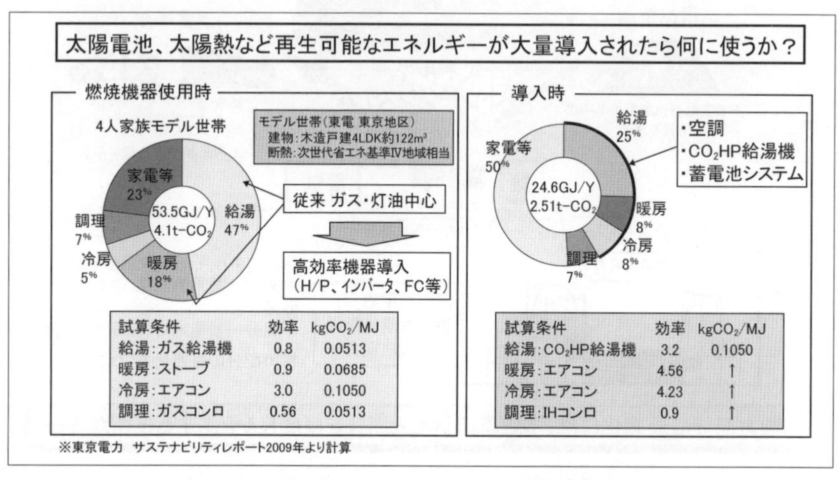

試算条件	効率	$kgCO_2/MJ$
給湯:ガス給湯機	0.8	0.0513
暖房:ストーブ	0.9	0.0685
冷房:エアコン	3.0	0.1050
調理:ガスコンロ	0.56	0.0513

試算条件	効率	$kgCO_2/MJ$
給湯:CO_2HP給湯機	3.2	0.1050
暖房:エアコン	4.56	↑
冷房:エアコン	4.23	↑
調理:IHコンロ	0.9	↑

〔図G.4〕住宅におけるエネルギー消費量[z.14]

る電力を蓄電することで、夜間に使用し、PHV、EV に再生可能エネルギーによる電力を給電する。

電力配分の最適化には、家と車で使用するエネルギーの供給と消費をいかに精度よく予測できるかという技術が重要になる。HEMS にはその日の車の走行予定と家庭内の電力使用量を予測する技術が求められる(図 G.5)。

(3) 豊田市低炭素社会システム実証プロジェクト：本文 3.6.2 に記載

(4) 今後の展望

将来、マイクログリッドの市場を確実に創出していくためには、普及を動機づけるユーザーのニーズを探り出していくことも重要である。実証実験を行う一方で、各地でのニーズ探索も進めている。特徴あるユーザー（リードユーザー）を対象とした独自調査を行うことでユーザーにとって、再生可能エネルギーがもたらす経済的価値とは何かを抽出することに努めており、その成果を新たなシステム開発に結びつけていきたいと考えている。

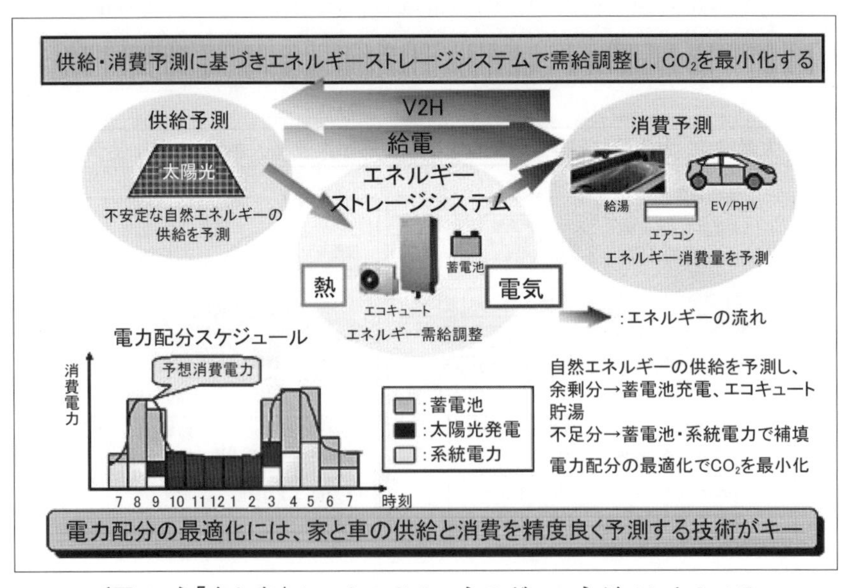

〔図 G.5〕「家と車」トータルでのエネルギーマネジメント [z.14]

H　スマートグリッド・コミュニティに対するIBMの取り組み

H．1　IBMのスマートプラネット（Smarter Planet）とスマートグリッド[z.16]

IBMでは、2008年秋よりSmarter Planet（スマートプラネット）というコーポレートビジョンの下、エネルギー、環境、食の安全等地球規模の課題をITの活用により解決するための事業活動を行っている。「スマートプラネット」はアーキテクチャー的には現象を取得するためのセンサデバイス層、IT情報、データとして利用可能にする通信、データ管理層、およびアナリティクス等を通して最終的な解決をもたらす解析、アプリケーション層で構成される。それぞれの層の特徴からInstrumented（機能化）、Interconnected（相互接続）、Intelligent（インテリジェント）と呼ぶ（図H.1）。スマートグリッドにおいて、Instrumentedは、太陽電池、蓄電池、スマートメーター、電気自動車等、これまでネットワークを通して情報として解析の対象とならなかったようなものも含めて、データの発信を可能にすることを意味する。またRFIDタグ等の貼付により、さらに多くのアセット、モノが情報の発信を行うことを意味する。そう

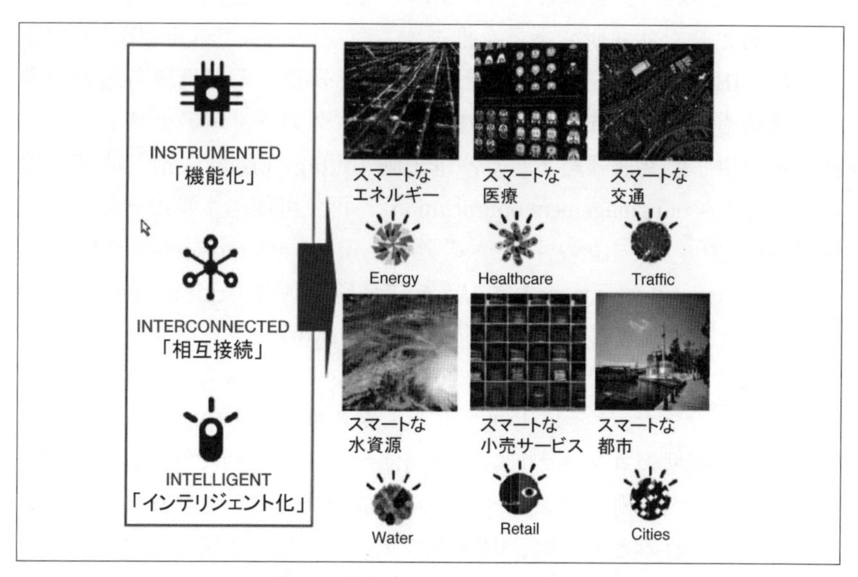

〔図H.1〕Smarter Planet[z.16]

いう意味では昨今のIoT（Internet of Things）にもつながりを持つものである。Interconnectedとは、機能化したモノが一定の条件（認証、セキュリティ等）に基づき情報の授受を行い、ITシステムへ接続されることを意味する。Intelligentとは、得られた膨大かつ多種多様な情報（ビッグデータ）に基づき予測、発見等のための分析を行うことを意味する。家庭やオフィスで使用された電力量を集約し、将来の需要情報を予測したり、再生可能エネルギーの発電予測を行ったり、いつどのような家電を使うべきか等の推奨がその一例となる。

IBMは世界各地においてスマートグリッドに関する様々なプロジェクトを行っている。たとえば、電力会社を中心に送配電網の高度化を目的としたプロジェクト、スマートメーターの導入とその応用プロジェクト、風力発電等の再生可能エネルギーの安定的な導入を推進するプロジェクト、自治体のスマートシティにおけるエネルギー管理プロジェクト、ビルのエネルギー管理プロジェクト等がある。

H．2　世界各地の電力会社との共同研究プロジェクト [z.17]

電力・ガス等の公共事業の分野において、より先進的に事業を営むことを目的とした共同研究事業を推進するコンソーシアムを2012年に立ち上げ、IBMのTJワトソン研究センターを拠点として世界各地の企業の参画のもと、これまでIBMの広範なビッグデータ・アナリティクス技術を応用し、共通課題として停電予測（outage prediction）、設備管理の最適化（asset management optimization）、再生可能エネルギー源および分散型エネルギー源の系統への連携（integration of renewables and distributed energy resources）、電力系統広域監視制御（wide-area situational awareness）、参加型電力網（participatory network）等、スマートグリッドの実現に不可欠なテーマに関して、コンソーシアム会員と共同研究を進めてきた。また、1年に1回、電力・ガス事業者を中心に広く参加者を募って公開型のコンファレンスを開催し、業界の発展に貢献している。ここで得られた技術はコンソーシアム参加企業においてソリューションとして活用されるとともに、IBMのスマートグリッド関連のソリューションの中に組み込まれ、IBM各国のサービス部門により地域のカスタマイズ等を加えた上で、先に説明したスマートプラネットの先進ソリューションとして世界的な展開がなされる。

たとえば、狭域を対象とした精細な数値気象予測の研究は、再生可能エネルギーの最適活用を目的としたソリューションに組み込むことで世界的に事業展開が行われている。また数値気象予測の積極的な応用を進め、数値気象予測とアナリティクスを統合した再生可能エネルギー発電量予測システムや、特定の気象モデルに依存しない機械学習ベースの日射量予測技術を開発し、ソリューションとして提供している[z.18]。

I　ソニーのスマートグリッドへの取り組み

エネルギー利用の効率化や環境問題への対応といった切迫した現代の課題に対応するため、様々な地域でスマートグリッド実現のための実証実験が行われている。ソニーも米国テキサス州オースチンで行われたスマートグリッド実証実験（Pecan Street Smart Grid Demonstration Project）[z.19]や、沖縄科学技術大学院大学（OIST）の敷地内で行われた「オープンエネルギーシステム（OES）を実現する分散型DC電力制御に関する実証的研究」[z.20]を通じて、QOL（Quality of Life）を維持しながら効率的な省電力マネジメントを行うシステムの検証や、自然エネルギーの最大限の活用、さらには自然エネルギーを主電力源とする安定的な電力システムの実現を目指した超分散型でダイナミックに再構成可能なオープンエネルギーシステムに関する研究を進めてきた。

それらの実験を行うにあたり、独自の技術開発も進めてきた。ソニーの犬型ロボット「AIBO（アイボ）」の人工知能を発展させ機械学習の能力を高めた機器分離技術や、ICカード乗車券や電子マネーに使用されるソニーの非接触ICカード（NFC/FeliCa）技術をベースに電力線経由で認証を行う電力線重畳型認証技術[7.15]である。

機器分離技術とは、分電盤の主幹に流れる電流を、各電気機器に流れる電流に分離する技術である。「根本」にセンサーを1個つけるだけで、「枝葉」の電力使用状況がわかり、省エネ等のサービスにつなげられる。顧客の店舗やマンションの分電盤に設置するセンサーをエネルギー管理システム事業者に販売した上で、センサーから得られた電流の波形データをクラウド上で収集･分析し、事業者に提供するサービスを行うため、2013年にソニー発のベンチャーInformetis（インフォメティス）が設立された[7.16]。

J　低炭素社会実現に向けたNECの取組み

NECでは環境面で社会に貢献するために、「低炭素」「生態系・生物多様性保全」「資源循環・省資源」の三つの視点で行動計画を策定、下記の4項目に対して具体的な目標を設定し、活動を行っている。

①低炭素：社会全体のCO_2削減にITソリューションで貢献

②低炭素：製品のエネルギー効率の改善

③生態系・生物多様性保全に向けた活動の強化

④資源循環、省資源の推進

本稿では、これらのうちスマートグリッド技術に関わる①低炭素社会の実現に向けたITソリューション（スマートエネルギー）についてのNECの取り組みを紹介する。

電気をつくるためのエネルギー源である化石燃料の枯渇問題への対応が将来の課題となっており、太陽光発電や風力発電等の地球に優しい再生可能エネルギーの普及が全世界的に進んでいる。これらの再生可能エネルギーはオフィスや工場、家庭等における新しいエネルギー源として着実に増えつつある。その一方で、こうした再生可能エネルギーがこれまで安定していた日本の電力系統網に対して大量に流れ込むことにより、エネルギー供給が不安定になることが懸念されている。さらに、再生可能エネルギーは、天候や時間で変動するエネルギーでもあるため、常に、系統網とのバランスをとらなければならない。これらの問題を解決しエネルギーの安定供給を維持するための新しい仕組みが求められている。

NECはコンピュータやクラウド技術等の「ICT」と、蓄電システムやEV用急速充電器等の「エネルギーコンポーネント技術」の双方を保有する。この強みを活かして、さまざまなアセットを組み合わせたスマートエネルギーソリューションを提供し、エネルギークラウドによる快適なサービスや付加価値を創出している。

Ｊ．１　蓄電池・蓄電システム：本文 7.6 に記載

Ｊ．２　エネルギーマネジメントシステム（xEMS）[z.21]

NEC は家庭やビル、店舗等にエネルギーマネジメントシステムを展開しており、「消費電力量」と「電気料金」表示による省エネ意識の向上や、エアコン等消費電力の大きな家電のフロア･部屋ごとの消費電力量、太陽光発電の発電量、売電量、買電量も時間単位で管理を行い、エネルギー消費の効率化に貢献している。以下にそれぞれのエネルギーマネジメントシステムを紹介する

(1) クラウド型 HEMS（ホームエネルギー・マネジメントシステム）

クラウド型の電力表示サービス HEMS（図 J.1）は家庭内の消費電力量や電気料金を把握して、ムダをなくすことにより、快適に暮らしながら電気代の節約を助け、省エネを促進する。また、本システムには標準インターフェース「ECHONET Lite」が搭載されており、スマートフォンによる遠隔操作やしきい値を設定することによるアラーム通報、さらには前述の家庭用蓄電システムとの連携により、地域内で最も電力が使われるピーク時間帯に宅内のエネルギー機器を節電モードで運用する等、宅内のエネルギー機器を制御することが可能となっている。

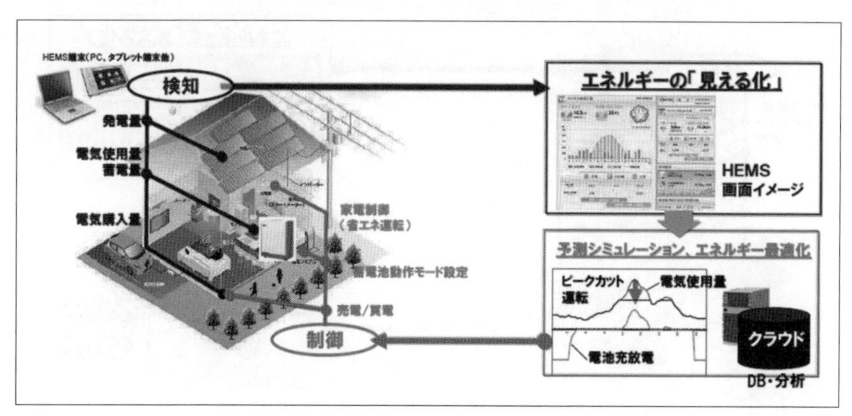

〔図 J.1〕クラウド型 HEMS[z.22]

(2) スマートビル (BEMS) (ビルエネルギー・マネジメントシステム)

スマートビル (図 J.2) はエネルギーをつくり、蓄え、効率よく運営し最適な制御をすることで、環境性と経済性を向上させたオフィスビルや複合商業施設の概念である。設備の統合監視を行うビルオートメーションシステムを中心に、セキュリティシステム・見える化システム等を相互連携することで、個人の位置情報から、空調・照明等の設備を自動制御し、電力使用のムダを省いている。NEC は電力の需給バランスの最適化を図るために、クラウドを用いた電力使用量の「見える化」等のビル管理ソリューションや、高度なリチウムイオン電池技術を活かした大型蓄電システムの開発・提供を進めている。また、オフィスビルに電気自動車 (EV) の充電スタンドを設置することで、電気自動車 (EV) のバッテリーが非常時には蓄電池としての機能を果たすことも可能である。

(3) スマートストア (SEMS)

スマートストアはエネルギーを賢く管理することで環境性と経済性を向上させた店舗である。クラウドを活用することにより、多数の店舗のエネルギーの使用量を時間帯･系統別等詳細に「見える化」する。さらに、収集した店舗のデータを分析・活用することで、きめ細やかな業務プロセスの改善計画や、新たなサービスの創出をサポートする。NEC では

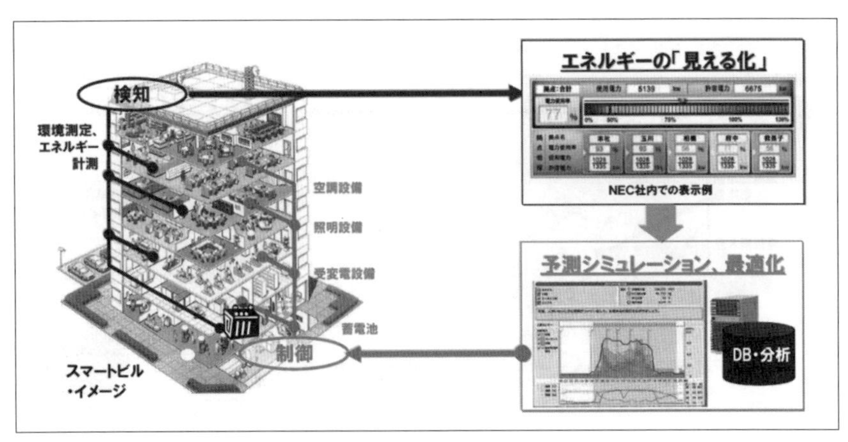

〔図 J.2〕スマートビル [z.23]

スマートストアの普及に向けて、エネルギークラウドを用いた電力使用量の「見える化」の提案や、パートナー企業との実証実験を通した「インテリジェント分電盤」の共同開発を進めている[z.24]。

(4) EV のスマート充電ステーション[z.25]

電気自動車(EV)やプラグインハイブリッド自動車(PHV)を街中で見る機会は増えつつあるが、本格的な普及のためには「充電インフラの整備」は不可欠である。NEC はサービスステーションに留まらず、コンビニやショッピングセンター、娯楽施設、空港や駅等の公共施設まで、さまざまな施設に充電インフラを提供している(図 J.3)。NEC のクラウド型 EV・PHV 充電インフラサービスは個人認証、充電のマルチ課金、遠隔保守、充電マップ提供等利用者と事業者様の双方に多彩なメリットをもたらす。C&C クラウドを活用したサービス基盤づくりのノウハウや、こまで開発に取り組んできた多岐にわたるエネルギーコンポーネント技術で、充電ステーションの設備導入から、運用保守、利用実績の管理までをカバーする EV・PHV 充電インフラサービスを構築している。

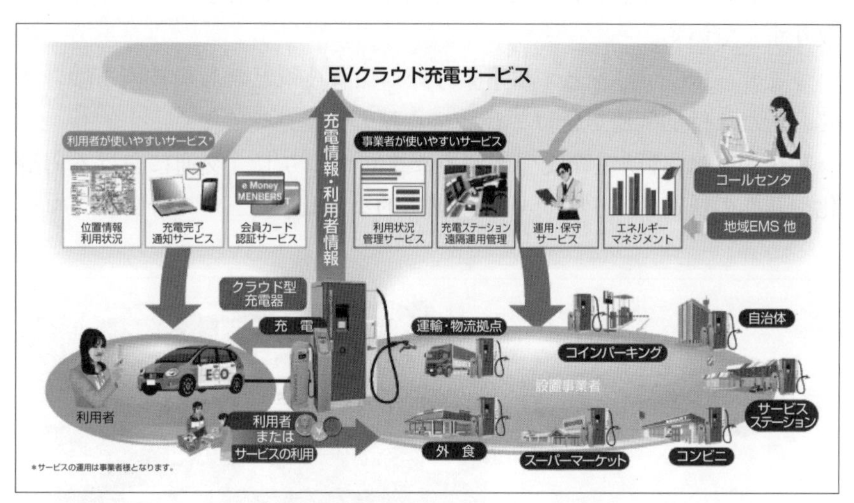

〔図 J.3〕EV インフラ電気自動車向けスマート充電ステーション[z.26]

K　日本無線（JRC）におけるスマートコミュニティ事業に対する取り組み

K．1　環境・エネルギー分野への取り組み

JRCは「技術の日本無線」として1915年の創業以来、長い歴史の中で、通信、情報の分野における豊富な技術や知識、経験を活かし、世界中の人々の安全と安心を提供してきた。

一方、社会の安全・安心に対する意識等に大きな変革がもたらされ、環境と省エネを考慮したスマート社会に向かう動きが活発になってきており、このような環境の中、スマート社会の実現に必要とされるICTを活用する技術・ノウハウを社会に還元すべくICTを活用した、人と環境の新たなコミュニケーションの世界、「スマートコミュニティ」の構築に取り組んでいる。

K．2　JRCの目指すスマートコミュニティ事業

JRCが培ってきた「無線通信技術」、「情報処理技術」とグループが保有する「太陽光発電パネル」や「電気二重層キャパシタ」、「燃料電池」等のデバイス技術を活用し、電力の有効利用や再生可能エネルギーの活用等環境問題への配慮と快適な生活を両立するための社会インフラ作りに取り組んでいく。

つまり、JRCが得意とする事業分野へ保有技術と新しい技術を融合させ、新たな付加価値を付けて社会に貢献・発展させていく。

具体的には、「防災の安全・安心なまちづくり」、「交通における円滑化や運転の快適性向上」、「船舶の効率的な運航」の三つの分野をスマー

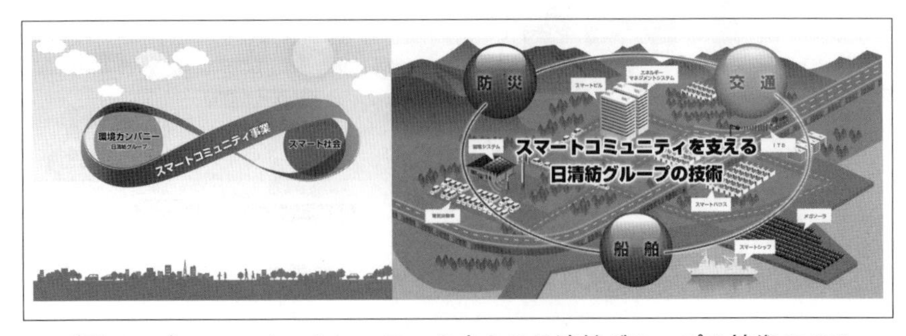

〔図K.2.1〕スマートコミュニティを支える日清紡グループの技術 [3.80]

トコミュニティ事業の柱と考える。

(1) 防災のスマート化

防災のスマート化コンセプトは長年培った防災関連技術と運用ノウハウを活用し、災害時等にも強い安全・安心なまちづくりに貢献すること。

ポイントとして無線ネットワークソリューション、防災情報処理技術、高電圧直流給電技術等の保有技術と再生可能エネルギー、エネルギーマネージメントシステム等の技術とを融合することにより、新しい防災システムを提供する。

それは、自然との共生を図りながら災害を予測し、事前の備えと減災を中心とした「災害に強いスマートコミュニティ」に繋がる。

地球環境に考慮したクリーンなエネルギーや災害にも強い安全・安心なまちづくりが求められ、そのニーズから当社は自然・エネルギー・ICTを調和させた豊かなコミュニティにおける防災のスマート化を目指す。たとえば公民館や学校等の防災拠点において平常時に使う電力は太陽光・風力発電等で賄い、余剰分は蓄電する。

一方、東日本大震災での電源供給の重要さを痛感した教訓から災害時

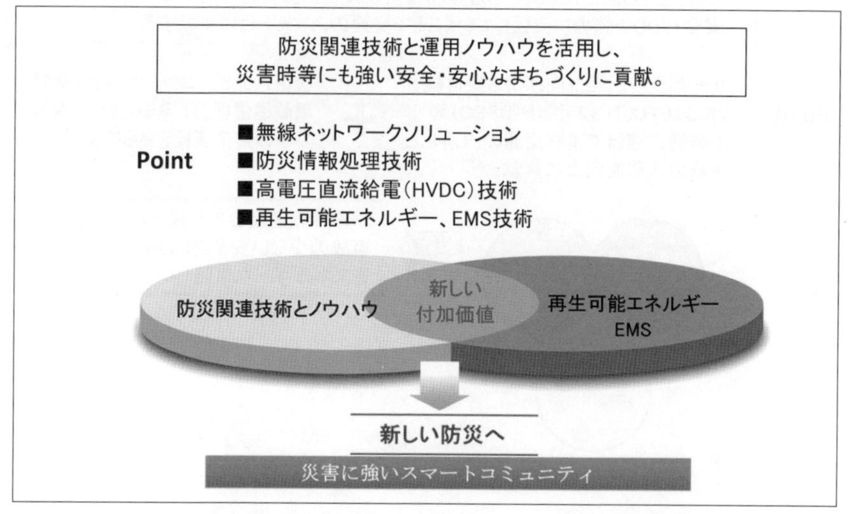

〔図K.2.2〕防災のスマート化コンセプト [3.80]

に停電があっても太陽光・風力等の発電と蓄電池により電源の確保を行う。また、平常時･災害時に関わらず、発電、充放電、消費の「最適化」と「見える化」により地産地消のエコなまちを実現する。

無線ネットワークの構築により避難場所を孤立させない災害に強いソリューションを提供し、避難する住民の方々にはエリアワンセグ放送等による携帯電話、スマートフォン等へ災害情報・安否確認を配信し、安心・安全を提供する情報を発信する。

(2) 交通のスマート化

当社のITS（Intelligent Transport Systems：高度道路交通システム）技術は、これまで道路交通の円滑化や運転の快適性向上に貢献してきた。今後はこうした快適性・利便性をさらに向上させていくことに加えて、監視技術によるドライバーの安全・安心を強力に支援していくことで、交通のスマート化に貢献する。

交通事故を防止するには、車と車、道路と車等の双方向の情報通信を

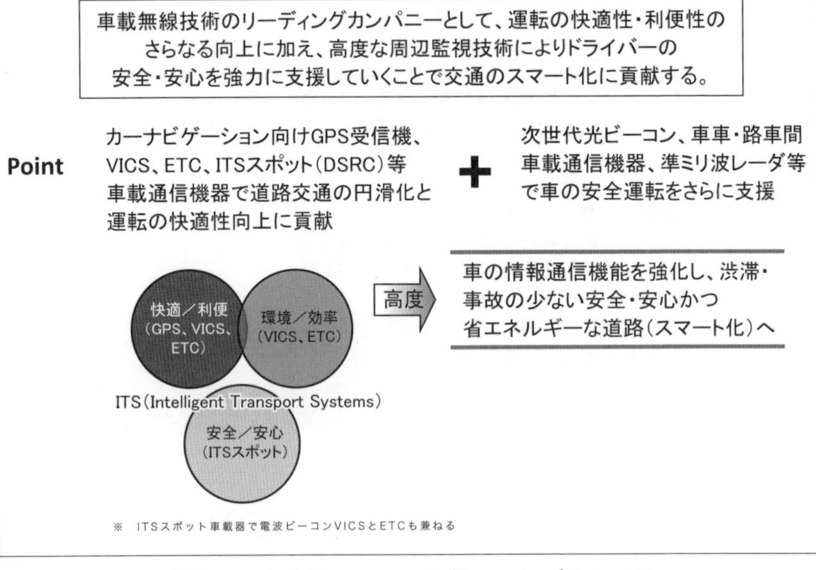

〔図 K.2.3〕交通のスマート化コンセプト [3.80]

迅速、高精度に行う必要がある。当社は車載無線技術のリーディングカンパニーとして信頼性の高い製品を生み出し、高速道路から一般道路にいたるまでスマート化していくことを目指す。

既存技術による車載機器（カーナビゲーション向けGPS受信機、VICSやITSスポットに対応する車載通信機器、二輪車用ETC車載器）の提供を通じて、快適な走行の実現に寄与してきた。

今後は最新の技術を応用した次世代光ビーコン（次世代VICS）送受信機、車車間・路車間通信システム用通信機器の提供や準ミリ波レーダ等の開発を進め、さらなる安全・安心を提供する交通システムの実現に貢献していく。

(3) 船舶のスマート化

海運業界においては、2013年以降、船舶からのCO_2の排出削減が国際ルールにより段階的に義務化される。

船舶のスマート化のコンセプトは、ICTを用いて船上および海上における情報提供サービスを実現し、安全・安心で効率的な運航に貢献すること。

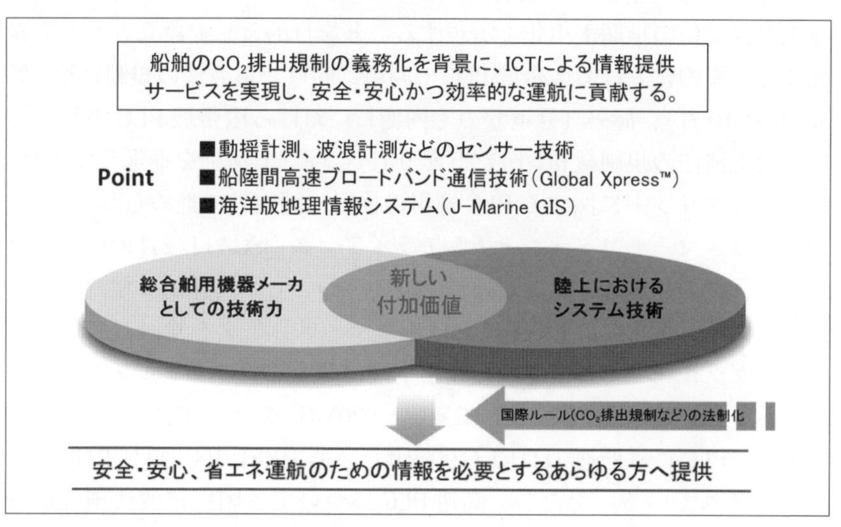

〔図K.2.4〕船舶のスマート化コンセプト [3.80]

ポイントとして、船上における動揺計測、波浪計測等のセンサー技術、次世代の船陸間（せんりくかん）高速ブロードバンドとして期待される船舶端末技術、さらに、海洋版地理情報システムにより安全・安心、省エネ運航に貢献する情報提供サービスを目指す。

船舶における運航のスマート化とは、「安全に効率よく人、物を運ぶこと」ととらえている。運航の実態を定量的に把握するためには、さまざまな「見える化」が必要である。

JRCが得意とするレーダ、GPS、超音波等のセンサー技術は、「見える化」に貢献する。この「見える化」とJRCの無線通信技術を用いた高速大容量の船陸間通信は、陸上側から最小燃費航路、最短時間航路等の最適航路に対する支援ができるようになり、航海の最適化、燃料削減、CO_2 排出削減といった環境保全に貢献できる。

K.3　環境負荷低減のワイヤレスシステム実証実験：本文3.9.8に記載

K.4　独立型分散電源システムの実証実験：本文3.9.9に記載

L　高速電力線通信推進協議会におけるスマートグリッドへの取り組み

高速電力線通信推進協議会（PLC-J）は2003年3月に日本国内での高速電力線通信の早期実用化を実現することを目的として設立された業界団体で、屋内における広帯域PLCの利用に向けた電波法の規制緩和（平成18年10月）、屋外（分電盤の宅内側）における広帯域PLCの利用に向けた電波法の規制緩和（平成25年9月）に向けて活動を推進してきた。スマートグリッドに関するPLC適用の検討は国内外で進められており、国内ではスマートコミュニティ・アライアンス（JSCA）[z.27]の中でスマートメータの具現化における通信手段の一つとして具体的な検討が進められている。図L.1にJSCAにおけるスマートメータを検討しているワーキンググループで作成された通信手段に関するプロトコルスタックの図を示す[z.28]。通信手段として無線（920MHz帯と2.4GHz帯）とPLCがあり、PLCには低速（ITU-T G.9903）と高速（IEEE 1901/ITU-T G.9972）が設定されている。ただし、高速PLCについては国内電波法施行規則の制限がある。平成25年に告示された官報[z.29]では、「これまで屋内に限定していた広帯域電力線搬送通信設備（高速 PLC）の利用範囲を屋外（分電盤から負荷側に限る。）まで拡大する。」という内容であり、一般に屋外に設置されるスマートメータと分電盤の間の電力線への広帯域 PLC（高速 PLC）は図 L.2 に示すように現時点（平成 26 年）では制限されている。これは平成 18 年に告示された屋内 PLC に関する規制緩和において、分電盤における伝導妨害波の宅外漏洩に対する遮蔽効果が前提となっていたことに拠る。

PLC-J は高速 PLC が屋外設置のスマートメータと分電盤間における通信手段としても適用できるよう EMC 問題の解決に向けた検討を進めている。

検討の考え方としては 2014 年 3 月に欧州の EC 指令として公文書化された CENELEC 規格（EN 50561-1）[z.32] を参考としている。これはノッチフィルタを使用帯域内に設定し、帯域内における利害関係者の使用する周波数帯に対して妨害を抑えることを前提とするもので、ノッチフィルタには固定とダイナミックの 2 種類を設定している。図 L.3 にダイナミ

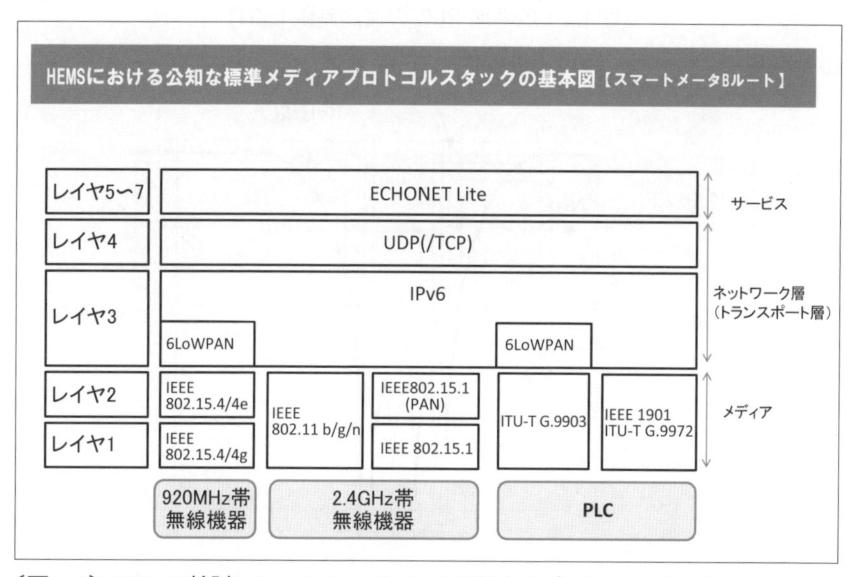

〔図 L.1〕JSCA で検討しているスマートメータに関するプロトコルスタック基本図 [z.30]

ックノッチフィルタのスペクトラム特性を示す。表L.1と表L.2に固定のノッチフィルタおよびダイナミックノッチフィルタの対象周波数範囲を示す。アマチュア無線、航空無線、ラジオ放送等が対象となっている。

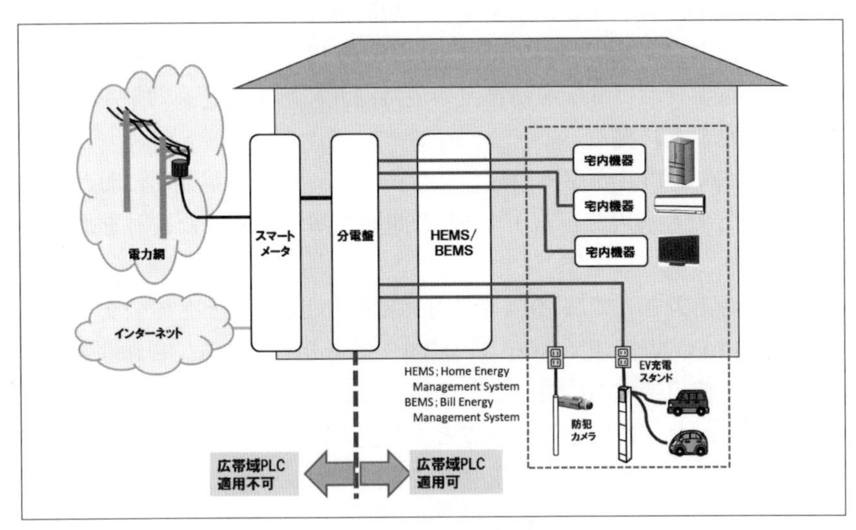

〔図L.2〕広帯域PLCの適用制限 [z.31]

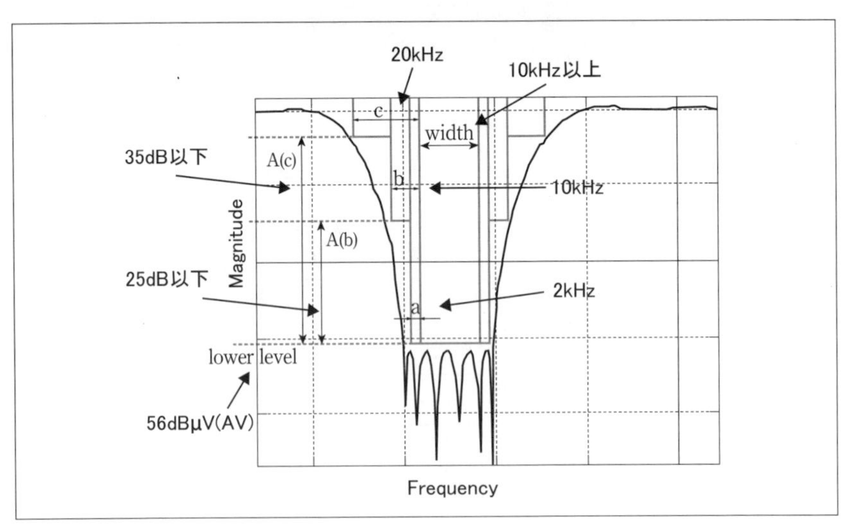

〔図L.3〕ダイナミックノッチフィルタのスペクトラム特性 [z.32]

〔表 L.1〕固定ノッチフィルタの周波数範囲 [z.32]

Table A.1 — Permanently excluded frequency ranges

Excluded frequency range MHz	Service
1.80 － 2.00	Amateur Radio Service
2.85 － 3.025	Aeronautical mobile
3.40 － 4.00	Aeronautical mobile（3.40-3.50） Amateur Radio Service（3.50-4.00）
4.65 － 4.70	Aeronautical mobile
5.25 － 5.45	Amateur Radio Service
5.48 － 5.68	Aeronautical mobile
6.525 － 6.685	Aeronautical mobile
7.00 － 7.30	Amateur Radio Service
8.815 － 8.965	Aeronautical mobile
10.005 － 10.15	Aeronautical mobile（10.005-10.10）， Amateur Radio Service（10.10-10.15）
11.275 － 11.4	Aeronautical mobile
13.26 － 13.36	Aeronautical mobile
14.00 － 14.35	Amateur Radio Service
17.9 － 17.97	Aeronautical mobile
18.068 － 18.168	Amateur Radio Service
21.00 － 21.45	Amateur Radio Service
21.924 － 22.00	Aeronautical mobile
24.89 － 24.99	Amateur Radio Service
29.96 － 27.41	CB radio
28.00 － 29.7	Amateur Radio Service

〔表 L.2〕固定ノッチおよびダイナミックノッチフィルタの周波数範囲 [z.32]

Table A.2 — Permanently or dynamically excluded frequency ranges

Excluded frequency range MHz	Service
2.30 － 2.498	Broadcasting
3.20 － 3.40	Broadcasting
3.90 － 4.05	Broadcasting
4.75 － 5.11	Broadcasting
5.75 － 6.20	Broadcasting
7.20 － 7.70	Broadcasting
9.30 － 9.95	Broadcasting
11.55 － 12.10	Broadcasting
13.55 － 13.90	Broadcasting
15.05 － 15.85	Broadcasting
17.40 － 17.90	Broadcasting
18.90 － 19.02	Broadcasting
21.45 － 21.85	Broadcasting
25.65 － 26.10	Broadcasting

NOTE　The bands in Table A.2 include frequency ranges allocated under Article 5 of the ITU Radio Regulations to the Broadcasting Service, plus a realistic appraisal of use for broadcasting under Article 4.4 of the ITU Radio Regulations.

参考文献

(z.1) 使ってください、愛媛の力!、愛媛大学工学部、平成 26 年度版
http://www.eng.ehime-u.ac.jp/about/pub_press/documents/tsukattekudasai_h26.pdf
(z.2) 愛媛大学電気電子工学科、Eco-tranS プロジェクトの概要
http://www.ee.ehime-u.ac.jp/Eco-tranS/
(z.3) http://www.jema-net.or.jp/Japanese/pis/smartgrid/
(z.4)
http://www.jema-net.or.jp/members/contents/activity/smartgrid.html
(z.5) 国連、World Population Prospects: The 2012 Revision
(z.6) IEA, World Energy Outlook 2011
(z.7) http://www.toshiba-smartcommunity.com/jp
(z.8) 東芝：「スマートコミュニティとは」、2015 年 10 月
http://www.toshiba-smartcommunity.com/jp/smart-community
(z.9) 小林：「スマートコミュニティ統合管理システム」、東芝レビュー、Vol.67、No.9、pp.25-28、2012 年
(z.10) 鈴木他：「スマートグリッドの基盤技術」、東芝レビュー、Vol.68、No.8、pp.2-5、2013 年
(z.11) 相田他、「ヘルスケアクラウドサービス Healthcare@Cloud TM －医用画像外部保存サービス」、東芝レビュー、Vol.67、No.9、pp.21-24、2012 年
(z.12) 東芝インダストリアル ICT ソリューション社：「流通小売統合業務管理ソリューション RetailArtist」、2015 年 10 月
http://www.toshiba.co.jp/cl/industry/retailartist/index_j.htm
(z.13) 仲田他：「強靱で持続可能な社会インフラを支える 東芝のスマートな水ソリューション」、東芝レビュー、Vol.69、No.5、pp.2-7、2012 年
(z.14) 柳沢他：「安心・安全な社会の実現に貢献する気象防災ソリューション」、東芝レビュー、Vol.69、No.12、pp.2-6、2012 年
(z.8) 松崎正他：「スマートグリッド・スマートコミュニティの取り組み」、

三菱電機技報、86、No2、pp.100-104、2012年
(z.9) 吉川他：「日立が考えるスマートシティ」、日立評論、2011年12月号
(z.10) Report：「暮らしたくなる街へ」、日立評論、2012年1月号
(z.11)
http://www.hitachi.co.jp/Div/omika/product_solution/energy/smatrgrid/business/rokkasyo.html
(z.12) トヨタ自動車HP
http://www.toyota.co.jp/jpn/tech/smart_grid/
(z.13) 寺谷：「自動車（EV，PHEV）の25年後」、電気学会誌、Vol.134、No.2、pp.68-71、2014年
(z.14) 金森他：「マイクログリッドにおける蓄電池応用システムの開発」、デンソーテクニカルレビュー、Vol.16、pp.105-112、2011年
(z.15) 東京電力グループサステナビリティレポート2009、2009年
(z.16) IBMの新電力ビジネス戦略！規制緩和後の新しい展開と課題、SmartGridニューズレター編集部、2014年3月1日
http://sgforum.impress.co.jp/article/304
(z.17) メガトレンド－エネルギーとテクノロジーが拓く未来、PROVISION Summer、No86、2015年
https://www-304.ibm.com/connections/blogs/ProVISION86_90/entry/no86?lang=ja
(z.18) 櫻井、高山：「発電電力の安定供給に向けて－IBMの先進の発電量予測技術と新しい太陽光発電システム」、PROVISION Summer、No86、Spotlight、2015年
https://www-304.ibm.com/connections/blogs/ProVISION86_90/resource/no86/86_spotlight.pdf?lang=ja
(z.19)
http://www.sony.co.jp/SonyInfo/News/Press/201110/11-130/index.html
(z.20)
http://www.sony.co.jp/SonyInfo/News/Press/201401/14-0108/

（z.21）http://jpn.nec.com/energy/ems.html
（z.22）http://jpn.nec.com/energy/house.html
（z.23）http://jpn.nec.com/energy/building.html
（z.24）http://jpn.nec.com/energy/features/31/index.html
（z.25）http://jpn.nec.com/energy/charge.html
（z.26）http://jpn.nec.com/energy/charge/ev.html
（z.27）https://www.smart-japan.org/
（z.28）
http://www.meti.go.jp/press/2013/05/20130515004/20130515004-5.pdf
（z.29）http://www.soumu.go.jp/main_content/000273377.pdf
（z.30）TTC（一般社団方針通信技術委員会）技術仕様書 TR-1043 ホームネットワーク通信インタフェース実装ガイドライン
（z.31）電波法施工規則 第44条、46条、46条の2、46条の3および電波法施行規則等の一部を改正する省令（総務八六）
（z.32）"Power line communication apparatus used in low-voltage installations – Radio disturbance characteristics - Limits and methods of measurement – Part 1: Apparatus for in-home use" , BSI Standards Publication BS EN 50561-1:2013, pp.1-30

●ISBN 978-4-903242-51-4

編集委員会代表幹事 元埼玉大学 田中甚八郎
副幹事 中央大学教授 戸井武司／東京電気大学教授 佐藤太一

静音化&快音化 設計技術ハンドブック

本体 44,000 円 + 税

序章 はしがき
振動・音響用語集
エンジニアリングシート

1 章 機械の静音静粛化と快音化設計の基礎
1.1 音響物理の関連事象
1.2 空力騒音物理の関連事象
1.3 振動物理の関連事象
1.4 自励振動音問題と非線形振動音問題と対策の考え方
1.5 振動・音響の計測方法とデータ解析方法、可視化
1.6 振動・音響の解析計算方法、可視化

2 章 音と情報
2.1 音情報からの認識と識別、音による診断
2.2 サイン言
2.3 擬音語など人の言葉表現による現象の把握と評価

3 章 音源から音場までの評価と音質改善
3.1 音の発生メカニズムと予測および対策
3.2 流体騒音
3.3 機械音の音質設計
3.4 人間感覚と音質改善
3.5 音質改善の目標と方法

4 章 低振動・低騒音の問題対策と静粛化・機能音・快音化設計の考え方
4.1 騒音対策の考え方
4.2 製品の低騒音化から快音化について

5 章 要素技術
5.1 静音・静粛化 一般論
5.2 材料技術
5.3 アクティブノイズコントロール

6 章 静音静粛化と快音化の設計技術の具体的展開
6.1 家電製品
6.2 情報機器
6.3 産業機械・機器
6.4 プラント
6.5 エレベーター
6.6 発電用風車
6.7 自動車、オートバイ、エンジン
6.8 建設機械
6.9 機械要素・部品
6.10 音響機器・スピーカー
6.11 一眼レフカメラ
6.12 トイレ洗浄音

7 章 周辺技術と低振動・静粛化と機能音・快音化の設計環境
7.1 楽器などからのヒント
7.2 サウンドスケープ

8 章 低振動・静粛化、機能音・快音化の設計技術の今後の方向
8.1 「らしい音」の実現を目指して
8.2 音振設計技術の今後
8.3 音のばらつきについて
8.4 騒音・振動の開発プロセスの向上
8.5 流れと音の今後
8.6 心地よい音創りのための快音設計の今後

終章 おわりに

発行／科学情報出版(株)

●ISBN 978-4-903242-07-2

荒木 庸夫 著

アース実践ハンドブック

本体 32,000 円 + 税

■内容概略

第1部 アースと雑音の基礎
第1章 アースとは（接地とグランド）
1. アースの用語と図記号
2. 接地とグランドの目的
2−1 危険防止対策
2−2 雑音妨害対策
2−3 静電気の帯電防止
3. ボンディングとその目的
3−1 ボンディング
3−2 ボンディングの目的
第2章 雑音の伝送と誘導
1. 遠距離伝送と近距離伝送（λ0/6の法則）
1−1 電気現象（電気信号と雑音妨害）の伝搬の仕方
1−2 直線状導体（ダイポールアンテナ）による電磁界
1−3 環状導体（ループアンテナ）による電磁界
1−4 導線上の伝搬における遠距離と近距離
1−5 λ0/6の法則
2. 近距離における雑音妨害の誘導
2−1 誘導の種類
2−2 静電結合によるアナログ信号の誘導
2−3 静電結合によるディジタル信号の誘導
2−4 電磁結合による誘導電圧
2−5 共通インピーダンス結合による誘導（一点接地と一点グランド）
3. 遠距離における雑音妨害の伝送
3−1 遠距離における雑音妨害の伝搬経路
3−2 空間における伝搬（アンテナ効果）
3−3 導線による伝搬（導線妨害）
3−4 接地系による同相雑音の誘導
4. 対地電圧と線間電圧
4−1 伝送回路と大地
4−2 同相（コモン）モードと差動（ノルマル）モード
4−3 伝送線路上の電圧成分の呼び方
4−4 伝送回路の不平衡による伝送モードの変換
4−5 同相電圧と差動電圧の伝送特性
4−6 同相雑音除去比（CMR）
4−7 伝送モード間の速度差による雑音パルスの発生
5. 電圧線による導線妨害
5−1 電源妨害
5−2 電力線の伝送特性（減衰特性）
5−3 配電幹線のインピーダンス特性
第3章 グランド系のインピーダンス
1. グランド系の漂遊インピーダンス
2. 導電結合の漂遊定数
2−1 導体の抵抗
2−2 導体の自己インダクタンス
2−3 平面導体の自己インダクタンス
3. 漂遊容量
3−1 漂遊容量によるグランド回路
3−2 孤立導体の静電容量
3−3 複数導体間の漂遊容量
4. グランド線路の漂遊定数と漂遊結合
4−1 グランド線路の分布インピーダンス
4−2 グランド導体における雑音妨害の誘導と放射
第2部 接地（アース）
第1章 接地の目的と技術基準
1. 目的及び接地の分類
1−1 目的による接地の分類
1−2 周波数による接地の分類
1−3 電力のレベルによる接地の分類
2. 電気設備の障害現象と安全のための接地
2−1 安全のための接地
2−2 電気設備の障害現象
2−3 保護対策
3. 接地とEMC
3−1 MCの領域と接地との関係
3−2 標準規格とEMCとの関係
3−3 接地の図記号と用語
3−4 雑音（noise）と電磁障害（EMI）
4. 接地をしない場合
4−1 接地工事を省略しても所定の接地ができる場合
4−2 「電技」の条文で接地をしない場合の規定
4−3 接地不要機器
4−4 接地を必要としない高周波回路
4−5 移動体の場合
5. 電気機器の安全性の等級
5−1 安全性に関する電気機器の分類
5−2 機能絶縁のみで保証する方式（クラス 0 電気機器、Class 0 appliance）
5−3 個別接地方式（クラス01電気機器、Class 01 appliance）
5−4 専用接地線方式（クラス1機器、Class 1 appliance）
5−5 クラス1機器用の3Pコンセント
5−6 二重絶縁機器（クラス2機器、Class 2 appliance）
5−7 超低電圧機器（クラス3機器、Class 3 appliance）
6. 接地の標準規格
6−1 電気設備技術基準
6−2 「電技」を補完する具体的な規定
6−3 その他の法規または実施仕様
第2章 電気設備の安全対策
1. 感電障害
1−1 感電障害の基本量
1−2 感電障害現象の様相
1−3 人体の電気的特性（交流の場合）
1−4 人体の電気的特性と接地の技術基準との関係
1−5 低圧機器の感電防止障害の様相
1−6 接触状態
1−7 EC 479-1による人体特性
1−8 人体特性の見方と接地抵抗の技術基準の考え方
2. 地絡保護
2−1 地絡保護とその目的
2−2 地絡保護の基本方式
2−3 特別な機会（場所）における地絡保護の方式
2−4 地絡と短絡
3. 漏電火災
3−1 電気火災の原因
3−2 漏電火災の原因
3−3 漏電火災の実例
3−4 漏電火災の防止対策
4. アーク地絡
4−1 アーク事故
4−2 アーク短絡→アーク地絡
4−3 アーク地絡の防止対策
第3章 接地極と接地線の特性と工法
1. 接地設備の基本条件と周囲条件
1−1 接地設備に要求される基本条件
1−2 接地抵抗
1−3 周囲条件の影響
2. 接地極
2−1 接地極の標準規定
2−2 接地極の形状、寸法、及び配置
2−3 大地の電位変動と接地極の相互干渉
3. 接地抵抗特性とその低減
3−1 大地抵抗率と接地抵抗特性
3−2 接地抵抗の低減工法
3−3 接地インピーダンス
4. 接地線
4−1 接地線の寸法と材質
4−2 接地線の規格
4−3 接地線
5. 接地方式
5−1 接地方式に関する基本事項
5−2 接地方式の分類と規定
5−3 独立接地方式
5−4 共用接地方式
第4章 電力系の接地設備
1. 電力系の接地設備の概要
1−1 電力系の接地設備の規格と特徴
1−2 電力系の接地工事の種類と分類
2. 電路の接地
2−1 電路の接地
2−2 系統接地の概要
2−3 種接地工事
2−4 電路のA種及びD種接地工事
2−5 中性点接地工事
2−6 変圧器と接地方式
3. 機器配管用の接地
3−1 機器配管の接地工事の概要
3−2 電路に施設する電気機器の金属体の接地
3−3 電路の配管用の接地工事
3−4 放電灯及び特殊施設の接地工事
3−5 地絡故障以外の目的の接地
4. 電力機器の接地工事の種別毎の一覧表
5. 歩幅電圧・接触電圧
5−1 歩幅電圧・接触電圧の原因
5−2 歩幅電圧・接触電圧の定義とその考え方
5−3 接地電流による大地電位上昇
5−4 歩幅電圧・接触電圧の許容値
第5章 避雷設備の接地
1. 雷現象の基礎
1−1 雷の発生
1−2 雷現象の種類
2. 直撃雷による被害と対策
2−1 人体への落雷
2−2 建造物、送電線等への落雷
3. 避雷針と接地工事
3−1 避雷設備の必要な建築物と関連法規
3−2 避雷設備（避雷針）の基本事項
3−3 JISによる建築物の避雷設備の構造と接地
3−4 高い建造物の落雷設備
4. 直撃雷と誘導雷とがある場合の避雷設備
4−1 テレビ受像機のアンテナの避雷設備
4−2 配電線の雷害対策
4−3 第3の配電線雷害原因
5. 誘導雷を主とした雷害対策
5−1 雷サージの侵入経路と対策の概要
5−2 誘導雷への対策部品
6. 共用接地と耐雷用接地
6−1 避雷針と避雷器の接地
6−2 接地の共用と一点接地

科学情報出版（株）

●ISBN 978-4-904774-30-4

坂本 幸夫 監修

設計技術シリーズ

安全・安心な製品設計マニュアル

電磁障害／EMI対策設計法

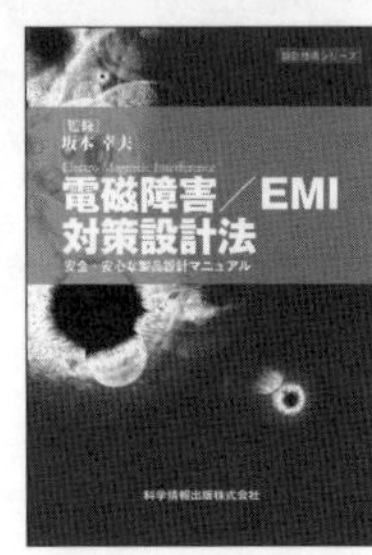

本体 2,800 円＋税

第 1 編　総論
1. 電磁障害 (EMI) 発生の要素と防止技術とその対策部品
2. ノイズ対策部品で行う EMI 対策の諸手法
 2.1 伝導路で行う対策
 2.2 発生源でノイズの発生をおさえる対策

第 2 編　対策部品の効果の表し方
1. ノイズの対策効果
2. ノイズの対策効果の表し方　あれこれ
3. 挿入損失
4. 挿入損失と減衰量
5. デシベルと電圧比（挿入損失の物理的意味）
6. インダクタのインピーダンスと挿入損失
7. コンデンサのインピーダンスと挿入損失
8. ノイズ対策部品の効果測定値を活用する時の注意点
 8.1 部品の持つ特性を引き出すための配慮への対応
 8.2 標準化への対応

第 3 編　ノイズ対策の手法と対策部品（1）ローパス型 EMI フィルタによるノイズ対策
1. ノイズ対策に使われるフィルタ
2. 有用な周波数成分と無用な周波数成分
3. EMI フィルタの構成（素子数）と特性
4. 外部回路のインピーダンスとローパス型 EMIフィルタの特性
5. 定数と特性（容量値やインダクタンス値とフィルタの特性）
6. ローパス型 EMI フィルタの選択方法

第 4 編　ノイズ対策の手法と対策部品（2）ローパス型 EMI フィルタのコンデンサ
1. コンデンサで行うノイズ対策
2. ノイズ対策に使われるコンデンサの性能と選択
3. コンデンサの静電容量で決まる低減
4. コンデンサの ESL(残留インダクタンス）で決まる高域
5. コンデンサの ESR(直列等価抵抗）で決まる共振点付近
6. コンデンサの並列接続使用の落とし穴

第 5 編　ノイズ対策の手法と対策部品（3）ローパス型 EMI フィルタのインダクタ
1. インダクタで行うノイズ対策
2. ノイズ対策に使われるインダクタの性能と選択
3. インダクタの浮遊容量と高周波帯域のノイズ除去性能
4. GHz 帯対応のインダクタ
5. インダクタの自己共振点と高域のフィルタ特性
6. インダクタの損失とノイズ対策
7. インダクタ活用の留意点

第 6 編　ノイズ対策の手法と対策部品（4）コモンモードノイズの対策
1. コモンモードノイズとは何か
2. コモンモードノイズ発生のメカニズム
 2.1 モードの変換によるコモンモードノイズ発生のメカニズム
 2.2 差動伝送ラインにおけるコモンモードノイズの発生メカニズム
 2.3 スイッチング電源装置におけるコモンモードノイズ発生のメカニズム
 2.4 電波によるコモンモードノイズの発生メカニズム
3. コモンモードノイズをなぜ対策しなくてはならないのか
4. 対策部品で行うコモンモードノイズの対策
 4.1 コモンモードチョークによる対策
 4.2 フェライト・リング・コアによる対策
 4.3 バイパス・コンデンサによる対策
 4.4 チョーク・コイルによる対策
 4.5 絶縁トランスによる対策
 4.6 フォト・カプラによる対策

第 7 編　ノイズ対策の手法と対策部品（3）インパルス性ノイズの対策
1. インパルス性ノイズとは何か
2. インパルス性ノイズの 2 つの障害
3. インパルス性ノイズの種類と対策部品
4. バリスタによるインパルス電圧を抑制する原理と制限電圧を下げる方策
5. バリスタの残留インダクタンスの影響
6. ノイズ対策部品自体の破壊と 2 次障害に対する配慮

第 8 編　ノイズ対策の手法と対策部品（6）コンデンサで行う電源ラインのノイズ対策
1. DC 電源ラインで作られるノイズ
2. デカップリングコンデンサの考え方
3. デカップリングコンデンサの容量の決め方
4. デカップリングコンデンサ静電容量設計の手順制限電圧を下げる方策
5. 電源ラインのインダクタンスのデカップリングコンデンサの共振
6. 高速のデジタル回路へ電源を供給する電源ラインのノイズ
7. 高速のデジタル回路に電源を供給する電源ラインのデカップリングコンデンサ

第 9 編　ノイズ対策の手法と対策部品（7）共振防止対策部品によるノイズ対策
1. 「共振防止対策部品によるノイズ対策」とは何か
2. 共振のメカニズム
3. ダンピング部品で共振を抑えるノイズ対策
4. インピーダンスの整合で共振を抑えるノイズ対策
5. 共振防止部品によるノイズ対策の特徴と効果

第 10 編　ノイズ対策の手法と対策部品（8）対策部品で行う平衡伝送路のノイズ対策
1. 平衡伝送とは
2. 平衡伝送ラインでノイズが作られる
3. 信号の位相ズレとノイズ
4. 線路のインピーダンスバランスと放射
5. 平衡伝送路のノイズの発生を抑える方法
 5.1 コモンモード成分を抑制する方法
 5.2 コモンモード成分をノーマル成分に変換する方法
6. 差動信号伝送ラインではノーマルモードとコモンモード両モードのターミネートが必要

発行／科学情報出版（株）

●ISBN　978-4-904774-39-7

産業技術総合研究所　蔵田 武志
大阪大学　清川 清　監修
産業技術総合研究所　大隈 隆史　編集

設計技術シリーズ

AR(拡張現実)技術の基礎・発展・実践

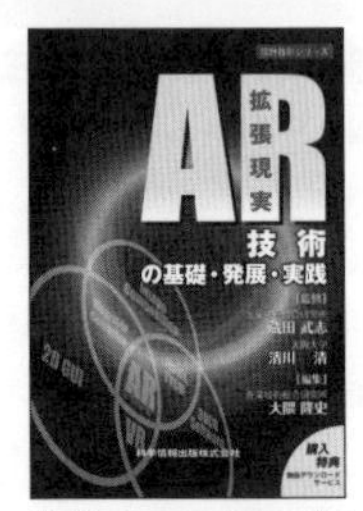

本体 6,600 円＋税

序章
1．拡張現実とは
2．拡張現実の特徴
3．これまでの拡張現実
4．本書の構成

第1章　基礎編その1
1．マーカーベースの位置合わせ
1－1　AR マーカーとは
1－1－1 ARマーカーの概要／1－1－2 ARマーカーの特徴／1－1－3 ARマーカーの誕生と発展／1－1－4 マーカーを用いた AR システムの基本構成
1－2　矩形 AR マーカー
1－2－1 マーカー認識手法の概要
1－2－2 マーカー方式のメリット・デメリット
1－3　その他のタイプの AR マーカー
1－3－1 隠蔽に強く、広範囲で使用できるマーカー／1－3－2 美観を損ねないマーカー／1－3－3 姿勢精度を向上させるマーカー
1－4　ランダムドットマーカー
1－4－1 概要／1－4－2 マーカーの認識と追跡／1－4－3 特徴
1－5　マイクロレンズシートを用いたマーカー
1－5－1 姿勢推定に関する従来マーカーの問題／1－5－2 可変モアレパターンの活用／1－5－3 LentiMark と ArrayMark ／1－5－4 LentiMark と ArrayMark の姿勢推定法／1－5－5 LentiMark、ArrayMark による高精度な姿勢推定／1－5－6 LentiMark、ArrayMark の改良－問題②の改善／1－5－7 LentiMark、ArrayMark のまとめ
1－6　AR マーカーのまとめと展望
2．自然特徴ベースの位置合わせ
2－1　概要
2－2　特徴点を用いた認識
2－2－1 認識の流れ／2－2－2 特徴点検出／2－2－3 特徴量算出／2－2－4 特徴量マッチング／2－2－5 その他の特徴を用いた認識
2－3　特徴点を用いた追跡
2－3－1 2次元特徴点の追跡／2－3－2 3次元特徴点の追跡／2－3－3 その他の特徴を用いた追跡
2－4　AR を実現する処理の枠組み
2－4－1 認識処理のみを用いた AR ／2－4－2 認識と追跡処理を用いた AR ／2－4－3 SLAM を用いた AR ／2－4－4 認識処理のみを用いた AR のサンプルコード
2－5　評価用データセット
2－5－1 metaio データセット／2－5－2 TrakMark データセット
2－6　奥行き情報を用いた位置合わせ手法
2－6－1 奥行き情報を利用するメリット／2－6－2 奥行き情報を用いた位置合わせ処理

第2章　基礎編その2
1．ヘッドマウントディスプレイ
1－1　拡張現実感とヘッドマウントディスプレイ
1－2　ヘッドマウントディスプレイの分類
1－3　ヘッドマウントディスプレイのデザイン
1－3－1 アイリリーフ／1－3－2 リレー光学系／1－3－3 接眼光学系／1－3－4 ホログラフィック光学素子を用いた HMD ／1－3－5 網膜投影ディスプレイ／1－3－6 頭部搭載型プロジェクター／1－3－7 光線再生ディスプレイ
1－4　広視野映像の提示
1－5　時間遅れへの対処
1－6　奥行き手がかりの再現
1－6－1 調節(焦点距離)に対応する HMD ／1－6－2 遮蔽に対応する HMD
1－7　マルチモダリティ
1－8　センシング
1－9　今後の展望
2．空間型拡張現実感（Spatial Augmented Reality）
2－1　幾何学レジストレーション
2－2　光学補償
2－3　光輸送
2－4　符号化開口を用いた投影とボケ補償
2－5　マルチプロジェクターによる超解像
2－6　ハイダイナミックレンジ投影
3．インタラクション
3－1　AR 環境におけるインタラクションの基本設計
3－2　セットアップに応じたインタラクション技法
3－2－1 頭部設置型 AR 環境におけるインタラクション／3－2－2 ハンドヘルド型 AR 環境におけるインタラクション／3－2－3 空間設置型 AR 環境におけるインタラクション
3－3　まとめ

第3章　発展編その1
1．シーン形状のモデリング
1－1　能動的計測による密な点群取得
1－1－1 能動ステレオ法／1－1－2 光飛行時間測定法
1－2　受動的計測による点群取得
1－2－1 Structure-from-Motion の概要／1－2－2 Structure-from-Motion のバリエーション／1－2－3 Structure-from-Motion における高速化・安定化の工夫
1－3　点群データ処理および AR/MR への応用
1－3－1 位置合わせ処理／1－3－2 統合処理／1－3－3 シーン形状の AR/MR への応用
2．光学的整合性
2－1　光学的整合性とは
2－2　光学的整合性に含まれる構成要素
2－3　光源環境の推定技術
2－4　実物体の形状・反射特性推定に関する技術
2－5　AR/MR における実時間レンダリング技術
2－5－1 シャドウマップ／2－5－2 環境マップ／2－5－3 Image-Based Lightning (IBL) ／2－5－4 事前に計算された GI 結果の活用／2－5－5 写実性の向上が期待されるその他の描画法／2－5－6 リライティング（Relighting）／2－5－7 最新の動向
2－6　画質の整合性
3．ビューマネージメント、可視化
3－1　アノテーションのビューマネージメント
3－2　Diminished Reality
3－3　焦点の考慮、奥行きの知覚
3－4　まとめ
4．自由視点映像技術を用いた MR
4－1　自由視点映像技術の拡張現実への導入
4－2　静的な物体を対象とした自由視点映像技術を用いた MR
4－2－1 インタラクティブモデリング／4－2－2 Kinect Fusion
4－3　動きを伴う物体を対象とした自由視点映像技術を用いた MR
4－3－1 人物ビルボード法／4－3－2 自由視点サッカー中継／4－3－3 シースルービジョン／4－3－4 NaviView
4－4　まとめ

第4章　発展編その2
1．マルチモーダル・クロスモーダル AR
1－1　マルチモーダル AR
1－2　クロスモーダル AR
2．ロボットと連携する AR
2－1　ロボットとセンサー情報
2－2　ロボットとヒューマンインタフェース
2－2－1 ロボット操縦のための AR インタフェース／2－2－2 ロボットの外装を変更する AR ／2－2－3 内装を変更する AR インタフェース／2－2－4 ロボットの知覚情報・行動計画の可視化／2－2－5 AR 環境におけるロボットの機能拡張
2－3　ロボットと連携する AR 技術の可能性
3．屋内外シームレス測位
3－1　さまざまな測位手法
3－2　ハイブリッド測位
3－2－1 屋内外シームレス測位のための情報統合方法／3－2－2 センサー・データフュージョンの概要／3－2－3 SDF の応用事例紹介
3－3　歩行者デッドレコニング（PDR）
3－3－1 姿勢（方位）角の推定／3－3－2 進行方向の推定／3－3－3 歩行動作検出と歩幅の推定／3－3－4 高さ方向の移動検知／3－3－5 PDR ベンチマーク標準化に向けて
4．AR によるコミュニケーション支援
4－1　AR による協調作業支援
4－1－1 協調作業の分類／4－1－2 AR を用いた協調作業の分類／4－1－3 協調型 AR システムの設計指針
4－2　AR を用いた同一地点コミュニケーション支援
4－3　AR を用いた遠隔地間コミュニケーション支援
4－3－1 AR を用いた対称型遠隔地間コミュニケーションシステム／4－3－2 AR を用いた非対称型遠隔地間コミュニケーションシステム

第5章　実践編
1．はじめに
1－1　評価指標の策定
1－2　データセットの準備
1－3　TrakMark：カメラトラッキング手法ベンチマークの標準化活動
1－3－1 活動の概要／－3－2 データセットを用いた評価の例
1－4　おわりに
2．Casper Cartridge
2－1　Casper Cartridge Project の趣旨
2－2　Casper Cartridge の構成
2－3　Casper Cartridge の作成準備【ハードウェア】
2－4　Casper Cartridge の作成準備【ソフトウェア・データ】
2－5　Casper Cartridge の選択
2－6　Ubuntu Linux 用 USB メモリスティック作成手順
2－7　Casper Cartridge 作成手順
2－8　Casper Cartridge 利用時の注意
2－9　AR プログラム事例
2－10　AR 用ライブラリ（OpenCV、OpenNI、PCL）
2－11　カメラトラッキング性能指標の算出
3．メディカル AR
3－1　診療の現場
3－1－1 外来診療の特徴／3－1－2 必要とする情報支援／3－1－3 AR 情報の提示／3－1－4 事例紹介（歯科診療支援システム）／3－1－5 AR の外来診療への応用のためには
3－2　手術ナビゲーション
3－3　医療教育への適用
3－4　遠隔医療コミュニケーション支援
4．産業 AR
4－1　AR の産業分野への応用事例
4－2　産業 AR システムの性能指標

第6章　おわりに
1．これからの AR
2．AR のさきにあるもの

発行／科学情報出版（株）

設計技術シリーズ
スマートグリッドとEMC
―電力システムの電磁環境設計技術―

2017年1月30日　初版発行

編　集　一般社団法人　電気学会
スマートグリッドとEMC 調査専門委員会

発行者　松塚　晃医
発行所　科学情報出版株式会社
〒300-2622　茨城県つくば市要443-14 研究学園
電話　029-877-0022
http://www.it-book.co.jp/

ISBN 978-4-904774-51-9　C2054